U0295218

应用型本科风景园林专业规划教材

园林植物栽培学

（第二版）

主　编　金雅琴　张祖荣

副主编　孙　燕　薛　梅

　　　　廖　静　朱　敏

上海交通大學出版社

内 容 提 要

本书是应用型本科院校园林专业系列教材之一,全书系统地介绍了园林植物的生长发育规律、环境因素对园林植物生长发育的影响、园林植物的选择与生态型配置、园林苗木培育、园林植物的栽植、园林植物在特殊立地环境中的栽植、园林植物的养护管理、园林植物的整形修剪、古树名木的养护与管理等。

本书内容全面,图文并茂,案例丰富,具有较强的实用性和针对性,可供高等院校园林、园艺、城市规划、环境艺术、建筑等专业使用,也可供其他园林工作者参考。

图书在版编目(CIP)数据

园林植物栽培学/金雅琴,张祖荣主编. —2 版. —上海:
上海交通大学出版社,2015(2024 重印)

应用型本科(农林类)"十二五"规划教材
ISBN 978-7-313-08557-3

Ⅰ. 园...　Ⅱ. ①金... ②张...　Ⅲ. 园林植物—观赏园艺—高等学校—教材　Ⅳ. S688

中国版本图书馆 CIP 数据核字(2012)第 167352 号

园林植物栽培学
(第二版)

金雅琴　张祖荣　**主编**

上海交通大学出版社出版发行
(上海市番禺路 951 号　邮政编码 200030)
电话:64071208
江苏凤凰数码印务有限公司 印刷　全国新华书店经销
开本:787mm×1092mm 1/16　印张:23.75　字数:583 千字
2012 年 9 月第 1 版　2015 年 7 月第 2 版　2024 年 8 月第 8 次印刷
ISBN 978-7-313-08557-3　定价:68.00 元

前　言

随着我国城市建设的高速发展和人民生活水平的迅速提高,园林绿化和环境美化已成为整个社会"物质文明"和"精神文明"快速发展的标志之一。人们在节假日及每天的工作余暇,漫步于公园绿地,游览于名山大川,无不被千姿百态、琳琅满目的园林树木和万紫千红、馨香四溢的园林植物所吸引。

园林植物是园林绿化的主体材料。园林植物栽培是把园林植物应用于园林绿化工程的手段和过程,也是保存绿化成果、充分发挥园林植物的各种功能、保持园林绿化景观可持续发展的有效手段与措施。这项工作涉及园林植物的繁殖、栽植、管理与养护等相关技术与措施,是园林绿化工程从设计到施工中的各种岗位人员都应掌握的一门技术,这也正是本教材《园林植物栽培学》所要讨论和解决的问题。

尽管类似的教材已有一些,但由于各自的出发点和侧重点不同,每个版本的教材都有其特定的教学目标和服务对象。本教材则是以"培养应用型高级园林专业人才"为教学目标,以地方性、应用型本科院校的园林专业(或相关专业)学生为服务对象,以强调知识应用、突出技能培养为其特点。

本教材由南京金陵科技学院金雅琴副教授和重庆文理学院张祖荣副教授主编,孙燕、薛梅、廖静、朱敏担任副主编,参加编写的教师都是长期工作在教学一线、经验丰富的专业教师。具体的编写分工如下:绪论金雅琴编写;第1章重庆文理学院薛梅老师编写;第2章南京林业大学田野老师编写;第3章扬州环境资源职业技术学院孙燕编写前三节,南京金陵科技学院朱敏编写第四节;第4章南京金陵科技学院李玉萍编写;第5章金雅琴编写;第6章朱敏编写;第7章重庆文理学院廖静编写前三节,张祖荣编写其余部分;第8章重庆文理学院张绍彬老师编写;第9章张祖荣编写。

由于编写时间较为紧迫,加之参编老师的编写水平和对资料掌握的程度客观上存在差异,不足之处在所难免,真诚欢迎广大读者、同行与专家不吝指正。

编　者

2012 年 5 月

目　　录

0　绪论 ··· 1

  0.1　园林植物栽培学的概念及意义 ··· 1

  0.2　我国园林植物栽培的历史及现状 ··· 3

  0.3　园林植物栽培学与其他学科的关系 ······································· 6

  0.4　园林植物栽培技术的研究现状及展望 ····································· 6

1　园林植物的生长发育规律 ·· 10

  1.1　草木花卉的生长发育规律 ··· 10

  1.2　园林树木的生命周期 ··· 13

  1.3　园林树木的年生长周期 ·· 21

  1.4　园林树木各器官生长特点 ··· 30

2　环境因素对园林植物生长发育的影响 ······································· 55

  2.1　影响园林植物生长发育的环境因子 ··· 55

  2.2　光照对园林植物生长发育的影响 ·· 58

  2.3　温度对园林植物生长发育的影响 ·· 63

  2.4　水分对园林植物生长发育的影响 ·· 68

  2.5　土壤对园林植物生长发育的影响 ·· 73

  2.6　大气对园林植物生长发育的影响 ·· 82

3　园林植物的选择与生态型配置 ·· 90

  3.1　园林植物选择的意义和原则 ··· 90

  3.2　园林植物的种类选择 ··· 93

  3.3　园林植物的生态配置 ··· 97

  3.4　园林植物种类选择与生态型配置的工程实践 ···························· 104

4　园林苗木培育 ·· 118

  4.1　园林苗圃地的规划设计与建设 ·· 118

4.2　园林植物的繁育 ································· 125

4.3　园林苗木栽培的生产管理 ····················· 133

4.4　园林苗木出圃及质量评价 ····················· 135

5　园林植物的栽植 ································· 141

5.1　概述 ······································· 141

5.2　一般乔、灌木栽植 ··························· 149

5.3　大树移植 ··································· 165

5.4　绿篱、色块栽植 ····························· 177

5.5　花坛、花境栽植 ····························· 182

5.6　水生植物栽植 ······························· 198

5.7　竹类植物的移栽 ····························· 204

5.8　园林植物的反季节栽植 ······················· 210

5.9　栽植成活期的养护管理 ······················· 214

6　园林植物在特殊立地环境中的栽植 ··············· 222

6.1　园林植物的容器栽植 ························· 222

6.2　铺装地面的绿化栽植 ························· 228

6.3　干旱地和盐碱地的绿化栽植 ··················· 234

6.4　无土岩石地和边坡的绿化栽植 ················· 237

6.5　屋顶花园的绿化栽植 ························· 249

6.6　垂直绿化栽植 ······························· 254

7　园林植物的养护管理 ··························· 261

7.1　概述 ······································· 261

7.2　园林植物的土壤、水分和营养管理 ············· 262

7.3　园林植物的树体保护 ························· 287

7.4　园林植物的越冬防寒 ························· 291

7.5　园林植物的常见病虫害防治 ··················· 302

8　园林植物的整形修剪 ··························· 325

8.1　整形修剪的作用和原则 ······················· 325

8.2　园林植物的修剪 ····························· 329

8.3　园林植物的整形 ····························· 336

8.4　园林中树木的修剪与整形 ····················· 341

8.5　常见园林植物的整形与修剪 ··················· 350

9　古树名木的养护与管理 ························· 355

9.1　古树名木的概念及生物学特性 ················· 355

9.2 古树名木衰老的原因及研究意义 ·· 358

9.3 古树名木的日常养护与管理 ·· 362

9.4 古树名木的复壮技术 ·· 365

参考文献 ··· 369

0 绪 论

0.1 园林植物栽培学的概念及意义

0.1.1 概念

一般认为,园林植物是指人工栽培的观赏植物,是提供观赏、改善和美化环境、增添情趣的植物的总称。包括木本和草本的观花、观叶、观果和观株姿的植物。它是构成人类自然环境和名胜风景区、城市绿化、室内装饰用的基本材料,将各种园林植物进行合理的配置,辅以建筑、山石、水体等设施即可组成一个优雅、舒适、色彩鲜艳如画的绿色环境,供人们游览观赏,陶冶情操,既丰富了人们的生活又能解除劳动后的疲劳。园林植物栽培就是按园林设计的要求将园林植物栽植到绿化地段,并进行合理的养护与管理的过程。

我国在 1958 年以前,常将园林植物一词的含义与观赏植物或花卉的含义视为等同,即美丽奇特、芳香、能使人赏心悦目的植物。20 世纪 80 年代以后,园林植物的含义扩大到概括园林绿化的一切植物材料,把其中主要具有卫生防护作用的称为"防护植物"或"防污植物",而把以观赏为主的称为"观赏植物"。有些好看而适合园林栽培应用的果树、蔬菜和药用植物也常被包括在园林植物范围之内。

园林植物栽培学是研究园林植物的生长发育规律及园林植物的苗木培育、移栽定植、养护管理的理论与技术的一门应用学科。课程的内容可分为园林植物栽培理论基础、园林植物苗木培育技术、园林植物的栽培技术、园林植物养护管理等 4 个部分,在阐述园林植物的生态环境及一般生长发育规律的基础上,重点阐述园林植物的苗木培育、栽植技术和养护管理。

0.1.2 园林植物栽培的意义和作用

随着我国经济的迅速发展,城市人口急剧增长,人们深刻认识到城市化的急剧发展对城市环境带来的严重破坏,已成为城市健康发展和人民生活质量提高的潜在制约因素。"人类渴望自然,城市呼唤绿色",深刻地揭示了现代城市环境建设所应遵循的基本准则,更反映了现代社会人们的普遍愿望。城市园林绿化作为城市的一项基础建设行业,作为城市环境建设中不可缺少的重要组成部分,在城市可持续发展战略的实施中发挥着重要作用。园林植物栽植是园林绿化的主要内容,通过绿地植物栽植,使乔灌草组合,形成层次丰富、季相分明、形式多样的有机绿化整体,达到绿化城市环境的目的。

园林植物是园林景观设计中必不可少的造景要素。所谓"庭院无石不奇,无花木则无生气",园林植物除了具有组景、衬景、观景的景观艺术价值外,还具有明显改善环境条件、调节局部小气候及环保抗灾的生态作用。具体来讲,园林植物栽培主要可以产生以下作用:

0.1.2.1 美化环境的作用

绿地中的植物各具其优美的姿态:或冬夏常青,或婀娜多姿,或色彩鲜艳,或景色迷人,或果实累累。具有极高的观赏价值,给城市增添了情趣,美化了环境,减少了城市建筑的生硬化和直线化,能起到建筑设计所不能起到的艺术效果。园林植物色彩变化丰富,时迁景变,不仅具有美学意义,还能使人绷紧的神经得到放松,给人们创造安静舒适的休息环境,供广大劳动人民工作之余享受。此外,园林植物和森林一样,还有保护野生动物,招引鸟类的作用。

0.1.2.2 改善环境条件,提高环境质量

1) 平衡大气中的二氧化碳和氧气

绿地植物在进行光合作用时能吸收二氧化碳和释放氧气,这对地球上空氧气和二氧化碳的平衡起着重要作用。在城市环境中,由于人口的增加,氧气消耗大,二氧化碳浓度高,氧气和二氧化碳的平衡更需要绿色植物来维持。据测定,$1hm^2$ 的树林每天可吸收 $1t\ CO_2$,释放 $0.75t\ O_2$。

2) 净化空气、吸烟滞尘

城市绿地对城市工业和交通所排放的大量污染气体有阻挡、吸收、滞留和过滤的作用。据有关专家测定,每 $1hm^2$ 加拿大杨平均每年可吸收大气二氧化硫 246kg,每 $1hm^2$ 胡桃林每年可吸收二氧化硫 34kg。二氧化硫通过 15 m 宽悬玲木林带后,平均浓度下降 53.7%。

合理配置城市园林绿化植物除可吸收有毒气体,还可阻挡粉尘飞扬。如种植草坪可以防止灰尘再起,树木的树冠可截留空气中的降尘和飘尘,从而大大减少人类疾病。据测定,绿化林带或树丛比没有绿化的空旷地降尘量减少 23%～52%,飘尘量减少 37%～60%。因此,城市园林绿化植物被称为城市中消除粉尘污染的"过滤器"。

3) 减弱噪声

噪声污染是城市特有的一种无形污染。城市中的噪声主要来自工厂、建筑工地、机械车辆及人为喧哗等,这些噪声既影响了人们的生活,又严重损害了人类的身心健康。研究表明,在没有植被覆盖的嘈杂的街道上,噪声强度比很好地覆盖了树木的街道的噪声强度高 5 倍以上。在沿街建筑与街道之间,营建一个宽 5～7 m 的绿化林带,能够明显减轻车辆发出的噪声。测定表明,一个结构合理的 9 m 宽的绿带,噪声实际可以有效降低 11～13 dB,而 35 m 宽的绿带能够让噪声降低 25～29 dB。因此,园林绿化是减弱噪声的"消声器",可以减弱和避免噪声对居民的干扰。

4) 改善城市小气候

研究表明,市区气温通常比有大量植被覆盖的郊区气温高 2～5 ℃,出现"城市热岛"效应。

而园林绿地中树木枝叶形成浓郁覆地,直接遮挡来自太阳的辐射热而且也阻隔了来自地面、墙面和其他相邻物体的反射热,同时,城市绿化地段有强烈蒸散作用,它可消耗掉太阳辐射热量的 60%～75%,因而能够有效地调节气温,起到冬暖夏凉的作用。植被利用叶面来蒸发水分,不但可以降低自身的温度,同时还可以提高周围的空气相对湿度。因此,夏季绿地附近的气温比没有植被覆盖的地区低 3～5 ℃,植被覆盖区内的建筑物气温可降低 10 ℃左右。

0.1.2.3　具有生产功能

许多园林植物既有较高的观赏价值,又能产生巨大的经济效益。园林苗圃在运作过程中,通过有计划的新品种选育、科学繁殖、栽培与管理,可产生优良的绿化产品,这些产品被运用于各种园林绿地中,对园林景观的改善产生很大作用。如当今园林行业中的各种类型的苗圃、花圃、苗木生产基地、花木公司等,均以生产苗木而盈利。因此园林植物栽培可产生经济效益。此外,有些植物的枝、叶、花或果实可作药用、食用或工业用原料。如厚朴、铁线莲、红豆杉、杜仲等都是有名的药用植物;核桃、板栗、茅栗、锥栗、榛、香榧、香椿、葱木都是食用植物;漆树、山核桃、青钱柳、麻栎、栓皮栎等都是工业用植物;乌桕、山桐子、油桐、毛来、光皮树等都是重要的能源植物。

园林植物是园林景观建造的重要材料之一。一个园林的环境质量和生态效应,在很大程度上取决于绿化种植面积比重、种植设计艺术水平和养护水平。因此,对园林植物进行科学的种植和养护,有利于其作用及功能的发挥。

0.2　我国园林植物栽培的历史及现状

0.2.1　我国古代园林植物栽培状况

园林植物的栽培最早可追溯到史前时期的原始人洞穴时代。最早用于人工栽培的植物种类为食果类植物,起源于带回居穴的果实被食用后的丢弃种子萌发株,但当时的主要目的是为了生存而不是为了维护生态和观赏。距今 3000 多年前的殷周时代是最早进行人工栽培植物的时期,如《诗经》中记载了桃、李、杏、梅、榛及板栗等经济植物的栽培,当时栽培的主要目的是为了遮阴、纳凉,方便歌舞娱乐。战国时屈原在《离骚》中称"余既滋兰之九畹兮,又树蕙之百亩",则是花卉栽培的较早记述。同时,出现了街道绿化的雏形。至秦代,已有主持山林之政令者,称为"四府",兼司栽植宫中与街道园林绿化树木,并将松、槐、榆、柳、梧桐、杨树、女贞、枇杷、杨梅、荔枝、葡萄、石榴、龙眼、橄榄、槟榔等植物种于路边。西汉盛世,园林植物的栽培有了很大发展,汉武帝营建的上林苑别宫,种植了大量的观赏植物。如《西京杂记》中记载:"汉上林苑中有千年长生树、万年长生树。"《西京杂记》还提到武帝初修上林苑时,群臣从远方进贡的树木花草有二千余种之多,并具体记载了其中近百个品种的名称,它们都集中栽植在宫、苑的附近,或为生产的需要,或因造景的需要。此外还栽培许多花卉和水生植物,其中不少是由南方引进的品种。同时,张骞出使西域,开创了大规模植物引种的先河。大批的南方珍奇树种北移京师,气势蔚为壮观。

北魏贾思勰著的《齐民要术》是中国现存最早、最系统的古代农学专著,也是世界科技史上最宝贵的农学文献之一,内容涉及农作物栽培、耕作技术、农具、食物加工、蔬菜、果树、茶、竹木等方面,较系统地总结了公元 6 世纪以前黄河中下游地区的农业经验。书中所载旱农地区的耕作和谷物栽培方法、梨树提早结果的嫁接技术、树苗的繁殖方法以及多种农产品的加工经验等,都显示出当时中国农业生产已达到了相当高的水平。书中还记述:"凡栽种树正月为上时,谚曰:正月可栽大树,言得时则易生也。二月为中时,三月为下时。然枣鸡口,槐兔目,桑虾蟆眼,榆负瘤,自余杂木鼠耳、虹翅各其时。此等名目,皆是叶生形容之所相似。以此时栽种者,叶皆即生。早栽晚出,虽然,大率宁早为佳,不可晚也。……"这段话的意思是说,移植树木以正月为上时,农谚说"正月可移大树",就是说,只要适时便易活。二月为中时,三月为下时。但当枣树芽像鸡嘴时,槐树芽像兔子眼时,桑树芽像虾蟆眼时,榆树芽像小瘤时,其余杂树芽分别像鼠耳或虹翅时,它们都到了适于移栽的时候了。这些名目都是按叶芽发育时的形象称呼。在此时移栽的,叶就发生得早。移栽早了,叶就发生得晚,但宁可早栽,切勿太晚。

唐代是我国园林和花卉发展的繁盛期,出现了各种奇花异草、名花珍品,说明当时的栽培技术已经相当成熟。柳宗元在《种树郭橐驼传》中说道:"橐驼非能使木寿且孳也,能顺木之天以致其性焉尔。凡植木之性,其本欲舒,其培欲平,其土欲故,其筑欲密。既然已,勿动勿虑,去不复顾。其莳也若子,其置也若弃,则其天者全而其性得矣……"解释为:大凡种植树木的特点是:树根要舒展,培土要均匀,根上带旧土,筑土要紧密。这样做了之后,就不要再去动它,也不必担心它,种好以后离开时可以头也不回。栽种时就像抚育子女一样细心,种完后就像丢弃它那样不管。那么它的天性就得到了保全,从而按它的本性生长。

明代《种树书》分别叙述种桑、竹、木、花、果、菜等方面的生产经验。书中还提到,树下种蔬菜,菜园中间种花卉……这种间作制度,既能充分用地,提高土地利用率,又有利于改变土壤结构,促进植株生长。书中还详细介绍了种竹的技术措施,"种竹无时,雨过便移,多留宿土,记取南枝",这是说趁雨后移栽,根要多带原土,还要记住阴阳面,但在冬至前后各半月不能移种,因为天气寒冷不能成活。

清代建造的园林数量和规模超过历史上的任何朝代,园林植物应用种类和方式多样,花卉栽培也繁盛,著作很多。专著有陆廷灿的《艺菊志》、李奎的《菊谱》、赵学敏的《凤仙谱》、杨钟宝的《工瓦荷谱》(第一部荷花专著,记载了 32 个品种和分类及栽培);综合著作有陈淏子的《花镜》(记述繁殖法和栽培法,有插花、盆景等内容,是公认的历史上最可贵的花卉书籍)、徐寿全的《品芳录》和《花佣月令》、百花主人的《花尘》、汪灏的《广群芳谱》(有花卉产地、形状、品种栽培及有关的诗词歌赋等)、吴其溶的《植物名实图考》(中国第一部区域性植物志)。

我国古代园林中对植物题材的运用,首先注重得其性情,即通过对植物形态和生态习性的艺术认识所激发的审美情感,来把握植物的审美个性特征,并使之与一定的社会生活内容相联系正由于各种观赏植物具有不同的性质、品格,在园林里的种植必须位置有方,各得其所。清人陈扶瑶《花镜》中"种植位置法"一节提到,首先要根据植物的生态习性来确定位置,又要根据其品格来定其所,宜如"梅花蜡瓣之标清,宜疏篱竹坞,曲栏暖阁,红白间相,古千横斜","桃花夭冶,宜别墅山限,小桥溪畔,横参翠柳,斜映明霞","松柏骨苍,宜峭壁奇峰,藤萝掩映";"梧竹致清,宜深院孤亭,……";"菊之操介,宜茅舍清斋,……";"至若芦花舒雪,枫叶飘丹,宜重楼远眺"……总之,"因其质之高下,随其花之时候,配其色之浅深,多方巧搭,虽药苗野卉,皆可点缀姿容,以补园林之不足,使四时有不谢之花,方不愧为名园二字"。

清代后期,中国南方各地花卉生产兴旺。尤其是清末,广东和上海郊区有以种花为生的普通百姓和一些私人企业,栽培许多草本花卉,也有一些花店出现。这一时期,在中国花卉资源严重外流的同时,为了满足外国定居者的生活需要,引入了大量草花和国外一些栽培技术、杂交育种、病虫害防治技术等。

0.2.2　我国园林植物栽培现状

新中国成立以后,我国的园林事业不断发展。从园林机构建设到人才培养以及园林植物栽培都得到较好的发展。"绿化祖国"的号召促进了园林植物的引种、栽培等,观赏栽培得以恢复。1949~1952年,全国各个城市积极大兴土木,或提升改造旧有公园绿地,或开辟绿地重新建设。同时,积极发展苗圃,大量育苗,为以后的绿化建设准备物质基础。如北京的陶然亭地区,南京的玄武湖、莫愁湖,天津市的水上公园,广州的西堤灾区等。1958年,中央提出实现大地园林化,园林植物广泛栽培应用。如北京市新植树944万株,比过去9年植树总数还多;西安植树800多万株。1959年建国10周年,北京完成了天安门广场、首都机场干道和十大建筑的绿化任务,栽植40~50年生大油松,雨季栽植,大面积铺草,并运用大量盆花万紫千红迎国庆,水平和质量是中华人民共和国成立以来所未有的,绿化效果十分显著。

新中国成立以后有不少以植物景观著称的公园,如早期的杭州花港观鱼公园,突出"花"和"鱼"的主题。全园面积18hm^2,草坪就占了40%左右,尤其是雪松草坪区,以雪松与广玉兰树群组合为背景,构成宽阔景面。柳林草坪区与合欢草坪区,配植以四时花木。成都望江楼公园,面积11.8hm^2,是我国最大的以竹景为主的公园,全园以乡土竹种——慈竹为主,辅之以刚竹、毛竹、观音竹、苦竹、孝顺竹、佛肚竹、碧竹等,形成碧玉摇空、柳暗花明的竹景和园景特色。桂林七星公园以桂花为主题进行植物造景,全园遍植桂花,有金桂、银桂、四季桂及丹桂等品种。中秋时节,满园飘香。20世纪80年代南京建立了一个以药用植物为主题,具有花园面貌的专类公园。园中或以木兰科植物为丛林,桔梗、石蒜等配植林下;或以冷杉、云杉为背景,月季、萱草、书带草等作为地被种植;或以紫萼、玉簪、射干、丹参等耐阴药用花卉栽植于香樟林下……该园于1985年荣获国家级科学技术进步奖。

自北京申奥成功后,北京全面进行绿化建设,并完成奥运场馆及相关配套的150项奥运绿化重点工程任务,完成绿化面积1026hm^2,栽植乔木39万余株,灌木210万余株,地被460余hm^2。以奥林匹克森林公园、奥林匹克中心区、民族大道为代表的一大批精品绿化工程,成为新时期首都园林绿化建设的重要典范。随后2010上海世博园又是展现当今绿化栽植先进技术的例子。世博园中根据选苗品种的生长特点和生物学特性,编制出一套移栽标准程序,从合理选择移植时间、起挖土球的规格控制、苗圃内栽植环境的土壤改良、"断层种植"法的使用、后期养护中植物生长调节剂的使用等几个方面入手,确保同一品种储备苗木有相同的起挖条件、定植恢复环境和养护条件,以达到乔木在生长势上保持相对统一的生长节奏和恢复势。

当前我国园林植物栽培还存在较多的不足:首先,在观念上只注重种植而忽视养护,平时养护工作也不够规范。在许多园林绿地中,常常看到新栽的植物不能存活,取而代之的是补栽的小苗或荒芜裸地,这不仅破坏了原先的设计效果,还造成了重大的经济损失。其次,许多专业人员缺乏扎实的专业知识。例如,南京市某学校几年前引栽一批大香樟树,刚开始树体生长较好,绿色浓阴,而现在已病入膏肓。究其原因,是树体在栽前就已有病害,而专业人员在选苗时没注意,或全然不知,于是导致无法挽回的局面。312国道南京至镇江段几年前新栽了一批香樟树,这批苗木在短期内就大量死亡,也正是由于栽植技术不规范导致的结果。再次,园林植物栽培缺乏新技术、高技术的应用。当前,城市绿地建设中经常需要在一些特殊、极端的立地条件下栽植园林植物,常规的栽植及养护技术已不能满足要求,这就要求园林植物栽植技术的研究领域朝更高、更新的方向发展,如园林植物的安全性管理,预警系统,植物问题诊断等。同时,在苗木培育、大树移植、古树修复、反季节栽植等方面的栽植技术也有待提高。

0.3　园林植物栽培学与其他学科的关系

　　园林植物栽培学与果树栽培、蔬菜栽培等学科不同,园林植物栽培的目的是将苗圃培育出来的园林苗木种植在园林绿地中,并经过人为的养护管理使之健康生长,发挥永久的景观作用,或改善生态环境质量的作用。它不同于其他植物的栽培目的,如蔬菜、果树、花卉的栽培是为了生产出供人们物质生活用的产品。当这些产品品质低下或株体衰老,就要及时进行更新或淘汰。绿地中的园林植物栽植则与之相反,即使树体衰弱或品质低下,也不会随意挖、砍,而是通过人们的精心管理和采用一系列先进技术措施进行树体复壮,尽量延长其寿命,或使其返老还童,古树的复壮即是如此。

　　园林植物栽培学是一门综合性很强的学科,它与植物学、土壤学、植物生理学、园林树木学、花卉学、园林工程、园林生态学等多门课程关系密切。如掌握土壤学知识对园林植物栽培很重要。植物栽培最重要的基础是土壤,土壤的团粒结构、孔隙度、pH、电导率(EC)、土壤容重及土壤肥力等对苗木培育及栽植影响很大。不适合园林植物栽植的土壤必须经过改良或客土,而在绿化施工前必须对土壤进行详细检测,方可进行施工。园林植物栽培学与园林树木学关系极为密切,树木是绿化施工的主体,园林树木在植物景观中发挥骨架作用,而树木栽植的成活率直接影响到绿化施工的质量。因此,对树木的生物学特性和生态习性知识的了解非常重要。植物的花芽分化、抽枝展叶、开花、落叶、休眠等生理习性与整形修剪技术相关,如梅花于6月进行花芽分化,冬春季节开花,因而不能在休眠期进行修剪,一般在春季花开后修剪;紫薇花开于当年生新枝顶,一般可在冬季休眠期进行短栽。园林植物栽培学还需应用生态学的基础知识,如应用适地适树原理进行树木选择和栽植,利用生态位原理进行苗木种植与生产,利用园林植物的他感作用进行植物配置及营建稳定的植物群落等。因此,运用生态学的原理和理论指导园林植物的生产与实践是今后园林植物栽培的趋势。

0.4　园林植物栽培技术的研究现状及展望

0.4.1　园林植物栽培技术的研究现状

0.4.1.1　特殊立地环境栽植研究

　　目前的园林植物栽植范围已涉及盐碱地、干旱地、铺装地面、无土岩石地、道路和桥梁边坡、屋顶等特殊园林立地环境。因此,如何攻克特殊立地植物栽植技术难关,是亟待解决的问题。1991年成立了全国盐碱土绿化开发协作组后,就如何利用和改良盐碱土进行了广泛的研究。山东省德州市盐碱土绿化研究所探索出微区改土绿化并研制成功了盐碱土绿化专用肥,填补了国内没有盐碱土绿化专用肥的空白,有关盐碱地园林植物栽培与养护技术的研究得到重视。在屋顶绿化方面,对轻型屋顶绿化栽培基质的研究已达到一定水平,屋顶绿化栽培基质的发展越来越趋向于无机材料的配合使用,以及对工农业废弃物的资源化再利用。

0.4.1.2 容器育苗及其应用研究

我国自 20 世纪 60 年代开始进行容器苗生产,在不同地区针对不同树种,开展了容器苗生产过程中有关基质配方、施肥技术、容器规格、病虫害防治以及温、光、湿等最佳环境因子调控技术的研究。80 年代中期,随着温室育苗在我国的广泛应用,在容器内进行移植育苗已成为试管苗移栽以及花卉栽植不可缺少的技术。随着园林技术的不断发展,生产中出现了控根快速育苗容器、舒根型容器、轻型软容器等一些新型的容器。移植容器苗作为一种苗木类型应用在城乡绿化建设中。大规格苗木的容器育苗具有显著的优点,在园林绿化中尤其具有广泛的应用前景,研究并探讨大规格苗木容器育苗以及移栽技术,可以解决当前大树移植存在的问题,迅速提升绿化效果。

0.4.1.3 有机栽培基质的应用研究

采用农业废弃物等经腐熟发酵沤制和消毒而成的有机固体基质,取材便利,对环境无污染,可以有效解决传统土壤栽培中难以解决的水分、空气和养分供应的矛盾,使植物根系处于最适宜的环境条件下。国外科研工作者在这方面也做了大量的工作,Paradiso 等研究证实与珍珠岩单一栽培基质相比,珍珠岩和椰子表层纤维混合基质栽培显著影响植物生长,叶面积和叶片数量显著增加。Roberts 等指出污泥和垃圾堆肥可部分代替泥炭,用于天竺葵栽培。Phipps 等经过 20 年的探索,认为泥炭藓-蛭石混合物是容器育苗的理想基质。

0.4.1.4 施肥方法研究

测土配方施肥是以土壤测试和肥料田间试验为基础,根据植物的需肥规律、土壤供肥性能和肥料效应,在合理施用有机肥料的基础上,提出氮、磷、钾及中、微量元素的施用数量、施肥时期和施肥方法。这种施肥方法除了应用于农田作物上,还可用于园林植物的栽植上。我国测土配方施肥工作始于 20 世纪 70 年代末的全国第 2 次土壤普查。首先,农业部土壤普查办公室组织了由 16 个省(市、自治区)参加的"土壤养分丰缺指标研究",其后农业部开展了大规模配方施肥技术的推广。1992 年组织了 UNDP 平衡施肥项目的实施,1995 年前后,在全国部分地区进行了土壤养分调查,并在全国组建了 4 000 多个不同层次的多种类型土壤肥力监测点,分布在 16 个省的 70 多个县,代表 20 多种土壤类型。国外土壤测试技术于 20 世纪 30 年代初有了明显的发展,主要建立了土壤有效养分的浸提和测定方法,同时还建立了土壤有效磷测试方法。美国在 20 世纪 60 年代就已经建立了比较完善的测土施肥体系,每个州都有测土工作委员会,负责相关研究、校验研究与方法制定。目前,美国配方施肥技术覆盖面积达到80%以上。此外,在树木施肥方面目前已研制了微孔注射平衡施肥法、微孔缓释袋施肥法、Jobe 树木营养钉施肥法等。

0.4.1.5　大树移植技术研究

1) 树木移植机的应用

树木移植机是 20 世纪 60 年代在美国首先出现的一种新型植树机械,可分别移植直径为 5～25cm 的各种树木。1979 年北京市园林局曾引进了一台美国大约翰(Big John)树木移植机,随后北京林业大学等单位已研制出比较适合我国目前国情的悬挂式直铲树木移植机。树木移植机的应用可明显减小树木的死亡率,减少移植每株成活苗木的费用,提高劳动生产率,改善作业条件,延长苗木的移植作业时间。

2) 地下支撑技术的应用

对于规格较大的乔木,仅凭地上部分的传统支撑桩是无法抗拒夏季台风的侵袭。目前已开发出一套地下支撑技术以达到对大树整体的固定。这一支撑系统主要是通过将置于土球底部的金属骨架底座打入种植穴侧壁或底部,并对其上的土球进行连绑固定,使土球与金属骨架底座紧密连为一体,共同抵御树木地上部分所受的侧向风力,因此具有较高的稳定性。

3) 抑制蒸腾剂的应用

减弱树体蒸腾作用,减少水分散失,提高大树移栽成活率。尤其是在温度高的季节,树体蒸腾作用强,水分散失快,通过整株喷施,能有效防止树体脱水。

4) 输液促活技术应用

大树移植时,如果采用树干注射器注射、喷雾器压输、挂输液瓶输导等树体内部给水的输液新技术,可解决移植大树水分供需矛盾,从而促进其成活。

5) 菌根生物技术应用

根据植物根分泌物能促进菌根真菌萌发和生长的原理,提出了截根菌根化育苗和栽植技术。有些树种如松树、橡胶树等在没有外生菌根菌的立地上移植后生长不良甚至死亡,但在其根部接种菌根菌后,成活率得到很大提高。

0.4.2　展望

(1) 目前,利用有机基质进行栽培的一些关键技术还达不到发展的要求,包括废弃物的资源化利用技术、病虫害综合防治技术、环境污染控制技术等。今后有机栽培基质的研究向成本低廉、取材加工方便的有机废弃物方向发展,向多功能的基质方向发展。没有任何一种基质可以适应所有植物。那么,基质的发展趋势应是以适应不同设施档次、不同地域、不同植物的多种并存,在开发上应该做到基质和营养液管理配套,联合推广。

(2) 在测土施肥方法方面,除了常用的 SPAD 叶绿素仪、植株硝酸盐诊断、植株全氮分析等手段以外,光学和遥感技术被越来越多地应用到植株营养诊断中来。这些新技术的发展和应用正在颠覆传统的测土施肥技术。此外,覆盖更大面积的卫星遥感技术、成像光谱技术也在迅速发展,原位土壤养分分析技术、非破坏性的植物营养状况监测技术的发展也很迅速,这些新的技术手段的发展应用,使测土施肥技术越来越向信息化方向发展。

(3) 为推广大规格苗木的容器育苗技术,体现容器育苗在大树移植中的优越性,必须解决相关关键性技术：容器育苗的基质配置与栽培容器的形状设计；容器苗的配套育苗与栽培管理技术，包括移栽、修剪、水热条件调控等措施；采取措施诱导侧根减少缠绕，改善根系在容器内的空间分布特性；通过研究苗木培养机制，探讨通过裸根苗和容器苗结合培养来提高苗木的质量等方面内容。国家要在公布的绿化苗木预算价格中标明容器苗的价格档次，预算价格要充实高档容器苗价格内容，以体现优质优价，分档列价，增加容器苗的竞争力。

（4）广泛收集菌根真菌，建立菌根菌库，开展菌根菌分离、培养和繁殖研究，完善菌根化育苗配套技术，探索菌剂研制和生产的可靠方法，为园林苗木培育和树木移植提供新途径。

（5）丰富绿化苗木的品种结构。国内现有苗圃中培育的苗木种类有乔木、灌木、草本、藤本及水生类，唯独缺乏苔藓植物的栽培。苔藓是一群非常独特的植物，娇小玲珑、绿郁青翠，结合水景、山石、树木等构园要素可创造出一种古意盎然、幽静深远的自然情趣，近年来回归自然的思潮以及水景热、置石热亦为它的兴起铺埋了道路。

（6）建立绿地病虫害生态防控技术平台，通过 PDA 病虫害监测技术、天敌昆虫控制技术、信息素控虫技术及仿生物理控虫技术等开展绿地病虫害防治工作，提高绿地养护水平。

综上，随着科技的发展，一些新知识、新技术、新材料正不断应用到园林植物栽培和管护中，园林植物的保护和栽培事业得到了极大发展。但随着人民生活水平的提高，人们对环境质量的要求越来越高，对城市中的园林绿化要求亦多样化，绿化工程的规模和内容也越来越大，这就要求我们不断地钻研，从实践出发，找出当前园林植物栽培与养护中存在的问题，探索解决问题的途径与方法，提高园林植物栽培的技术水平，充分发挥园林绿化的综合效益。

1 园林植物的生长发育规律

【学习重点】

　　不同植物种类具有不同的生长发育规律,不同种和不同品种的园林植物在整个生长发育过程中对环境条件的要求也不同。只有在充分了解植物自身生长发育规律的前提下,根据植物在不同生长阶段的特点采取适当的栽培手段和养护措施,才能达到预期的生产与应用目的。

1.1　草本花卉的生长发育规律

1.1.1　草本花卉的基本特征

　　草本花卉是指没有主茎,或虽有主茎但不具有木质部或仅为基部木质化的花卉。由于草本花卉种类繁多,由种子到种子(种球到种球)的生长发育过程所经历的时间有长有短。据此可将其分为一二年生及多年生草本植物。

1.1.1.1　一二年生草本花卉

　　一二年生草本花卉是指能在一个或两个生长季节完成其整个生命周期的草本花卉。这类植物从种子到种子的生命周期在1周年之内,春季播种,秋季采收,或秋季播种,第二年春末采收。

　　一年生花卉一般春季播种,当年开花结果,采收种子,完成生命周期而枯死。这类花卉在幼苗成长不久后就进行花芽分化,直到秋季开花结实。如万寿菊、百日草、鸡冠花、凤仙花、一串红、千日红、半边莲、翠菊、波斯菊等。一年生花卉多数喜欢阳光和排水良好而肥沃的土壤,花期可以通过调节播种期、光照处理或施加植物生长调节剂进行调控。

　　二年生草本花卉多为秋季播种,以幼苗越冬(即第一年仅形成营养器官),第二年春季开花结实,其生命周期虽跨越两个年头,但实际生命周期不超过1周年。典型的二年生花卉第一年进行营养生长,并形成储藏器官。二年生花卉有些本为多年生,但通常作二年生花卉栽培,如蜀葵、三色堇、四季报春等。二年生草本花卉苗期要求短日照,在0~10℃低温下通过春化阶段,成长过程则要求长日照才能开花。如中国石竹、风铃草、金盏菊、毛地黄、紫罗兰、虞美人、桂竹香、瓜叶菊等。

应该说明的是，一年生和二年生之间、二年生与多年生之间有时并不是截然分开的，如金盏菊、雏菊、瓜叶菊在秋季播种，当年形成幼苗，越冬以后，到第二年的春天抽薹开花，表现典型的二年生花卉特点，但这些花卉在春季播种，当年也可以抽薹开花。

1.1.1.2　多年生草本花卉

多年生草本花卉是指能生活二年以上的草本花卉。一般可分为宿根花卉和球根花卉。

宿根花卉是多年生草本植物的一部分，指那些与一二年生花卉相似，但又能生活多年的草本植物。其地下部分并不形成球状或块状根，也不形成球茎。

宿根花卉依耐寒能力不同可分为耐寒性宿根花卉和不耐寒性宿根花卉。耐寒性宿根花卉一般原产温带，性耐寒或半耐寒，可以露地栽培。此类花卉在冬季有完全休眠的习性。其地上部分的茎叶秋冬全部枯死，地下部分进入休眠，到春季气候转暖时，地下部分着生的芽或根蘖再萌发生长、开花，如芍药、鸢尾、玉簪、荷包牡丹、铃兰、大花桔梗等。不耐寒性宿根花卉大都原产温带的温暖地区及热带、亚热带地区，耐寒力弱，无明显休眠期，叶片保持常绿，如君子兰、鹤望兰、花烛、非洲菊、麦冬等。

球根花卉是指在不良环境条件下，在地上部茎叶枯死之前，植株地下部的茎或根发生变态，膨大形成球状或块状的储藏器官，并以地下球状或块状的储藏器官度过其休眠期（寒冷的冬季或干旱炎热的夏季）的多年生草本花卉。如百合、郁金香（鳞茎），唐菖蒲（球茎），仙客来（块茎），美人蕉（块茎）以及大丽花（块根）等。

1.1.2　草本花卉的发育规律

草本花卉同其他植物一样，无论是从种子到种子或从球根到球根，在一生中既有生命周期的变化，又有年周期的变化。

1.1.2.1　草本花卉生命周期

在个体发育中，多数草本花卉经历种子休眠与萌发、营养生长和生殖生长三大时期（无性繁殖的种类可以不经过种子时期）。草本花卉的生命周期短的只有几天（如短命菊），长的可达一年、两年或数年（如翠菊、万寿菊、凤仙菊、蜀葵、须苞石竹、毛地黄、金鱼草、美女樱、三色堇等）。

1.1.2.2　草本花卉年周期

草本花卉在年周期中表现最明显的有两个阶段，即生长期和休眠期的规律性变化。但是，由于花卉品种繁多，原产地地理条件也极为复杂，年周期的情况也变化较多，尤其是休眠期的类型和特点多种多样。

一年生草本花卉春天萌芽后，当年开花结实而后死亡，只有生长期的各时期的变化，因此年周期即为生命周期，简单而短暂；二年生花卉秋播后，以幼苗状态越冬休眠或半休眠；多年生草本花卉则在开花结实后，地上部分枯死，地下储藏器官形成后进入休眠越冬（如萱草、芍药、鸢尾以及春植球根类唐菖蒲、大丽花、荷花等）或越夏（如秋植球根类水仙、郁金香、风信子等，它们在越夏中进行花芽分化）；还有许多常绿的草本花卉，在适宜环境条件下，几乎周年生长，保持常绿而无休眠期，如书带草、麦冬等。

1.1.3　草本花卉的生长发育过程

从个体发育而言，由种子发芽到重新获得种子，可分为种子时期、营养生长时期和生殖生长时期这三个大的生长时期，每个时期又可再分为几个生长阶段，每一阶段各有特点。

1.1.3.1　种子时期

1）胚胎发育期

从卵细胞受精开始，直到种子成熟为止。受精以后，胚珠发育成种子。在这个时期，种子的新陈代谢作用在母体中进行，有显著的营养物质的合成和积累过程。这个过程也受当时环境的影响，应使母本植株有良好的营养条件及光合作用条件，以保证种子的健壮发育。

2）种子休眠期

大多数花卉的种子成熟以后，都有不同程度的休眠期（营养繁殖器官如块茎、块根等也有休眠期）。有的花卉种子休眠期较长，有的较短甚至没有。休眠状态的种子代谢水平低，如保存在冷凉而干燥的环境中，可以降低其代谢水平，保持更长的种子寿命。

3）发芽期

种子经过一段时间的休眠以后，遇到适宜的环境（温度、氧气及水分等）即能吸水发芽。发芽时呼吸作用旺盛，生长迅速。所需能量来自种子本身的储藏物质。所以种子大小及储藏物质的性质与数量，对发芽的快慢及幼苗的生长影响很大。栽培上要选择发芽能力强而饱满的种子，保证最合适的发芽条件。

1.1.3.2　营养生长时期

1）幼苗期

种子发芽以后就进入幼苗期，即营养生长的初期。幼苗生出的根吸收土壤中的水分和矿质营养，生出叶子后开始进行光合作用。子叶出土的花卉，子叶对幼苗生长的作用很大。幼苗期植株生长迅速，代谢旺盛，光合作用所产生的营养物质除呼吸消耗外，全部供给新生的根、茎、叶生长需要。

花卉幼苗生长的好坏，对以后的生长及发育有很大的影响。幼苗的生长量虽然不大，但生长速度很快，对土壤水分及养分吸收的绝对量虽然不多，但要求严格。此外，幼苗对环境的抗性也弱。

2）营养生长旺盛期

幼苗期以后，一年生花卉有一个营养生长的旺盛期，枝叶及根系生长旺盛，为以后开花结实打下营养基础。二年生花卉也有一个营养生长的旺盛时期，短暂休眠后，第二年春季又开始旺盛生长，并为以后开花结实打下营养基础。这个时期结束后，转入养分积累期，营养生长的速度减慢，同化作用大于异化作用。

3）营养休眠期

二年生花卉及多年生花卉在储藏器官（也是产品器官）形成后有一个休眠期，有的是自发的（或称真正的休眠），但大多数是被动的（或称强制的）休眠，一旦遇到适宜的温度、光照及水分条件，即可发芽或开花。它们的休眠性质与种子的休眠性质不同。一年生草本花卉没有营养器官的休眠期，有些多年生花卉，如麦冬、万年青也没有这一时期。

1.1.3.3 生殖生长时期

1）花芽分化期

花芽分化是植物由营养生长过渡到生殖生长的形态标志。二年生花卉通过一定的发育阶段以后，在生长点进行花芽分化，然后现蕾、开花。在栽培时，要提供满足花芽分化的环境，使花芽及时发育。

2）开花期

从现蕾、开花到授粉、受精，是生殖生长的一个重要时期。这一个时期花卉对外界环境的抗性较弱，对温度、光照及水分的反应敏感。温度过高或过低，光照不足或过于干燥等，都会妨碍授粉及受精，引起落蕾、落花。

3）结果期

观果类花卉的结果期是观赏价值最高的时期。果实的膨大生长是依靠光合作用产生养分从叶中不断地运转到果实中去。木本花卉结果期间一边开花结实一边仍继续进行营养生长，而一二年生草本花卉的营养生长时期和生殖生长时期的区别比较明显。

上面所述的是花卉的一般生长发育过程，并不是每一种花卉都须经历所有的时期。营养繁殖的多年生观叶花卉，在栽培过程中，不经过种子时期，也不必注意到花芽分化问题和开花结果问题。

1.2 园林树木的生命周期

园林树木是指适于在城市园林绿地及风景区栽植应用的木本植物（包括各种乔木、灌木和藤木植物）。园林树木既包括花、果、叶、枝或树形美丽的观赏树木，也包括那些虽不以美观见长，但在城市与工矿区绿化及风景区建设中能起卫生防护和改善环境作用的树种。因此，园林树木所包括的范围要比观赏树木更为宽广。

园林树木的生命周期是指树木从形成新的生命开始，经过多年的生长、开花或结实，出现衰老、更新，直到树体死亡的整个时期。它反映了树木全部生长发育的过程。树木的生长发育既受树木遗传特性的控制，也受外界环境的影响。树木是多年生植物，其整个生命周期中，不但受一年中气候季节性变化的影响，还会受到各年份的温度、相对湿度等因子变化的影响。

1.2.1 园林树木的生命周期

树木一生中生长发育的外部形态变化呈现出明显的阶段性。植物体从产生合子开始到个体死亡,这一生命过程中,经过胚胎、幼年、青年、成年、老年的变化,这种年龄阶段的表现过程称为"生物学年龄时期",也称"生命周期"。

在树木栽培中提到的个体,严格地说,应是有性繁殖的实生单株。这样的单株都是经历由合子开始至有机体死亡的过程,苗木培育中称为实生树。在苗木繁殖中,也可从母株上采取营养器官的一部分,采用无性繁殖方法繁殖形成新植株。这类植株是母株相应器官和组织发育的延续,可叫做无性或营养繁殖个体,也称为营养繁殖树。

因此,在树木中存在着两种不同起点的生命周期:一是起源于种子的实生树的生命周期;二是起始于营养器官的营养繁殖树的生命周期。

1.2.1.1　实生树木的生命周期

实生树木的生命周期包含植物由合子开始至个体死亡的生命周期的全过程。根据个体发育状态,可以将实生树木的发育周期分成 5 个不同的发育阶段。

1) 胚胎期

是从受精形成合子开始到胚具有萌发能力并以种子形态存在,至种子萌发时为止的这段时期。可以分为前后两个阶段:前一阶段是从受精到种子形成。此阶段是在母株内,借助于母体预先形成的激素和其他复杂的代谢产物发育成胚,并进行营养积蓄,逐渐形成种子;后一阶段是种子脱离母体到开始萌发这一时期。前一阶段对植物种族的繁衍具有极大的意义,种子的形成过程是植物体生命过程中最重要的时期。在这个时期,胚内将形成植物种的全部特性,这种特性将在以后由种子发育成植株时表现出来。种子在完全成熟脱离母体之后,即使处于适宜的环境条件下,一般并不发芽而呈现休眠状态。这种休眠状态实际上是在系统发育过程中形成的一种适应外界不良环境条件延续种子生存的特性。由于树种的不同和原产地的差异,休眠的长短也千差万别。例如,桃需 100~200 天,杏需 80~100 天,黄栌和千金榆需 120~150 天,核桃和女贞约需 60 天,黄金银花和桂香柳约需 90 天,桑、山荆子、沙棘等约需 30 天。也有少数树木种子无休眠期,如枇杷、柑橘、杨树和柳树等。

2) 幼年期

是从种子萌发形成幼苗到具有开花潜能(有形成花芽的生理条件,但不一定开花)时为止的这段时期。它是实生苗过渡到性成熟以前的时期,也是树木地上、地下部分进行旺盛的离心生长的时期。树木在高度、冠幅、根系长度和根幅方面生长很快,体内逐渐积累起大量的营养物质,为从营养生长转向生殖生长打下基础。俗话说:"桃三杏四李五年",就是指不同树种幼年期长短有差异。一般木本植物的幼年阶段需要经历较长的年限才能开花,且不同树种或品种也有较大的差异。如有的紫薇、月季、枸杞等当年播种当年就可开花,幼年阶段不到一年,而梅花需 4~5 年,松树和桦树需 5~10 年,核桃除个别品种只需 2 年外,一般为 5~12 年,银杏15~20 年,而红松可达 60 年以上。在这一时期完成之前,采取人为任何措施都不能诱导开花,但通过育种或采取一些措施可以使这一阶段缩短。

至今还没有明确的形态和生理指标来表示幼年阶段的结束。有些学者认为幼年期树木的形态结构指标比用树木有无开花能力优越得多。而在各种植物中,幼年的形态表现能提供更有意义的有关幼年期的判断特性。例如,与成年树相比,幼年期的叶片较小、细长,叶的边缘多锐齿或裂片,芽较小而尖,树冠趋于直立,生长期较长,落叶较迟,扦插容易生根等。还有些树种,如柑橘、苹果、梨、枣、光叶石楠、刺槐等可明显表现多刺的特性。栎类(如栓皮栎、板栗、水青冈等)的一些幼年树会待到来年春天发芽时落叶。在这一时期,树冠和根系的离心生长旺盛,光合和呼吸面积迅速扩大,开始形成树冠和骨干枝,逐步形成树体特有的结构,同化物质积累逐渐增多,为首次开花结实作好了形态上和内部物质上的准备。

幼年时期的长短因树木种类、品种类型、环境条件及栽培技术而异。如在干旱、瘠薄的土壤条件下,树木生长弱,幼年阶段经历的时间短,可提前进入成熟阶段;反之,在湿润肥沃的土壤上,营养生长旺盛,幼年阶段较长;空旷地生长的树木和林缘受光良好的树木,第一次开花的年龄要比郁闭林区内或浓荫中的树木早。

在幼年期,园林树木的形态特征尚未稳定,易受外界环境的影响,可塑性较大。所以,在此期间应根据园林建设的需要搞好定向培育工作,如养干、促冠、培养树形等。这一期间的栽培措施是加强土壤管理,充分供应水肥,促进营养器官健康而匀称地生长。轻修剪、多留枝条,使其根深叶茂,形成良好的树体结构,制造和积累大量的营养物质,为早见成效打下良好的基础。对于观花、观果树木则应促进其生殖生长;在定植初期的1～2年中,当新梢生长至一定长度后,可喷适当的抑制剂,促进花芽的形成,达到缩短幼年期的目的。园林中的引种栽培、驯化也适宜在此期进行。

3) 青年期

树木生长经过幼年期生理状态以后具有开花的潜能而尚未真正成花诱导的一段时期,至开花、结果的性状逐渐稳定时为止,也可称为过渡阶段。当树木营养生长到一定阶段,才能感受开花所需要的条件,也才能接受成花诱导,如接受人为措施的成花诱导(如环剥、使用生长调节剂)。青年期内树木的离心生长仍然比较快,生命力亦很旺盛,但花和果实尚未达到本品种固有的标准性状。此时期树木能年年开花结实,但数量较少。

青年时期树木的形态特征已渐趋稳定,有机体可塑性已大为降低,所以在该期的栽培养护过程中应给予良好的环境条件,加强肥水管理,使树木一直保持旺盛的生命力,加强树木内营养物质的积累。树木应采取合理的整形修剪,调节树木长势,培养骨干枝和丰满优美的树形,为壮年期的大量开花结实打下基础。

为了使青年期的树木多开花,不能采用重修剪,过重修剪会从整体上削弱树木的总生长量,减少光合产物的积累,同时又会在局部刺激部分枝条进行旺盛的营养生长,新梢生长较多,也会大量消耗储藏养分。故应当采取轻度修剪,在促进树木健壮生长的基础上促进开花。

4) 成年期

此期为树冠及开花结实的稳定期。以后,树冠开始缩小,开花和结果量也开始减少。在成年期,树种或品种的性状得到了充分的表现,并有很强的遗传保守性。故在苗木繁殖时应选用达到本期的植株做母树最好。在正常情况下,这个阶段,树木可通过发育的年循环而反复多次地开花结实,这个阶段经历的时间最长。如板栗属、圆柏属中有的树种成年期可达2 000年以上,侧柏属、雪松属可经历3 000年以上,红杉甚至可超过5 000年。这类树木个体发育时间特别长的原因在于其一生中都在进行生长,连续不断地形成新的器官。甚至在几千年的古树上还可以发现几小时以前产生的新梢、嫩芽和幼根。但是木本植物达到成熟阶段以后,由于生理状况和环境因子可以控制花原基的形成与发育,也不一定每年都开花结实。对于栽培目的来讲,本期越长越好。

树木在成年期的后期易出现园林树木结实间隔期，即大小年现象。隔年开花结果现象是果树和采种母树经常发生的现象，就是今年结果多，第二年结果少，果树上称为"大小年现象"。造成隔年开花结果现象的原因很多，主要是营养和激素平衡问题，同时与外界环境条件（风、雨、雹和病虫害等）和栽培技术有密切关系。例如，果树今年花芽形成很正常，可在翌年春天开花时遇到了暴风雨，花受到了损害，结果很少，成为小年，而下一年因前一年结的果少，消耗的营养少，营养物质积累多，又没有遇到不利的环境影响，所以结的果多，成为大年。大小年现象如果不加以解决，会形成恶性循环。

需要指出的是，结实间隔期并不是树木固有的特性，也不是必定的规律。因此，可以通过加强管理，改善营养、水分、光照等环境条件，克服病虫害等自然灾害，协调树木的营养生长和开花结实的关系，以消除或减轻大小年现象，获得种实高产稳产。

5）老年期

在此期树冠逐渐缩小，开花结实量也逐渐减少，树势下降最后直至死亡。实生树经多年开花结实以后，营养生长显著减弱，开花结果量越来越少，器官凋落枯死量加大，对干旱、低温、病虫害的抗性下降，从骨干枝、骨干根逐步回缩枯死，最后导致树木的衰老，逐渐死亡。树木的衰老过程也可称为老化过程，特点是骨干枝、骨干根由远及近大量死亡，开花结果越来越少，枝条纤细且生长量很小，树冠更新复壮能力很弱，抵抗力降低，树体逐渐衰老死亡。

针对老年期，在栽培技术管理上，应视栽培目的的不同采取相应的措施。对于古树名木来说，应采取施肥、浇水、修剪等各种更新复壮措施，延续其生命周期；对于一般花灌木来说，可以萌芽更新，也可以砍伐重新栽植。

1.2.1.2　营养繁殖树的生命周期

选取树体上一定部位的枝条、根段、芽和叶束等，通过扦插、嫁接等无性繁殖的方法，也可培育成许多独立的营养繁殖树。

营养繁殖起源的植物，没有胚胎期和幼年期（或幼年期很短）。因为用于营养繁殖的材料一般阶段发育较老，已通过幼年期（从幼年母树或根蘖条上取的除外），因此没有性成熟过程，只要生长正常，环境适宜，就能很快开花，一生只经历青年期、成年期和衰老期。

1.2.2　树体发育阶段的空间特点

树木是多年连续生长的木本植物，它的发育是随着植株的细胞分裂、伸长和分化逐渐完成的。不同的阶段，要满足树木一定的条件，才能使生长着的细胞发生质的变化。这种变化只限于生长点，而且只能通过细胞分裂传递，并在生长发育过程中由一个发育阶段发展到另一个发育阶段。由此可见，由于发育阶段具有的局限性、顺序性及不可逆性的特点，使得树木不同部位的器官和组织可能存在着本质差异。成年的实生树越靠近根颈部位年龄越大，阶段发育越年轻；反之，离根颈部位越远则年龄越小，阶段发育越老

根据果树树体或树冠范围内发育进程和生理、形态的特点，可以分为幼年区、转变区（过渡区）和成年区（图1.1）。通常以花芽开始出现的部位作为幼年阶段过渡的标志。最低花芽着

生部位以下空间范围内不能形成花芽的区域称为幼年区,即树冠下部和内膛枝条处于幼年阶段的范围。在这个范围内,枝、叶和芽等器官表现出幼年特性。

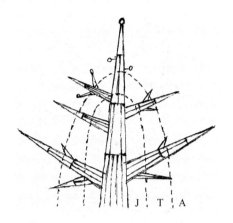

图 1.1　实生果树的阶段分区
A—成年区　T—转变区　J—幼年区

实生树幼年阶段发育完成后就具有了成花潜能,已经能够进入成年阶段而开花,但幼年阶段结束和第一次开花有时是一致的,有时是不一致的。当不一致的时候,其中那个插入的阶段称为过渡阶段。这样,在树冠范围内也形成了一个转变期(过渡区)。现在一般以第一次开花来鉴定幼年阶段结束的依据,也有人根据以花芽着生的高度来确定幼年区的范围。同时,有些实生树在具有开花能力时,还表现出某些幼年性状或过渡的特征,有些则可能表现成年型特征。

成年实生树上最下部花芽着生部位以上的树冠范围,即树冠的上部和外围是成年区。已通过幼年阶段发育而开花结果的部位称为成年区或结果区,说明实生树已完成幼年阶段的发育,已达到性成熟,具备了生理成熟的条件,可以形成花芽、开花结果。

在树木生长发育的过程中,具有分裂能力的分生组织可重复产生新的细胞、组织和器官,只要不是由于其他因素致死,它们是不会死亡的。但是把树木作为一个整体,则不会永远处于幼龄状态,而是会通过不同发育阶段逐渐成熟和衰老的。因而一棵实生成年大树的发育阶段,是随其离心生长的扩展逐渐完成的。树体的不同空间处在不同的发育阶段(图 1.2)。

营养繁殖树的树体发育阶段分区因其繁殖穗取自实生树的不同部位或不同发育阶段而异。营养繁殖树在成活时如果就具备了开花的潜能,虽然要经过一定年限的营养生长才能开花结实,但已形成整株成年区或结果区,已达到性成熟,具备了生理成熟的条件,可以形成花芽、开花结果。成年植株下部的幼年区的萌条、根蘖条繁殖形成的新植株,因其与年轻的实生幼树发育阶段同样处于幼年阶段,因此这种营养繁殖树的树体发育阶段分区与成年实生树的发育阶段分区相似。

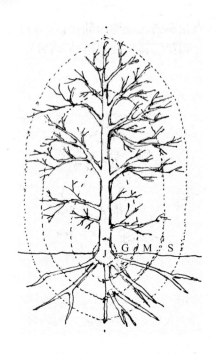

图 1.2　树木生长发育阶段分区
J—幼年阶段；G—生长阶段；M—成熟阶段；S—开始衰老阶段

1.2.3　树木生命周期中生长发育的一些特点

1.2.3.1　离心生长、离心秃裸

1）离心生长

树木自播种发芽或营养繁殖成活后，以根颈为中心，根和茎均以离心的方式进行生长。根具向地性，在土中逐年发生并形成各级骨干根和侧生根，向纵深发展；地上芽按背地性发枝，向上生长并形成各级骨干枝和侧生枝，向空中发展。这种由根颈向两端不断扩大其空间的生长，称为"离心生长"。树木因受遗传性和树体生理以及所处土壤条件等的影响，其离心生长是有限的，也就是说根系和树冠只能达到一定的大小和范围。

2）离心秃裸

根系在离心生长过程中，随着年龄的增长，骨干根上早年形成的须根由基部向根端方向出现衰亡，这种现象称为"自疏"。同样，地上部分，由于不断地离心生长，外围生长点增多，枝叶茂密，使内膛光照恶化。壮枝竞争养分的能力强，而内膛骨干枝上早年形成的侧生小枝由于所处地位，得到的养分较少，长势较弱。侧生小枝起初有利积累养分，开花结实较早，但寿命短，逐年由骨干枝基部向枝端方向出现枯落，这种现象称为"自然打枝"。这种在树体离心生长过程中，以离心方式出现的根系"自疏"和树冠的"自然打枝"，统称为"离心秃裸"。有些树木（如棕榈类的许多树种），由于没有侧芽，只能以顶端逐年延伸的离心生长为主，没有典型的离心秃裸，但叶片仍是按离心方向枯落的。

1.2.3.2 树木主侧枝的周期性更替

树木受遗传性和树体生理以及环境条件的影响,其根系和树冠只能达到一定的大小和范围。树木由于离心生长与离心秃裸,造成地上部大量的枝条生长点及其产生的叶、花果都集中在树冠外围(结果树处于盛果期),造成主枝、侧枝的枝端重心外移,分枝角度开张,枝条弯曲下垂,先端的顶端优势下降,离心生长减弱。由于失去顶端优势的控制,导致在主枝弯曲高位处附近潜伏芽、不定芽萌发生长成直立旺盛的徒长枝,以替代先端的生长,形成新的主枝,徒长枝仍按离心生长和离心秃裸的规律向树冠外围生长形成新的树冠,全树在生长过程中逐渐由许多徒长枝替代老主枝,形成树冠新的组成部分。但是新形成的部分多是徒长枝,侧枝少,在整体树冠叶枝量大,光合作用能力下降、无机营养恶化的条件下,这类枝条达不到原有树冠的分布高度,当随着时间的延长达到树冠外围枝条分布区以后,枝条先端下垂,顶端优势下降,生长减弱,再次造成枝条的更替,这种枝条的更替往往出现多次,形成周期。作为树体,其主侧枝周期性更替规律是不变的,但更替的周期长短、枝条生长的好坏常常受到很多因素的影响,如光合作用条件、水分养分状态、离心生长能力等。从一些现象看,有时侧枝的生长甚至超过主枝的生长范围和时间。总体上看,在自然状态下,更替枝条的生长空间随树冠枝量增加而逐渐缩小,并导致主侧枝更替的周期越来越短,形成衰弱式更替。

1.2.3.3 树木的向心更新和向心枯亡

随着树龄的增加,由于离心生长与离心秃裸,造成地上部大量的枝芽生长点及其产生的叶、花、果都集中在树冠外围,由于受重力影响,骨干枝角度变大,枝端重心外移,甚至弯曲下垂。离心生长造成分布在远处的吸收根与树冠外围枝叶间的运输距离增大,使枝条生长势减弱。当树木生长接近在该地达到其最大树体时,某些中心干明显的树种,其中心干延长枝发生分权或弯曲,称为"截顶"或"结顶"。

当树木失去顶端优势的控制,整个树体老化,在土壤无机营养恶化、树木生理状况衰老的条件下,枝条衰老枯死的现象从高级骨干枝条逐渐向初级骨干枝转移。这种由冠外向内膛,由顶部向下部,直至根颈进行的逐渐衰老枯死的现象称为"向心枯亡"。而出现先端衰弱、枝条开张、"向心枯亡"后,引起树体顶端优势部位下移,即在枯死部位下部又可萌生新徒长枝来更新。这种更新的发生一般是由冠外向内膛,由顶部向下部,直至根颈进行的,故称为"向心更新"。"向心枯亡"和"向心更新"在树体老化上是一对相关的现象。

有的树种先出现枝条衰老枯死,后萌生新徒长枝来更新,有些树种先出现枝条衰老,衰老枝条下部开始萌生新徒长枝,然后上部枝条逐渐因养分不足枯死。这种现象主要发生在有潜伏芽和不定芽的树种中,可以通过修剪、施肥、浇水等措施更新复壮。没有潜伏芽和不定芽或潜伏芽寿命短的树种则没有这种现象。

树木的"离心生长"与"离心秃裸"、"树木主侧枝周期性更替"、"向心枯亡"与"向心更新"导致树木在生长、衰老过程中出现不同的体态变化(图1.3)。树木离心生长持续的时间,离心秃裸的快慢、向心更新的特点等与树种、环境条件及栽培技术有关。根颈的萌生枝条可像小树一样进行离心生长和离心秃裸,并按上述规律进行第二轮的生长与更新。有些实生树也能进行多次这种循环更新,但树冠一次比一次矮小,甚至死亡。根系也会发生类似的枯死与更新,但发生较晚。由于受土壤条件影响较大,周期更替不那么规则,在更新过程中常有一些大根出现间歇死亡现象。

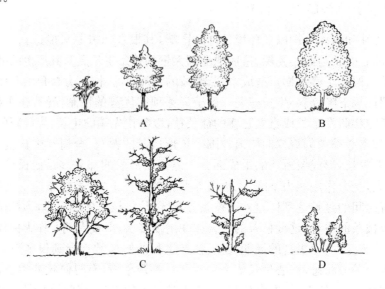

图 1.3　（具中干）树木生命周期的体态变化
A—幼年、青年期　B—成年期　C—老年更新区　D—第二轮更新初期

1.2.3.4　不同类别树木的更新特点

不同类别的树木,更新方式和能力大小很不相同。

1) 乔木类

由于地上部骨干部分寿命长,有些具长寿潜伏芽的树种,在原有母体上可靠潜伏芽所萌生的徒长枝进行多次主侧枝的更新。如具潜伏芽但寿命短,也难以向心更新,如桃等。由于桃潜伏芽寿命短(仅个别寿命较长),一般很难自然发生向心更新,即使由人工更新,锯掉衰老枝后,由下部发出枝条的部位也不确定,树冠多不理想。

凡无潜伏芽的,只有离心生长和离心秃裸,而无向心更新。如松属的许多种,虽有侧枝,但没有潜伏芽,也就不会出现向心更新,而多半出现顶部先端枯梢,或由于衰老,易受病虫侵袭造成整株死亡。只具顶芽无侧芽的树种,只有顶芽延伸的离心生长,而无侧生枝的离心秃裸,也就无向心更新,如棕榈等。有些乔木除靠潜伏芽更新外,还可靠根蘖更新,有些只能以根蘖更新,如乔型竹等。竹笋当年在短期内就达到离心生长最大高度,生长很快,只有在侧枝上具有萌发能力的芽,多数只能在数年中发细小侧枝进行离心生长,地上部不能向心更新,而以竹鞭萌蘖更新为主。

2) 灌木类

灌木离心生长时间短,地上部枝条衰亡较快,寿命不长,有些灌木的干、枝也可向心更新,但多以从茎枝基部及根上发生萌蘖更新为主。

3) 藤木类

藤木的先端离心生长常比较快,主蔓基部易光秃。其更新有的类似乔木,有的类似灌木,而有的介于两者之间。

1.3　园林树木的年生长周期

树木的年生长发育周期是指树木每一年随着环境(气候因素,如水、热状况等)的周期性变化,在形态和生理上产生与之相适应的生长和发育的规律性变化。

树木有规律地年复一年地生长(重演),构成了树木一生的生长发育。树木有节律地与季节性气候变化相适应的树木器官动态时期,称为生物气候学时期,即树木在一年中随着气候变化各生长发育阶段开始和结束的具体时期,简称物候期。而发生相应的形态(萌芽、抽枝、展叶、开花、结实及落叶、休眠等)有规律性变化的现象,称为物候现象。年周期是生命周期的组成部分,物候期则是年周期的组成部分。研究树木的年生长发育规律对于园林植物造景设计、园林树木的栽培与养护具有十分重要的意义。

1.3.1　物候的形成与应用

我国人民对物候的观测已有3 000多年的历史,北魏贾思勰的《齐民要术》一书记述了通过物候观察了解树木的生物学和生态学特性,直接用于农、林业生产的情况。该书在"种谷"的适宜季节中写到:1、2月上旬及麻菩杨生,种者为上时,3月上旬及清明节桃始花为中时,4月中旬及枣叶生、桑花落为下时。

林奈于1750~1752年在瑞典第一次组织全国18个物候观测网,历时3年,并于1780年第一次组织了国际物候观测网,1860年在伦敦第一次通过物候观测规程。我国从1962年起,由中国科学院组织了全国物候观察网。利用物候预报农时,比依靠节令、平均温度和积温为标准更加准确。因为节令的日期是固定的,温度虽能测量出来,但对于季节的迟早还无法直接表示,积温固然可以表示各种季节冷暖之差,但如不经过农事实验,这类积温数字对预告农时意义还是不大。物候的数据是从活的生物上得来的,而物候的数据能准确地反映气候的综合变化,用来预报农时更加直接和简单。

多年的物候观测资料可作为指导园林树木繁殖、栽培与养护管理的依据。在园林植物栽培过程中,通过物候观察,不但可以研究树木随气候变化而变化的规律,为合理利用树木提供依据,而且可以了解它们在不同物候期中的姿态、色泽等景观效果的季节性变化,为园林设计提供依据。也可以通过物候观察,为树木栽培的周年管理如移栽、定植、嫁接补枝、整形修剪以及灌溉施肥提供依据。

1.3.2　树木物候的特点

1.3.2.1　树木的物候具有一定的顺序性和连续性

树木的物候具有连续性和顺序性是受树种遗传控制的。每一个物候期都是在前一个物候期通过的基础上进行,同时又为下一个物候期作好了准备。例如,萌芽、开花物候期是在芽分化的基础上发生,又为抽枝、展叶和开花作好了准备。必须说明的是,不同树种,甚至不同品种,萌芽、展叶、开花的顺序是可以不同的。如连翘、紫荆、梅花和玉兰是先花后叶,而木槿、紫薇、合欢等是先叶后花。由于器官的变化是连续的,所以有些物候期之间的界限不明显,如萌芽、展叶和开花在一棵树上会同时出现。亚热带树木在同一时间内可以进入不同的物候期,有的开花的为开花物候期,有的结果的为果实发育物候期,彼此交错进行,出现重叠现象。

1.3.2.2　树木物候具有重演性

很多树种的一些物候现象一年中只出现一次。但由于环境条件变化而出现非节律性变化,如受灾害性的因子与人为因子的影响,可能造成器官发育的中止或异常,使一些树种的物候在一年中出现非正常的重复。如树木在秋初遇到不良的外界条件,如久旱突降暴雨、病虫害等或实施不正确的技术措施(如去叶施肥、过多地浇水等),导致叶子脱落(此时花芽已形成),树木被迫进入休眠,以后再遇到适合发芽和开花的外部条件,就可能造成再次的萌芽和开花。这就是常说的二次发芽或二次开花。这种由于环境条件的非节律变化而造成的重演性往往对绿化树木的生长不利。

根据某些植物具备的物候重演性,在实际生产中可以效法自然条件,进行催花。如果欲使"十一"期间丁香、山桃、榆叶梅等春季开花的树木开花,则可在8月下旬将这些植物的叶片剪去一半,9月上旬将剩余的一半叶片全部剪除,并进行施肥、灌水等精细管理,则9月底或10月初可以开花。原理可能是因为叶片剪除后,脱落酸(ABA)的合成受阻,解除了对腋芽的抑制作用,于是在合适的气候条件下,芽就萌发、抽枝展叶或开花、结果。

这里要指出的是:有很多树木,如茉莉、月季、米兰等有多次开花和多次生长现象,并未受到外界不良环境的危害。这种具有多次萌发和多次开花的习性是遗传因子决定的,不是物候期的重演现象。

1.3.2.3　树木的各个物候期可交错重叠,高峰相互错开

树木各个器官的形成和发育习性不同,所以,不同器官的同名物候期并不是在同一时间通过,具有重叠交错出现的特点。如同属于生长期,根和新梢开始或停止生长的时间并不相同,根的萌动期一般早于芽的萌动期。如温州蜜柑的根系生长与新梢生长交替进行,春、夏、秋梢停止生长之后,都出现一次根系生长高峰。苹果根系与新梢的生长高峰也是交替发生的。花芽分化与新梢生长的高峰也是错开的,大多数树木的花芽分化均在每次新梢停止生长之后,出现一次分化高峰。新梢生长往往抑制坐果和果实发育。通过摘心、环剥、喷抑制剂等技术措施抑制新梢生长,可以提高坐果率和促进果实生长高峰的出现。

有的树种可以同时进入不同的物候期,如油茶可以同时进入果实成熟期和开花期,人们称之为"抱子怀胎"。

1.3.3　影响树木物候期变化的因素

物候期受外界环境条件(温度、雨量、光照、风等气象因子和生态环境等)、树种和品种的制约,同时还受年份、海拔及栽培技术措施的影响。

1.3.3.1 同一地区,同样气候条件,树种不同,则物候期不同

不同树种的遗传特性不同,物候先后出现的顺序不同。如迎春和连翘在北京是3月中下旬或四月初开花;黄刺玫、紫荆则在4月下旬开花;紫薇、珍珠梅等在夏秋开花。梅花、腊梅、紫荆、玉兰为先花后叶型,在早春开花;而紫薇、木槿等则是先叶后花,在夏季开花。在北京地区树木的开花基本上按以下的顺序进行:银芽柳、毛白杨、榆、山桃、侧柏、桧柏、玉兰、加杨、小叶杨、杏、桃、垂柳、绦柳、紫荆、紫丁香、胡桃、牡丹、白蜡、苹果、桑、紫藤、构树、栓皮栎、刺槐、苦楝、枣、板栗、合欢、梧桐、木槿、槐等。

1.3.3.2 同一树种,相同外界环境条件,品种不同,则物候期有差异

在人为作用下,同一树种不同品种间的遗传特性不同,因此在形态上有差异,所以在物候变化方面也会不同。在北京地区,桃花中的"白桃"花期为4月上中旬,而"绯桃"的花期则为4月下旬到5月初。在杭州地区,桂花中的"金桂"花期为9月下旬,而"银桂"的花期在10月初或上旬。"四季桂"、"日香桂"一年中可多次开花。南山茶中的"早桃红",花期为12月份至翌年1月份,而"牡丹茶"的花期则为2~3月份。

1.3.3.3 相同树种或品种,地区不同,则物候期不同

同树种、品种的树木的物候阶段受当地温度的影响,而温度的周期变化又受制于不同地区纬度和经度的不同。同一树种在春天开花时间顺序是由南往北,秋天是由北往南。如梅花在武汉2月底或3月初开花,在无锡3月上旬开花,在青岛4月初开花,在北京4月上旬开花。又如,无花果是在温带和亚热带均可栽种的树木,在华北地区秋末落叶后有短期的休眠,生长期较短;而在亚热带地区落叶后很快长出新叶,比在华北地区生长期延长很多。

物候的东西差异,主要是由于气候的大陆性强弱不同。凡大陆性强的地方,冬季严寒夏季酷热;凡海洋性强的地方,则冬春较冷,夏季较热。一般说来,我国是具有大陆性气候特征的国家,但东部沿海因受海洋影响而具海洋气候的特征。因此我国各种树木的始花期,内陆地区早,近海边地区迟,推迟的天数由春季到夏季逐渐减少。据宛敏渭研究,四川仁寿与浙江杭州几乎在同一纬度上,但经度相差16°。仁寿刺槐盛花期(4月9日)比杭州(5月1日)早22天,经度平均每差1°,由西向东延迟1.4天。初春洛阳的迎春始花期(2月22日)比盐城(3月3日)早12天,平均经度每差1°,迎春始花期由西向东延迟1.5天。初夏洛阳的刺槐盛花期(4月28日)比盐城(5月6日)早9天,平均经度每差1°由西向东延迟1.1天。

综上,春季随着太阳北移,低纬度、西部地区物候早于高纬度、东部地区;秋季随着太阳南移,西北风刮起,低纬度、东部地区物候晚于高纬度、西部地区。

1.3.3.4 树种、品种地区都相同,海拔不同,物候期也不同

一个地区,如果地形有很大起伏,海拔高度差异大,会引起植物物候的变化。一般来说,海拔上升100m,植物的物候阶段在春天延迟4天;夏季树木的开花期则会延迟1~2天;在秋天则相反,会提前。例如,西安在洛阳的西部,纬度比洛阳低27°,经度约相差3°,海拔高度比洛阳高280m,西安的紫荆始花期比洛阳迟13天,夏季西安刺槐盛花期比洛阳迟5天。因此春季开花的物候期低处早于高处,秋季落叶高处早于低处。故有"人间四月芳菲尽,山寺桃花始盛

开"的佳句。

1.3.3.5　年份不同,物候期不同

每个地区的气候年变化有着周期性变化规律,但每一年的气候变化(如气温、湿度、降水等)也会有很大差异,这种年际间温度的变化,必然会影响到物候期的提早或推迟。如北京春季开花时间通常与 3 月平均温度有关,与 4 月的最高温度有关。也有人认为与开花前 40 天的平均温度有关,如榆叶梅一般在北京 4 月中旬前后开花,而 2002 年则在 3 月下旬开花。

1.3.3.6　同一树木的部位不同,物候期不同

同一地区不同部位小气候存在差异,造成物候期有差异。同是一棵树,树冠外围的花比内膛的花先开,朝阳面比背阴面的花先开。

1.3.3.7　年龄不同则物候期不同

树木的不同年龄,同名物候期出现的早晚也有不同。一般成年树木,春天萌动早,秋天落叶早;幼小树木,春天萌动晚,秋天落叶迟。两者物候期明显不同。

1.3.3.8　栽培条件不同,则物候期不同

栽培条件好的比栽培条件差的物候期早;否则相反。施肥、灌水、防寒、病虫防治及修剪等,都会引起树木内部生理功能的变化,进而导致物候期的变化。在春天,树干涂白、灌水会使树体增温减慢,推迟萌芽和开花期;在夏季进行高强度的修剪和多施氮肥,可推迟落叶和休眠期;应用生长调节剂,可控制树木的休眠。

从以上介绍不难看出,树木的物候期受多种因素影响,但主要与温度有关,每一个物候期的来临都需要有一定的温度。如刺槐在南京地区日平均温度为 8.9℃时叶芽开放,11.8℃时开始展叶,17.3℃开花始期,27.4℃荚果初熟,18℃时叶开始变色,10.5℃叶全部脱落。

1.3.4　园林树木的物候期

树木都具有随外界环境条件的季节变化而发生与之相适应的形态和生理功能变化的能力。不同树种或品种对环境反应不同,因而在物候进程上也会有很大的差异。差异最大的是落叶树种和常绿树种两类。

1.3.4.1　落叶树的主要物候期

温带地区的气候在一年中有明显的四季。作为落叶树种与气候相对应的物候季相变化尤为明显。落叶树在一年中可明显地分为生长和休眠两大物候期。从春季开始进入萌芽生长后,在整个生长期中都处于生长阶段,表现为营养生长和生殖生长两个方面。到了冬季为适应低温和不利的环境条件,树木处于休眠状态,为休眠期。在生长期与休眠期之间又各有一个过渡期,即从生长转入休眠的落叶期和由休眠转入生长的萌芽期。

1)萌芽期

萌芽物候期从芽萌动膨大开始,经芽的开放到叶展出为止,是休眠转入生长的过渡阶段。

休眠的解除,对一个植株来说,通常是以芽的萌动为准,它是树木由休眠期转入生长期的形态标志。而树木生理活动进入比较活跃的时期要比芽膨大的时间早。芽一般是在前一年的夏天形成的,在生长停止的状态下越冬(冬芽),春天再萌芽绽开。

树木由休眠转入生长要求一定的温度、水分和营养条件。土壤过于干旱,树木萌动推迟,空气干燥有利于芽萌发。当温度和水分适合时,经过一定时间,树体开始生长,首先是树液流动,根系加大活动。有些树木(如葡萄、核桃、枫杨等)出现伤流。树木萌芽主要决定于温度。北方树种,当气温稳定在 3℃ 以上时,经一定积温后,芽开始膨大。南方树种芽膨大要求的积温较高,花芽萌发需要的积温低于叶芽。树体储藏养分充足时,芽萌动较早而且整齐,进入生长期快。但树木在此期抗寒能力较低,遇突然降温,萌动的芽会发生冻害,在北方特别容易受到晚霜的危害。可通过早春灌水、萌动前涂白、施用维生素 B₉ 和青鲜素(MH)等生长调节剂,延缓芽的开放,或在晚霜发生之前,对已开花展叶的树木根外喷洒磷酸二氢钾等,提高花、叶的细胞液浓度,增强抗寒能力。

2) 生长期

在萌动之后,幼叶初展至叶柄形成离层,开始脱落为生长期。这一时期在一年中占有的时间较长,也是树木的物候变化最大、最多的时期,反映物候变化的连续性和顺序性,同时也显示各树种的遗传特性。树木在外形上发生极显著的变化。其中成年树的生长期表现为营养生长和生殖生长两个方面。每个生长期都经历萌芽、抽枝展叶、芽的分化与形成和开花结果等过程。

树木由于遗传性和生态适应性的不同,生长期的长短、各器官生长发育的顺序、各物候期开始的迟早和持续时间的长短也会不同。即使是同一树种各个器官生长发育的顺序也有不同。

生长期是落叶树的光合生产时期,也是其生态效益与观赏功能发挥最好的时期。这一时期的长短和光合效率的高低,对树木的生长发育和功能效益都有极大的影响。

人们只有根据树木生长期中各个物候期的特点进行栽培,才能取得预期的效果。如在树木萌发前通过松土、施肥、灌水等措施,提高土壤肥力,使形成较多的吸收根,促进枝叶生长和开花结果。此时可追施以氮肥为主的液体肥料,减少与幼果争夺养分的矛盾。在枝梢旺盛生长时,对幼树新梢摘心,可增加分枝次数,提前达到整形要求;在枝梢生长趋于停滞时,根部施肥应以磷肥为主,叶面喷肥则有利于促进花芽分化。

3) 落叶期

落叶期从叶柄开始形成离层至叶片落尽或完全失绿为止。枝条成熟后的正常落叶是生长期结束并将进入休眠的形态标志,说明树木已作好了越冬的准备。秋季日照变短,气温降低是导致树木落叶进入休眠的主要因素。

温度下降是通过影响光合作用、蒸腾作用、呼吸作用等生理活动以及生长素和抑制剂的合成而影响叶片衰老和植物衰老的。光是生物合成的重要能源,它可影响植物的多种生理活动,包括生长素和抑制剂(如脱落酸)的合成而改变落叶期。如果用增加光照时间来延长正常日照的长度,即可推迟落叶期的到来。当接受的光照短于正常日照时,可使树木的落叶提早。如果用电灯光将日照延长到午夜,光盐肤木整个冬季都不落叶,翅盐肤木落叶可推迟 3 周。在武汉,路灯附近的二球悬铃木枝条,1月上旬还可保持绿色的叶片。此外,树木所处的环境发生变化,如干旱、寒潮、光化学烟雾以及极端高温和病虫危害以及大气与土壤污染或因开花结实消耗营养过多,土壤水肥状况和树木光合产物不能及时补充等恶劣的条件下,都会引起非正常落叶,但在条件改善以后,有些树木在数日内又可发出新叶。

过早落叶影响树体营养物质的积累和组织的成熟;但该落叶时不落叶,树木还没有作好越冬准备,容易遭受冬季异常低温的危害。在华北,常见秋季温暖时树木推迟落叶而被突然袭来的寒潮冻死;树体的营养物质来不及转化储藏,也必然对翌年树木的生长和开花结果带来不利影响。

通常春天发芽早的树种,秋天落叶也早,但是萌芽迟的树种不一定落叶也迟。同一树种的幼小植株比壮龄植株和老龄植株落叶晚,新移栽的树木落叶早。

在树木栽植与养护中,应该抓住树木落叶物候期的生理特点,在生长后期停止施用氮肥,不要过多灌水,并多施磷、钾肥等,促进组织成熟,增加树体的抗寒性。在大量落叶时进行树木移栽可使伤口在年前愈合,第二年早发根,早生长。在落叶期开始时,对树干涂白、包裹和基部培土等,可防止形成层冻害。

4) 休眠期

休眠期是从秋季叶落尽或完全变色至树液流动,芽开始膨大为止的时期。树木休眠是在进化中为适应不良环境,如低温、高温、干旱等所表现出来的一种特性。正常的休眠有冬季、旱季和夏季休眠。树木夏季休眠一般只是某些器官的活动被迫休止,而不是表现为落叶。温带、亚热带的落叶树休眠,主要是对冬季低温所形成的适应性。休眠期是相对生长期而言的一个概念,从树体外部观察,休眠期落叶树地上部的叶片脱落,枝条变色成熟,冬芽成熟,没有任何生长发育的表现,而地下部的根系在适宜的情况下可能有微小的生长,因此休眠是生长发育暂时停顿的状态。

在休眠期中,树体内部仍然进行着各种生理活动,如呼吸,蒸腾,根的吸收、合成,芽的进一步分化,以及树体内的养分转化等,但这些活动比生长期要微弱得多。

根据休眠期的生态表现和生理活动特性,可分为两个阶段,即自然休眠(生理休眠或长期休眠)和被迫休眠(短期休眠)阶段。

(1) 自然休眠。自然休眠是指树木器官本身生理特性或由树木遗传性所决定的休眠。它必须经历一定的低温条件才能顺利通过,否则即使给予适合树体活动的环境条件,也不能使之萌发生长。

自然休眠期的长短,与树木的原产地有关。大体上,原产于寒温带的落叶树通过自然休眠期要求 0~10℃的一定累积时数的温度;原产于暖温带的落叶树通过自然休眠期所需的温度稍高,在 5~15℃条件下一定的累积时数的温度。具体还因树种、品种、生态类型、树龄、不同器官和组织而异。一般幼年树进入休眠晚于成年树,而解除休眠则早于成年树,这与幼树生活力强,活跃的分生组织比例大,表现出生长优势有关。树木的不同器官和组织进入休眠期的早晚也不一致。一般小枝、细弱枝、形成的芽比主干、主枝休眠早,根颈部进入休眠晚,但解除休眠最早,故易受冻害。同一枝条的不同组织进入休眠期的时间不同,皮层和木质部较早,形成层最迟。所以进入初冬遇到严寒低温,形成层部分最易受冻害。然而,一旦形成层进入休眠后,比木质部和皮层的抗寒能力还强,隆冬树体的冻害多发生在木质部。

在秋冬季节,落叶树枝条能及时停止生长,按时成熟,生理活动逐渐减弱,内部组织已作好越冬准备,正常落叶以后就能顺利进入并通过自然休眠期。因此,凡是影响枝条停止生长和正常落叶的一切因素,都会对其能否顺利通过生理休眠期产生影响。

(2)被迫休眠。被迫休眠是指通过自然休眠后,已经开始或完成了生长所需的准备,但因外界条件不适宜,使芽不能萌发而呈休眠状态。一旦条件合适,就会开始生长。自然休眠和被迫休眠从外观上不易辨别。树木在被迫休眠期间如遇回暖天气,可能已开始活动,又遇寒潮,易遭早春寒潮和晚霜的危害。如核果类树种的花芽冻害的现象和苹果幼树受低温、干旱而抽条的现象等。因此,在某些地区应采取延迟萌芽的措施,如树干涂白、灌水等使树体避免增温过速。冬春干旱的地区,灌水可延迟花期,减轻晚霜危害。

休眠期是树木生命活动最微弱的时期,在此期间栽植树木有利于成活;对衰弱树进行深挖切根有利于根系更新而影响下一个生长季的生长。因此,树木休眠期的开始和结束,对园林树木的栽植和养护有着重要的影响。

1.3.4.2 常绿树的物候特点

常绿树各器官的物候动态表现极为复杂,特点是没有明显的落叶休眠期。叶片在树冠中不是周年不落,而是在春季新叶抽出前后,老叶才逐渐脱落。而且不同树种,叶片脱落的叶龄也不同,一般都在一年以上。从整体上看,树冠终年保持常绿。这种落叶并不是适应改变了的环境条件,而是叶片老化失去正常功能后,新老叶片交替的生理现象。常绿树中不同树种,乃至同一树种在不同年龄和不同的气候区,物候进程也有很大的差异。如马尾松分布的南带,一年抽两三次梢,而在北带则只抽一次梢;又如柑橘类的物候,大体分为萌芽、开花、枝条生长、果实发育成熟、花芽分化、根系生长、相对休眠等物候期,其物候项目与落叶树似乎无多大差别,而实际进程则不同。如一年中常绿树可多次抽梢(春梢、夏梢、秋梢和冬梢),各次梢间有相当的间隔。有的树种一年可多次开花结果,如柠檬、四季柑等。有的树种甚至抽一次梢结一次果,如金柑,而四季桂和月月桂则可常年开花。有的树种同一棵树同时有开花、抽梢、结果、花芽分化等物候期重叠交错的现象,如油茶。有的树种,果实生长期很长,如伏令夏橙,春季开花,到第二年春末果实才成熟,金桂秋天(9~10月)开花,第二年春天果实成熟。红花油茶的果实生长成熟也要跨两年。

在赤道附近的热带雨林终年无四季,常年有雨,全年可生长而无休眠期,但也有生长节奏的表现。在离赤道稍远的的季雨林地区,因有明显的旱、湿季,多数树木在雨季生长和开花,在旱季落叶,因高温干旱而被迫休眠。在热带高海拔地区的常绿阔叶树叶受低温影响而被迫休眠。

1.3.5 园林树木的物候观测法

1.3.5.1 观测的目的与意义

园林树木的物候观测,除具有生物气候学方面的一般意义外,主要有以下目的:掌握树木的季相变化,为园林树木种植设计、选配树种、形成四季景观提供依据;为园林树木栽培提供生物学依据,以此确定栽植季节及树木周年养护管理措施。

1.3.5.2　观测注意事项

(1) 观测目标与地点的选定。在进行物候观测前,按照以下原则选定观测目标或观测点:按统一规定的树种名单从露地栽培或野生树木中,选开花结实3年以上的生长发育正常的树木。如果有许多株时,应选3~5株有代表性的作为观测对象。对雌雄异株的树木最好同时选有雄株和雌株,并分别记载。

(2) 观测植株选定后,应做好标记,并绘制平面图注明位置,存档。

1.3.5.3　观测时间与方法

(1) 根据物候期的进程速度和记载的繁简确定观察间隔时间。萌芽至开花物候期一般每隔2~3天观察一次,生长季的其他时间,则可5~7天或更长时间观察一次;有的植物开花期短,需几个小时或一天观察一次;休眠期间隔的时间较长。

(2) 在详细的物候期观察中,有些项目的完成,必须配合定期测量,如枝条的加长、加粗生长,果实体积的增加,叶片生长等应每隔3~7天测量一次,并画出曲线图,这样对园林植物的生长情况一目了然。有些项目的完成需定期取样观察。例如,花芽分化期应每隔3~7天取样做切片观察一次。还有的项目需要统计数字。例如,落果期调查,除日测外,应配合开花期和落花后的定期统计。

(3) 物候期观测取样要注意地点、树龄、生长状况等方面的代表性。一般应选生长健壮的成年树木。植株在生长地要有代表性,观察株数可根据具体情况确定,一般每种3~5株。选择典型部位,挂牌标记,定期进行。

(4) 应靠近植株观察各发育期,不可站在远处粗略估计和判断。

1.3.5.4　观测记录

物候观测应随看随记,不能凭印象事后补记。

1.3.5.5　观测人员

物候观测必须细心、认真负责,观测人员责任心要强,人员要固定,不能轮流值班。

1.3.5.6　观察项目及标准

应根据具体要求确定物候期观测记载项目的繁简;如果需要对某种树木进行具体详细的研究,则需要观测所有的物候期,同时对其所处的地形、地貌、土壤、气候、植被以及养护情况进行详细调查记载(表1.1)。如果专题研究某种树的某个物候期(如开花期或萌芽、新梢生长和落叶物候期),则可分项详细调查记载各个物候期。

观测物候应有统一的标准,这样得出的观测结果才不会混乱。

1) 萌芽、展叶期记载项目及标准

(1) 树液开始流动期:在树木休眠解除后芽开始萌动之前,温度适宜树木生长,地上部分与地下部分树液流动加快的时期。

(2) 芽膨大始期:具鳞芽者,当芽鳞开始分离,侧面显露出浅色的线形或角形时,为芽膨大始期(具裸芽者,如枫杨、山核桃等,不记录芽膨大期)。

(3) 芽开放(绽)期或显蕾期:树木之鳞芽,当鳞片裂开,芽顶部出现新鲜颜色的幼叶或花蕾顶部时,为芽开放(绽)期。

(4) 展叶开始期:从芽苞中伸出的卷曲或按叶脉折叠着的小叶,出现第一批有 1~2 片平展时,为展叶开始期。

(5) 展叶盛期:阔叶树以其半数枝条上的小叶完全平展时为准。针叶类以新针叶长度达老针叶长度 1/2 时为准。有些树种开始展叶后,就很快完全展开,可以不记录展叶盛期。

(6) 春色叶呈现始期:以春季所展之新叶整体上开始呈现有一定观赏价值的特有色彩时为准。

(7) 春色叶变色期:以春色叶特有色彩整体上消失时为准,如由鲜绿转暗绿,由各种红色转为绿色。

2) 开花期记载项目及标准

(1) 开花始期:在选定观测的同种树上,一半以上的植株有 5%的(只有一株亦按此标准)完全展开时为开花始期。

(2) 开花盛期(盛花期):在观测树上见有一半以上的花蕾都展开花瓣或一半以上的柔荑花序松散下垂或散粉时,为盛花期。

(3) 开花末期:在观测树上残留约 5%的花时,为开花末期。

(4) 多次开花期:一些一年一次春季开花的树木,如某些年份于夏秋间或初冬再度开花,应另行记录。另有一些树种,一年内能多次开花,其中有的有明显的间隔期,有的几乎连续。但从盛花上可以看出有几次高峰,也应分别予以记载。

3) 果实生长发育与落果期记载项目及标准

(1) 幼果出现期:见子房开始膨大(苹果、梨果直径达 0.8cm 左右)时,为幼果出现期。

(2) 生理落果期:幼果开始膨大后出现较多数量幼果变黄脱落时为生理落果期。

(3) 果实(种子)成熟期:全树有 50%果实或种子从色泽、品质等具备了该品种成熟的特征,摘采时果梗容易分离。

(4) 果实开始脱落期:见成熟种子开始散布或连同果实脱落。

(5) 果实脱落末期:成熟种子或连同果实基本脱完。但有些树木的果实和种子在当年年终以前仍留树上不落,应在"果实脱落末期"栏目中写上"宿存",并在第二年记录表中记录下脱落的日期。

4) 新梢生长周期记载项目及标准

(1) 由叶芽萌动开始,至枝条停止生长为止。新梢的生长分一次梢(习称春梢)、二次梢(习称夏梢或秋梢或副梢)和三次梢(习称秋梢)。

(2) 新梢开始生长期:选定的主枝一年生延长枝(或增加中、短枝)上顶部营养芽(叶芽)开放为一次(春)梢开始生长期;一次梢顶部腋芽开放为二次梢开始生长期;三次以上梢开始生长期,其余类推。

(3) 新梢停止生长期:以所观察的营养枝形成顶芽或梢端自枯不再生长为止。二次以上梢类推记录。

5）秋叶变色与脱落期记载项目及标准

（1）秋叶开始变色期：全树有 5％的叶片变为可供观赏的红色或黄色。

（2）可供观赏的秋色叶期：全树有 30％～50％叶片呈现秋色叶，其标准因树种不同，观测时应标明该树开始变色的部位与比例。

（3）秋叶全部变色期：全株所有的叶片完全变色。

（4）落叶期：当无风时，树叶落下，或用手轻轻摇树枝有 3％～5％的叶片脱落，为落叶始期。30％～50％叶片脱落为落叶盛期，90％～95％叶片脱落为落叶末期。

在比较正规和准确的物候期观测中，还应对自然环境进行调查与测定。因为只有将植物的物候变化与自然环境条件的变化相联系，才能充分了解物候变化的规律。由于每年自然环境中的气象、土壤等因子都会有变化，所以物候期观测至少要观察 3 年以上，才能得到正确的物候期记载结果。物候观测和气象观测一样，连续观测越长，其资料在分析时越有价值，所得结论越可靠，越能有效地指导生产管理和作出预报。

1.4   园林树木各器官生长特点

树木是由多种不同器官组成的统一体。一株正常的树木，主要由树根、枝干（或藤木枝蔓）、树叶所组成，当达到一定树龄以后，还会有花、果、种子等。习惯上把树根称为地下部分，把枝干及其分枝形成的树冠（包括叶、花、果）称为地上部分，地上部分与地下部分交界处称为根颈。了解各器官的生长习性及其相互关系有利于深入地掌握和控制树木的生长发育。

1.4.1   根系的生长

根是树木的重要器官，它除了把植株固定在土壤之内、吸收水分、矿质养分和少量的有机物质以及储藏一部分养分外，还能将无机养分合成为有机物质，如将无机氮转化成酰胺、氨基酸、蛋白质等。根还能合成某些特殊物质，如激素（细胞分裂素、赤霉素、生长素）和其他生理活性物质，对地上部分生长起调节作用。庞大的根系是树木营养物质储藏的场所，许多树木的根内具有发达的薄壁组织，能够储藏有机和无机营养物质。根具有输导功能，由根毛吸收的水分和无机盐通过根的维管组织输送到枝。而叶制造的有机养料则经过茎输送到根，以维持根系的生长和生活的需要。根系的分泌物还能将土壤微生物吸引到根系分布区来，并通过微生物的活动将氮及其他元素的复杂有机化合物转变为根系易于吸收的类型。另外，还可以利用根系来繁殖和更新树体。"根深叶茂"不仅客观地反映出了树木地下部分与地上部分密切相关，也是对树木生长发育规律和栽培经验的总结。

一株植物所有根的总体称为根系。正常情况下，树木根系生长在土壤中，但有少数树种，如榕树、红树、水松、薜荔、常春藤等，为适应特定环境的需要，常产生根的变态，在地面上形成支柱根、呼吸根、板根或吸附根等气生根，在园林观赏上也有一定的价值。

观测单位

表 1.1　园林树木观测物候记录卡

编号		省(市)	县(区)	北纬	东经	海拔	观测者
生境	观测地点	土壤	同生植物	小气候	养护情况		
	地形						

物候期 树种	萌芽期			展叶期					开花期							同生植物		果实发育期					新梢生长期								秋叶变色与脱落期							备注
	树液开始流动期	花芽膨大开始期	叶芽膨大开始期	叶芽开放(绽)期	展叶开始期	展叶盛期	春色叶呈现期	春色叶变绿期	开花始期	开花盛期	开花末期	最佳观花期起止日	二次开花期	三次开花期	再度开花期起止日	幼果出现期	生理落果期	果实成熟期	果实开始脱落期	果实脱落末期	可供观果起止日	春梢始长期	春梢停长期	二次梢始长期	二次梢停长期	三次梢始长期	三次梢停长期	四次梢始长期	四次梢停长期	秋叶开始变色期	秋叶全部变色期	落叶开始期	落叶盛期	落叶末期	可供观赏秋色叶期	最佳观赏秋色叶期	

1.4.1.1　树木根系的分类

1) 根系的起源分类

生产实践中常常根据根系发生的来源(繁殖方法)分为实生根系、茎源根系和根蘖根系。

(1) 实生根系。实生繁殖和用实生砧嫁接的树木的根系均为实生根系。特点是:一般主根发达,根系较深,年龄发育阶段较轻,生活力较强,对外界环境有较强的适应能力;实生根系个体间的差异要比无性繁殖树木的根系大,但在嫁接情况下,会受到地上部接穗品种的影响。

(2) 茎源根系。用扦插、压条繁殖所形成植株的根系,如悬铃木、杨树、月季、无花果扦插繁殖的根系;荔枝、白兰花高压繁殖的根系;香蕉、菠萝吸芽繁殖的根系等。其根系来源于母体茎上的不定芽,这种根系称为茎源根系。特点是主根不明显,根系较浅;生理年龄较老,生命力相对较弱,但个体间比较一致。

(3) 根蘖根系。有的树种在根上能发生不定芽而形成根蘖,而后与母体分离形成单独的植株,如枣、石榴、桂花、银杏等分株繁殖成活的植株,其根系称为根蘖根系。根蘖根系的特点与茎源根系相似,见图1.4。

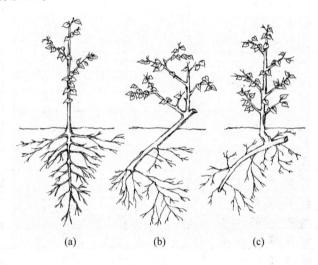

图 1.4　树木根系的类型
(a) 实生根系;(b) 茎源根系;(c) 根蘖根系

2) 根系的形态分类

植物学上按其起源和形态的不同,将根系分为直根系和须根系。

(1) 直根系。由胚根发育产生的初生根及次生根组成,主根发达,较各级侧根粗壮而长,能明显地区分出主根和侧根,如麻栎、马尾松等。由扦插、压条等无性繁殖长成的树木,其根系由不定根组成,虽然没有真正的主根,但其中的一两条不定根往往发育粗壮,外表上类似主根,具有直根系的形态,习惯上也把这种根系看成直根系。

(2) 须根系。主根不发达或早期停止生长,由茎的基部形成许多粗细相似的不定根,这种根系称为须根系,如竹、棕榈等。

3）根系的结构分类

从树木根系结构来看,完整的根系包括主根、侧根、须根和根毛。

（1）主根由种子的胚根发育而成。

（2）主根上面产生的各级较粗的大分支,统称侧根。生长粗大的主根和各级侧根构成树木根系的基本骨架,统称骨干根。这种根寿命长,主要起固本、输导和储藏养分的作用。

（3）须根是着生在主根、侧根上的细小根系,这种根短而细,一般寿命短,但却是根系最活跃的部分。根据须根的形态结构与功能,一般可分生长根、吸收根、疏导根。

（4）根毛是树木根系吸收养分和水分的主要部位,是须根吸收根上根毛区表皮细胞形成的管状突起物。特点是数量多、密度大,是树木根系吸收养分和水分的主要部位。

1.4.1.2　树木根系在土壤中的分布

地球上的植物一旦发根,都有向下生长的特性,这是受地球引力的影响,也可说是植物的本能。各类根系在土壤中生长分布的方向不同,根据根系在土壤中生长的方向分为水平根和垂直根。根据树木根系在土壤中生长的深浅情况又分为深根性根系和浅根性根系。

1）根系的水平分布和垂直分布

根系依其在土壤中伸展的方向,可以分为水平根和垂直根两种。

水平根多数沿着土壤表层几乎呈平行状态向四周横向发展,它在土壤中分布的深度和范围依地区、土壤、树种、繁殖方式、砧木等不同而变化。根系的水平分布一般要超出树冠投影的范围,甚至可达到树冠的 2～3 倍。水平根分布范围的大小主要受环境中的土壤质地和养分状况影响,在深厚、黏紧、肥沃及水肥管理较好的土壤中,水平根系分布范围较小,分布区内的须根特别多。但在干旱、瘠薄、疏松的土壤中,水平根可伸展到很远的地方,但须根稀少。水平根须根多,吸收功能强。对树木地上部的营养供应起着极为重要的作用。

垂直根是树木大体垂直向下生长的根系,其入土深度一般小于树高。垂直根的主要作用是固着树体、吸收土壤深层的水分和营养元素。树木的垂直根发育好,分布深,树木的固地性就好,抗风、抗旱、抗寒能力也强。根系入土深度取决于土层厚度及其理化特性,在土质疏松通气良好、水分养分充足的土壤中,垂直根发育较强;而在地下水位高或土壤下部有不透水层的情况下,则限制根系向下发展。

树木水平根与垂直根伸展范围的大小,决定着树木营养面积和吸收范围的大小。凡是根系伸展不到的地方,树木是难以从中吸收土壤水分和营养的。因此,只有根系伸展既广又深时,才能最有效地利用水分与矿物质。

2）根系生长类型

树木根系受遗传特性的影响,在土壤中分布的深浅变异很大,可概括为两种基本类型,即深根性和浅根性。

深根性有一个明显的近乎垂直的主根深入土中,从主根上分出侧根向四周扩展,由上而下逐渐缩小。此类树种根系在通透性好而水分充足的土壤里分布较深,故又称为深根性树种,在松、栎类树种中最为常见,又如银杏、樟树、臭椿、柿树等。浅根性的树种没有明显的主根或不发达,大致以根颈为中心向地下各个方向作辐射扩展,或由水平方向伸展的扁平根组成,主要分布在土壤的中上部,如杉木、冷杉、云杉、铁杉、槭树、水青冈以及一些耐水湿树种的根系,特别是在排水不良的土壤中更为常见。同一树种的不同变种、品种里也会出现深根性和浅根性，如乔化种和矮化种。

1.4.1.3　根颈、菌根及根瘤

1）根颈

根和茎的交接处称为根颈。因树木的繁殖类型不同，分为真根颈与假根颈。实生树是真根颈，由种子下胚轴发育成；营养繁殖的树为假根颈，由枝、茎生出不定根后演化而成。根颈是地上与地下交接处，是树体营养物质交流必经的通道。

根颈的特点：进入休眠最迟，解除休眠最早，对外界环境条件变化比较敏感，容易遭受冻害。根颈部分埋得过深或全部裸露，对树木生长发育均不利。

2）菌根

许多树木的根系常有菌根共生。菌根是非致病或轻微致病的菌根真菌，侵入幼根与根的生活细胞结合而产生的共生体。

菌根的菌丝体能组成较大的生理活性表面和较大的吸收面积，可以吸收更多的养分和水分，在土壤含水量低于萎蔫系数时，能从土壤中吸收水分，又能分解腐殖质，并分泌生长素和酶，促进根系活动和活化树木生理功能。菌根菌还能产生抗性物质，排除菌根周围的微生物，菌壳也可成为防止病原菌侵入的机械组织。菌根的生长一方面要从寄主树木根系中吸取糖类、维生素、氨基酸和生长促进物质；另一方面，对树木的营养和根的保护起着有益的作用，寄主和菌根菌通过物质交换形成互惠互利的关系。

3）根瘤

一些植物的根与微生物共生形成根瘤，这些根瘤具有固氮作用。

豆科植物的根瘤是一种称为根菌的细菌（革兰氏染色阴性菌）从根毛侵入，而后发育形成的瘤状物。菌体内产生豆血红蛋白和固氮酶进行固氮，并将固氮产物氨输送到寄主地上部分，供给寄主合成蛋白质之用。豆科植物与根瘤菌的共生不但豆科植物本身得到氮素的供应，而且还可以增加土壤的氮肥，这就是在实际生产中种植豆科植物作为绿肥改良土壤的原因。迄今为止，已知约有1200种豆科植物具有固氮作用，而在农业上利用的还不到50种。木本豆科植物中的紫穗槐、槐树、合欢、金合欢、皂荚、紫藤、胡枝子、紫荆、锦鸡儿等都能形成根瘤。

近年来的研究表明，一些非豆科植物如桦木科、木麻黄科、鼠李科、胡颓子科、杨梅科、蔷薇科等科中的许多种以及裸子植物的苏铁、罗汉松等植物也形成根瘤，具有固氮能力，有的种类已应用于固沙和改良土壤。与非豆科植物共生的固氮菌多为放线菌类。

非豆科植物固定的氮量与豆科植物几乎相近。据测定的资料表明，桤木与放线菌的共生结合体在森林内每年每公顷可为地表土壤积累氮素 $61 \sim 157$ kg。在红桤木的纯林中，每年的固氮量竟高达 325kg/hm^2；成年的木麻黄林每年约可固定氮素 58kg/hm^2。

1.4.1.4　影响树木根系生长的因素

树木根系的生长没有自然休眠期，只要条件适宜，就可全年生长或随时可由停顿状态迅速过渡到生长状态。其生长势的强弱和生长量的大小，随土壤的温度、水分、通气与树体内营养状况以及其他器官的生长状况而异。

1) 土壤温度

树种不同,开始发根所需的土温很不一致。一般原产温带寒地的落叶树木需要温度低;而热带、亚热带树种所需温度较高。根的生长都有最佳温度和上、下限温度。一般根系生长的最佳温度为15~20℃。上限温度为40℃,下限温度为5~10℃。温度过高或过低对根系生长都不利,甚至会造成伤害。由于不同深度土壤的土温随季节变化,分布在不同土层中的根系活动也不同。以我国长江流域为例,早春土壤解冻后,离地表30cm以内的土温上升较快,湿度也适宜,表层根系活动较强烈;夏季表层土温过高,30cm以下土层温度较适合,中层根系较活跃;90cm以下土层周年温度变化较小,根系往往常年都能生长,所以冬季根的活动以下层为主。

2) 土壤水分

土壤水分与根系的生长也有密切关系。土壤含水量达最大持水量的60%~80%时,最适宜根系生长。过干易促使根系木栓化和发生自疏,过湿则影响土地通透性而缺氧,抑制根的呼吸作用,导致根的停长或烂根死亡。

3) 土壤通气

土壤通气对根系生长影响很大。通气良好条件下的根系密度大、分枝多、须根也多。通气不良时,发根少,生长慢或停止,易引起树木生长不良和早衰。城市由于铺装路面多、市政工程施工夯实以及人流踩踏频繁,造成土壤坚实,影响根系的穿透和发展。城市环境中的这类土壤内外气体不易交换,以致引起有害气体(二氧化碳等)的积累中毒,影响根系的生长并对根系造成伤害。

4) 土壤营养

在一般土壤条件下,其养分状况不至于使根系处于完全不能生长的程度,所以土壤营养一般不成为限制因素。但土壤营养可影响根系的质量,如发达程度、细根密度、生长时间的长短等。但根总是向肥多的地方生长,在肥沃的土壤里根系发达,细根密,活动时间长。相反,在瘠薄的土壤中,根系生长瘦弱,细根稀少,生长时间较短。施用有机肥可促进树木吸收根的发生,适当增加无机肥料对根系的发育也有好处。如施氮肥通过叶的光合作用能增加有机营养和生长激素,以促进发根;磷和微量元素(硼、锰等)对根的生长都有良好的影响。但如果在土壤通气不良的条件下,有些元素会转变成有害的离子(如铁、锰会被还原为二价的铁离子和锰离子,提高了土壤溶液的浓度),使根受害。

5) 树体有机养分

根的生长与功能的发挥依赖于地上部分所供应的碳水化合物。土壤条件好时,根的总量取决于树体有机养分的多少。叶受害或结实过多,根的生长就受阻碍,即使施肥,一时作用也不大,需要通过保叶或疏果来改善根的生长状况。

6) 其他因素

根的生长与土壤类型、土壤厚度、母岩分化状况及地下水位高低都有密切的关系。

1.4.1.5 根系的年生长动态

树木根系由于没有自然休眠,只要满足所需条件,可以周年生长,但是在很多情况下,由于外界环境条件恶劣,根被迫停止生长而进入休眠。由于气候在一年中呈周期性的变化,树木根系的伸长生长在一年中也是有周期性的。

根的生长周期与地上部不同，其生长与地上部密切相关，往往交错进行。与树体地上部分芽萌动和休眠相比，通常根系春季提早生长，秋季休眠延后，这样可以很好地满足地上部分生长对水分、养分的需求。在春末与夏初之间以及夏末与秋初之间，不但温度适宜根系生长，而且树木地上部分运输至根部的营养物质量也大，因而在正常情况下，许多树木的根系都在一年中的这两个时期分别出现生长高峰。根系在一年中的生长状况取决于树木的种类、原产地、当年的生长结实状况以及外界环境条件（土壤温度、土层的厚度、水分、通气以及土壤肥力等）。根系生长的快慢是上述因素综合作用的结果（但某个因素在某个时期可能起主导作用）。有机营养与内源激素的积累是根系生长的内因，冬季低温和夏季高温、干旱是抑制根系生长的外因。在夏季，根系的主要任务是供给蒸腾耗水，于是根系的生长相应处于低谷，有的甚至停止生长。不过，实际情况可能更复杂。生长在南方或温室内的树木，根系的年生长周期都不明显。

树木根系生长出现高峰的次数和强度与树种、年龄和环境的变化有关。据研究，苹果小树一年有3次高峰，生长在佐治亚州的美国山核桃根的生长周期多达4～8次。根在年周期中的生长动态还受当年地上部生长和结实状况的影响，同时还与土壤温度、水分、通气及营养状况等密切相关。因此，树木根系年生长过程中表现出高峰和低峰交替出现的现象，是上述因素综合作用的结果，只是在一定时期内某个因素起着主导作用。

1.4.1.6　根系的生命周期

树木根系生命周期的变化与地上部有相似的特点，也经历着发生、发展与衰亡的过程。从生命活动的总趋势看，树根的寿命应与该树种的寿命长短一致。长寿命树种如牡丹，根能活三四百年。但根的寿命受环境条件的影响很大，并与根的种类即功能密切相关。不良的环境条件，如严重的干旱、高温等，会使根系逐渐木质化，加速衰老，丧失吸收能力。一棵树上的根，寿命由长至短的顺序大致是支持根、储藏根、运输根、吸收根。

许多吸收根，特别是根毛，它们对环境条件十分敏感，存活的时间很短，有的仅存活几小时，处于不断的死亡与更新的动态变化之中。当然，也有部分吸收根能继续增粗，生长成侧根，进而变为高度木质化、寿命几乎与整个植株的寿命相当的永久性支持根，但对多数侧根来说、一般寿命为数年至数十年。

研究表明，根系的生长速度与树龄有关。在树木的幼年期，一般根系生长较快，常常超过地上部分的生长，并以垂直向下生长为主，为以后树冠的旺盛生长奠定基础，所以，壮苗应先促根，树冠达最大时，根幅也最大。至此，不仅根系的生物量达最大值，而且在此期间，根系的功能也不断地得到完善和加强，尤其是根的吸收能力显著提高。随着树龄的增加，根系的生长趋于缓慢，并在较长时期内与地上部分的生长保持一定的比例关系，直到吸收根完全衰老死亡，根幅缩小，整个根系结束生命周期。

1.4.2　枝条的生长与树体骨架的形成

树木除了少数具有地下茎或根状茎外，茎是植物体地上部分的重要营养器官。植物的枝茎起源芽，又制造了大量的芽。枝茎是联系地上、地下各组织器官，形成庞大的分枝系统，连同茂密的叶丛,构成完整的树冠结构,主要起着支撑、联系、运输、储藏、分生、更新等作用。树体枝干系统及所形成的树形,决定于枝芽特性,芽抽枝,枝生芽,两者关系极为密切。了解树木的枝芽特性,对整形修剪有重要意义。

1.4.2.1　芽的分类与特性

芽是多年生植物为适应不良环境条件和延续生命活动而形成的一种重要器官,是树体各器官的原始体。芽与种子有相似的特点、在适宜的条件下,可以形成新的植株。

1)定芽与不定芽

树木的顶芽、腋芽或潜伏芽(树木最基部的几个芽或上部的某些副芽往往暂时不萌发,成为潜伏芽)的发生均有一定的位置,称为定芽。

在根插、重剪或老龄的枝、干上常出现一些位置不确定的芽,称为不定芽。不定芽常用作更新或调整树形。老树更新有赖于枝、干上的潜伏芽。若潜伏芽寿命短,则可利用不定芽萌发的枝条来进行更新。

2)芽的特性

(1)芽序。定芽在枝上按一定规律排列的顺序称为"芽序"。因为定芽着生的位置是在叶腋间,所以芽序与叶序相同。不同树种的芽序也不同。多数树种的芽序是互生的,如葡萄、榆树、板栗等;芽序为对生(每节芽相对而生)的树种有蜡梅、丁香、白蜡等;芽序为轮生(芽在枝上呈轮状着生排列)的树种有松类、灯台树、夹竹桃等。有些树木的芽序,也因枝条类型、树龄和生长势而有所变化。

树木的芽序与枝条的着生位置和方向密切相关,所以了解树木的芽序对整形修剪、安排主侧枝的方位等有重要的作用。

(2)萌芽力与成枝力。树木母枝上叶芽的萌发能力,称为萌芽力,常用萌芽数占该枝芽总数的百分率(萌芽率)来表示。各种树木与品种的萌发力不同,有的强,如松属的许多种、紫薇、桃、小叶女贞、女贞等;有的较弱,如梧桐、核桃、苹果和梨的某些品种等。凡枝条上的叶芽有一半以上能萌发的则为萌芽力强或萌芽率高,如悬铃木、榆树、桃等;凡枝条上的芽多数不萌发,而呈现休眠状态的,则为萌芽力弱或萌芽率低,如梧桐、广玉兰等。萌芽率高的树种,一般来说耐修剪,树木易成形。

枝条上的叶芽萌发后,并不是全部都能抽成长枝。枝条上的叶芽萌发后能够抽成长枝的能力称为"成枝力"。不同树种的成枝力不同。如悬铃木、葡萄、桃等萌芽率高,成枝力强,树冠密集,幼树成形快,效果也好。这类树木若是花果树,则进入开花结果期也早,但也会使树冠过早郁闭而影响树冠内的通风透光,若整形不当,易使内部短枝早衰。而如银杏、西府海棠等,成枝力较弱,所以树冠内枝条稀疏,幼树成形慢,遮阴效果也差,但树冠通风透光较好。

(3)芽的早熟性与晚熟性。枝条上的芽形成后到萌发所需的时间长短因树种而异。有些树种在生长季的早期形成的芽,当年就能萌发。有些树种一年内能连续萌生3~5次新梢并能多次开花(如月季、米兰、茉莉等),具有这种当年形成、当年萌发成枝的芽,称为早熟性芽。这类树木当年即能形成小树的样子。也有些树种,芽虽具早熟性,但不受刺激一般不萌发,当遭受病虫等自然伤害和人为修剪、摘叶时才会萌发。

当年形成的芽,需经一定的低温时期来解除休眠,到第二年才能萌发成枝的芽称为晚熟性芽,如银杏、广玉兰、毛白杨等。也有一些树种两者特性兼有,如葡萄,副芽是早熟性芽,而主芽是晚熟性芽。

芽的早熟性与晚熟性是树木比较固定的习性,但在不同的年龄时期,不同的环境条件下,也会有所变化。如生长在较差环境条件下的适龄桃树,一年只萌发1次枝条;具晚熟性芽的悬铃木等树种的幼苗,在肥水条件较好的情况下,当年常会萌生2次枝;叶片过早的衰落也会使一些具晚熟性芽的树种,如梨、垂丝海棠等2次萌芽或2次开花,这种现象对第二年的生长会带来不良的影响,所以应尽量防止这种情况的发生。

(4) 芽的异质性。同一枝条上不同部位的芽存在着大小、饱满程度等的差异现象,称为"芽的异质性"。这是由于在芽形成时,树体内部的营养状况、外界环境条件和着生的位置不同而造成的。

枝条基部的芽,是在春初展雏叶时形成的。这一时期,新叶面积小、气温低、光合效能差,故这时叶腋处形成的芽瘦小,且往往为隐芽。其后,展现的新叶面积增大,气温逐渐升高,光合效率也高,芽的发育状况得到改善,叶腋处形成的芽发育良好,充实饱满。

有些树木(如苹果、梨等)的长枝有春梢、秋梢,即一次枝春季生长后,在夏季停长,于秋季温度和温度适宜时,顶芽又萌发成秋梢。秋梢组织不充实,在冬寒时易受冻害。如果长枝生长延迟至秋后,由于气温降低,枝梢顶端往往不能形成新芽。所以,一般长枝条的基部和顶端部分或者秋梢上的芽质量较差,中部的最好,中短枝中、上部的芽较为充实饱满,树冠内部或下部的枝条,因光照不足,生长其上的芽质量欠佳。

了解芽的异质性及其产生的原因后,在选择插条和接穗时,就知道应在树冠的什么部位采取为好,整形修剪时也可知道剪口芽应怎样选留了。

(5) 芽的潜伏力。树木枝条基部的芽或上部的某些副芽,在一般情况下不萌发而呈潜伏状态。当枝条受到某种刺激(上部或近旁受损,失去部分枝叶时)或树冠外围枝处于衰弱状态时,能由潜伏芽萌发抽生新梢的能力,称为芽的潜伏力(也称"潜伏芽的寿命")。潜伏芽也称"隐芽"。潜伏芽寿命长的树种容易更新复壮,复壮得好的几乎能恢复至原有的冠幅或产量,甚至能多次更新,所以这种树木的寿命也长;否则反之。如桃树的潜伏芽寿命较短,所以桃树不易更新复壮,寿命也短。

1.4.2.2 茎枝的生长特性

1) 茎枝的生长类型

树木地上部分茎枝的生长与地下部分根系的生长相反,表现出背地性,多数是垂直向上生长,也有少数呈水平或下垂生长的。茎枝一般有顶端的加长生长和形成层活动的加粗生长。禾本科的竹类不具有形成层,只有加长生长而无加粗生长,且加长生长迅速。园林树木茎枝生长大致可分为以下3种类型:

(1) 直立生长。茎干以明显的背地性垂直地面,枝直立或斜生于空间,多数树木都是如此。在直立茎的树木中,也有些变异类型,以枝的伸展方向可分为紧抱型、开张型、下垂型、龙游(扭旋或曲折)型等。

(2) 攀援生长。茎长得细长柔软,自身不能直立,但能缠绕或具有适应攀援他物的器官(卷须、吸盘、吸附气根、钩刺等),借他物为支柱,向上生长。在园林上,把具有缠绕茎和攀援茎的木本植物统称为木质藤本(简称藤木)。

(3) 匍匐生长。茎蔓细长,自身不能直立,又无攀援器官的藤木或无直立主干之灌木,常匍匐于地面生长。在热带雨林中,有些藤木如绳索状爬伏或呈不规则的小球状匍匐于地面。匍匐灌木,如偃柏、铺地柏等。攀援藤木在无物可攀援时,也只能匍匐于地面生长,这种生长类型的树木,在园林中常用作地被植物。

2) 分枝方式

除少数树种不分枝(如棕榈科的许多种)外,大多数树木的分枝都有一定的规律性,在足够的空间条件下,长成不同的树冠外形。归纳起来,主要有 3 种分枝方式:

(1) 单轴分枝(总状分枝)。枝的顶芽具有生长优势,能形成通直的主干或主蔓,同时依次发生侧枝,侧枝又以同样方式形成次级侧枝,这种有明显主轴的分枝方式称为单轴分枝(总状分枝),如松柏类、雪松、冷杉、云杉、水杉、银杏、毛白杨、银桦等。这种分枝方式以裸子植物为最多。

(2) 合轴分枝。枝的顶芽经一段时间生长后,先端分化出花芽或自枯,而由邻近的侧芽代替延长生长,以后又按上述方式分枝生长,形成了曲折的主轴,这种分枝方式称为合轴分枝。如成年的桃、杏、李、榆、柳、核桃、苹果、梨等。合轴分枝以被子植物为最多。

(3) 假二叉分枝。具有对生芽的树木,顶芽自枯或分化为花芽,则由其下对生芽同时萌发生长所代替,形成杈状延长枝,以后照此继续分枝。其外形上似二杈分枝,因此称为假二杈分枝。这种分枝方式实际上是合轴分枝的另一种形式,如丁香、梓树、泡桐等。

树木的分枝方式不是一成不变的。许多树木年幼时呈单轴分枝,生长到一定树龄后,就逐渐变成为合轴或假二杈分枝。因而在幼、青年树木上,可见到两种不同的分枝方式。如玉兰等均可见单独分枝与合轴分枝及其转变的痕迹。

了解树木的分枝习性,对培养观赏树形、整形修剪、提高光能利用率或促使早成花等都有重要的意义。

3) 顶端优势

树木顶端的芽或枝条比其他部位的生长占有优势的地位称为顶端优势。因为它是枝条背地性生长的极性表现。

一个近于直立的枝条,其顶端的芽能抽生最强的新梢,而侧芽所抽生的枝,其生长势(常以长度表示)多呈自上而下递减的趋势,最下部的一些芽则不萌发。如果去掉顶芽或上部芽,即可促使下部腋芽和潜伏芽的萌发。顶端优势也表现在分枝角度上,枝自上而下开张,如去除先端对角度的控制效应,则所发侧枝又呈垂直生长。另外也表现在树木中心干生长势比同龄主枝强,树冠上部枝比下部的强。一般乔木都有较强的顶端优势,越是乔化的树种,其顶端优势也越强;反之则弱。

4) 干性与层性

树木中心干的强弱和维持时间的长短,称为树木的干性,简称干性。凡顶端优势明显的树种,中心干强而持久。凡中心干坚硬,能长期处于优势生长的树种,称为干性强。这是高大乔木的共性,即中轴部分比侧生部分具有明显的优势;反之称为干性弱,如弱小灌木的中轴部分长势弱,维系时间短,侧生部分具有明显的优势。

树木层性是指中心干上的主枝、主枝上的侧枝在分层排列的明显程度。层性是顶端优势和芽的异质性共同作用的结果。从整个树冠看,在中心干和骨干枝上有若干组生长势强的枝条和生长势弱的枝条交互排列,形成了各级骨干枝分布的成层现象。有些树种的层性,一开始就很明显,如油松等;而有些树种则随年龄增大,弱枝衰亡,层性才逐渐明显起来,如雪松、马尾松、苹果、梨等。具有明显层性的树冠,有利于通风透气。层性能随中心主枝生长优势保持年代长短而变化。

不同树种的干性和层性强弱不同。雪松、龙柏、水杉等树种干性强而层性不明显;南洋杉、黑松、广玉兰等树种干性强,层性也较明显;悬铃木、银杏、梨等树种干性比较强,主枝也能分层排列在中心干上,层性最为明显。香樟、苦楝、构树等树种,幼年期能保持较强的干性,进入成年期后,干性和层性都明显衰退;桃、梅、柑橘等树种自始至终都无明显的干性和层性。

树木的干性与层性在不同的栽培条件下会发生一定变化,如群植能增强干性,孤植会减弱干性,人为修剪也能左右树木的干性和层性。干性强弱是构成树冠骨架的重要生物学依据。了解树木的干性与层性,对树木的整形修剪有重要的意义。

1.4.2.3　茎枝的年生长

树木每年都通过枝茎生长来不断增加树高和扩大树冠,枝茎生长包括加长生长和加粗生长两个方面。在一年内树木生长增加的粗度与长度,称为年生长量。对于乔木的调查是每年的树高、胸径和冠幅生长量;对于灌木的调查是每年的树高、冠幅和枝条生长量。在一定时间内,枝条加长加粗生长的快慢称为生长势。这些是衡量树木生长状况的常用指标,也是评价栽培措施是否合理的依据之一。

1) 枝条的加长生长

随着芽的萌动,树木的枝、干也开始了一年的生长。加长生长主要是枝、茎尖端生长点的向前延伸(竹类为居间生长),生长点以下各节一旦形成,节间长度就基本固定。加长生长并非是匀速的,而是按慢—快—慢的节律进行,生长曲线呈 S 形。加长生长的起止时间,速增期长短、生长量大小与树种特性、年龄、环境条件等有密切关系。幼年树的生长期较成年树长;在温带地区的树木,一年中枝条多只生长 1 次,而生长在热带、亚热带的树木,一年中能抽梢 2～3 次。

树木在生长季的不同时期抽生的枝质量不同。生长初期和后期抽生的枝,一般节间短,芽瘦小;速生期抽生的枝,不但长而粗壮,营养丰富,且芽健壮饱满,质量好,为扦插、嫁接繁殖的理想材料。速生期树木对水、肥需求量大,应加强抚育管理。

2) 加粗生长

树木枝、干的加粗生长都是形成层细胞分裂、分化、增大的结果。加粗生长比加长生长稍晚,其停止也稍晚。在同一株树上,下部枝条停止加粗生长比上部稍晚。

当芽开始萌动时,在接近芽的部位,形成层先开始活动,然后向枝条基部发展。因此,落叶树种形成层的开始活动稍晚于萌芽,同时离新梢较远的树冠下部的枝条,形成层细胞开始分裂的时期也较晚。由于形成层的活动,枝干出现微弱的增粗,此时所需的营养物质主要靠上年的储备。此后,随着新梢不新加长生长,形成层活动也持续进行。新梢生长越旺盛,形成层活动也越强烈而且持久。秋季由于叶片积累大量光合产物,因而枝干明显加粗。

1.4.2.4　树体骨架的形成

枝、干为构成树木地上部分的主体,对树体骨架的形成起重要作用。了解树体骨架的形成,对树木整形修剪、调整树体结构以及观赏作用的发挥,均具重要意义。树木的整体形态构造,依枝、干的生长方式,可大致分为以下 3 种主要类型。

1) 单干直立型

单干直立型具有一明显的、与地面垂直生长的主干,包括乔木和部分灌木树种。

这种树木顶端优势明显,由骨干主枝、延长枝及细弱侧枝等 3 类枝构成树体的主体骨架。通常树木以主干为中心轴,着生多级饱满、充实、粗壮、木质化程度高的骨干主枝,起扩大树冠、塑造树型、着生其他次级侧枝的作用。由于顶端优势的影响,主干和骨干主枝上的多数芽为隐芽,长期处于潜伏状态。由骨干主枝顶部的芽萌发,形成延长枝(实际上,也会有部分芽萌发成细弱侧枝或开花枝),进一步扩展树冠。延长枝进一步生长,有的能加入到骨干枝的行列。延长枝上再着生细弱侧枝,完善树体骨架。细弱枝相对较细小,养分有限,可直接着生叶或花。有的芽也能改良成营养枝,供给繁殖用的材料或形成生殖枝,开花结果。

各类树种寿命不同,通常细弱枝更新较频繁,但随树龄的增加,主干、骨干主枝以及延长枝的生长势也会逐渐转弱,从而使树体外形不断变化,观赏效果得以丰富。

2) 多干丛生型

多干丛生型以灌木树种为主,由根颈附近的芽或地下芽抽生形成几个粗细接近的枝干,构成树体的骨架,在这些枝上,再萌生各级侧枝。

这类树木离心生长相对较弱,顶端优势也不十分明显,植株低矮,芽抽枝能力强。有些种类反而枝条中下部芽较饱满,抽枝旺盛,使树体结构更紧密,容易更新复壮。这类树木主要靠下部的芽逐年抽生新的枝干来完成树冠的扩展。

3) 藤蔓型

有一至多条从地面生长出的明显主蔓,它们的藤蔓兼具单干直立型和多干丛生型树木枝干的生长特点。但藤蔓自身不能直立生长,因而无确定冠形。

藤蔓型树种,如九重葛、紫藤等,主蔓自身不能直立,但其顶端优势仍较明显,尤其是在幼年时,主蔓生长很旺,壮年以后,主蔓上的各级分枝才明显增多,其衰老更新特性常介于单干直立型和多干丛生型之间。

1.4.3　叶和叶幕的形成

叶是行使光合作用制造有机养分的主要器官,植物体内 90% 左右的干物质是由叶片合成的。光合作用制造的有机物不仅供植物本身的需要,而且是地球上有机物质的基本源泉。

植物体生理活动的蒸腾作用和呼吸作用主要是通过叶片进行的,因此了解叶片的形成对树木的栽培有重要作用。

1.4.3.1　叶片的形成

叶片是由叶芽中前一年的叶原基发展起来的。其大小与前一年或前一生长时期形成叶原基时的树体营养和当年叶片生长期的长短有关。单个叶片自展叶到叶面积停止增加所用的时间及叶片的大小,不同树种、品种和不同枝梢是不一样的。梨和苹果的外围长梢上,春梢段基部叶和秋梢叶生长期都较短,叶均小。而旺盛生长期形成的叶片生长时间较长,叶也大。短梢叶片除基部叶片发育时间短外,其余叶片大体比较接近。因此,不同部位和不同叶龄的叶片,其光合能力也是不一样的。初展之幼嫩叶,由于叶组织量少,叶绿素浓度低,光合生产效率较也低。随着叶龄增加,叶面积增大,生理上处于活跃状态,光合效能大大提高,直到达到一定的成熟度为止,然后随叶片的衰老而降低。展叶后在一定时期内光合能力很强,常绿树以当年的新叶光合能力为最强。

由于叶片出现的时期有先后,同一树体上就有各种不同叶龄的叶片,并处于不同发育时期。总之,在春季,叶芽萌动生长,此时枝梢处于开始生长阶段,基部先展之叶的生理活动较活跃。随着枝的伸长,活跃中心不断向上转移,而基部逐渐衰老。

1.4.3.2 叶幕的形成

叶幕是指叶在树冠内的集中分布区而言,它是树冠叶面积总量的反映。园林树木的叶幕随树龄、整形、栽培目的与方式不同,其形状和体积也不相同。幼年树由于分枝尚少,内膛小枝内外见光,叶片充满树冠,其树冠的形状和体积也就是叶幕的形状和体积。自然生长无中心干的成年树,叶幕与树冠体积并不一致,其枝叶一般集中在树冠表面,叶幕往往仅限树冠表面较薄的一层,多呈弯月形叶幕。

具中心干的成年树,多呈圆头形叶幕,老年树多呈钟形叶幕,具体依树种而异。成片栽植的树林的叶幕,顶部呈平面形或立体波浪形。为结合花果生产,多经人工整形修剪使其充分利用光能,或为避开高架线的行道树,常见有杯状整形的杯状叶幕,如桃树和高架线下的悬铃木、槐树等;用层状整形的,则形成分层形叶幕;按圆头形整形的呈圆头形、半圆头形叶幕。

藤木的叶幕随攀援的构筑物体形状而异。落叶树木的叶幕在年周期中有明显的季节变化。其叶幕的形成也是按慢—快—慢的规律进行。叶幕形成的速度与强度因树种和品种、环境条件和栽培技术的不同而不同。一般幼龄树长势强,或以抽生长枝为主的树种或品种,其叶幕形成时期较长,出现高峰较晚;树长势弱、年龄大或短枝品种,其叶幕形成与其高峰到来早。如桃树以抽生长枝为主,叶幕高峰形成较晚,其树冠叶面积增长最快是长枝旺长之后;而梨和苹果的成年树以短枝为主,其树冠叶面积增长最快是在短枝停长期,故其叶幕形成早,高峰出现也早。

落叶树的叶幕,从春天发叶到秋天落叶,大致能保持5～10个月的生长期。而常绿树由于叶片的生存期长,多半可达1年以上,而且老叶多在新叶形成之后逐渐脱落,故其叶幕比较稳定。对生产花果的落叶树来说,较理想的叶面积生长动态是前期增长快,后期合适的叶面积保持期长,并要防止叶幕过早下降。

1.4.4 花芽的分化与开花

花在园林树木观赏中具有很重要的地位,要达到花繁、果丰的目标,或在在绿化中促进花期提前或采取抑制手段拖延花期,都需要首先要了解树木花芽的分化规律及特点。对于园林绿化来说,掌握花芽分化的规律,促进花、果类树木的花芽形成和提高花芽分化质量,是满足花期景观效果的主要基础,对增加园林美化效果具有很重要的意义。

　　植物的生长点既可以分化为叶芽,也可以分化为花芽。这种生长点由叶芽状态开始向花芽状态转变的过程,称为花芽分化。包括花芽形成全过程的,即从生长点顶端变得平坦,四周下陷开始起,逐渐分化为萼片、花瓣、雄蕊、雌蕊以及整个花蕾或花序原始体的全过程,称为花芽形成。由叶芽生长点的细胞组织形态转变为花芽生长点的组织形态过程,称为形态分化。在出现形态分化之前,生长点内部由叶芽的生理状态(代谢方式)转向形成花芽的生理状态(用解剖方法还观察不到)的过程称为生理分化。因此,树木花芽分化概念有狭义和广义之说。狭义的花芽分化是指形态分化;广义的花芽分化,包括生理分化、形态分化、花器的形成与完善直至性细胞的形成。

1.4.4.1　花芽分化的过程

　　花芽分化一般分为生理分化期、形态分化期和性细胞形成期3个分化期,由于树种遗传特性不同,因此树种间的花芽分化时期具有很大差异。

　　1) 花芽生理分化时期

　　此时期是芽内生长点的叶芽生理状态向分化花芽的生理状态变化的过程,这是花芽能否得以分化的关键时期,此时植物体内各种营养物质的积累状况、内源激素的比例状况等方面的调节都已为形成花芽作好准备。据研究,生理分化期在形态分化期前1～7周。由于生理分化期是花芽分化的关键时期,且又难以确定,故以形态分化期为依据,称为生理分化期为分化临界期。

　　2) 花芽形态分化期

　　此时期是花芽分化具有形态变化发育的时期。形态分化期的长短取决于树种、分化类型等因素。这个时期,根据花或花序的各个器官原始体形成划分为以下5个时期:

　　(1) 分化初期。是芽内生长点由叶芽形态转向花芽形态的最初阶段,往往因树种不同而稍有不同。一般是由芽内突起的生长点逐渐肥厚变形,顶端高起形成半球形状,四周下陷,从形态上和叶芽生长点有着明显区别,从细胞组织形态上改变了芽的发育方向,是判断花芽分化的形态标志,利用解剖方法可以确定。但此时花芽分化不稳定,如果内外条件不具备,可能会出现可逆变化,退回叶芽状态。

　　(2) 萼片形成期。下陷四周产生突起物,形成萼片原始体,到此阶段才可以肯定为花芽,以后的发展是不可逆的发展。

　　(3) 花瓣形成期。在萼片原始体内侧发生突出体,即为花瓣原始体。

　　(4) 雄蕊形成期。在花瓣原始体内侧发生的突起物即为雄蕊原始体。

　　(5) 雌蕊形成期。在花瓣原始体的中心底部发生的突起物,即为雌蕊原始体。

　　3) 性细胞形成期

　　当年进行一次或多次花芽分化并开花的树木,花芽的性细胞都在年内较高温度的时期形成。夏秋分化型的树木经过夏秋花芽分化后,经冬春一定时期的低温(温带树种 0～10℃,暖温带树种 5～15℃)累积条件,形成花器并进一步分化完善,随着第二年春季气温逐渐升高,直到开花前,整个性细胞形成才完成。此时,性细胞器官的形成受树体营养状况影响,条件差会发生退化,影响花芽质量,引起大量落花落果。因此,在花前和花后及时追肥灌水,对提高坐果率有一定影响。

1.4.4.2　花芽分化的类型

花芽分化开始时期和延续时间的长短,以及对环境条件的要求,因树种与品种、地区、年龄等的不同而不同。根据不同树种花芽分化的特点,花芽分化的类型可以分为以下 4 种。

1) 夏秋分化型

绝大多数早春和春夏之间开花的观花树木,它们都是于前一年夏秋(6~8 月)间开始分化花芽,并延迟至 9~10 月间,完成花器分化的主要部分。如海棠、榆叶梅、樱花、迎春、连翘、玉兰、紫藤、泡桐、丁香、牡丹等,以及常绿树种中的枇杷、杨梅、杜鹃等。但也有些树种,如板栗、柿子分化较晚,在秋天只能形成花原始体,需要延续更长的时间才能完成花器分化。

2) 冬春分化型

原产暖地的某些树种,一般秋梢停止生长后,至第二年春季萌芽前,即于当年 11 月~次年 4 月间,花芽逐渐分化与形成,如龙眼、荔枝等。柑橘类的橘、柑、柚等一般从 12 月至次年春天分化花芽,其分化时间较短,并连续进行。此类型中,有些延迟到年初才开始分化,而在冬季较寒冷的地区,如浙江、四川等地有提前分化的趋势。

3) 当年分化型

许多夏秋开花的树木,都是在当年新梢上形成花芽并开花,不需要经过低温,如木槿、槐树、紫薇、珍珠梅、荆条等。

4) 多次分化型

在一年中能多次抽梢,每抽一次梢就分化一次花芽并开花的树木,如月季、四季橘、西洋梨中的三季梨等。此类树木中,春季第一次开花的花芽有些可能是去年形成的,各次分化交错发生,没有明显停止期。

此外,还有不定期分化型,原产热带的乔性草本植物,如香蕉、番木瓜等。香蕉花芽分化需展叶后,达到一定数量的叶片才能进行。

1.4.4.3　影响树木花芽分化的因素

花芽分化受树木本身遗传特性、生理活动及各个器官之间关系的影响,各种因素都有可能抑制花芽分化。

1) 花芽分化的内因

(1) 花芽分化的基本内在条件:

①芽内生长点细胞必须处于分裂又不过旺的状态。形成顶花芽的新梢必须处于停止加长生长或处于缓慢生长状态,才能进入花芽的生理分化状态;而形成腋花芽的枝条必须处于缓慢生长状态,即在生理分化状态下生长点细胞不仅进行一系列的生理生化变化,还必须进行活跃的细胞分裂才能形成结构上完全不同的新的细胞组织,即花原基。正在进行旺盛生长的新梢或已进入休眠的芽是不能进行花芽分化的。

②营养物质的供应是花芽形成的物质基础。由简单的叶芽转变为复杂的花芽,要有比建成叶芽更丰富的结构物质,以及在花芽形态建成中所需要的能源、能量储藏和转化物质。近百

年来不同学者提出了以下几种学说:碳氮比学说认为细胞中氮的含量占优势,促进生长,碳水化合物稍占优势时有利于花芽分化;细胞液浓度学说认为细胞分生组织进行分裂的同时,细胞液的浓度增高,才能形成花芽;氮代谢的方向学说认为氮的代谢转向蛋白质合成时,才能形成花芽;成花激素学说认为叶中制造某种成花物质,输送到芽中使花芽分化。究竟是什么成花物质,至今尚未明确,有人认为它是一种激素,是花芽形成的关键,有的则认为是多种激素水平的综合影响。

③内源激素的调节是花芽形成的前提。花芽分化需要激素启动与促进,与花芽分化相适应的营养物质积累等也直接或间接与激素有关。如内源激素中的生长素(IAA)、赤霉素(GA)、细胞分裂素、脱落酸(ABA)和乙烯等,还有在树体内进行物质调节、转化的酶类。

④遗传基因是花芽分化的关键。在花芽分化中起决定作用的脱氧核糖核酸(DNA)和核糖核酸(RNA),影响芽的代谢方式和发育的方向。

(2) 树木各器官对花芽分化的影响:

①枝叶生长与花芽分化。枝叶的营养生长与花芽分化的关系在不同的时期不相同,既有抑制分化的时候,也有促进分化的时候。叶片是同化器官,是植物有机物质的加工厂,叶量的多少对树体内有机营养物质的积累起着非常重要的作用,影响花芽分化。只有生长健壮的枝条,才能扩大叶面积,制造的有机营养物才多,形成花芽才能有可靠的物质基础;否则比叶芽复杂的花芽分化就不可能完成。国内外的研究结果一致认为,绝大多数树种的花芽分化都是在新梢生长趋于缓和或停止生长后开始的。这是由于新梢停止生长前后,树体的有机物开始由生长消耗为主转为生产积累占优势,给花芽分化提供有利条件。如果树木的枝叶仍处于旺盛的营养生长之中,有机物质仍处于消耗过程或积累很少,即使在花芽分化的时期,由于树体有机物质的不足,同样无法进行花芽分化。由此可见,枝条在营养生长中消耗营养物质,这种消耗促进枝叶量的增加,也是对花芽分化的投资,只有扩大枝条空间,才能扩大叶面积,促进光合生产和有机物质的积累,促进花芽分化,增加花芽分化的数量;但消耗过量,始终满足不了花芽分化的物质条件,就抑制了花芽分化。因此,在花芽分化期前的新梢生长可采取措施促进枝叶的生长,健壮的枝叶有利于花芽分化。而在花芽分化期中,如果仍然大量地营养生长,则不利于分化,可以通过措施抑制或终止新梢的生长来促进花芽分化。同时,枝叶生长的过程中除了对营养物质消耗外,还通过内源激素对花芽分化产生影响。新梢顶端(茎尖)是生长素(IAA)的主要合成部位。生长素不断地刺激生长点分化幼叶,并通过加强呼吸、促进节间伸长和输导组织的分化;幼叶是赤霉素的主要合成部位之一,赤霉素刺激生长素活化,与生长素共同促进节间生长,加速淀粉分解,为新梢生长提供充足营养,这种作用不断消耗营养物质,影响了营养物质积累,抑制花芽分化。成熟叶片产生脱落酸(ABA)对赤霉素产生拮抗作用,导致生长素、赤霉素的水平降低,并抑制淀粉酶生成。促进淀粉合成、积累,有利于枝梢充实、根系生长和花芽分化。随着老熟叶片量的增加,脱落酸的作用增加,新梢、幼叶停止生长、分化,营养物质进一步积累,方能进行花芽分化。总之,良好的枝叶生长能为花芽分化打下坚实的物质基础,没有这个基础,花芽分化的质与量都会受到影响。

②根系生长与花芽分化。根系生长(尤其是吸收根的生长)与花芽分化有明显的正相关。这一现象与根系在生长过程中吸收水分、养分量加大有关。也与其合成蛋白质和细胞分裂素有关系。茎尖虽也能合成细胞分裂素,但少于吸收根。当枝叶量处于最大量时,也是光合作用、蒸腾作用最强的时候,根系只有不断生长,才能有利于树体蒸腾,促进光合作用,有利于营

养物质积累,有利于花芽分化。细胞分裂素大量合成也是花芽分化的物质基础。

③花、果与花芽分化。花、果既是树体的生殖器官,也是消耗器官,在开花中和幼果生长过程中消耗树体生产、积累的营养物质。幼果具有很强的竞争力,在生长过程中,对附近新梢的生长、根系的生长都有抑制作用,抑制营养物质的积累和花芽分化。幼果种胚在生长阶段产生大量的赤霉素、生长素促进果实生长,抑制花芽分化;而到果实采收前一段时间(1～3 周),种胚停止发育,生长素与赤霉素水平下降,果实的竞争能力下降,使花芽分化形成高峰期。枝、叶、花、果、根在生长期中的不同状况综合对花芽分化产生影响,枝、叶、花、果均在生长过程中时,对花芽分化产生抑制,而当新梢停长,叶面积形成后,则起促进作用,但对果实仍起抑制作用。此时既要给花芽分化提供物质条件,又要保持果实的生长,必须保持足够的叶量。如西北农大针对果实做的摘叶试验,每个果保有 70 片叶,既有利果实生长,也有利于大量花芽分化,而每果只有 10 片叶时,成花量就大大减少。就不同枝条的叶面积而言,长枝条叶面积绝对量大。但从枝条单位长度看,短枝叶成簇状,面积最大,叶量大,积累多,极易形成花芽。先花后叶的树木,在繁盛的花期,消耗大量的储藏营养,抑制根系、新梢的生长,也间接地影响果实生长和花芽分化。

树木各个器官与花芽分化动态关系主要有以下几个方面:一是影响花芽分化的物质基础,营养物质的积累水平,而物质积累取决于植物体内源激素的平衡状况及引起的代谢方向的转变,取决于新梢生长状况,在生长素、赤霉素处于低水平,脱落酸、乙烯及细胞分裂素含量较高时有利于花芽分化;二是花、果的生长通过对营养、激素的控制抑制花芽分化;三是根的生长有利于水分、养分的吸收,促进叶片的光合作用、营养作用和营养物质积累,促进花芽分化。

2) 影响花芽分化的外界因素

外界因素随着气候、季节发生变化,并且可以刺激树木内部因素变化,启动有关的开花基因,促使开花基因指导形成有利于花芽分化的基本物质,如特异蛋白质,促使花芽的生理分化和形态分化。

(1) 光照。光照对树木花芽分化的影响是多方面的,不但可以通过对温度变化的影响,以及对土壤微生物活动的影响,间接地影响花芽分化,而且也通过影响树木光合作用和蒸腾作用,造成树体内有机构质的形成、积累、体内细胞质浓度以及内源激素的平衡发生变化来影响花芽分化。光对树木花芽分化的影响主要是光量、光照时间和光质等方面。经试验,在绿地里种植的许多绿化树种对光周期变化并不敏感,其表现很迟钝,但对光照质量要求比较高。如苹果,柑橘各为不同日照植物,苹果为长日照,柑橘类为短日照植物,但都对光照强度要求较高,苹果在花芽分化期如遇 10 天以上的阴雨天,即会降低分化率;温州蜜橘从当年 12 月 1 日到第二年 3 月 17 用苇帘覆盖遮阴,花芽仅为对照的 1/2。一些松树和柏树对光也有一定量的要求,葡萄在强光下有较大量的花芽分化。

(2) 温度。温度是树木进行光合作用、蒸腾作用、根系的吸收、内源激素的合成和活化等一系列生理活动过程中关键的影响因素,并以此间接影响花芽分化。苹果花芽开始分化期的平均温度大约在 20 ℃,分化盛期在 6～9 月,平均温度稳定在 20 ℃以上,最适宜温度在 22～30 ℃之间。在秋季,温度降到 10～20 ℃时,分化减缓,而当气温降到 10 ℃以下时,分化停滞。葡萄花芽分化受温度影响,主要表现在芽内分化的花数与叶芽状态转向花芽状态的前 3 周温度高低有关,13 ℃时少量分化,30～35 ℃时分化增到很大的量。

一些林木树种如山毛榉、松属、落叶松属和黄杉属等的花芽分化都与夏天温度的升高呈正相关。夏秋进行花芽分化的花木如杜鹃、山茶、桃、樱花、紫藤等在6～9月较高的气温下完成花芽分化,而冬春进行花芽分化的树木如柑橘类、油橄榄等热带树种,则需要在有较低生活温度条件下进行花芽分化,如油橄榄要求冬季低温在7℃以下,否则较难成花。

(3)水分。水分是植物体生长、生理活动中不可缺少的因素。但是,无论哪种树木花芽分化期的水分过多,均不利于花芽分化。适度干旱有利于树木花芽形成。如在新梢生长季对梅花适当减少灌水,能使新梢停长,花芽密集,甚至枝条下部也能成花。因此控制对植物的水分供给,尤其是在花芽分化临界期前,短期适度控制水分(60%左右的田间水量),可达到控制营养生长,促进花芽分化的作用,这是园林绿化中经常采用的一种促花的手段。对于这种控制水分促进成花的原因有着不同的解释:有人认为在花芽分化时期进行控水,抑制新梢的生长,使其停长或不徒长,有利于树体营养物质的积累,促成花芽分化;有的认为适度缺水,造成生长点细胞液浓度提高而有利于成花;也有人认为,缺水能增加氨基酸,尤其是精氨酸的含量,有利于成花。水多可提高植物体内氮的含量,不利于成花。缺水除了以上作用外,也会影响内源激素的平衡,在缺水植物中,体内脱落酸含量较高,有抑制赤霉素和淀粉酶的作用,促进淀粉累积,有利于成花。以上种种解释,仅强调了某个侧面,但采取控水措施确能促进成花,早成花。

(4)养分。不同矿质养分对树木的生长发育产生不同影响。施肥,特别施用大量氮素对花原基的发育具有强烈影响。树木缺乏氮素时,限制叶组织的生长,同样不利于成花诱导。氮肥对有些树木雌花、雄花比例有影响,如能促进各种松和一些被子植物的树种形成雌花,但对松树雄花发育的影响小,甚至有副作用。施用不同形态的氮素会产生不同效果,如铵态氮(如硫酸铵)施与苹果树,花芽分化数量多于硝态氮。而对于北美黄杉,硝态氮可促进成花,铵态氮则对成花没有影响。虽然氮的效果被广泛肯定,但其在花芽分化中的确切作用没有真正弄清楚。关于施氮的最适时间、与其他元素最佳配比还有待于深入研究。

磷对树木成花作用因树种而异,苹果施磷肥后增加成花,而对樱桃、梨、桃、李、杜鹃等无反应。在成花中,磷与氮一样,产生什么样的作用很难确定。缺铜可使苹果、梨的成花量减少,苹果枝条灰分中钙的含量与成花量呈正相关,钙、镁的缺乏造成柳杉成花不足。总之,大多数元素相当缺乏时,不利于成花。可以肯定,营养物质在树体内相互作用,对成花也很重要。

(5)栽培技术对花芽分化的影响。在栽培中,采取综合措施(如挖大穴、用大苗、施大肥)促水平根系发展,扩大树冠,加速养分积累。然后采取转化措施(开张角度或挖平,行环剥)促其早成花,搞好周年管理,加强肥水,防治病虫,合理疏花、疏果来调节养分分配,减少消耗,使树体形成足够的花芽。另外,也可利用矮化砧木和生长延缓剂来促进成花。

1.4.4.4 花芽分化的特点

树木的花芽分化虽因树种类别而有很大的差别,但各种树木在分化期都有以下特点:

1) 都有一个分化临界期

各种树木从生长点转为花芽形态分化之前,必然都有一个生理分化阶段。在此阶段,生长点细胞原生质对内外因素有高度的敏感性,处于易改变的不稳定时期。因此,生理分化期也称花芽分化临界期,是花芽分化的关键时期。花芽分化临界期因树种、品种而异,如苹果于花后2～5周,柑橘于果熟采收前后。

2) 花芽分化的长期性

大多数树木的花芽分化,以全树而论是分期分批陆续进行的,这与各生长点在树体各部位枝上所处的内外条件和营养生长停止时间有密切关系。不同的品种间差别也很大。有的从 5 月中旬开始生理分化,到 8 月下旬为分化盛期,到 12 月初仍有 $10\%\sim20\%$ 的芽处于分化初期状态,甚至到翌年 $2\sim3$ 月间还有 5% 左右的芽仍处在分化初期状态。这种现象说明,树木在落叶后,在暖温带可以利用储藏养分进行花芽分化,因而分化是长期的。

3) 花芽分化的相对集中性和相对稳定性

各种树木花芽分化的开始期和盛期(相对集中期)在不同年份有差别,但并不悬殊。以果树为例,苹果在 $6\sim9$ 月份;桃在 $7\sim8$ 月份;柑橘在 $12\sim2$ 月份。花芽分化的相对集中和相对稳定性与稳定的气候条件和物候期有密切关系。多数树木是在新梢(春、夏、秋梢)停长后,为花芽分化高峰。

4) 形成花芽所需时间因树种和品种而异

从生理分化到雌蕊形成所需时间,因树种、品种而不同。苹果需 $1.5\sim4$ 个月,甜橙需 4 个月,芦柑需半个月。梅花的形态分化从 7 月上中旬$\sim$8 月下旬花瓣形成;牡丹 6 月下旬$\sim$8 月中旬为分化期。

5) 花芽分化早晚因条件而异

树木花芽分化时期不是固定不变的。一般幼树比成年树晚,旺树比弱树晚,同一树上短枝、中长枝及长枝上腋花芽形成依次渐晚。一般停长早的枝分化早,但花芽分化多少与枝长短无关。"大年"时新梢停长早,但因结实多,会使花芽分化推迟。

1.4.4.5　控制花芽分化的途径

在了解植物花芽分化规律和条件的基础上,可综合运用各项栽培技术措施与外界环境条件,调节植物体各器官间生长发育关系,来促进或控制植物的花芽分化。如适地适树繁殖栽培技术措施,嫁接与砧木的选择,整形修剪,水肥管理及生长调节剂的使用等。

在利用栽培措施控制花芽分化时须要注意以下几个关键问题:要了解树种的开花类别和花芽分化时期及分化特点,确定管理技术措施的使用;抓住花芽分化临界期,适时采取措施控制花芽分化;根据不同类别树木的花芽分化与外界因子的关系,利用满足与控制外界环境条件来达到控制花芽分化的目的;根据树木不同年龄时期、不同树势、不同枝条生长状况与花芽分化关系采取措施协调花芽的分化;使用生长调节剂来调控花芽分化。

对于任何开花结果的树种,要抓住"分化临界期"这一分化的关键时期,重点加强肥水管理,适当使用生长调节剂,在全年管护过程中还可通过修剪协调树木长势。生长调节剂种类繁多,对树木生长发育的作用也不同,如赤霉素对苹果、梨、樱桃、杏、葡萄、柑橘、杜鹃等能促进生长、抑制成花,阿拉、矮壮素、乙烯利等能促进苹果成花,阿拉、矮壮素还可促进柑橘、梨和杜鹃成花。

1.4.5　树木的开花

一个正常的花芽,当花粉粒和胚囊发育成熟后,花萼与花冠展开的现象称为"开花"。在园林生产实践中,"开花"的概念有着更广泛的含义。例如,裸子植物的孢子球(球花)和某些观赏植物的有色苞片或叶片的展现,都称为"开花"。树木开花是树木成熟的标志,也是大多数树种成年树体年年出现的重要物候现象。许多被子植物的乔木、灌木、藤木的花有很高的观赏价值,在每年一定季节中发挥着很好的观赏效果。树木花开得好坏,直接关系到园林种植设计美化的效果,了解开花的规律,对提高观赏效果及花期的养护技术有很重要的意义。

1.4.5.1　开花与温度的关系

开花期出现时间的早晚,因树种、品种和环境条件而异,特别与气温有密切关系。各种树木开花的适宜温度不同。桃开花期的日平均温为10.3℃,苹果与樱桃为11.4~11.8℃,枇杷为13.3℃,油茶为11~17℃,柑橘17℃左右。但是开花与日平均温度的关系只是影响植物开花早晚的一个方面,越来越多的研究证明,从芽膨大到始花期间的生物学有效积温是开花的重要指标。在吉林延边地区,苹果、梨的生物学零度为6℃,此期间的有效积温为99.4~117.6℃,即从芽膨大开始要积累100~118℃的有效积温,苹果、梨才能开花。在河北昌黎地区,葡萄的生物学零度为10℃,玫瑰香品种从萌芽到始花的有效积温为297.1℃,龙眼品种为334.9℃,天气越暖,达到相应的有效积温日数越短,越能提前开花。

由于花期迟早与温度有密切关系,因此任何引起温度变化的地理因素或小气候条件都会导致花期的提前或推后。

1.4.5.2　树木的开花习性

树木开花的习性是植物在长期生长发育过程中形成的一种比较稳定的习性。从内在因素方面,开花习性在很大程度上为花序结构决定,但在花芽分化程度上的差异,也对开花习性产生影响。在园林绿化中,利用开花习性可提高绿地的景观效果。

1) 开花的顺序性

(1) 不同树种的开花时期。供观花的园林树木种类很多,由于受其遗传性和环境的影响,在一个地区内一般都有比较稳定的开花时期。除在特殊小气候环境外,同一地区各种树木每年开花期相互之间有一定的顺序性。如在南京地区的树木,一般每年按下列顺序开放:梅花、柳树、杨树、玉兰、樱花、桃树、紫荆、紫藤、刺槐、合欢、梧桐、木槿、槐树等。

(2) 同一树种不同品种开花时间早晚不同。在同一地区,同一树种不同品种间开花有一定的顺序性。例如,南京地区的梅花不同品种间的开花顺序可相差到1个月左右的时间。凡品种较多的花木,按花期都可分为早花、中花、晚花这样3类品种。

(3) 雌雄同株雌雄异株树木花的开放。雌、雄花既有同时开的,也有雌花先开,或雄花先开的。凡长期实生繁殖的树木,如核桃,常有这几种类型混杂的现象。

(4) 同株树不同部位枝条花序的开放。同一树体上不同部位枝条开花早晚不同,一般短花枝先开放,长花枝和腋花芽后开。向阳面比背阴面的外围枝先开。同一花序开花早晚也不同。具伞形总状花序的苹果,其顶花先开;而具伞房花序的梨,则基部边花先开;柔荑花序于基部先开。

2) 开花的类别

(1) 先花后叶类。此类树木在春季萌动前已完成花器分化,花芽萌动不久即开花,先开花后长叶。如银芽柳、迎春、连翘、紫荆、日本樱花等。

（2）花、叶同放类。此类树木花器也是在萌动前完成分化。开花和展叶几乎同时进行。如先花后叶类中榆叶梅、桃与紫藤中的某些开花较晚的品种与类型。此外，多数能在短枝上形成混合芽的树种也属此类，如苹果、海棠、核桃等。混合芽虽先抽枝展叶而后开花，但多数短枝抽生时间短，很快见花，此类开花较前类稍晚。

（3）先叶后花类。此类树木中如葡萄、柿子、枣等，是由上一年形成的混合芽抽生相当长的新梢，于新梢上开花。加上萌芽要求的气温高，故萌芽晚，开花也晚。先叶后花类中，多数树木的花器是在当年生长的新梢上形成并完成分化的，一般于夏秋开花，在树木中属开花最迟的一类。如木槿、紫薇、凌霄、槐、桂花、珍珠梅、荆条等。有些能延迟到初冬，如枇杷、油茶、茶树等。

3）花期延续时间

（1）因树种与类别不同而不同。由于园林树木种类繁多，几乎包括各种花器分化类型的树木，加上同种花木品种多样，在同一地区树木花期延续时间差别很大。如在南京，开花短的6～7天（丁香6天，金桂7天）；长的可达100～240天（茉莉可开花110天，六月雪可开花117天，月季开花可达240天左右）。不同类别树木的开花还有季节特点。春季和初夏开花的树木多在前一年的夏季就开始进行花芽分化，于秋冬季或早春完成，到春天一旦温度适合就陆续开花，一般花期相对短而整齐；夏秋开花者多在多年生枝上分化花芽，分化有早有晚，开花也就不一致，加上个体间差异大，因而花期较长。

（2）同种树因树体营养、环境而异。青壮年树比衰老树的开花期长而整齐。树体营养状况好，开花延续时间长。在不同小气候条件下，开花期长短不同，树阴下、大树北面、楼北条件下的花期就长。开花期因天气状况而异，花期遇冷凉潮湿天气可以延长，而遇到干旱高温天气则缩短。开花期也因海拔高度而异，高山地区随着地势增高花期延长，这与海拔增高，气温下降有关。如在高山地带，苹果花期可达1个月。

4）每年开花次数

（1）因树种与品种而异。多数树种每年只开一次花，但有些树种或栽培品种一年内有多次开花的习性，如茉莉花、月季、四季桂、佛手、柠檬、葡萄等。紫玉兰中也有多次开花的变异类型。

（2）再度开花。原产温带和亚热带地区的绝大多数树种一年只开一次花，但有时能发生再次开花现象，常见的有桃、杏、连翘等，偶见玉兰、紫藤等。树木再次开花有两种情况：一种是花芽发育不完全或因树体营养不足，部分花芽延迟到春末夏初才开，这种现象时常发生在梨或苹果某些品种的老树上；另一种是秋季发生再次开花现象，这是典型的再度开花。为与一年两次开花习性相区别，选用"再度开花"这个术语是比较确切的。这种一年再度开花现象，既可能由"不良条件"引起，也可以由于"条件的改善"而引起，还可以由这两种条件的交替变化引起。

树木再度开花，对一般园林树木影响不大，有时候还可以加以利用。此类现象多用在国庆花坛摆放上，人为措施对所需花木如碧桃、连翘、榆叶梅、丁香等在8月底9月初摘去全树叶片，并追施肥水，到国庆节时即可成花但由于花芽分化的不一致，再度开花不及春季开花繁茂。绿地里种植的花木不宜出现这种现象。一是树木的物候变化是反映景观动态的主要因素，再度开花不能反映植物真正的景观效果；二是再度开花提前萌发了来年的花芽，造成树体营养大量消耗,又往往不能结果(果实不能成熟或果实品质差),并不利于越冬,因而会大大影响第二年树木开花的数量和效果。因此,树木养护时要采取预防病虫、排涝、防旱的措施。

1.4.6 果实的生长发育

树木果实是园林绿地树木美化中的一个重要器官,通常利用果的奇(奇特、奇趣)、丰(丰收效果)、巨(巨形)、色(艳丽)以提高树木的观赏价值。在树木养护中,需要掌握果实的生长发育规律,通过一定的栽植养护措施,才能达到所需的景观效果。

1.4.6.1 授粉和受精

树木开花后,花药开裂,成熟的花粉通过媒介到达雌蕊柱头上的过程称为授粉,花粉萌发形成花粉管伸入胚囊,精子与卵子结合过程称为受精。影响树木授粉、受精主要有以下几个因素。

1) 授粉媒介

木本植物中有很多是风媒花,靠风将花粉从雄花传送到雌花柱头上。如松柏类、杨柳科、壳斗科、桦木、悬铃木、核桃、榆树等。有的是虫媒花,靠昆虫将花的花粉传送到雌花柱头上。但大多数花木和果树、泡桐、油桐、椴树、白蜡树等。树木授粉的媒介并非绝对风媒或虫媒。有些虫媒花树木也可以借风力传播,有些风媒花树开花时,昆虫的光顾也可起到授粉作用。

2) 授粉选择

树木在自然生存中,对授粉有不同的适应性。同朵花或同一植株(同一无性系树木)的雄蕊上花粉落到雌蕊柱头上,称为"自花授粉"。通过"自花授粉"并结果实的称为"自花结实",自花授粉结实后无种子称为"自花不育"。大多数蝶形花科植物,如桃、杏的品种,部分李、樱桃品种和具有完全花的葡萄等都是"自花授粉"树种。不同植株间的传粉称为"异花授粉",异花授粉的树木有雌雄异株授粉的杨、柳、银杏等;雌雄异熟的核桃、柑橘、油梨、荔枝等,雄蕊、雌蕊成熟的早晚不同,有利异花授粉;雌蕊、雄蕊不等长,影响自花授粉和结实,多为异花授粉;雌蕊柱头对花粉的选择也影响授粉。

3) 树体营养状况、环境条件对授粉受精的影响

树体营养是影响授粉受精的主要内因,氮素不足会导致花粉管生长缓慢;硼对花粉萌发和受精有作用,并有利于花粉管伸长;钙有利于花粉管的生长;磷能提高坐果率。花期中喷施磷、氮、硼肥有利于授粉受精。

环境状况变化影响树木授粉受精的质量。温度是影响授粉的重要因素。不同树种授粉最适宜的温度不同,苹果 $10\sim25℃$,葡萄要求在 $20℃$ 以上。温度不足,花粉管伸长慢,甚至花粉管未到珠心时胚囊已失去功能,不利于受精。过低温度能使花粉、胚囊冻死。如低温期过长,会造成开花慢而叶生长加快,因而消耗过多养分不利于胚囊的发育与受精;而且低温也不利于昆虫授粉,一般蜜蜂活动需要 $15℃$ 以上的温度。

阴雨潮湿不利于传粉,花粉不易散发,并极易失去活力。雨水还会冲掉柱头上的黏液;微风有利风媒花传粉,大风使柱头干燥蒙尘,花粉难以发芽,而且大风影响昆虫的授粉活动。

1.4.6.2　坐果与落果

经过授粉受精后,雌花的子房膨大发育成果实,在生产上称为坐果。发育的子房在授粉受精后,才能促使子房内形成激素后继续生长,花粉中含有少量生长素,如赤霉素和芸苔素(类似赤霉素的物质),花粉管在花柱中伸长时,促进形成激素的酶系统活化。而且受精后的胚乳,也能合成生长素、赤霉素。子房中激素含量高,有利于调运营养物质并促进基因活化,有利于坐果。但授粉受精后,并不是所有树木都能坐果结实。事实上,坐果数比开花数要少得多,能最终成熟的果实则更少。原因是开花后,一部分未能授粉、受精的花脱落了,另一部分虽已经授粉、受精,但因营养不良或其他原因产生脱落,这种现象称为"落花落果"。

树木落花落果的原因很多,一是花器在结构上有缺陷,如雌蕊发育不全,胚珠退化;二是树体营养状况不良、果实激素含量不足;三是气候变化,土壤干旱,温度过高过低,光照不足;四是病虫害对果实的伤害等都会导致落花落果,影响果实成熟期的观赏效果。此外,果实间的挤压,大风、暴雨、冰雹也是造成落果的因素。

1.4.6.3　防止落花落果的措施

对于观果树木来说,果量不足,就达不到所需的景观效果,故在栽植养护中需要有针对性地采取措施,提高坐果率。

1)加强土、肥、水管理及树木管理与养护,改善树体营养状况

加强土、肥、水管理,促进树木的光合生产,提高树体营养物质的积累,提高花芽质量,有利于受精坐果。由于树体营养不良,如能分期追肥,合理浇水,可以明显减少落果。

加强树体管理,通过合理修剪,调整树木营养生长与生殖生长的关系,使叶、果保持一定比例,调节树冠通风透光条件,新梢生长量过大时,可及时通过处理副梢,摘心控制营养生长,减少营养消耗,提高坐果率。

2)创造授粉、坐果的条件

由于授粉受精不良是落花、落果的主要原因之一,因此应创造良好的授粉条件,提高坐果率。异花授粉的园林树木,可适当布置授粉树,在适当的地段还可放蜂帮助授粉;在天气干旱的花期里,可以通过喷水提高坐果率。如河北省枣农在花期里,早晨、傍晚喷清水,能增产14.5%。

有些树木出现落花落果的原因是由于营养生长过旺,新梢营养生长消耗大,造成坐果时营养不足而落果,可以利用环剥、刻伤的方法调节树体营养状况。一般操作在花前或花期中进行,如枣、柿树等通过环剥和刻伤,分别提高坐果率50%～70%和100%左右。

1.4.7　园林树木生长发育的相关性

植物的一部分器官对另一部分器官生长或发育的调节效果称为相关效应或相关性。相关性的出现主要是由于树木体内营养物质的供求关系和激素等调节物质的作用。相关性一般表现在相互抑制或相互促进两个方面。最普遍的相关性现象,包括地上部分与地下部分,营养生长与生殖生长,各器官间的相关等。

1.4.7.1　地上部分与地下部分的相关性

在正常情况下,树木地上部分与地下部分间为一种相互促进、协调的关系。以水分、营养物质和激素的双向供求为纽带,将两部分有机地联系起来。因此,地上部分与地下部分之间,必须保持良好的协调和平衡关系,才能确保整个植株的健康发育。人们常说的"根深叶茂","根靠叶养,叶靠根长"等俗语简洁概括了树木地上部分与地下部分之间密切相关的关系。树木的地上部分与地下部分表现出了很好的协调性,如许多树木根系的旺盛生长时间与枝、叶的旺盛生长期相互错开,根在早春季节比地上部分先萌动生长;有的树木的根还能在夜间生长,这样就缓和了在水分、养分方面的供求矛盾。在生长量上,树冠与根系也常保持一定的比例。不少树木的根系分布范围与树冠基本一致,但垂直伸长都小于树高;有些树种幼苗的苗高,常与主根长度呈线性相关。总之,问题的关键是,须保持或恢复地上部分与地下部分间养分与水分的正常平衡。例如,在移栽树木时,若对根系损伤太大,吸收能力显著下降,则对地上部分应重修剪;反之可轻剪或不剪。

1.4.7.2　各器官的相关性

1) 顶芽与侧芽

幼、青年树木的顶芽通常生长较旺,侧芽相对较弱和缓长,表现出明显的顶端优势。除去顶芽,则优势位置下移,促进较多的侧芽萌发,有利于扩大树冠,去掉侧芽则可保持顶端优势。在生产实践中,可根据不同的栽培目的,利用修剪措施来控制树势和树形。

2) 根端与侧根

根的顶端生长对侧根的形成有抑制作用。切断主根先端,有利于促进侧根;切断侧根,可多发些侧生须根。对实生苗多次移植,有利于出圃后成活,就是这个道理。对壮老龄树深翻改土,切断一些一定粗度的根(因树而异),有利于促发须根、吸收根,以增强树势,更新复壮。

3) 果与枝

正在发育的果实争夺养分较多,对营养枝的生长、花芽分化有抑制作用。其作用范围虽有一定的局限性,但如果结实过多,就会对全树的长势和花芽分化起抑制作用,并出现开花结实的"大小年"现象。其中,种子所产生的激素抑制附近枝条的花芽分化更为明显。

4) 树高与直径

通常树干直径的开始生长时间落后于树高生长,但生长期较树高生长长。一些树木的加高生长与直径生长能相互促进,但由于顶端优势的影响,往往加高生长或多或少会抑制直径的生长。

5) 营养器官与生殖器官

营养器官与生殖器官的形成都需要光合产物,而生殖器官所需的营养物质系由营养器官所供给。扩大营养器官的健壮生长是达到多开花、多结实的前提,但营养器官的扩大本身也要消耗大量养分,因此常与生殖器官的生长发育出现养分的竞争。这两者在养分供求上,表现出十分复杂的关系。

利用树木各部分的相关现象可以调节树体的生长发育,这在园林树木栽培实践上有重大意义。但必须注意,树木各部分的相关现象是随条件而变化的,即在一定条件下是起促进作用的,而超出一定范围后就会变成抑制作用,如茎叶徒长时,就会抑制根系的生长。所以利用相关性来调节树木的生长发育时,必须根据具体情况,灵活掌握。

1.4.7.3　营养生长与生殖生长的相关性

这种相关性主要表现在枝叶生长、果实发育和花芽分化与产量之间的相关性上。这是因为树木的营养器官和生殖器官虽然在生理功能上有区别,但它们形成时都需要大量的光合产物。生殖器官所需要的营养物质是营养器官供应的,所以生殖器官的正常生长发育是与营养器官的正常生长发育密切相关的。生殖器官的正常生长发育表现在花芽分化的数量、质量以及花、果的数量和质量上。而营养器官的正常生长发育表现在树体的增长状况,如树木的增高、干周的加粗、新梢的生长量以及枝叶的增加等。根据观察证明,在一定限度内,树体的增长与产量是呈正相关关系的。

因此,良好的营养生长是生殖器官正常发育的基础。树木营养器官的发达是开花结实丰盛、稳定的前提,但营养器官的扩大,本身也要消耗大量养分,因此常出现两类器官竞争养分的矛盾。

枝条生长过弱或过旺或停止生长晚,均会造成营养积累不足,运往生殖器官的养分少,导致果实发育不良,或造成落花落果,或影响花芽分化。一切不良的气候、土壤条件和不当的栽培措施,如干旱或长期阴雨,光照不足,施肥灌水不当(时间不适宜或过多过少),修剪不合理等,都会造成生长不良,进而影响生殖器官的生长发育。反之,开花结实过量,消耗营养过多,也会削弱营养器官的生长,使树体衰弱,影响花芽分化,形成开花结果的"大小年"现象。所以在修剪中,常在肥水管理的基础上,对花芽和叶芽的去留要有适当的比例,以调节养分需求矛盾。由此看来,虽然生殖生长与营养生长偶尔呈正相关关系,但多数情况下是呈负相关关系的。但迅速生长的生殖器官需要获得大量的营养,因而又抑制了枝条、形成层和根的生长。大量的结实对营养生长的抑制效应,不仅表现在结实的当年,而且对下一年或以后年份都有影响。

思 考 题

一、名词解释

草本花卉　园林树木　树木的年生长周期　物候期　物候　顶端优势
树木的干性　叶幕　花芽分化　开花

二、简答题

1. 简述草本花卉生长发育过程。

2. 简述园林实生树木生命周期。

3. 简述园林树木物候特征及落叶树的主要物候期。

4. 简述树木根系的分类、及影响根系生长的因素。

5. 简述枝芽的分类及特性。

6. 简述花芽分化的一般过程、分化类型及影响花芽分化的因素。

7. 简述树木开花顺序特征以及花叶先后开放的不同类型。

8. 园林树木的相关性主要表现在哪几个方面?

2 环境因素对园林植物生长发育的影响

【学习重点】

　　环境是园林植物生存的外界自然因子的综合。影响园林植物生长的环境因子主要包括气候、土壤、地形、生物等,其中光、温、水、气等气候因子以及土壤因子是影响植物生长的最主要的生活因子。正确了解和把握环境因子对园林植物生长发育的影响,创造适宜的环境条件以满足园林植物生长发育需要,才能到达栽培的目的。

2.1 影响园林植物生长发育的环境因子

2.1.1 环境因子的分类

　　环境是园林植物生存的所有外界自然条件的总和,这些环境因子也常称为影响植物生长的生态因子。根据因子的性质,一般可以划分为以下5类:

2.1.1.1 气候因子

　　包括光照、温度、水分、空气等自然气候条件,是园林植物生长发育过程中最主要的生活因子。

2.1.1.2 土壤因子

　　包括土壤的三相组成、结构、质地、通透性等物理性质、土壤矿物质组成、酸碱度、有机质含量等化学性质、土壤动物、微生物等生物学性质以及土壤有机无机成分的转化等生物化学性质,也是影响园林植物生长发育的最主要的生活因子之一。

2.1.1.3 地形因子

　　主要包括栽植地区土壤表面的起伏、坡向、坡度等,同时还包括栽植地的海拔高度。地形是影响园林植物生长的间接因子,主要是通过改变光照、温度、土壤、水分等生活因子,从而影响植物的生长。

2.1.1.4　生物因子

包括影响植物生长的动物、植物和微生物等因子,如病虫害、杂草以及鹿、野猪等动物。生物因子对植物的生长的影响既有取食、致病、伤害等直接作用,也有一定的间接作用,如动物的践踏导致土壤紧实,而土壤微生物和土壤动物的活动会导致土壤变得疏松等。

2.1.1.5　人为因子

主要是指园林植物生产过程中的栽培措施。其中一部分措施直接作用于植物,如整形修剪、生长调节剂的使用等,而更多的人为因子则是通过改变其他环境条件对园林植物的生长起着间接作用,如耕作、施肥、灌溉、除草剂使用等。

2.1.2　环境因子对园林植物生长发育的作用机制

组成环境的因子对植物的作用并不孤立,各个因子都在随着时空不断变化,而且因子之间相互影响,共同作用于植物的生长发育。环境因子对园林植物生长发育的作用效应和机制主要表现在以下几个方面:

2.1.2.1　环境因子的综合效应

园林植物生存的环境是由许多生态因子组合而成的综合体。一般意义上,环境对植物的作用即是指环境中所有生态因子的综合作用。各个生态因子之间相互关联、相互制约,其中任何一个因子发生改变,都将导致其他因子同时发生程度不同的变化。如气候因子中的光照和温度通常情况下基本上都是同步变化的;土壤水分含量的变化同时也会影响土壤温度、通气性的变化,进而影响到土壤动物、微生物的活性以及土壤有机养分的转化。

2.1.2.2　主次效应和阶段效应

组成环境的各个因子同时都在影响着园林植物的生长发育,但在一定的外界条件下,或在植物生长发育的特定阶段,其中的一个或数个因子则会起到主导作用,控制着植物生长发育的方向、速度和进程。这些主导因子能否满足要求,以及在数量或强度上的变化,会导致植物的生长发育状况发生显著改变。这种在园林植物生长的某一阶段对植物的生长发育起着主导作用,强烈促进或抑制植物发展的因子就是主导因子,比如在早春植物的萌发期或晚秋植株的硬化期的土壤和大气温度,或者在植物生长旺盛期(速生期)的养分和水分供应等。相对于主导因子而言,其他的环境因子则为次要因子。但是,在植物生长的不同阶段,主导因子和次要因子之间可能会发生转换。如在速生期的水肥供应可以有效促进植物的生长,但是,如果在晚秋植物的硬化期大量提供养分,特别是施加氮肥的话,可能会导致植物贪青徒长,不能及时硬化,从而在冬季遭受冻害。

2.1.2.3　环境因子的不可代替性和可调和性

光、温、水、肥、气等因子对园林植物生长发育的作用虽然不是等价的,但都是同等重要的,不可或缺。缺少其中任何一种因子都可能会导致植物的生长失调,而且任何一种因子的缺失都不可能通过增加另外一个因子来完全代替。比如当植物缺少光照时,再优越的水肥条件也无法促进植物的生长。又如,在植物的生长发育过程中,各种营养元素的生理功能都是不可代替的,比如当植物缺氮或缺镁时都会出现黄化现象,但增施氮肥并不能有效缓解缺镁所引起的黄化症状。

另一方面,在一定条件下,某一因子量上的不足可以通过增减其他因子而得到适当缓解,并且有可能获得相似的生理生态效应。如适度增加大气 CO_2 浓度可以在一定程度上补偿由于光照强度减弱所导致的光合速率下降;再如,水分亏缺是限制施肥效应的重要原因。因此,适当改善水分供应,可以有效改善养分元素在土壤中的运移,同时增强土壤微生物的活性和分解速度,从而达到“以水促肥”的效果。

2.1.3　环境因子作用方式假说

园林植物生产过程中,植物的生长发育状况通常取决于各种环境因子的提供,特别是主导因子的供应水平以及各因子之间的配合情况。环境因子对植物生长的作用方式通常存在以下几种假说:

2.1.3.1　最低因子定律(Law of the Minimum)

最低因子定律是由 Liebig 于 1840 年最早提出,是反映土壤养分水平与植物产量之间关系的一个假说(图 2.1)。Liebig 认为,在所有的养分元素中,存在量最少的一种即是支配植物生长发育的限制性因子。如果这一养分元素的供应量低于植物的最低需要量,则无论其他养分的供应如何丰富,也不能弥补这种养分不足所起的限制作用。当然这个假说也可以扩展到其他环境因子,当某一种环境因子的供应水平低于植物生长的需求时,这个因子便是限制植物生长发育的最低因子。一旦这个因子的供应水平得以解决,植物的生长发育可以得到迅速促进,直到另外一个因子变成限制性的最低因子。

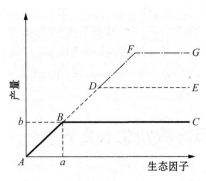

图 2.1　最低因子定律图解

2.1.3.2　耐性定律(Shelford's Law of Tolerance)

耐性定律是美国生态学家 V. E. Shelford 于 1913 年提出的(图 2.2)。在生物的生长和繁殖所需要的众多生态因子中,任何一个生态因子在数量上过多过少或质量上过高过低,都有可能导致其成为限制性因子。对于某种具体的植物来说,各种生态因子都存在着一个生物学意义上的上限和下限(或称阈值),它们之间的幅度就是该种植物对某一生态因子的耐受性范围,又称为耐性限度或生态幅。基于以上观点,耐性定律可以具体定义为,每一种生物对任何一种环境因子都有一个耐受性范围,其功能在最适点或接近最适点时充分发生作用,而趋向于上下限时开始减弱,并且受到抑制。具体到园林植物上,可以认为,每一种园林植物对其所处环境中的任一因子都有一个耐受阈值,当向这个阈值趋近时,植物的生长发育则会受到抑制。

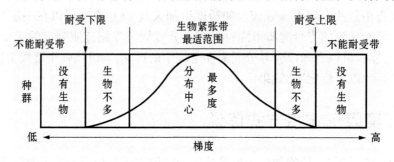

图 2.2   耐性定律与生物分布和种群水平的关系

2.1.3.3   报酬递减法则(Law of Diminishing Returns)

报酬递减法则是从经济学引申过来的一个概念,是指在保持其他环境因子不变的前提下,当某个独特的单项环境因子持续增加达到饱和(上限)以后,植物生长量的增长幅度就会出现不增反减的情况。比如施肥,当施肥量合适的时候,植物会充分吸收养分从而快速生长;而当施肥量超过植物的需求时,继续增大施肥量只会增加生产投入,而不会增加甚至会减少收益。

2.2   光照对园林植物生长发育的影响

万物生长靠太阳,光是绿色植物最重要而且是不可或缺的生活因子。植物的任何生命活动都与光照密不可分,其赖以生存的物质基础都是通过光合作用合成的,因此光照对园林植物生长发育的重要性也是不言而喻的。不同园林植物对光照的要求有一定差异,缺乏适当的光照条件会影响到植物的正常生长和开花结实,甚至造成植物体的生理病害抑或死亡。

光是一个十分复杂而重要的生态因子,光照对植物生长发育的影响主要体现在光质(光谱成分)、光照强度和日照长度 3 个方面。

2.2.1   光谱成分与园林植物生长发育

光是太阳的辐射能以电磁波的形式投射到地球表面的各种射线,根据波长的大小一般可将太阳辐射分为紫外光(波长为 290~390nm)、可见光(390~760nm)和红外光(>760nm)三大类。在自然条件下,可见光的能量约占太阳辐射能的 50%,紫外光占 1%~2%,红外光占 48%~49%。

植物的受光器官是叶片。叶片主要可以吸收可见光和紫外光,但光合作用的光谱范围通常只包括可见光区。可见光中的红橙光可以被叶绿素有效吸收,蓝紫光也能被叶绿素和类胡萝卜素所吸收,是光合作用最有效的部分,对植物生长起着决定性的作用,这部分辐射通常称为生理有效辐射。在生理有效辐射中,以红橙光对植物的光合作用效果最大,有助于叶绿素的形成和碳水化合物的合成,促进茎的生长和种子的萌发;蓝紫光对植物茎的生长有一定的抑制作用,但对幼芽的形成和细胞的分化均有着重要作用,同时还能促进花青素的形成,使花朵色彩艳丽。另外,蓝紫光还有利于植物体内有机酸和蛋白质的合成。紫外光对植物生长的效应近似于蓝紫光,对生长有一定的抑制作用,但会促进花青素的合成。因此,在紫外线强烈的高山地区生长的园林植物,通常植株表现为节间短缩,矮化作用明显,但一般花色非常鲜艳。

另外,光谱成分还会影响到园林植物的产品品质。特别是紫外光,虽然其所占的能量比例很小,但对花卉、蔬菜或水果的品质、颜色、口感等都有着非常大的影响。比如,紫外光与维生素 C 的合成有关。玻璃温室栽培的番茄、黄瓜等果实的维生素 C 含量往往没有露地栽培的高,主要就是因为玻璃阻隔了紫外线的透过。光质对果实的着色也有影响,设施栽培的果实类产品,颜色一般较露地栽培的要浅。另外,设施栽培的水果、瓜菜类也没有露地栽培的风味好,通常味道偏淡,口感不甜,这些都与光质有着密切的关系。

因此,在植物的生产实际过程中通常可以根据具体需要,通过覆盖的方式调整光质。常用的覆盖材料有玻璃、聚乙烯薄膜和聚氯乙烯薄膜。一般对紫外光和红外光,透光率聚乙烯 ＞聚氯乙烯 ＞ 玻璃;而对可见光,三者的透光率基本接近。另外,覆盖物的颜色也会影响到透过光线的光质。通常紫色和红色薄膜能比较多地透过红光和蓝光,对促进植物生长发育有良好作用;浅蓝色薄膜可以大量透过蓝紫光,增温效果好,同时能够在一定程度抑制植物的高生长,使植株健壮,因此可以多用于园林植物育苗。

2.2.2　光照强度与园林植物生长发育

光照强度可以通过影响光合作用的强度以及植物生殖器官的形成和发育来影响园林植物的生长发育。一般来说,在一定范围内,植物的净光合速度随着光照强度的增加而增大,但在全光强幅度内并非呈直线关系。光照强度和净光合速率之间的关系一般可以用图 2.3 来表示。

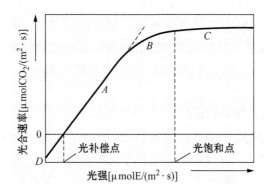

图 2.3　光照强度与净光合速度关系示意图
A—比例阶段;B—比例向饱和过渡的阶段;C—饱和阶段

园林植物对光照强度的要求一般可以通过光补偿点和光饱和点来表示。植物在进行光合作用合成碳水化合物的同时,也在通过呼吸作用分解碳水化合物。在夜晚光照强度为零时,植物不进行光合作用,而只有呼吸作用,净光合速率为负,是一个净消耗的过程;随着光照强度的增加,光合速率逐渐增大;当光合作用合成的碳水化合物和呼吸作用所消耗的碳水化合物达到动态平衡时,植物光合产物的净积累量为零,此时的光照强度称为光补偿点(Compensation Point)。在光补偿点以上,随着光照强度的进一步增强,光合速率呈比例性增大。但当光照强度达到一定程度时,即使光强再增加,光合速率也不再增高,这时的光照强度称为光饱和点(Saturation Point)。了解每种植物的光补偿点,就可以把握满足其生长发育的最低需光度;而只有让植物叶片处在光饱和点时的光照强度下,才能充分发挥植物光合积累的最大能力。

2.2.2.1　园林植物对光照强度的要求

不同园林植物对光照强度的需求程度与植物的种类、品种、原产地以及长期适应的自然环境条件有关。根据植物对光照强度(光补偿点和光饱和点)的要求和适应性的不同,一般可将园林植物分为阳性植物、阴性植物和中性植物。

1) 阳性园林植物

这类植物通常具有较高的光补偿点和光饱和点,生长过程要求全光照,不能忍受长期荫蔽环境。同时因为光饱和点高,对太阳能的利用率也高,所以生产潜力一般较大。一些速生树种,如杨树、桉树、刺槐、悬铃木等,以及观赏植物,如桃、杏、月季、紫薇、木槿和多肉植物等,均属于此类。原产于北方、高纬度地区或山地南坡的园林植物通常也多为阳性喜光植物。

从植株外部形态看,喜光的阳性植物通常具有较为粗壮的茎,木质部及支持组织发达,节间短,分枝较多。叶片角质层和细胞壁较厚,叶绿体较少,叶片栅栏组织发育较好,而海绵组织不甚发达,表面长有茸毛时往往茸毛较多。开花结实能力强,花期早,寿命较短。光照不足容易导致喜光阳性植物生长弱,枝条易徒长、纤细,叶片变薄,叶色发黄,花小而稀疏,容易落花落果。

2) 阴性园林植物

阴性植物通常光补偿点和光饱和点均较低,叶片大而薄。可忍耐一定程度的荫蔽,不耐强光直射,通常荫蔽度 50%~80% 较适合其生长。如冷杉、云杉、水青冈、八角金盘、桃叶珊瑚、杜鹃、柑橘类、姜科植物以及兰科植物等均属于此类。与阳性植物相反,这类植物通常进入开花结实期较晚,但寿命较长。原产于南方低纬度、多雨地区或山地北坡的植物通常多为阴性植物。

3) 中性园林植物(耐阴园林植物)

这类植物对光照强度的要求介于阳性植物和阴性植物之间。其对光照强度的适应幅度较大,在全日照条件下生长良好,在受荫蔽的情况下也能正常生长。但通常过强或过弱光照均会导致其生长不良。如鸡爪槭、腊梅、女贞、麦冬、萱草、翠菊等均属于此类。

2.2.2.2　光照强度对园林植物生长发育的影响

适宜的光照强度对园林植物器官的形成和发育是不可或缺的。植物细胞的分化、增殖和生长,植株体积的增大和重量的增加,以及组织和器官的分化和发育,都与光照强度有着密切的关系。

1) 光照强度对园林植物营养生长的影响

光照强度对园林植物地上部分和地下根系的生长均产生影响,植物体各器官组织在生长发育上的正常比例也与光照强度有一定关系。

强光往往削弱植物的顶端优势,而促进侧芽的生长,使植株姿态开张,容易形成密集的中短枝条。光照强度不足时,植株容易徒长,分枝数量减少,节位提高,枝条过分伸长而直立细弱,容易倒伏或折断;植株水分含量高,脆弱,叶片容易黄化,生长不良。

尽管植物的根系生长在无光的土壤中,但供应其生长的物质主要来源于地上部分的光合同化产物。因此,光照强度对植株地下部分的生长主要产生间接作用。当光照强度不足时,植株的光合速率和同化量降低,同化产物优先供应地上部分利用,地下部分接受到的同化产物减少,细根和新根的发生数量以及根系的生长量随之减少,在一定程度时甚至会停止生长。因此,生长季节的光照强度不足对园林植物根系的发展容易产生抑制作用。

由于光照强度不足所引起的地上部分徒长或黄化,以及与之相伴的地下部分生长受抑制,在一定程度上必然会导致植株地上部分的充实度降低,而较低的木质化程度又会降低植株的抗寒能力,影响到植株的休眠越冬。与此相反,充足的光照可以在一定程度上抑制部分病原菌的活动,减少园林植物生产过程中的病害。

2) 光照强度对园林植物生殖生长的影响

园林植物的花芽分化、生殖器官的形成和果实的发育也受到光照强度的严重制约。植物的生殖器官比营养器官要求的光量更高。当光照强度不足时,植株合成的同化产物过少,会导致花芽分化和形成期产生的花芽数量减少,或者即使已经分化形成的花芽也会由于养分供应不足而发育不良。在开花期,光照强度不足会导致授粉受精受阻,从而造成大量的落花落果。而在果实发育期,光照强度不足会影响果实膨大,导致果实发育不良,造成大量落果。而强光则往往有利于植物的果实和种子的生长,在强光下形成的果实和种子,其蛋白质和含糖量等都比较高,品质良好。因此,处于开花结实期的园林植物比观叶期的园林植物要求的光照强度更高。

在园林植物的生产过程中,通常需要根据植物生长发育特性对光照强度的要求进行适当的补光或遮光处理,或者进行密度调节,以充分促进植株的生长,使植株的营养生长和生殖生长协调,提高园林植物的产量、质量以及效益。

2.2.3 日照长度与园林植物生长发育

日照长度对园林植物生长发育的影响主要体现在植物的光周期现象上。

昼夜间的光暗交替称为光周期。生长在不同地区的植物在长期的适应和进化过程中,其生长发育节律随着昼夜长短的变化往往表现出一定的周期性变化,这种周期性的变化现象称为光周期现象。一般来讲,某一种园林植物的根系生长、发芽、展叶、花芽分化、开花、落叶和进入休眠,或者鳞茎、块茎、球茎等地下储藏器官的形成等,都受到昼夜长度的调节,具有其固有的光周期现象。目前,在园林植物的光周期现象中,最为重要而且研究得最多的是植物成花的光周期诱导。

2.2.3.1　园林植物对日照长度的要求

根据植物生殖生长期,特别是花芽分化和成花对光周期的反应,一般可将园林植物分为长日照植物、短日照植物、中间型植物等3种类型:

(1) 长日照植物。是指要求每天日照时数在14～16小时以上才能形成花芽和开花的植物。如果满足不了这个条件,则植物仍将继续处于营养生长阶段,不能或推迟开花。如满天星、紫菀、唐菖蒲等,这类园林植物的原产地大多在温带地区或高纬度地区,且多数在春、夏季开花。

(2) 短日照植物。是指每天日照时数在12小时以下的较短的日照条件下才有利于促进花芽分化和开花的植物。如长期日照时数过长,植株则会始终维持在营养生长阶段。另外,有研究认为,对短日照植物开花有影响的主要是黑暗期的长短而非光照期,即短日照植物喜欢较长的黑暗期,其开花时需要有一定量的临界夜长,甚至夜晚的闪光往往也会影响到短日照植物的开花。典型的短日照园林植物如菊花、一串红、万寿菊、波斯菊、一品红等,多原产于热带、亚热带地区,且多数在秋冬季节开花。

(3) 中间型植物。这类植物对日照时数的要求没有长日照或短日照植物严格,一般每天日照时数介于短日照和长日照植物之间均能完成花芽分化和开花。如月季、非洲菊、矮牵牛、香石竹、扶桑等。

2.2.3.2　日照长度在园林植物生产中的应用

在园林植物的实际生产中,往往利用不同植物对日照长度的反应进行引种和花期调控。

1) 日照长度与园林植物引种

原产于不同纬度地区的植物种类与品种,由于对原产地的长期适应,往往具有不同的光周期反应。因此,在不同地区之间进行园林植物引种时,应注意被引种植物与引种地区之间在日照时间上的对应关系。一般从日照长度考虑,应注意以下几点:

(1) 纬度相近地区,因日照长度接近,引种成功的可能性通常较大。

(2) 低纬度地区的植物(短日照植物)向高纬度地区引种时,由于受长日照影响,秋季生长期延长,导致封顶延迟,妨碍了组织的木质化。因此在冬季来临时,往往因为不能及时进入休眠而容易遭受冻害。在生产实践中有许多引种失败的实例,如南方的苦楝、乌桕等引种到北方,江西省的香椿引种到山东省泰安,均由于不能适时停止生长,从而无法安全越冬。另外,由于生长季日照时间的延长,被引种植物的生育期延后,严重时甚至无法开花结实。

(3) 高纬度地区的植物(长日照植物)向低纬度地区引种时,由于日照由长变短,枝条提前封顶,生长期缩短,植物的发育和成熟延迟。如杭州植物园引种红松就表现封顶早,生长缓慢,形如灌木,且容易遭受病虫为害。但从另一侧面看,低纬度地区较高的温度又往往会加速植物的生长,可以"抵偿"一部分日照的影响。因此总体来说,北种南引相对比较容易成功。

2) 日照长度与园林植物营养生长和生殖生长的调节

日照时间的长短对植物的开花起着决定性的作用,因此在园林植物,特别是花卉的栽培上,常常通过调节日照长短来进行花期调控。

如唐菖蒲是典型的长日照植物(春花),而一品红和菊花(秋花)则相反,是典型的短日照植物。在设施栽培时可以利用这一特点,通过调控光照时数来调节花期,以达到周年生产的目的。如对唐菖蒲，当光合积累达到一定程度时，可进行人工长日照处理，每天照光 14 h 以上，从而可以改变其春夏开花的习性，提早到冬季进行鲜切花的供应。一品红在采取常规栽培时一般在元旦前后开花，为了使其花期提早到国庆节期间，可提前 40～50 d 通过遮光进行短日照处理，使每天的光照时间缩短到 10 h 以下。对于短日照花卉菊花，为了周年供菊，可分期分批进行长日照处理，以打破其秋季开花的习性。如为了将其开花期推迟到元旦期间，可从 9 月初到 10 月初进行人工补光，以保证其在 12 月中旬陆续开放；若长日照处理延长到 11 月中旬，则可供应早春市场。

对于观叶植物，可以通过调节日照长度来推迟或限制开花，能够提高其观赏性能。另外，通过日照的诱导还可以促进一些园林植物营养繁殖器官的生长，如落地生根、虎耳草等的匍匐茎经过长日照处理可以促进其生长，大丽花的一些品种经过短日照处理可以促进块根的形成。

2.3　温度对园林植物生长发育的影响

和光照一样，温度也是园林植物生长的基本条件之一。植物的光合、呼吸、蒸腾等各项生理生化活动都与温度紧密关联，其生长发育必须在一定的温度条件下才能完成。温度直接影响植物的生长、产量和地理分布界限。另外，温度影响植物的发育速度，从而影响作物全生育期的长短与各发育期出现的早晚。

2.3.1　园林植物生长发育的三基点温度

温度对园林植物的影响，首先是通过对植物各种生理活动的影响表现出来的。对于植物的每一个生命阶段或过程来说，都有 3 个基点温度，即最适温度、最低温度和最高温度。在最适温度下植物生长发育迅速而良好；而低于最低温度或高于最高温度时，植物生长发育停止，甚至发生不同程度的危害直到致死。

园林植物生长的不同生理过程要求的三基点温度不尽相同。光合作用的最低温度一般为 0～5℃，最适温度为 20～25℃，最高温度为 40～50℃；呼吸作用的最低温度一般可低至 -10℃，最适温度为 36～40℃，最高温度为 50℃。通常认为，在最低温度和最高温度的范围之内，植物生长的生理生化过程符合范霍夫定律（Van Hoff law），又称为 Q_{10} 定律，即指温度每升高 10℃，生理生化过程的速率会加快 2～3 倍。其具体计算公式如下：

$$Q_{10} = \left(\frac{R_2}{R_1}\right)^{\frac{10}{t_2 - t_1}}$$

式中：Q_{10} 是温度系数，t_1、t_2 是温度，R_1、R_2 为该温度下某生理过程的速率。

根据范霍夫定律，许多研究者认为，在一定的温度范围内，植物的生长以及干物质的合成速率与温度成正比。但因为植物光合作用和呼吸作用的最适温度范围不一致，而且通常光合作用的最适温度低于呼吸作用的最适温度，随着温度的上升，到接近最高温度时，呼吸消耗的增加有可能超过光合积累，因此，其净积累并不一定符合这一规律。

园林植物对三基点温度的要求一般与其原产地关系密切，不同地区生长的植物，对三基点温度的要求是不同的。原产于高山或寒温带地区的植物，其最适生长温度约在 10℃ 以内。原产于温带的植物，当温度在 5℃ 以上时即开始生长，最适生长温度为 25～30℃，最高生长温度为 35～40℃。原产于亚热带或热带的植物,通常最适生长温度要求为 30～35℃,最高生长温度为 45℃。

　　同一植物在不同生育时期所要求的三基点温度也不同。一般种子萌发阶段的温度低于营养器官生长阶段的温度,生殖器官生长时期要求温度最高。植物营养生长阶段要求的温度范围比较宽,大都在 5～40℃;而生殖器官生长阶段对温度的要求比较严格,对低温的反应比营养生长阶段更为敏感,特别是花粉母细胞减数分裂期和开花授粉期对温度最敏感,能够适应的温度范围最窄,一般在 20～30℃。因此,在园林植物的实际生产过程中,若在开花结实期遇到特殊低温,可能会导致很大的损失。

　　根系生长要求的温度低于地上部分,另外,温度也会影响到植物根系对水分和矿质营养的吸收。土温过高促使植物根系提早木质化和成熟,根系吸收面积降低,并且容易抑制根细胞内部酶的活性。土温过低则会增大土壤溶液的黏度,减缓水和营养元素进入根部的速率,并妨碍其在根内的运输,从而降低根系的吸收作用。

　　三基点温度是植物生长的最基本温度指标,了解植物的温度三基点,可以根据各地的温度变化,确定品种选用,并掌握适宜的播种、栽培期和栽培方式等。根据园林植物对三基点温度,特别是最低温度的要求,通常可将园林植物分为 6 类。

　　(1) 最不耐寒植物。必须在较高的温度条件下才能安全越冬,一般要求的环境温度在 10℃以上。这类植物主要是一些原产于热带的耐热植物,如番木瓜、红桑、米兰、变叶木、竹芋类、芭蕉属、凤梨类、多数仙人掌类、大多数天南星科植物等。在我国除热带和南亚热带的部分地区外,它们都必须在温室里越冬。

　　(2) 不耐寒植物。这类植物在四季分明的地区越冬时,大都需要采取一定的防寒措施,以保持环境温度不低于 5℃时,才能安全越冬。如米兰、珠兰、白兰花、大岩桐、西鹃、玻璃翠、一品红、金莲花、扶桑、竹节海棠等。

　　(3) 稍耐寒园林植物。越冬需要的环境温度不低于 3℃,在我国除热带和南亚热带地区外,其余地区在冬季最冷时往往需要采取一定的防寒措施,才能保证其安全越冬。如茉莉、代代花、金橘、九里香、仙客来、蟹爪兰、芦荟、君子兰、报春花、蒲包花、瓜叶菊、马蹄莲、龟背竹、文竹、石蜡红、吊钟海棠、鸳鸯茉莉等。

　　(4) 可耐寒园林植物。安全越冬的环境温度不低于 0℃,如山茶、石榴、春夏鹃、吊兰、铁线蕨、苏铁、棕竹、含笑、小苍兰、夜来香、虎刺、常春藤、兰花、令箭荷花等。在正常情况下,这类植物在我国长江流域以南的大部分地区都能露地越冬。

　　(5) 很耐寒园林植物。要求安全越冬的环境温度不低于 -5℃,如松、桃、海棠、迎春、梅、腊梅、月季、络石、芙蓉、忍冬、菊花、紫罗兰、萱草等。这类植物在我国的江淮地区及北部的偏南地区能露地越冬。

　　(6) 最耐寒园林植物。这类植物一般原产于我国高纬度或高海拔地区以及国外寒冷地区,耐寒而不耐热,冬季能忍受 -10℃甚至更低的温度,如榆叶梅、牡丹、芍药、珍珠梅、黄刺梅、丁香类、锦带花、荷包牡丹、雪莲花、贝母、龙胆、荷兰菊、桂竹香等。它们在我国的西北、华北及东北偏南部都能露地越冬。

2.3.2　积温及其与园林植物生长发育的关系

植物的生长发育除了要求适宜的温度范围以外，对热量的总量也有一定的要求。只有当温度的积累达到一定量时，植物才能完成其发育周期。这个温度的积累通常用积温来表示。积温是指某生育时期或某一时段内逐日平均气温的累积。

常用的积温有活动积温与有效积温两种。活动积温是指某生育时期或某一时段内高于或等于植物生长生物学零度（即生长发育的起点温度，相当于三基点温度的最低温度）的日平均温度的逐日累加之和；有效积温是指生长期内高于或等于生物学零度的逐日平均温度与生物学零度的差值的累积。与活动积温相比，通常有效积温的变化小，且较为稳定，可用于植物生长发育速度的计算和发育时期的预报，在实际生产中应用面更广。

研究园林植物的积温主要有以下几个方面的用途：

（1）积温是园林植物种类与品种特性的重要指标之一。通过分析某个地区的温度条件能否满足植物生育所要求的积温，可以作为植物引种和规划种植制度的依据。

（2）积温可以作为物候期预报、收获期预报、病虫害发生时期预报等的重要依据。比如通过了解园林植物在生物学上对积温的要求，可以根据商品上市以及交货期等的需求，利用积温来推算适宜的播种期和栽植期。

（3）负积温的多少，有时可作为低温灾害的指标之一，因为它可以在一定程度上反映低温的强度与持续时间的综合影响。

2.3.3　园林植物生长发育的温周期现象

由于地表太阳辐射的周期性变化导致温度产生规律性的昼夜变化和季节变化，植物在长期的发展演替过程中，也会对温度的年变化和日变化产生适应性。这种对温度周期性变化的适应性或反应，称为温周期现象。多数植物在变温下比恒温下生长得更好。

同光周期一样，由于年温周期现象，大多数植物在温度开始升高时发芽或出苗，夏秋季高温时期快速生长、开花结实，形成了与温度变化节律相对应的发育节律，一般称为物候期。

气温的日变化则对植物光合产物的积累有着非常重要的意义（图2.4）。白天光合作用与呼吸作用同步进行，夜间一般只进行呼吸作用。因此，当昼夜的温度不超过植物所能忍受的最高温度和最低温度时，白天适当高温有利于光合作用，夜间适当低温使呼吸作用减弱。昼夜温差大，有利于植物增加白天的光合积累，并减弱夜间的呼吸消耗，对产量和产品品质的形成有很好的影响。

对不同植物种类来说，最适的昼夜温差并不是统一的。比如一些研究结果表明，番茄昼温26.5℃配合夜温17℃时产量最高；烟草昼温26℃配合夜温22℃最为适宜。这一方面的研究对指导生产实践有着非常重要的作用。

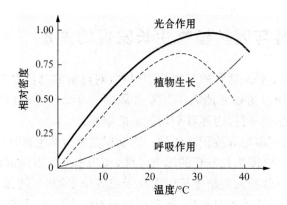

图 2.4　温度对光合作用、呼吸作用以及净光合产物积累的影响

2.3.4　温度对园林植物生产的影响

2.3.4.1　休眠期中温度与发育的关系

许多植物的种子或植株,在其发育过程中常有一段休眠期。为了打破休眠而继续发育,一般要求必须在一定的温度条件下度过足够的时间。不少植物为了打破休眠常要求较低的温度。比如牡丹,若想使其在国庆期间开花,需提前 50 天在冷库中以 0℃ 以下的低温处理 2 周,使其通过休眠期,然后移到相当于春天的温度下,并逐渐升温;若希望其在元旦开花,也要在秋季落叶后进入低温处理以打破休眠。

2.3.4.2　温度对发芽、出苗的影响

对种子发芽、出苗来说,土温的影响无疑比气温直接得多,故一般用土温指标较为确切。

种子的萌发率、出苗率和出苗整齐度在一定程度上取决于播种时和发芽阶段的温度(土温),萌发和出苗速度也因土温变化而异。因此,把握种子萌发出苗对温度的要求以及土温的相应变化有利于合理安排播种期。

另外,温度对扦插也有一定影响。温度过低会延缓根原基的萌发,导致储藏养分的大量消耗,从而影响插穗的成活。另外,大量生产实践证明,扦插时稍高的地温和较低的气温可以减少地上部的蒸腾失水,增加插穗切口的吸水,有利于维持插条的水分平衡,促进扦插成活。

2.3.5　极端温度对园林植物生长发育的影响

2.3.5.1　高温对园林植物的危害

极端高温容易导致园林植物新陈代谢失调,加速其生理活动,引起蒸腾作用加快,加剧水分的丧失,从而破坏植株体内的水分平衡,使植物失水萎蔫。同时,高温对植物呼吸的促进作用大大强于对光合的促进作用。因此,随温度的升高,植物的呼吸消耗明显增加,光合作用净积累的同化产物降低,植物的生长速度会明显下降。

另外,温度过高易使树皮、果实等灼伤,花瓣等器官干枯。特别是在雨后突然发生炎热而干旱的天气时,灼伤现象经常发生。灼伤易于发生在曾处于荫蔽条件下的主干、枝条、叶片、花和果实。高温造成的皮层、韧皮部和形成层受伤还容易引起病虫害的感染,并由于形成层和输导组织的损伤而导致植株死亡。温度过高也可造成叶片细胞的死亡、花果器官的受伤,继而脱落。

2.3.5.2 低温对园林植物的危害

一般来说,植物生长的最适温度通常接近于最高温度,而离最低温度较远,所以在生产中高温危害相对较少。相反,低温危害较为常见,需要加以重视。

造成园林植物低温冻死的原因主要是细胞原生质体产生不可逆的凝结。通常园林植物体内合成和供应的同化物质越多,受低温的损伤相对越轻;积累的同化物质少,或消耗的同化物质越多,冻害越严重。主要原因是这些同化物质能减缓细胞液中水分的冻结。处于休眠状态的园林植物通常不易受到冻害,但当植物从休眠状态转向活跃状态时,植物体中水分含量增大,如此时出现低温,如晚春霜冻,细胞易受损伤而导致器官或植株死亡。

植株的不同器官对低温的敏感程度也不一样。一般来说园林植物形成层的抗寒能力最强,花器官以及果实等繁殖器官对严寒最为敏感。另外,由于根系长期生长在温度变化较为平缓的土壤中,其对低温的敏感性明显强于地上部分。因此,在冬季或早春进行移苗时,保护和防止根系受冻非常重要。

从气温变化来看,如果是逐渐降温,园林植物不易受害。因为在逐渐降温的过程中,植株体内的淀粉等逐步转化为糖,促进幼嫩部位的及时木质化,同时减少植株体内的水分含量,使植株的耐寒性得以显著提高。而如果是骤然的降温则容易导致植株代谢失常,甚至发生冻裂、冻拔等机械损伤,造成植株受害或死亡。

2.3.6 栽培措施对温度的影响

在园林植物的生产过程中常采用一系列措施调节土温与气温,以保证植物生长的适宜温度条件。常用的措施有灌溉、松土或镇压,垄作或沟种等。它们通过改变热量平衡与土壤热特性(如热容量与导热率等)以调节土温和气温。

2.3.6.1 灌溉对温度的影响

温暖季节或温暖时期的灌溉主要引起降温,但寒冷季节则可以起到保温作用。冬灌保温的主要原因是灌水增加土壤热容量与导热率;暖季浇水降温则主要是增加了蒸发耗热。一般对土温(10 cm 土层)来说,冬灌的保温效应可有 1℃ 左右,夏季灌溉的降温效应可达 1~3℃,具体效应的大小因天气、土壤、植物覆盖以及灌溉水量、水温与面积等条件而异。灌溉对气温的影响相对较小,而且随高度而异。对 1.5~2.0 m 的高度来说,一般效应不到 1℃,靠近地面的影响较大。

冷暖过渡季节灌溉的温度效应与蒸发条件有很大关系,而温度的高低反过来也会直接影响蒸发。当日平均温度为 0℃ 或略低时,白天温度高可使灌溉地因蒸发多而降温,夜间温度低抑制蒸发,灌溉地可发挥保温作用。至于灌溉后日平均土温是增还是降,则决定于昼与夜的降温与保温中哪个效应更强,而这又决定于零上、零下温度的持续时间与强度的对比。这种过渡季节对平原地区来说,约出现在早春2月中、下旬。

灌溉除直接影响温度的高低外,还可缓和温度变化。如冬灌可以稳定土温,防止越冬植物受害。

2.3.6.2　松土与镇压对土温的影响

松土可以起到增加土温的作用。主要原因包括3个方面:一是切断土壤毛细管,减少了蒸发耗热;二是增加了土壤孔隙度,使锄松的土层热容量降低,得到同样的热能时增温明显;三是疏松的土层导热率低,热量往下层传导少,多用于本层增温。据研究报道,若松土质量高而且条件适宜,可使暖季晴天土壤表层(3 cm)日平均温度增高约1℃,最高温度增高2～3℃或更多。

镇压对土温的影响作用与松土相反。镇压能增加土壤容重,减少土壤孔隙,增加表层土壤水分,从而使土壤热容、热导率都有增加。据南京农业大学观测,对于表层15 cm深度土壤,镇压后可使热容的相对值增大11%～14%,热导率增加80%～260%。土壤经镇压后,白天热量下传较快,使土壤表层在一天的高温期间有降温趋势;夜间下层热量上传较多,故在一天的低温期间可提高温度,即可以缓和土壤表层温度日变化。

2.3.6.3　垄作对土温的影响

在温暖季节,垄作可以得到较多的太阳辐射,而且由于垄上较为干燥,土壤热容量与导热率较小,因此可以提高土壤表层温度,有利于种子发芽与幼苗生长。而在寒冷季节,如果垄面潮湿,由于垄的表面积比平作大,蒸发耗热多,反而可能导致温度下降。此外,风促进蒸发与乱流交换,也会影响垄作增温效应。

与垄作相反,沟种在寒冷季节可起到保温作用,而在温暖季节由于湿度较大可以减缓温度的上升。因此,在进行园林植物生产时,采用不同的耕作措施可以有效调节温度,促进植物生长。

2.4　水分对园林植物生长发育的影响

无论何种植物,从种子开始直到植株发育成熟,在生长的各个时期水分的供应都极其重要。水分既是植物器官组成的主要成分之一,也是植物体内各种生理生化过程进行的必要介质。植物生产对水分的依赖性往往超过了其他的任何因素。农谚中有"有收无收在于水,收多收少在于肥"的说法,栽培学也认为植物能否成活在于水的供应,能否长得好在于肥料的供应的说法,充分说明了水分对园林植物栽培的重要性。一个地区或立地降水量的多少决定着园林植物能否在该地种植,而在养分、温度、光照等条件都满足的前提下,水分的多少则决定了园林植物栽培的产量和质量。

在园林植物的栽培过程中,既要求在总体上有足够的水分供应,又要求水分在不同生育时期合理分配。因此,必须要了解植物的一般需水规律,合理管理栽培过程中的水分状况,为植株的生长发育创造良好条件。

2.4.1　园林植物的需水量

植物从环境中不断地吸收水分,同时也通过蒸腾不断释放水分,这样就形成了正常植物的水分代谢。植物的需水量有两种表示方法:一种是蒸腾系数表示法;另一种是田间耗水量表示法。

蒸腾系数是指植物每形成 1 g 干物质所消耗的水分量。从这个概念可以看出,园林植物的蒸腾系数受植物的水分消耗量和干物质积累能力两方面所制约,因此不同植物类型(包括种和品种)需水量不一样。植物吸收的水分一般只有 0.5%～1% 用于体内有机物质的合成,其余 99% 以上的水分均通过蒸腾作用散失,因此园林植物的需水量可以近似地采用蒸腾系数来表示。通常植物合成 1 g 干物质需水 125～600 ml,因植物种类、生育时期和环境条件不同而差异极大。比如说,根据 Ringoet 对非洲几种热带植物的研究结果表明,在土壤含水量为 11%～19% 时,所测得的平均蒸腾系数分别为油棕 294 g/g、咖啡 578 g/g、可可 866 g/g。一般来说,树木的蒸腾系数远大于农作物;阔叶树的蒸腾系数大于针叶树;热带、亚热带植物的蒸腾系数大于温带和寒温带植物;幼龄期的蒸腾系数大于老龄期;晴朗多风天气时的蒸腾系数大于阴雨天。

田间耗水量则是指植物在整个生育期内,栽植系统所消耗的水量,即包括植株的蒸腾量和土壤的蒸发量之和。一般以某时段或生育时期所消耗的水层深度(mm)来表示。与蒸腾系数相比,田间耗水量不仅考虑了植物品种的生物学特性,同时还考虑了不同栽植地区之间气候和环境条件不同所造成的差异。

研究植物耗水量是了解栽植地的土壤水分变化规律,分析和计算栽植用水量,以及对水资源进行利用和规划设计的有效依据,在园林植物的栽培实践中有着非常重要的作用。

2.4.2　园林植物的需水临界期

园林植物生长发育的整个过程中都需要水分的供应,但在生长发育的不同阶段对水分的敏感程度不同。植物生命周期中对水分最为敏感的时期称为需水临界期。这一时期水分不足或过多均会对植物的总体生长产生很大的影响,因此也往往决定着园林植物生产的产量和品质。

植物生产过程中的需水临界期一般认为在主要形成产量的那部分器官的形成发育期或膨大期。比如,以植株整体为目标产物的园林植物,其需水临界期通常为植物的速生期;以繁殖器官(花、果实或种子)为目标产物的园林植物,其需水临界期为生殖器官的形成与发育时期;而以根茎类为目标产物的植物,其需水临界期则为根茎膨大期。

园林植物栽培时,如果需水临界期缺水,容易造成非常大的损失。从相反的角度来看,如果能充分满足这一时期的水分需求,所产生的效果也将会最大化。因此,在可利用的总水量有限的情况下,栽培过程中应优先保证需水临界期的水分供给,及时进行灌溉,防止在形成产量最敏感的时期出现严重的水分胁迫。

2.4.3　园林植物对水分的适应性

不同的水分自然供应条件下,适生着不同种类的植物。比如在水分充足的山谷、河畔或江湖滩地,枫杨、柳树、杨树生长旺盛,而在干旱的向阳山脊上,常常可以见到松树、化香、盐肤木、海金沙等生长良好,这说明不同植物对水分的要求和适应性不一样。

植物对水分的适应性与植物的需水量之间有一定的联系,但是两者并不是相同的概念。比如黑杨派杨树的需水量很大,对土壤水分条件的要求非常严格,适应性窄,适合栽植于水分充足的江河滩地,而无法在山地栽植;松树生长的需水量也很大,但却可以在干旱的山地上正常生长,对水分条件有很好的适应性。

根据植物的生存对水分环境的要求可将园林植物划分为水生园林植物和陆生园林植物。对于陆生园林植物,根据其对水分条件的适应性及耐旱程度,又可分为湿生园林植物、中生园林植物和旱生园林植物。

2.4.3.1　水生园林植物

是指所有生活在水中的园林植物的总称。与陆地生态系统相比,水体通常具有弱光、缺氧、温度变化平缓、土壤黏重等特殊环境。根据水生园林植物所生存的环境中水的深浅以及植物在水中的相对位置,可将水生园林植物分为沉水植物、浮水植物和挺水植物。

1) 沉水植物

整株植物沉没在水下,根退化或消失。多为藻类,如金鱼藻、黑藻等。

2) 浮水植物

通常生长在浅水区,叶片浮在水面,形状多为扁平。叶表面气孔发达,但机械组织不发达。根据植物是否扎根固定于土壤中又可区分为扎根型和漂浮型。扎根型浮水植物如睡莲,根系或地下茎固定在泥土里,根部生长所需要的氧气由叶片的气孔经由外界提供,叶柄会随水的深度而伸长;漂浮型的浮水植物如浮萍,根系并不固定于泥土中,而是悬浮于水中,植物体则漂浮在水面,某些还具有特化的气囊以利于漂浮。

3) 挺水植物

多生长在浅水区,植物体大部分挺出水面,根系固定在水底土壤,将其茎叶的一部分或大部分伸出水面。如荷花、芦苇、再力花、凤眼莲等。

2.4.3.2　陆生园林植物

是生长在陆地上的园林植物的统称。根据其对水分的适应性可分为湿生、中生和旱生园林植物。

1) 湿生园林植物

指在土壤含水量过大、甚至在土壤表面渍水的条件下仍能正常生长的园林植物。一般要求经常性有充足的水分,不能长时间忍受缺水或干燥,抗旱能力差,多生长在水边或潮湿的环境中。如池杉、水杉、枫杨、垂柳、秋海棠、凤尾蕨等。

湿生园林植物通常具有对水分过多环境的适应特征,却不具有任何避免过度蒸腾的保护性结构。典型特征如根系不发达,侧根分生少,根毛缺乏,根部细胞渗透压低;叶片大而薄,栅栏组织不发达,角质层薄或缺乏,气孔多而经常性开放。此外,为适应根系缺氧的生存环境,有些湿生园林植物的茎部组织疏松、膨大,或具有膝根等特殊根系形态,有利于根系的气体交换。

2) 旱生园林植物

适生于干旱环境,能忍受较长时间的缺水,且能维持植株体内的水分平衡和正常的生长发育。如仙人掌类、景天科植物、柽柳、枣树、夹竹桃、黑松等,主要分布在干热草原和荒漠地区。

旱生园林植物一般具有一定适应干旱的形态和生理适应特征。在形态适应方面,旱生园林植物通常根系发达,具有控制蒸腾作用的结构,或储水组织发达。如我国西北干旱地区的骆驼刺,地上部分株高仅有数厘米,而地下部分可深达 15 m,扩展范围可达 623 m²,可以保证植株能有效吸收更大范围的土壤水分。有部分植物如仙人掌类、柽柳等,叶片肉质化,或退化成刺状、针状或鳞片状,或叶面有厚的角质层、蜡质层或茸毛,且叶片气孔数量少或气孔下陷等,这些都有利于降低蒸腾作用和水分散失。另有一些植物能够在体内储备大量水分,以供应干旱时期的消耗,如南美的瓶子树,树干两头细中间粗,最粗的地方直径可达 5 m,可储水 4t 以上。在生理适应特征方面,旱生园林植物的根部细胞通常具有较高的原生质渗透压,可以有效提高根系的吸水能力;同时,细胞内多含亲水胶体和多种糖类,以保证较高的抗脱水能力。

3) 中生园林植物

适于生长在水分条件适中的环境中,形态结构及适应性介于湿生植物与旱生植物之间,种类最多,分布最广,数量最大。

2.4.4　园林植物在生长周期中的需水规律

园林植物在栽培的不同生育时期需水量的差别很大。掌握不同生育期的需水特点是正确、合理地进行水分管理的重要依据。一般在园林植物的生育前期需水量相对较少,生育中期通常为需水高峰期,生育后期需水量则有所下降。

2.4.4.1　萌芽期

种子吸胀所需水分与种子内含物成分有关。蛋白质含量高的种子(如豆科植物种子)吸胀所需水分较多;淀粉含量高的种子,吸胀所需水分较少。为保证发芽所需水分,栽培上常采取播前浸种的措施。

多年生植物通常需要有一定的水分条件才能萌芽。此阶段若水分供应不足,常会推迟萌芽或萌芽不整齐,并会影响到新梢生长。因此,如冬春季节降水不足,土壤干燥,初春萌芽前应注意灌溉。

无性繁殖材料本身含有较多水分,因此对土壤水分的要求范围较宽,但仍以在较大的土壤湿度下发芽多而整齐。同时,无性繁殖,特别是扦插繁殖时,因为没有根系吸水,所以一般要求周围环境有较高空气湿度和适当的遮阴,以减少蒸腾失水。保持繁殖材料体内的水分平衡是无性繁殖能否成功的关键。

2.4.4.2 苗期

各种园林植物苗期的叶面积和植株都较小,吸收和蒸腾的水量也相应较少,耗水量不大。大多数植物苗期的耗水量占全生育期的 25% 以下。同时,苗期适当地控制土壤水分还可以促进植物根系向纵深发展,从而形成强壮的根系,以增强抵抗外界不良环境的能力。这个过程在栽培学上通常称之为"蹲苗",在园林植物育苗过程中经常使用。

2.4.4.3 产品器官形成期

这个时期植物的生长最旺盛,叶面积最大,因此耗水量也最大,并且往往是园林植物栽培过程中的需水临界期。多数植物此阶段的耗水量占全生育期总耗水量的 50%~60%。不论其产品器官是营养器官还是生殖器官,此阶段缺水会削弱生长或导致生长早期停止,直接影响到栽培的产量和品质形成。有些多年生园林植物,春梢短,秋梢长,就是由于春季干旱和秋季多雨造成的,这种枝条往往生长不充实,越冬性差。

另外,在花芽分化期如水分缺乏,容易导致花芽分化困难,形成花芽少;如长期阴雨,水分过多,花芽分化也难以进行。在开花期通常需要一定的水分,若大气湿度不足,花朵难以完全绽放,不能充分体现出种类或品质的固有花形和色泽,并且导致花期缩短,影响到观赏效果。因此,为了保证园林植物的开花品质,需要及时进行水分的管理和调节。

2.4.4.4 产品器官成熟期

以果实等为产品器官的园林植物,在产品器官成熟期,植株叶层逐渐衰亡,故蒸腾和水分吸收大大减少。同时植株体内的含水量下降,此阶段对水分的要求随生育进程的推移而不断降低。此时一般需控水控肥,以提高产品品质。

2.4.4.5 休眠期

此期需水相对较少,但不能缺水。严重缺水时可能会导致枝条失水、干枯或受冻。

2.4.5 水分供应对园林植物生长过程的影响

植物的生长量取决于细胞的分裂和增长。无论是细胞分裂还是增长都会因为水分供应的缺乏而减缓。大多数植物生长的最适土壤水分大致为土壤最大含水量的 50%~80%,水分过多过少都会对植物生长产生不良影响。水分不足会使植物凋萎,妨碍光合作用的进行,影响栽培的经济产量。同样,水分过多对植物的生长也不利,容易导致根系缺氧和烂根,减少植物的生长量,严重情况下甚至会导致植物死亡。如巴西橡胶树属于比较喜湿耐水的园林植物,但在渍水地上长期生长时,生长量大大下降,茎围仅达到非渍水地的一半左右(表 2.1)。

表 2.1 渍水对巴西橡胶树茎围生长的影响/cm

水分状态	栽植后 16 个月	8 年生
非渍水地	9.20	54.01
定期渍水地	5.47	30.43

　　另外,空气湿度也会影响到园林植物的生产。空气湿度直接影响植物的蒸腾作用,相对湿度越低,植物蒸腾强度越高。在土壤水分充足的条件下,蒸腾旺盛可以促进植物对水分和养分的吸收,从而加速植物的生长。所以,在一定程度上,空气相对湿度较小对植物是有利的。

　　但如果空气相对湿度过低,也会对园林植物生长产生不利影响。比如有些园林植物的开花授粉过程与相对湿度关系密切,开花时如果相对湿度过低,未成熟的花粉因花药变干而提前散落,此时雌花未熟,导致结实率下降。

　　同样,空气相对湿度过高还容易引起病虫害的大肆发生。微生物的孢子以及营养体在空气相对湿度大于 75% 时,容易吸湿而发芽,造成病菌大量孳生。

2.5　土壤对园林植物生长发育的影响

　　植物生长发育的必需生活因子中,最重要的养分和水分都是通过根系从土壤中吸取获得的。因此,土壤是园林植物栽培的基础,植物生长的好坏很大程度上取决于土壤条件。良好的土壤条件应该是让园林植物能"吃得饱"(养分供应充分)、"喝得足"(水分供应充分)、"住得好"(根系空气流通、温度适宜)、"站得稳"(根系充分伸展,机械支撑牢固)。

　　土壤对园林植物生长发育的作用是由土壤多方面的因素综合决定的,影响植物生长的土壤因子主要包括土壤的物理学特性、土壤化学特性以及土壤生物学特性等方面。

2.5.1　土壤物理特性与园林植物生长

　　土壤是由固、液、气三相构成的分散系。众多的土壤颗粒和有机物质堆聚成一个多孔的松散体,称为土壤基质,水、空气、土壤生物和根系都在这个基质内部的孔隙中移动和生活。所以,土壤基质内大小土壤颗粒的组成和排列方式如何,对土壤水、肥、气、热状况以及土壤生物有着重要的影响和制约作用。

2.5.1.1　土壤容重、孔隙度和气体、水分特征

　　土壤中固、液、气三相的容积比,可粗略地反映土壤持水、透水和通气的情况。三相组成与容重、孔隙度等土壤参数一起,可评价园林植物栽培上土壤的松紧程度和宜耕状况。

　　1) 土壤容重

　　土壤容重是指田间自然状态下单位容积原状土体(包括土壤颗粒和空隙)的质量(干重, g/cm^3),是土壤的基本性状之一,与土壤耕作和植物栽培关系密切。容重的大小受土壤密度和孔隙度两方面的影响,而后者的影响更大。疏松多孔的土壤容重小;反之则大。土壤容重多介于 $1.0\sim1.5\ g/cm^3$ 的范围内。

　　容重对植物的生长有很大作用,疏松多孔的土壤通常有利于植物根系的穿插和伸展。当容重大于 $1.6\sim1.7\ g/cm^3$ 时,就会导致植物发根和扎根困难,严重妨碍根系的正常生长。

　　2) 土壤的三相组成和孔隙度

　　土壤固、液、气三相的容积分别占土体容积的百分率,称为固相率、液相率和气相率。对大多数陆地植物来说,适宜的土壤三相组成为:固相率 50% 左右,液相率 25%~30%,气相率

15%～25%。如果气相率低于 8%～5%，会妨碍土壤通气、抑制植物根系和好气微生物的活动。

土壤中各种形状的粗细土壤颗粒集合和排列成土壤固相骨架，骨架内部有大小和形状不同的孔隙，构成复杂的孔隙系统。全部孔隙容积与土体容积的百分率，称为土壤总孔隙度。水分和空气并存并充满于土壤孔隙系统中，所以总孔隙度等于液相率和气相率之和。另外，土壤总孔隙度还可以通过土壤密度和土壤容重进行计算：

$$总孔隙度(\%)=(1-容重/密度)\times100$$

土壤孔隙度决定着土壤的水分和空气状况，并对土壤热量交换有一定的影响，是土壤的一个重要属性。土壤孔隙度的大小取决于土壤的质地、结构和有机质的含量。不同土壤的孔隙度差别很大。一般来说，相对松软的土壤总孔隙率较大，土壤物理性质良好；紧密而坚硬的土壤总孔隙率较小，物理性质不良。但是，单凭土壤总孔隙度一项，并不能完全说明土壤的通透性。与总孔隙度相比，土壤孔隙的粗细和性质更为重要。例如，总孔隙度仅为 35% 的砂土，很容易透气透水，而总孔隙度为 50% 的黏土，其通透性却很差。这是因为土壤孔隙有大有小，大孔隙容易透气透水，而小孔隙反之。

土壤孔隙根据其大小和性能分为毛管孔隙和非毛管孔隙两种，两者之间的界限值通常在 $10\sim60\mu m$ 之间。毛管孔隙具有明显的毛管作用，使土壤具有储水的性能。非毛管孔隙一般不具有持水能力，但能使土壤具有透水性。一般来说，非毛管孔隙度的大小，取决于土壤团聚体的大小，团聚体越大，非毛管孔隙度也越大。

土壤中毛管孔隙和非毛管孔隙的分配状况，对土壤的水、肥、气、热及耕作性能都有较大的影响。一般来说，当非毛管孔隙度占总孔隙度的 20%～40% 时，土壤的通气性、透水性和持水能力比较协调，有利于根系的伸展和植物的生长。

3) 土壤通气性

土壤通气性与土壤中非毛管孔隙的比例和含水率相关。非毛管孔隙的比例越高，土壤的通气性越好；土壤含水率越高，通气性则下降。

土壤空气中含有氧气、二氧化碳、氮气等多种成分。氧气是土壤空气中最重要的成分，通常所说的土壤通气性的好坏主要是指氧气含量的高低。植物根系和土壤微生物都需要利用氧气进行呼吸。若土壤通气不良，会减缓土壤与大气之间的气体交换，导致土壤空气中氧气含量下降，二氧化碳的含量逐渐升高，从而抑制了植物根系的呼吸和生长。长时间缺氧引起的根系的无氧呼吸容易导致根系的腐烂，导致植物早衰或死亡。有关果树根系方面的研究结果表明，当土壤空气中的氧气含量高于 15% 时，根系可以正常生长；高于 12% 时可以正常发出新根；而当土壤中二氧化碳含量增加到 37%～55% 时会对根系产生抑制作用，导致生长停止。

4) 土壤水分的有效性

土壤水分是园林植物生长的主要水分来源，而且所有养分只有溶解于土壤水中才能被植物吸收利用。因此，水分状态是评价土壤肥力的重要指标。另外，土壤水分状态还能调节土壤温度，影响到土壤微生物的活性以及有机物的分解和养分的转化。

土壤水分状态与土壤孔隙度关系密切。土壤中的水分受到重力、土壤颗粒表面分子引力、水分子引力等各种力的作用，按其存在形态大致可分为吸湿水、毛管水和重力水。其中吸湿水是指土壤固相与空气湿度达到平衡时土壤所吸收的水汽分子，由土壤颗粒表面的分子引力作用所引起,不能被植物吸收利用;毛管水是指借助于毛管力,吸持和保存在土壤孔隙系统中的液态水,能够被植物吸收利用;重力水是指当大气降水或灌溉强度超过土壤吸持水分的能力时,由于重力的作用通过大孔隙向下流失的多余的水分,一般都是非常短暂地在非毛管孔隙中滞留后快速流失,实际上能被植物利用的机会很少。

在评价土壤的水分供应和有效性时,通常利用以下有效的水分常数:

(1)凋萎系数。指土壤水分下降到某一数值时,植物因缺水而丧失膨压以致凋萎,即使夜间也不能恢复,这时的土壤含水量称为凋萎系数。凋萎系数主要取决于土壤性质,与植物种类关系不大。从土壤水分形态来看,这部分水分主要指的是吸湿水,是土壤有效水分的下限。

(2)田间持水量。当降雨或灌溉后,多余的重力水完全排除,下渗水流基本停止时土壤所吸持的水量也被称为圃场含水量。主要包括土壤毛管水。田间持水量也是土壤水分性状的一个重要指标,与土壤孔隙状况及有机质含量有关,是土壤有效水分的上限。一般黏质土壤、结构良好、富含有机质的土壤,田间持水量大。

(3)土壤有效含水范围。指土壤凋萎系数与田间持水量之间的水分含量,是土壤物理性状的一个重要指标。在栽培学中可以表征土壤的保水和供水能力。

一般植物根系在田间持水量的 60%～80% 时活性最强。当土壤含水率降低到一定程度时,植物根系吸水变得困难,水分吸收和蒸腾之间的平衡受到破坏,植物会表现出缺水的症状;当水分进一步降低到凋萎系数以下时,植物将出现永久性萎蔫和死亡。但是,当土壤水分过多时会导致土壤通气性下降、缺氧,并且产生硫化氢、甲烷、亚硝酸盐等有害物质。因此,在园林植物生产时应该特别注意加强土壤水分管理。

2.5.1.2 土壤质地

土壤质地是指土壤中各级土粒含量的相对比例及其所表现出来的土壤沙黏性质,又称为土壤的机械组成。土壤质地主要受土壤母质制约,是土壤比较稳定的一个自然属性,也是影响土壤一系列物理与化学性质的重要因子。土壤质地不同对土壤结构、孔隙状况、保肥、保水、透水性和耕作性等方面均有重要的影响。

土壤质地主要根据土壤固相中砂粒、粉粒和黏粒的相对比例来进行划分,其简易分级和粒径组成及简易识别方法见表2.2。

表 2.2　土壤质地分级和简易识别法

质地分类	粒径组成/%		简　易　识　别　法
	砂粒＋粉粒	黏粒	
沙　土	90～100	0～10	加水后不能搓成条状或片状
沙壤土	80～90	10～20	湿时可搓成拇指粗的土条,再细则断,可成片,片状面不平整
轻壤土	70～80	20～30	湿时可搓成 3mm 左右的土条,弯曲或提起一端即断裂,片状面较平整
中壤土	55～70	30～45	湿时可搓成 3mm 土条,提起一端不断,但弯曲成直径3cm 左右的圆圈即断裂,片状面平整,但无反光

（续表）

质地分类	粒径组成/%		简易识别法
	砂粒＋粉粒	黏粒	
重壤土	40～55	45～60	湿时可搓成 2mm 土条，可弯曲成直径 2～3cm 的圆圈，有裂纹，片状面平整，有弱反光
黏 土	<40	>60	土质滑腻，湿时可搓成 2mm 以下的土条，易弯曲成小环，不产生裂纹，片状面平整，有反光

不同土壤质地具有不同的植物生产性能，主要反映在植物的扎根条件、通气透水性、保水保肥性等各个方面，同时还会影响到土温的高低及变幅，因此在栽培时需要对土壤质地有所了解，以便栽培时能有效确定耕翻、施肥、灌溉等措施。

沙土质地较粗，疏松，黏结性小，透水性强，但保肥保水性差，适宜种植固地能力强的园林植物，可作为培育苗木的苗圃地，便于耕作起苗，但必须增施有机肥。

壤土类质地较好，沙黏比例恰当，透水透气性较好，保水保肥能力强，适合多数园林植物的生长和栽植。

黏土质地黏重，透水透气性差，干燥时易板结，但保水保肥能力强。早春水分含量高时升温慢，对植物生长不利。

2.5.1.3　土壤结构

土壤结构是指土壤颗粒相互排列、胶结在一起而成的团聚体，也称结构体。土壤的许多特性，例如水分运动、热传导、通气性、容重以及孔隙度等都深受土壤结构的影响。许多农业措施，如耕作、种植、灌排和施肥等，对土壤物理性质的影响也多来自于土壤结构。

土壤结构的形成必须具有胶结物质和成型的外力推动作用。

胶结物质主要包括有机胶体物质与无机胶体物质。无机胶体物质主要有黏粒、铁铝氢氧化物以及硅酸凝胶等；有机胶体物质主要是土壤腐殖质、土壤微生物的菌丝体和黏液等，其中腐殖质所起的作用最为重要。腐殖质中的胡敏酸缩合和聚合程度较高，相对分子质量大，与钙离子结合生成不可逆的凝胶。胡敏酸在带相反电荷的有机胶体的作用下，或在冰冻影响下，也会发生不可逆的凝聚。因此，土壤腐殖质是形成水稳性团粒结构的重要胶结剂。

土壤结构的形成，除依靠胶结物质的作用外，还需要外力的推动。外力推动作用主要包括生物作用（根系的穿插、分割和挤压以及土壤动物活动等）、干湿交替作用、冻融交替作用和耕作等。

土壤结构是土壤肥力的调节器。具有结构的土壤，其中一部分土粒紧密排列成团，具有水稳性，遇水不易分散；而团粒之间存在适当比例大小的孔隙。因此，它能体现土壤中水、肥、气、热的状况。

在有团粒结构的土壤中，团粒内部充满着毛管孔隙，而在团粒之间存在着较大的非毛管孔隙。当降雨或灌溉时，水分经过非毛管孔隙顺利地渗入土体，被毛管吸力吸入团粒内部，使其保存不致流失；当水量过多时，多余的水分可以随着非毛管孔隙继续渗入下层，让位给空气。在晴、旱时节，土壤水分靠团粒间毛管向上移动，从而减少水分蒸发。由于水气协调，相应地使热量也能得到较好的调节。

在团粒结构土壤中,水、气、热协调的同时,对土壤养分的调节释放亦有很大的影响。由于团粒结构的表面通气性强,好气微生物活动旺盛,有机物易于分解,使释放出来的养分不断供植物吸收利用;团粒内部水分多空气少,以嫌气微生物活动为主,养分分解缓慢,有利于养分的储存,所以保肥与供肥的情况比较理想。

此外,由于团粒结构土壤中,团粒之间接触点小,黏结性较弱,耕作性能也较好。因此,总体来讲,具有团粒结构的土壤,不仅能够比较好地协调水、肥、热的状况,而且耕作性良好,其团粒结构是土壤肥力高的一种表征。

创造和提高土壤结构的质量是园林植物栽培生产时的重要增产措施。改善土壤结构的途径和措施很多,主要包括增加土壤有机质含量,施用有机肥料,合理耕作和合理轮作、间作、套作,或施加土壤结构改良剂等。

2.5.2　土壤有机质与园林植物生长

土壤有机质是土壤固相的一个重要组成部分。尽管土壤有机质的含量仅占土壤总量的很小一部分,但它对土壤形成、土壤肥力以及园林植物栽培的可持续发展等方面都有着极其重要的作用。土壤有机质含有植物生长所需要的各种最主要的营养元素,也是土壤微生物活动的基质,对土壤物理、化学和生物学性质有着深刻的影响。一般来说,土壤有机质含量的多少,基本上可以反映土壤肥力水平的高低。

土壤有机质的含量在不同土壤中差异很大,含量高的可达20%或30%以上(如泥炭土和一些肥沃的森林土壤等),含量低的不足1%(如荒漠土和风沙土等)。在土壤学中,一般把耕作层中含有机质20%以上的土壤称为有机质土壤,含有机质在20%以下的土壤称为矿质土壤。一般情况下,耕作层土壤有机质含量通常在5%以上。

土壤有机质的含量与土壤肥力水平密切相关。通常在其他条件相同或相近的情况下,在一定含量范围内,有机质的含量与土壤肥力水平呈正相关。

土壤全氮的95%以上都是有机态氮,主要集中在有机质中,占到有机质含量的5%左右,并通过矿质化过程转化为无机氮供植物吸收利用。土壤有机质中有机态磷的含量一般也占土壤全磷的20%～50%以上,通过分解释放后是土壤有效磷的重要供给源。

另外,土壤有机质在分解转化过程中,产生的有机酸对土壤矿物有一定的溶解能力,可以促进矿物风化,有利于某些养分的有效化。比如在钙质土壤中,有机酸可以促进磷灰石的溶解,增加磷和钙的供应。

土壤有机质、尤其是其中的胡敏酸,具有芳香族的多元酚官能团,可以加强植物的呼吸过程,提高细胞膜的渗透性,促进养分迅速进入植物体内。胡敏酸的钠盐对植物根系生长具有促进作用。土壤有机质中还含有维生素、烟酸、激素、抗生素等物质,对植物的生长起到促进作用,同时还能增强植物抗逆性。

有机质在改善土壤物理性质中的作用是多方面的,其中最主要、最直接的作用是改良土壤结构,促进团粒结构的形成,从而增加土壤的疏松性,改善土壤的通气性和透水性。腐殖质是土壤团聚体形成的主要胶结剂,通常可以与矿质土粒相互结合,形成较大的有机-无机复合体,使土壤颗粒之间的黏性大大降低,因此可以改善黏土的耕性和通透性。腐殖质胶体以带负电荷为主,可以吸附土壤中的交换性阳离子(其吸附性是黏土矿物的几倍至几十倍)以避免随水流失,而这些阳离子又能被交换下来供植物吸收利用,其保肥性能非常显著。

同时,土壤腐殖质是亲水胶体,具有巨大的比表面积和亲水基团。据测定,腐殖质的吸水率为 500% 左右,而黏土矿物仅为 50% 左右。因此,有机质可提高土壤的有效持水量,这对砂土有着特别重要的意义。另外,腐殖质为棕色或褐色、黑色的物质,可以使土壤颜色变暗,从而增加土壤吸热的能力,提高土壤温度。这一特性对北方早春时节促进种子萌发特别重要。

2.5.3　土壤酸碱性与园林植物生长

土壤溶液并不是纯净的水分,而是含有各种可溶的有机、无机成分的稀薄溶液。因为各种阴阳离子、特别是 H^+、OH^-、Al^{3+} 等的存在,导致土壤溶液呈现一定的酸碱反应。酸碱反应是土壤的重要化学属性之一,也是重要的土壤肥力指标。土壤的酸碱性常用 pH 值来表示。

2.5.3.1　土壤酸碱性对园林植物生长的影响

不同园林植物对土壤酸碱性的要求是不同的。有些植物对 pH 的要求很严格,有些却可以在很宽的 pH 范围内正常生长,而大多数植物在 pH>9 或 pH<2.5 的情况下都难以生长。

根据植物对土壤酸碱性的不同要求一般可以将园林植物分为喜酸植物、中性植物、喜钙植物和耐盐碱植物四大类:

喜酸植物:要求土壤 pH 值在 5.6 以下,如杜鹃属、山茶属、越橘属、栀子花、兰花、杉木、松树、橡胶树等;

中性植物:要求土壤 pH 值在 5.6~7.5 的弱酸性到中性范围之内,多数园林植物属于这一类型;

喜钙植物:要求土壤 pH 值一般在 7 以上,且土壤中钙的含量较高。多适生于石灰岩地区,如非洲菊、石竹类、紫花苜蓿、草木樨、南天竹、柏属、椴树、榆树等;

耐盐碱植物:土壤 pH 值一般在 7 以上,且土壤中钠盐的含量较高。常见于沿海地区和干旱少雨的内陆地区,如柽柳、紫穗槐、白蜡、沙枣、枸杞等。

土壤 pH 对园林植物生长的影响一般并不在于 pH 值本身,而是通过对土壤中营养元素的有效性、毒害成分的有效性以及土壤微生物的活性产生影响,从而对植物生长造成影响。

1) 土壤酸碱性与植物营养元素有效性的关系

大多数土壤养分的有效性在 pH 为 6~6.5 时最高,偏酸或偏碱会对某些元素的有效性造成不利影响。如氮在 pH 为 6~8 时有效性较高,低于 6 时,细菌对有机物的分解活性降低,氮的矿化速度也随之降低;磷在 pH6.5~7.5 时有效性较高,酸性条件下磷与铁、铝结合,碱性条件下与钙结合,从而形成不溶性的化合物,降低其有效性。酸性土壤淋溶作用强烈,钾、钙、镁等阳离子容易流失而导致缺乏;pH 高于 8.5 时,土壤钠离子的活性增强,导致钙、镁被取代而形成碳酸盐沉淀,降低其有效性。铁、锰、铜、锌等微量元素在酸性条件下可溶性较高,从而有效性高;而钼在碱性条件下活性高,在酸性土壤中容易缺乏。

2) 土壤酸碱性与铝的溶出

土壤中的活性铝包括土壤胶体上吸附的交换性铝和土壤溶液中的铝离子,它是一个重要的生态因子,对植物的生长有重大影响。强酸性土壤中通常活性铝含量高,生活在这类土壤上的植物往往耐铝甚至喜铝(如帚石兰、茶树等)。但对于大部分植物来说,铝是有毒性的,可以抑制根系的生长和养分吸收。如三叶草、紫花苜蓿等,当土壤中富铝时,其生长受到抑制。另有大量研究表明铝中毒是酸性土壤地力衰退的一个重要原因。

2.5.3.2 土壤缓冲性

在自然条件下,土壤 pH 不因外界环境条件的改变而发生剧烈的变化,而是保持在一定的范围内。土壤这种特殊的抵抗能力称为缓冲性。土壤缓冲性可以使土壤酸度保持在一定的范围内,避免因施肥、根系呼吸、微生物活动、有机质分解和湿度的变化等导致 pH 强烈变化,为植物和微生物提供一个稳定而有利的环境条件。

土壤存在缓冲性主要包括以下几个方面的原因:

(1) 土壤胶体的代换性能。土壤胶体上吸附的盐基离子多,则土壤对酸的缓冲能力强;当吸附的氢离子多时,对碱的缓冲能力强。

(2) 土壤中有多种弱酸及其盐类,如碳酸、重碳酸、硅酸和各种有机酸等,可以形成一定的缓冲体系。

(3) 土壤中存在着大量两性的有机和无机物质,如氨基酸,其氨基可以中和酸,而羧基则可以中和碱。

(4) 黏土矿物的类型、含量及有机物含量。含蒙脱石和伊利石多的土壤,其缓冲性能相对较大;土壤黏粒含量增加,缓冲性增强;有机质多少与土壤缓冲性大小成正相关。一般来说,土壤缓冲性强弱的顺序是腐殖质土 > 黏土 > 砂土,故增加土壤有机质和黏粒,就可增加土壤的缓冲性。

2.5.4 土壤养分与园林植物生长

园林植物生长所必需的营养元素,除 C、H、O 主要来自于大气和水之外,其余的养分元素主要靠土壤供应,一般包括大量元素氮、磷、钾、钙、镁、硫和微量元素铁、锰、铜、锌、硼、钼等。这些元素对园林植物的生长有重要的营养作用和生理功能,缺乏则会使植物出现缺素症和生理病害,降低植物的抗性,严重时甚至会影响植物的存活。在实际栽培过程中,大量元素通常可以通过常规施肥来进行补充,而微量元素一般在土壤中相对较为充足。

2.5.4.1 土壤养分的形态

根据各种元素在土壤中存在的化学形态可以将土壤养分分为水溶性养分、交换态养分、矿物态养分和有机态养分四大类。其中水溶态养分主要是指溶解于土壤溶液中的离子态和少量的低分子有机化合物,一般有效性很高,很容易被植物吸收;交换态养分是指被吸附于土壤胶体表面的养分离子,一般认为是水溶态养分的来源之一,植物有效性高;矿物态养分主要存在于土壤矿物中,大多数是难溶性养分,有效性低,仅有少量弱酸溶性的对植物有效;而有机态养分主要是指存在于有机质和微生物中的养分,必须经过转化以后才能被植物吸收利用,其有效性取决于有机质矿质化过程的难易程度。

一般来说,土壤速效性养分仅占土壤养分的极少部分,不足全量的1%。但应该注意的是,速效养分和迟效养分的划分是相对的,两者通常处于动态平衡之中,与土壤的酸碱度、氧化还原作用等有密切关系。

从园林植物栽培的理想角度来说,既要求土壤速效性养分含量高,以及时而有效地供应植物生长需要;同时又希望将不能及时利用掉的养分储存起来,以最大限度地提高土壤养分的利用效率,并降低肥料的施用损失。

2.5.4.2　土壤氮的形态转化与管理

氮对园林植物营养生长非常重要,能促进叶绿素的光合作用,增强蛋白质的合成能力,使植株生长旺盛。如果氮素缺乏,容易导致植株叶子发黄,叶片薄而小,生长势弱;如果氮素供应过量,则容易引起植株茎叶徒长,组织不充实,同时会影响到花芽分化,并延迟开花结实。

土壤氮主要来源于有机物质,因此土壤全氮的含量一般与土壤有机质之间存在显著的相关性。除少数土壤(北方森林土、泥炭土等)以外,我国大部分土壤的全氮含量一般在 0.3% 以下。

土壤氮可分为无机态和有机态两大类,其中无机态氮包括 NH_4^+-N 和 NO_3^--N,是植物可以直接吸收利用的氮形态,在土壤全氮中所占比例极小,一般在全氮的 5% 以下。土壤有机态氮是土壤氮素的主要形态,占土壤全氮量的 95% 以上,主要成分包括土壤腐殖质和核蛋白等之类,约占全氮的 90%,分解缓慢,难于被植物利用;另外还包括一部分简单蛋白质类、氨基酸和酰胺类,比较容易矿化,是土壤无机态氮的主要来源。

土壤无机氮中的 NH_4^+-N 在碱性环境条件下容易发生反应生成气态 NH_3 而挥发掉。一般质地黏重、腐殖质含量高、水分含量高、石灰和碱性物质含量少的土壤,氨的挥发少。而 NO_3^--N 是一种阴离子,易溶于水,难以被土壤胶体吸附,所以容易随渗漏水流失。

土壤有机氮的矿化作用基本上在土壤微生物和酶的作用下完成,主要包括氨基化、氨化和硝化 3 个步骤。

影响土壤氮的植物有效性的因素主要包括以下几个方面:

(1) 有机质含量与全氮量。有机质是土壤全氮的主要来源,有效氮的含量一般随土壤全氮和有机质含量的升高而升高。

(2) 土壤质地。黏质土壤一般有机质含量高,但有机质的分解较慢,所生成的有效氮也较少;而砂质土壤通常有机质含量较低,但分解较快,因此产生的有效氮反而较多。

(3) 土壤温度。有机质的矿化速率一般随温度的升高而升高。冬季土温较低时,土壤有机质矿化速率较慢,土壤有效氮含量较低。而在春季和初夏,随着土温上升,土壤有机氮的矿化速率迅速上升,土壤有效氮含量显著升高。

(4) 土壤湿度。在土壤通气良好而湿度适当的情况下,土壤有机质矿化作用较强,产生的有效氮较多。而当土壤含水率过高时,容易导致有机质嫌气分解,矿化速率降低,同时会引起土壤反硝化作用,导致有效氮的损失。

(5) 土壤酸碱度。在中性或微酸性的土壤中,有机氮的矿化最强。对酸性土壤施用石灰,能明显增加有机氮的矿化。

(6) 施肥。施肥会促进有机质的分解,有利于有机氮的释放,还能提高土壤氮的利用率。

2.5.4.3 土壤磷的形态转化与管理

磷是核酸的重要组成部分,能促进花芽分化和生殖器官的形成,提高开花结实率;使植株的茎部发育坚韧,不易倒伏;并能促进根系的发育,增强植株抗性。

我国大部分土壤的全磷含量一般在 $0.01\% \sim 0.2\%$,其形态也主要分为有机磷和无机磷两大类。有机态磷主要包括核酸类和磷脂类,占全磷的比例变异很大,为 $10\% \sim 80\%$,经过分解后可以被植物吸收利用;无机态磷在土壤中的种类较多,成分非常复杂,一般能被植物直接吸收利用的仅包括游离态和吸附态的 PO_4^{3-}、HPO_4^{2-} 和 $H_2PO_4^-$,在土壤中的含量很少,仅为 10×10^{-6} 以上,而且极易被土壤胶体和矿物质吸附而转化为无效态。土壤全磷与有效磷之间没有必然的联系,全磷含量高,不等于有效磷含量也高。

土壤中的一部分迟效难溶性的无机磷在碳酸和有机酸的作用下,可转化为速效磷。因此在低磷胁迫下,许多植物可以通过根系分泌有机酸使根际土壤酸化,从而提高磷的有效性。另外,土壤迟效性有机磷在微生物的作用下,也可以进行矿化并逐渐释放出磷酸根供植物吸收利用。但在正常情况下,土壤矿物和胶体对可溶性或速效性磷具有很强的固定能力。在石灰性土壤中,速效磷容易和钙形成磷酸三钙;如钙含量很高,可进一步形成磷酸八钙以及磷灰石等难溶性盐;而在酸性土壤中,速效磷容易与氢氧化铁、氢氧化铝等胶体结合形成不溶性的磷酸铁和磷酸铝。

影响土壤磷有效性的最关键原因是土壤的固磷强度,这也是目前我国一般的栽培植物对化学磷肥的利用率不到 30% 的最重要的原因。如果可以降低土壤的固磷强度的话,即可有效提高土壤磷的有效性。在实践中影响到土壤磷有效性的因子主要包括以下几个方面:

(1) 土壤 pH。在酸性或碱性条件下,磷都容易被强烈固定;在 pH 6～7 之间,土壤磷有效性最高。因此可以通过调节土壤 pH 来提高土壤磷有效性。

(2) 土壤有机质。有机质的分解产物可以络合一部分铁、铝等金属离子,使被固定的磷溶解出来。一般土壤有机质含量高,土壤磷有效性也高。

(3) 土壤温度。土壤温度升高,微生物活性增大,有机磷分解加快,有效磷的含量提高。

2.5.4.4 土壤钾的形态转化与管理

土壤钾主要来自于母质,所以在淋溶作用不是很强烈的地区,土壤钾的含量一般比氮、磷高。我国多数土壤全钾含量变化在 $15 \sim 20\text{g/kg}$。一般北方较高,南方多雨地带淋溶强烈,钾含量较低。

根据对植物的有效性,土壤中的钾一般可以分为以下几种形态:

1) 土壤中钾的形态

(1) 矿物态钾。指存在于土壤矿物中的钾,约占全钾的 90% 以上,只有在矿物被风化后才有效,基本属于无效态钾。

(2) 缓效态钾。指被固定在黏粒矿物晶层中的钾和存在于部分水云母及黑云母中的钾,一般不被作物直接吸收利用,但通过适当的耕作,可以使其释放出来。

(3) 速效钾。包括水溶性钾和吸附在胶体表面的交换性钾,仅占土壤全钾的 $1\% \sim 2\%$。

速效钾与缓效态钾之间一般存在着一定的平衡关系。速效钾丰富的土壤,频繁的干湿交替会促进钾的固定；而在速效钾很缺乏、固定态钾又较多的条件下，频繁的干湿交替则可能促进钾的释放。

2）影响土壤中钾的有效性因素

影响土壤中钾的有效性的因素主要包括以下几个方面：

（1）土壤全钾量。土壤全钾量与有效钾之间没有必然的联系，但在其他性质相似的情况下，全钾量高的土壤，有效钾也会相应较高。

（2）母质。母质是土壤有效钾的重要来源。母质含云母、长石多的，供钾能力较强；风化度高的土壤，钾的淋失严重，有效钾含量低。

（3）质地。沙粒供钾能力微弱，粉粒供钾能力较强，黏粒的含钾量和供钾潜力都较强。因此，质地黏重的土壤的供钾能力较强，而沙土则容易出现缺钾现象。

（4）土壤吸附性和pH。吸附量高的土壤可以保存较多的钾，因此供钾能力较强；酸性土壤有效钾含量比中性和碱性土壤低。

（5）干湿交替。过分干燥影响钾离子向植物根部移动，植物容易缺钾；干燥往往使部分土壤钾被固定；水分过多也会因为水溶性钾的淋失而导致土壤缺钾。

2.6 大气对园林植物生长发育的影响

大气也是园林植物栽培的重要环境条件之一。从植物生长的环境生态学角度来看，大气对植物生长的影响主要在于大气成分的量的变化（如二氧化碳、氧气等的浓度变化）和质的改变（如大气污染物的增减）等。与植物生长发育关系最为密切的是二氧化碳和氧气，二氧化碳不足影响植物的光合作用，氧气不足则会影响植物的呼吸。此外，随着工业化和城市化的发展，大气污染物的增多也会直接影响植物生长。

2.6.1 二氧化碳与园林植物生长

二氧化碳是植物光合作用的主要原料，是构成植物生物产量的主要物质基础。一般来说，植物生物量的积累仅有 $5\%\sim10\%$ 来自于土壤矿物质，而 $90\%\sim95\%$ 是在光合作用中形成的，其中最主要的是空气中仅占 0.03% 的 CO_2。

CO_2 浓度对植物光合作用的影响也同光照强度一样，存在着 CO_2 补偿点和饱和点。在 CO_2 浓度较低时，光合速率随 CO_2 浓度的上升呈线性上升趋势，而达到一定浓度时则会偏离线性关系，最终达到饱和。

随着全球温暖化和温室效应的加剧，目前对植物 CO_2 饱和点的研究已成为热点，农业方面的许多研究集中于 CO_2 浓度上升对农作物光合作用的效应究竟能达到何等程度。近年来的研究发现，菠菜、番茄、甜菜、向日葵、玉米、烟草等在 CO_2 浓度约在 $1\,000\times10^{-6}$ 左右时达到 CO_2 饱和，另外还有许多实践表明，当大气 CO_2 浓度增加到常量的 $3\sim5$ 倍时，小麦、甜菜、番茄、水稻等的光合强度可提高 $2\sim3$ 倍；大豆在补充 CO_2 浓度达 $1\,000\times10^{-6}$ 的条件下可增产 5.7 倍。但也有许多报道认为 CO_2 浓度增加对植物的生长并不会产生显著的影响。

目前在园林植物或经济作物的设施栽培过程中，因为大棚、温室等设施相对封闭，内部容

易出现 CO_2 供应不足的现象,常常会影响到产品的产量和质量。由于提高 CO_2 浓度可以增加植物产量,因此在生产上提出了 CO_2 施肥问题,但主要还是集中在有控制条件的温室或塑料大棚中进行。

一般认为,接近 CO_2 饱和点的浓度为最适 CO_2 施肥浓度,但 CO_2 饱和点受植物品种及环境条件影响较大,很难掌握。从施肥效果和生产成本两方面考虑,生产中一般将 CO_2 浓度为 $1\,000 \times 10^{-6}$ 作为施肥标准。

在植物的不同生育阶段, CO_2 的施肥效果和最佳施用时期不同。苗期进行 CO_2 施肥对培育壮苗效果明显,而且一般要求早施。如以促进营养生长为目标时,应在生长前期施用较好;而以促进生殖生长为目标时,为避免茎叶过于繁茂,应在光合产物的受体库发生,即植物进入开花结实期时使用为佳。一般要达到使用效果的话, CO_2 的施用至少要持续 1 周以上。

但是,也有部分研究认为,提高 CO_2 浓度会对植物生长的某些方面也会造成不利影响,主要体现在以下两个方面:长期施用高浓度 CO_2 会加速植株的老化和早衰,降低叶绿素含量和气孔的开张度,有可能导致最终的生长量与不施用时相当或者甚至下降; CO_2 浓度的增加会在短期内加速植物的生长,对其他养分元素的需求量大大提高,可能引起根系周围的养分(如氮、磷等)迅速耗竭,并且导致植物体内碳/养分比例不平衡,最终也会限制植物的生长。因此,在施用 CO_2 的同时也要注意其他养分的补充。

2.6.2　氧气与园林植物生长

氧气是植物呼吸的必需物质。氧气主要是通过影响园林植物地上部分和根系的呼吸作用,从而对植物的生长发育产生影响。相对而言,地上部分一般不会发生氧气缺乏的现象,因此,氧气对地下部分的影响更大。当氧气浓度不足时,植物根系被迫进行无氧呼吸。无氧呼吸不仅在异化底物时所释放的能量较少,而且还会产生大量的酒精积累在根系组织中,导致根系中毒甚至腐烂。

土壤中的氧气含量一般低于大气。研究发现,当土壤中氧气的含量在 10% 以上时,植物的根系一般能够正常生长。通常在排水良好的土壤中,氧气的含量基本都在 15% 以上,而且气体交换良好的表层土壤氧气含量更高。因此,生长良好的陆地植物主要的吸收根都分布于上层土壤。当土壤中氧气含量低于 10% 时,大多数陆生植物根系的生理功能会显著下降;氧气浓度过低或长时间处于缺氧状态时甚至会导致根系丧失呼吸和吸收功能,引起植物死亡。在园林植物栽植地碰到土壤过度板结或渍水时均会造成根系缺氧,这是造成植物,特别是苗期死亡的一个非常重要的原因。因此,在进行园林植物育苗或栽培时,松土等土壤改良措施以及排水措施都是调整土壤氧气供应非常重要的手段。

另外,氧气还是绝大部分植物种子萌发的必备条件。当种子的种皮过于致密,限制了种子内部和外部大气之间的交流时,胚周围氧气的缺乏容易造成种子内部呼吸作用低下,从而使其休眠期延长而抑制种子萌发。

2.6.3　大气污染与园林植物生长

由于人类活动,特别是近代工业、交通运输业和城市化的迅速发展,大量的有害物质,如烟尘、二氧化硫、氮氧化物、一氧化碳、碳氢化合物、颗粒粉尘等不断排放到大气中。随着大气中有害物质的迅速增加,超过了大气及生态系统的自净能力时,由大气污染所引起的环境问题已变得日趋严重。污染物质的大量排放对植物生产和人体健康都产生了极其恶劣的影响。大气污染物的种类繁多,目前受到注意的大气污染物质已达400余种,但对植物和环境影响特别大的主要有表2.3中的5类。

表 2.3　主要大气污染物的成分及来源

名　称	成　分	主 要 来 源
硫氧化物(SO_x)	二氧化硫(SO_2)和三氧化硫(SO_3)	煤和石油等含硫燃料的燃烧
氮氧化物(NO_x)	一氧化氮(NO)和二氧化氮(NO_2)	矿物燃料的燃烧、化工厂及金属冶炼厂所排放的废气、汽车尾气等
碳氧化物	一氧化碳(CO)和二氧化碳(CO_2)	燃料燃烧、汽车尾气、生物呼吸等
颗粒污染物	降尘、飘尘、气溶胶等	燃料不完全燃烧的产物、采矿、冶金、建材、化工等各种工业以及建筑业的排放
光化学烟雾	参与光化学反应的物质、中间产物、最终产物及烟尘等多种物质组成的浅蓝色混合体	氮氧化物和碳氢化合物在太阳光的作用下反应生成臭氧、醛类、过氧乙酰硝酸酯(PAN)和多种自由基的过程(光化学反应)

　　大气污染既有持续性的,也有阵发性的;既有单一污染,也有混合污染。当大气污染物的浓度超过园林植物的忍耐限度,园林植物的细胞和组织器官将会受害,生理功能和生长发育受阻,导致产量和产品品质下降,严重时甚至造成植物个体的死亡。大气中的污染物质对园林植物产生的危害取决于多种因素,其中主要是污染物的种类、浓度和持续的时间。对于同一种污染物来讲,浓度越大,持续时间越长,园林植物所受的伤害越严重。

　　根据大气污染物对园林植物造成伤害的明显程度可将其危害症状分为可见症状和不可见症状。可见症状是肉眼可以观察到的,园林植物的叶片、芽、花和果实等器官因受大气污染危害而表现出来的形态、色泽等方面的变化。通常大气污染物主要通过气孔进入叶片,并溶解在细胞液中,从而导致园林植物受害。因此,大气污染对植物危害的可见症状多表现在叶片上。表2.4列出了部分大气污染物对植物叶片所引起的伤害的可见症状。另外,由于大气污染物的浓度不同以及与植物的接触持续时间不一,叶片受害症状的表现也不一致。因此,根据大气污染物对植物的伤害程度又可分为急性伤害、慢性伤害和不可见性伤害。急性伤害是在污染物浓度过高的情况下,短期内破坏植物叶片和其他器官而表现出来的危害,如叶片上出现明显的坏死斑、叶片和芽枯死脱落,甚至植株整体长势衰弱和枯萎,严重时甚至导致死亡。慢性伤害是指低浓度的污染物在长时间内对植物生长所造成的危害,如叶片褪绿、变形、伸展不完全等。造成不可见性伤害的污染物的浓度通常更低,而影响时间可能更长,主要是引起植物体内生理功能产生改变,但其造成的植株外表形态上的症状不太明显。此外,长期的大气污染还会造成植株生长势减弱,叶片表面的保护性结构受到破坏,抗逆性降低等。

表 2.4　部分大气污染物对植物叶片引起的伤害症状

污染物种类	叶片伤斑部位	伤斑形状	伤斑颜色	受害叶龄	其　　他
SO_2	多脉间,少叶缘	无规律点、块状,界限分明	土黄、红棕	开展的嫩叶敏感	
HF	多叶尖、叶缘,少脉间	片状,界限分明	暗红色	幼叶敏感	
Cl_2	脉间	点块状,界限模糊或有过渡	严重失绿、漂白		
NH_3	脉间	点块状,界限明显	褐色、黑褐色		
NO_2	脉间	不规则伤斑或全叶点状斑	白色、黄褐色、棕色		
O_3	多叶面,少数脉间	细密点状,散布斑块	棕色、黄褐色	中龄叶敏感	
PAN	多叶背,少数叶先端、中部或基部	玻璃状,坏死带	银白、棕色、古铜色		
C_2H_4			失绿黄化		不正常偏上生长及结实,落花落果严重
酸雾	叶片	近圆形坏死斑、细密			

由于大气污染源逐年增多,污染程度逐年加剧,对园林植物的生长发育影响很大,应该引起全社会的关注和重视。在园林植物生产中,栽植区空气流通能力差是大气污染物对植物造成危害的一个重要原因,在栽培过程中应加以注意,采用合理的配置方式和栽植措施以促进栽植区内的气体交换,减少大气污染造成的危害。

2.6.3.1　二氧化硫对园林植物生长的影响

二氧化硫是大气污染物中最主要的污染源之一,主要是含硫的煤炭、石油等燃烧时的产物。目前我国出现的普遍的酸雨现象,产生的原因有约 60% 是由二氧化硫的排放造成的。

二氧化硫主要对植物的叶片产生危害。二氧化硫融入雨水后形成强烈的酸雨,会破坏叶片表面的蜡质层,导致细胞膨压降低,叶片养分大量淋失,植物代谢破坏,导致叶片坏死。出现的症状主要表现为叶面产生暗绿色斑点、褪色、干枯、出现坏死斑等。另一方面,二氧化硫形成的酸雨进入土壤后也会导致土壤酸化,矿物质流失,而且会影响植物对氮、磷的吸收,并诱发病害。

一般来讲,大气中的二氧化硫浓度超过 $0.3 \, \text{mol/L}$ 时,植物就会表现出伤害症状,但不同类型的园林植物对二氧化硫的敏感性差异很大。一般草本植物比木本园林植物敏感,木本园林植物中针叶树比阔叶树敏感,阔叶树中落叶树种比常绿树种敏感。

2.6.3.2 氨气和氮氧化物对园林植物生长的影响

氨气是农业施肥后肥料分解的产物,其危害主要是由气孔进入植株体内而产生的碱性损害。氨气主要是施用尿素或未经腐熟的粪尿肥后分解产生的。当空气中氨气的浓度达到 0.005‰时就会不同程度地危害植物,症状主要表现为叶片颜色变淡,然后逐步变白、变褐,叶片呈水浸状,继而枯死。因此,在园林植物生产时在施用尿素或未腐熟的农家肥时一定要谨慎。

氮氧化物可在农业生产中氮肥施用后的转化过程中产生,当前工业生产以及汽车尾气的排放也是其重要的排放源。形成酸雨的污染物中,氮氧化物的贡献率也占到了 20%以上,而且随着城市化的进程,比重在逐渐增大。氮氧化物对植物造成的危害症状主要表现在叶面出现白斑,然后褪绿,浓度过高时叶脉也会变白枯死。

2.6.3.3 氯化物对园林植物生长的影响

氯气对植物的毒性比二氧化硫大 3~5 倍,高浓度的氯气可以在短时间内对植物造成相当大的急性危害。如 2005 年 3 月京沪高速淮安段,因氯气泄露造成公路周围 5km 范围内的植物受害,特别是下风口处植物受害严重,近泄露区植物成片死亡,绿化带以及周边果园的植物都呈现出不同程度的受害症状。

氯化物或氯气对园林植物造成危害主要发生在大棚等采用塑料薄膜的设施中。目前市场中的农用塑料薄膜或地膜质量参差不齐,低质的塑料薄膜由于其选用的增塑剂和稳定剂等不当,在阳光暴晒或高温下容易挥发出氯气等有毒气体。氯气进入叶片后会破坏叶绿素,导致叶绿体解体变黄,严重时叶缘或叶脉间变白枯死。

2.6.3.4 粉尘污染对园林植物生长的影响

粉尘是危害大气环境质量的重要污染源之一。粉尘污染不仅破坏空气质量,影响人体的健康,同时也会对园林植物造成不可估量的伤害。

自然产生的粉尘包括扬尘、风沙、火山爆发、海盐溅沫和植物颗粒等,空气动力学直径 D_p 一般大于 2 μm。它们的化学组成与土壤相近,在植物叶片表面的沉积对植物生长的干扰很小,可以在自然风和雨水的作用下很快恢复。但是,随着近现代工业、城市化和现代交通业的迅猛发展,工厂烟气排放、汽车尾气以及建筑粉尘等已成为大气颗粒物污染的主要来源。据报道,城市交通所产生的粉尘中含有多种一次性污染物,如苯、一氧化碳、有机铅化合物、NO_x、SO_2 和悬浮颗粒物如烟、金属 Cd、Co、Cu、Zn 等以及一些惰性粉尘,对植物的危害也日益突出。

目前,有关粉尘污染对植物生长发育影响方面的研究正开始起步,并逐渐受到重视。由于现代粉尘污染在城市更为严重,因此,有关的研究大多集中于城市园林绿化植物。粉尘主要对植物叶片产生影响,其对植物的危害主要表现在以下几个方面:

(1)大气颗粒污染物落到植物叶片上会堵塞气孔,妨碍正常的光合、呼吸和蒸腾作用。研究表明,覆盖在叶表上的粉尘会直接屏蔽掉约 60%的光强,导致叶片光合作用下降约 20%。含 Ca 的粉尘与水作用后容易在叶片表面形成一层外壳,阻碍了叶片对光线和 CO_2 的吸收,并使蒸腾作用受到抑制。多毛的阔叶泡桐本身具有较强的滞尘能力,但随着滞尘量的增加,其光合作用下降 30%～50%。

（2）大气污染物中的重金属等物质可以直接对植物产生毒害作用。如颗粒中的水泥、石灰等碱性物质，能够直接伤害植物的叶片组织；而且碱性环境会促进细胞液中粒子的化学增溶作用，使叶绿素受到破坏。还有研究表明，受到有色金属冶炼烟气污染的杨树叶片，叶脉间出现黄褐色伤斑，受害严重的叶片呈黄褐色干枯状；经常遭受该类烟气污染的植株比同龄正常植株瘦弱，叶片小而稀疏，并提前干枯脱落，甚至整株死亡。

2.6.4　空气流动（风）对园林植物生长发育的影响

风是大气的一种运动形式，当两地之间气压不等时，空气就会流动，从而产生风。风是一种矢量，用风向和风速来表示。风是植物生态环境的一个重要因素，直接或间接地影响园林植物的生长发育，在园林植物栽培和生产中具有重要意义。

园林植物生产与气象环境条件之间的联系，主要是通过植物和土壤与大气之间进行热量、水分、二氧化碳等的交换来维持。风在这种联系中的作用，主要是通过影响植物表面空气流动的速度、状态，以及它携带的水汽、能量等，从而改变大气二氧化碳的更新供应以及植物与大气之间的水分和热量交换。另外，空气流动所产生的能量可以携带和传播花粉、种子以及病虫害等。当这种能量达到一定程度时，还会对植物产生机械损伤，或者对栽植地表面产生侵蚀，导致养分的损失，间接影响植物的生长。

2.6.4.1　风对园林植物形态和解剖结构的影响

强风通常对园林植物的表型外观有明显影响。一般当风速大于 3 m/s 时，容易导致植株水分平衡失调。同时由于风的降温作用，植物的光合作用和代谢速率均显著下降，细胞分裂减慢，细胞的大小变小，导致植株叶面积减小，株型矮化。Сеников(1954)的试验表明，在风里摇摆着生长的幼树，比用支架固定起来的幼树树高生长平均降低了 25%。据测定，风速达 10m/s 时，树木的高生长要比风速 5 m/s 时低约 50%，比无风条件下低约 2/3。在海滨、高山、风口以及与草原邻接的森林边缘，由于风力较强，树木的高度多有逐渐变矮的趋势。如长白山的岳桦，在低山区为高大挺直的大乔木，而在多风的亚高山地区则长成矮林状。

长期的单风向容易导致植物，特别是多年生木本植物畸形。树木迎风面的芽，常受强大风力的影响而死亡；背风面的芽受风力影响较小，成活较多，枝条生长相对较好。因此，在这种地区，乔木树种的树冠常向背风方向倾斜，树干向背风方向弯曲，形成旗形树。John 等(1979)调查发现，由于风导致迎风面和背风面的叶面温度不同，针叶树背风方向的针叶长度可达迎风面的 2 倍。大量针对针叶树的研究还指出，林木树干的背风面年轮一般较宽，而迎风面年轮却很窄，甚至缺失，导致树干横断面成为椭圆形，最终产生偏心材。

长期暴露在单风向强风下的植株个体，在株型矮化畸形的同时，在解剖学上也会产生相应的变化。据 Bright 在英国对欧洲蕨(*Pteridium aquilinum*)的调查结果表明，由于风速一般随海拔高度的升高而增大，生长在坡顶的蕨株个体变矮，叶柄基厚壁组织增加、壁厚加大，木质部腔变窄，气孔数目减少，皮下细胞宽度增大。Bannan 等的调查发现，在西风盛行时，针叶树西边的径向细胞长而窄，年轮也窄。Putuam 也观察到，当静止柔韧的枝条来回摆动时，可以使活动细胞膜变得坚硬而稠密，并引起木质化。

风对园林植物形态的影响在某些时候可能是由风所携带的微粒物质造成。特别是在近海地区或有强风的亚高山地区,强风常常携带盐粒、沙石、冰屑等,对植株表面有强烈的擦伤力和腐蚀作用,常常导致迎风面的叶和芽受害死亡,而背风面则少受影响。

2.6.4.2 风对园林植物生理和生长发育的影响

风能改变栽植地的小气候和蒸发作用,从而影响到园林植物的生理活动。通常认为微风、和风对植物是有利的。轻度的空气流动可以增强热量、水汽、二氧化碳等在地面和植物层以及大气层之间的传递和输送,使植物层内的温、湿度得到调节,有利于维持和增强植物正常的生理活动。但过于剧烈的风却会影响植物生理活动的正常进行。

风可以将叶面周围的潮湿空气层吹散,并把不饱和空气带到蒸腾表面,从而使叶片和空气之间的蒸气压差增大,加速蒸腾作用。一般在 $0.2\sim0.5$ m/s 的低风速下,植物的蒸腾速率比无风时增大 3 倍左右。并且由于蒸腾加速还可以促进根系吸收,使水分和无机养分更加迅速地输送到叶片。另外,在较低风速下,叶面界面层呈很薄的层流状,减少了二氧化碳的扩散阻力,有利于二氧化碳的输送,从而提高光合作用强度,保证同化作用始终维持较高的水平,促进植株的生长发育。此外,由于风加速了叶片的水分蒸腾,带走热量,降低了植物体表温度,对处于热环境中的植物非常重要。

因此,在进行园林植物栽培时,栽植行向要尽量与生育期中当地的盛行风向平行,以保证行间空气流动畅通。另外,对园林植物进行树体管理的目的之一也是改善树冠内部的通风状况,防止由于过度郁闭引起局部温、湿度过大,影响生理活动和生长发育。

但是,当风速超过一定的临界值时,植株蒸腾速率的显著增大会导致土壤水分的迅速丧失,降低植株生长所需的有效水分供应,造成植株水势下降,阻碍细胞的增大,使部分或全部气孔关闭,减少扩散到叶片内部的二氧化碳量,降低养分的吸收,最终导致光合作用减弱,生长量下降。另外,强度的干热风(温度高于 30℃、相对湿度低于 30%)能使叶片周围的空气变得非常干燥,蒸腾加剧,根系吸收运输的水分无法满足蒸腾的需求,导致植株萎蔫死亡。

2.6.4.3 风对园林植物花粉、种子的传播及群体稳定性的影响

风媒植物约占开花植物总数的 20%,风是其花粉的主要传播者,对园林植物结实和繁衍起着很大的作用。风媒植物的授粉效率以及花粉孢子在空气中被传送的方向与距离主要取决于风速的大小与风向。如银杏的花粉可以顺风传播到数十公里以外;云杉等生长在下部枝条上的雄花花粉,可借助于林内的上升气流传至上部枝条的雌花上。通常微风能提高授粉、受精率,有利于结实。

对于虫媒植物,在开花季节,风能迅速散播花的芬芳气味,招引昆虫传授花粉。另外,风速会影响到传粉昆虫的活动。渡边进(1985)通过对梅树林访花昆虫的数量进行调查后报道,当风速小于 3 m/s 时访花昆虫较多,5 m/s 时明显减少,8 m/s 时基本见不到访花昆虫,从而影响授粉。

风对许多植物种子的传播也起到很重要的作用。如杜鹃花科和兰科植物的种子非常细小,杨柳科、菊科、萝藦科、铁线莲属、柳叶菜属植物的种子大都带毛,榆科、槭树科、松属、白蜡、枫杨等植物的种子或果实多带翅,铁木属的种子带气囊,适度的风可以帮助这些种子进行传播,有利于植物的繁衍和扩大分布范围。

在群体稳定性方面,适度的风能够降低和保持植物群落内或枝叶间的相对湿度,抑制病虫害的发生和繁衍,促进植物的健康生长,维持群落的稳定。因此,在园林植物栽培过程中,需要尽量保持群体内部空气流通通畅,并通过树体管理优化树冠的通风状况,以维持群体的卫生和稳定性。

但是,风也有可能会传播一些病原菌等造成植物受害。例如,锈菌和霜霉菌在病叶上产生的孢子囊和孢子可以借助风力远程传播,导致病害的蔓延。

2.6.4.4 风对园林植物的机械伤害

强度的风可能会对园林植物造成机械伤害,导致植株落叶、落花、落果、枝干折断、根系外露、倒伏等。风的危害程度主要取决于风速、风的阵发性和植物的抗风能力。通常风速超过 10 m/s 的大风对树木有强烈的破坏作用;当风速达到 17 m/s(8 级大风)以上时,树枝就有被折断的危险。风对植物的机械伤害程度除取决于风速外,还受风的阵发性的显著影响。平均风速相同时,瞬间风速越大,植物受害越严重。

不同植物种类对大风的抵抗能力也有很大差异,决定了其受伤害的严重程度。一般言之,凡树冠紧密、材质坚韧、根系粗壮的深根性树种,抗风力强,如榉树、麻栎、乌桕、白榆、马尾松、南洋杉等。而树冠庞大、材质柔软或硬脆的浅根系树种,抗风力弱,如雪松、榕树、梧桐、垂柳等。

同一树种的抗风能力又因繁殖方法、立地条件、配植方式及个体生长情况的不同而异。扦插繁殖的个体,根系一般比实生个体浅,遇风容易倒伏。在地下水位高、土壤松软的立地或土层浅薄立地上栽植的树木比土层深厚而排水良好立地上栽植的个体容易倒伏。孤立木或稀植林内的植株个体较合理密植林的个体易受风害;但如果密度过大,个体生长过于瘦弱,抗风能力也弱。植株感染病虫害或老化的个体,抗风能力比健康植株弱。

思 考 题

1. 简述日照长度在园林植物生产中的应用。
2. 在园林植物栽培过程中,如何利用栽培措施进行温度调节?
3. 简述土壤理化性质对植物生长发育的影响。
4. 简述大气对园林植物的生长发育有哪些影响?

3 园林植物的选择与生态型配置

【学习重点】

合理的植物选择对园林绿化的质量及其各种效应的发挥起着极为重要的作用，更是可以节约建设投入与以后的管理养护费用。园林植物的选择过程中，除了要考虑植物绿化、美化的效果外，更应重视植物的生态习性，根据不同的地域、气候特点进行合理、正确的生态配置。

3.1 园林植物选择的意义和原则

3.1.1 园林植物选择的意义

园林植物中的绝大部分是经人工选择后栽培的，由于园林植物（尤其是园林树木）的栽培受各种气候、地形、土壤、水文、植被等的综合影响，因此栽植地的条件十分复杂，加之城市环境中，人类的活动与建筑、道路、各种污染物等共同影响，使得城市园林中植物的生长环境相当复杂，必须对园林植物进行正确的选择和合理的配置。

园林植物的景观配置有其生物学、生态学和美学3种含义。在配置中要解决好植物种间、植株间、植物与环境以及植物与景观之间的关系。

植物在系统发育的过程中，经过长期的自然选择，逐步适应了自己生存的环境条件，并把这种适应性遗传给后代，形成了它对环境条件有一定要求的特性——生态学特性。植物不同，其生态学特性各异。因此，园林植物选择适当与否是植物造景成败的关键之一。植物选择适当，立地或生境条件能够满足它的生态要求，植物就能旺盛生长，发育正常，稳定长寿，不断发挥其功能效益；反之，如果植物选择不当，就会栽不活或成活率不高，即使成活也会生长不良，价值低劣，浪费劳力、种苗和资金。尤其需要注意的是，园林树木是多年生的木本植物，树木栽植养护是长期性的工作，它不像一两年生植物那样，可时时更换，也不像林木和果木栽培那样，只占生命周期的一个有限阶段，而是要长期发挥效益。从某种意义上讲，树木越老，价值越高。

3.1.2 园林植物选择的原则和要求

大量园林植物栽培实践和科学研究证明,园林绿化建设中植物的选择首先应满足栽培目的,所选择的植物应能够适应栽植地的立地、气候等条件,然后考虑植物主要功能的发挥,最后,应主要选择成本低、繁殖和移栽容易的植物种类。

园林植物的选择,一方面要考虑植物的生态学特性,另一方面要使栽培树种最大限度地满足生态与景观效益的需要。前者是植物的适地选择,后者则是植物的功能选择。这两个方面紧密结合,体现了"生物与效益兼顾"。如果树种的功能效益较好,而栽植的立地条件不适合,结果往往是事倍功半,也不能达到造景的要求。因此,对树种功能效益的要求是目的,而适地适树则是达到此目的手段或前提,在前提具备的条件下,才能取得预想的效果。

3.1.2.1 适地适树

适地适树是指使栽植树木的特性,主要是生态学特性与栽植地的立地条件相适应,达到在当前技术、经济条件下的较高水平,以充分发挥所选树种在相应立地条件上的最大生长潜力、生态效益及景观价值。在现代植物景观营造工作中,不仅要求栽植立地条件与所选树种相适应,而且要求栽植立地条件与特定树种的一定类型或品种相适应。但在园林树木栽培中,"树"与"地"的统一是相对的,树木与环境之间是相互影响、相互制约的关系,如光照、水分、温度、土壤等在时间、空间上的变化与树木生长发育过程中的变化均是一种动态的平衡。因此,适地适树是相对的,园林工作者要做的便是使"树"与"地"之间的基本矛盾在树木栽培的主要过程中相互协调以便产生较好的生物学和生态学效应。另外,当"树"与"地"之间发生较大矛盾时,适时采取适当的措施,调整它们之间的相互关系,使树木的生长发育沿着稳定的方向发展。

虽然适地适树是相对的,但衡量适地适树的程度应该有一个客观标准。在园林树木栽培中,"树"的含义是指树种、类型或品种的生物学、生态学及景观效果方面的特性;而"地"的含义则是指栽植立地的气候、土壤、水分、生物及污染状况等。因此,衡量适地适树的标准有两种:一是生物学标准,即在栽植后能够成活,正常生长发育和开花结果,对栽植地段不良环境因子有较强的抗性,具有相对的稳定性;二是功能标准,包括生态效益、景观效果和经济效益等栽培目的和要求得到较大程度的满足。另外,值得注意的是,适地适树的功能标准只有在树木正常生长发育的前提下才能充分发挥。因此,两种标准相辅相成,不可偏废。

3.1.2.2 以乡土树种为主,适当引进外来树种

树种选择要充分考虑植物的地带性分布规律及特点。本地树种最适应当地的自然条件,具有抗性强、耐旱、抗病虫害等特点,为本地群众喜闻乐见,也能体现地方特色,应选择为城市绿化的主要树种。但是为了丰富绿化景观,还要注意对外来种的引种驯化和实验。只要对当地生态条件比较适应,而实践又证明是适宜树种,也应积极地采用。但不能盲目引种不适于本地生长的其他地带的树种。

3.1.2.3   选择抗性强的植物

抗性强是指对土壤的酸、盐、旱、涝、贫瘠等，以及对不良气候条件和烟尘、有害气体具有较强的抵抗能力。

3.2.2.4   满足各种绿地的特定功能要求

如侧重庇荫要求的绿地，应选择树冠高大、枝叶茂密的树种；侧重观赏作用的绿地，应选用吸收和抗污染能力强的植物。要选择那些形态美观，色彩、风韵、季相变化上有特色的和卫生、能净化空气的植物，以能更好地美化市容，改善环境，促进人民的身体健康。

3.1.2.5   具有很好的观赏价值，兼顾一定的经济价值

园林结合生产的树种适合于综合利用，既要符合园林功能要求，便于栽培管理，又可获得适当比例的木材、果品、药材、油料、香料等产品。

3.1.2.6   速生树和慢生树相结合

一般速生树易衰老、寿命短，慢生树见效慢，但寿命较长。只有两者合理地搭配，才能达到近期与远期相结合的目的，做到有计划地、分期分批地使慢生树取代速生树。

3.1.2.7   重视选择基调树种与骨干树种

基调树种是在城市中分布广、数量大的少数几种树，其品种数视城市绿地规模而定，一般小型城市基调树种3～5种。骨干树种是城市各类园林绿地中常用的、种类多、数量少的一些主要树种。在进行树种选择时，首先将适合于种植行道树的种类选择出来，因为街道上的环境条件比较恶劣，如日照短、人为破坏大、土壤坚硬、灰尘多，汽车排放的有害气体多，地上地下管线多等。

3.1.2.8   制定合理的主要树种比例

乔木与灌木的比例，以乔木为主，一般占70%以上。落叶与长绿的比例，落叶树由于年复一年的落叶，对有害气体和灰尘的抵抗能力强，所以在北方以落叶树为主。一般落叶树占60%左右，常绿树占40%左右。在南方应注意选择适生的落叶树种，加大其比例，逐渐改变过去那种划一的常绿植物街景，以丰富季相色彩。城市绿地中，除乔木、灌木及花卉外，还应大力发展草坪植物与其他地被植物，做到"黄土不见天"，使城市绿化提高到一个新的水平。

3.1.2.9   应选择苗木的来源较多，栽培技术可行，成本不要太高的树种

3.1.2.10   根据功能选择树种

在功能不同的场所，如体育运动场与儿童活动区周围不能选用带钩刺的植物，防止意外刺伤事故。生产精密仪表的工厂，绿化时应少用或不用杨、柳、悬铃木等。因为这些树种的种子细小，或带有纤细的绒毛，在晴朗有风的天气会漫天飞舞，难以控制，飞入车间后影响产品的精密度。这类工厂区应选栽香樟、雪松、薄壳山核桃、水杉及池杉等。

3.1.2.11　充分考虑城市环境对植物生长的不利影响

在进行园林植物选择时,除应依据上述原则和要求外,还应考虑和分析城市环境对植物生长的不利影响因素,通过全面分析才能选定最适宜的植物和拟定合理的栽培技术措施。

3.2　园林植物的种类选择

3.2.1　主要用途园林树木的选择

3.2.1.1　园景树

园景树又称为孤植树、独赏树、标本树或独植树。此类树木主要表现树木的体形美,可以独立成为景物供观赏用。

适宜作园景树的树种,一般需树形优美,高大雄伟,具有个性和特色,寿命较长,通常选用具有美丽的花、果、树皮或叶色的树种,可以是落叶的,也可以是常绿的。世界五大公园树种为雪松、金钱松、日本金松、南洋杉以及北美巨杉。另外可用作园景树的有银杏、白玉兰、国槐、垂柳、香樟、榉树、苦槠、青冈栎、深山含笑、杂种鹅掌楸、雪松、金钱松、日本冷杉等。

3.2.1.2　庭荫树

庭荫树又称绿荫树,在园林中多植于路旁、池边、廊、亭前后或与山石、建筑等相配,或在局部小景区三五成组地散植各处,形成有自然之趣的布置;亦可在规整的有轴线布局的地区进行规则式配植;由于最常用于建筑形式的庭院中,故习惯称庭荫树。

庭荫树的选择以观赏效果为主结合遮阴的功能进行考虑。许多具有观花、观果、观叶的乔木均可作为庭荫树,但不宜选用易于污染衣物的种类。另外,由于我国大部分地区处于北温带,冬季较为寒冷,故在庭院中不宜过多选用常绿庭荫树,否则冬季影响室内采光取暖,并易致终年阴暗有抑郁之感。常见的庭荫树有梧桐、合欢、国槐、白蜡、五角枫、毛白杨、广玉兰、油松、白皮松以及其他观花、观果、乔木等。

3.2.1.3　行道树

行道树是指栽植在公路、街道、园区等道路系统两侧,以美化、遮阴和防护为主要目的的树木。行道树为城乡绿化的骨干树种,能统一、组合城市景观,体现城市与道路特色,创造宜人的空间环境。由于城市街道存在着土壤条件差,烟尘和有害气体较多,地面行人践踏摇碰和损伤,空中电线、地下电缆的障碍,建筑的遮阴,道路铺装的强烈辐射以及地下管线障碍和伤害等较差的环境条件,在选择行道树种时,首先应选择对城市街道上种种不良条件有较高抗性的树种,并要求树冠大、树荫浓、发芽早、落叶迟且落叶延续期短、花果不易污染街道环境、干性强、耐修剪、干皮不怕阳光暴晒、不易发生根蘖、病虫害少、寿命较长、根系发达等条件。完全合乎理想、十全十美的行道树并不多。世界四大行道树为悬铃木、白榆、椴树以及七叶树。我国木本植物种类极其丰富,适合作行道树的树种很多,如悬铃木、国槐、栾树、白蜡、无患子、三角枫、七叶树、重阳木、香樟、广玉兰、女贞等。另外,像水杉、朴树、珊瑚朴、杂种马褂木、椴树、合欢中亦较为常见。

行道树枝下高 2.5m 以上,距车行道边缘的距离不应少于 0.7m,以 1~1.5m 为宜,树距房屋的距离不宜少于 5m,株间距以 8~12m 为宜。

3.2.1.4 花木和果木

凡具有美丽的花朵或花序,其花形、花色或芳香有观赏价值的乔木、灌木、丛木及藤本植物均称为观花树或花木。果实色泽鲜艳,形状奇特,经久耐看,且不污染环境的树种可称之为赏果树木,简称果木。

花木是园林中应用最为广泛的一类植物,它们具有多种用途,是重要的观赏材料。有的可作独赏树,有的可作行道树,有些可作花篱或地被植物用。在配置应用方式上亦是多种多样的,可以孤植、对植、列植、丛植或修剪整形成棚架用树种。观花树在园林中不但能独立成景,而且可为各种地形及设施物相配合而产生烘托、对比、陪衬等作用。例如,植于路旁、坡面、道路转角、座椅周旁、岩石旁,或与建筑相配作基础种植用,或配植湖边、岛边形成水中倒影。花木有可以其特色(花色、花形、花期及花香等)配植成各种专类园。常见的观花树有木兰科的木兰属、含笑属植物,蔷薇科的海棠属、木瓜属、绣线菊属、梅属等,忍冬科锦带花属、忍冬属、荚蒾属等,杜鹃花科杜鹃花属、马醉木属等,山茶科山茶属,木犀科木犀属、连翘属、素馨属等。

园林中的种植以观赏为主要目的的果木,主要从果实的性状和色彩两个方面进行考虑。一般果实的形状以奇、巨、丰为标准。所谓"奇"是指果实形状奇异有趣,如铜钱树的果实形似铜币;秤锤树的果实如秤锤一样;紫珠的果实宛若许多晶莹剔透的紫色小珍珠。所谓"巨",是指单体的果形较大,如木菠萝、柚、榴莲等;或果实虽小而果穗较大,如接骨木、阔叶十大功劳等。所谓"丰",是指就全树而言,无论单个或果穗,均应有一定的丰盛数量,才能发挥较高的观赏效果。

果实的颜色,有着更为重要的观赏价值。如果实呈红色的桃叶珊瑚、小檗属、平枝枸子、冬青属、枸杞、火棘、花楸、南天竹、紫金牛等;果实呈黄色的梅、木瓜、杏、佛手、柚、黄果火棘、枸橘、枇杷等;果实呈黑色的女贞、五加、枇杷叶荚蒾、君迁子等;果实呈蓝紫色的紫珠、葡萄、十大功劳、白檀等;果实呈白色的红瑞木、湖北花楸等。

3.2.1.5 垂直绿化类

垂直绿化是指用来绿化墙面、栏杆、山石、棚架等处的藤本植物,包括各种缠绕性、吸附性、攀援性及蔓生等茎枝细长的木本植物。此类植物可用于各种形式的棚架供休息或装饰用,可用于建筑及设施的垂直绿化,可攀援灯杆、廊柱或高大枯树上形成独赏树的效果,又可悬垂于屋顶、阳台,还可覆盖地面等,如爬山虎、凌霄、紫藤、小叶扶芳藤、常春藤、野蔷薇、木香、薜荔、络石等。

3.2.1.6 绿篱类(境界树)

指在园林中起分隔空间、屏障视线、范围场地、遮蔽视线、衬托景物或防范之用的木本植物。通常以耐密植、耐修剪、养护管理便捷、有一定观赏价值的种类为主。绿篱种类不同,选用的树种也会有一定的差异。如用作墙式高绿篱的植物有珊瑚树、椤柏楠、刺柏等;用作分隔空间的中矮篱的植物有海桐、黄杨、栀子、枸骨、木槿、红叶石楠、火棘等(有关绿篱的类型在第 5

章有详细介绍）。

3.2.1.7　造型类及树桩盆景、盆栽类

指经过人工整形制成的各种物像的单株或绿篱，也有称为球形类树木者。这类树木的要求与绿篱类基本一致，但以常绿种类、生长较慢者更佳，如罗汉松、瓜子黄杨、日本五针松、全缘叶构骨等。

树桩盆景是在盆中再现大自然风貌或表达特定意境的艺术品，对树种的选用要求与盆栽类有相似之处，均以适应性强，根系分布浅，耐干旱瘠薄，耐粗放管理，生长速度适中，能耐阴，寿命长，花、果、叶有较高的观赏价值的种类为宜。树桩盆景都要进行修剪与艺术造型，故材料选择应较盆栽类更严格，要求树种能耐修剪盘扎，萌芽力强，节间缩短，枝叶细小。比较常见的种类有银杏、金钱松、老鸦柿、罗汉松、榔榆、紫薇、鸡爪槭等。

3.2.1.8　木本地被植物

指高度在1m以内，树形矮小丛生、偃伏性或半蔓性的灌木及藤本。这类植物的应用，可避免土壤裸露、防止尘土飞扬、保持水土、防止杂草生长、增加空气湿度、减少地面辐射热，在改善及美化环境等方面有良好的作用。选择植物时以耐荫、耐践踏、适应能力强的常绿种类为主。目前园林中常见的木本地被植物有铺地柏、金山绣线菊、金焰绣线菊、长春蔓、地被月季、小丑火棘、龟甲冬青、铺地蜈蚣、阔叶箬竹等。

供覆盖地面用，如铺地柏、地被月季等。

3.2.1.9　防护树类

多用于防风、防火、抗污染、防辐射等。如防风效果好的杨树、白榆、黑松、木麻黄等；防火的珊瑚树、木荷、银杏、苏铁、棕榈等；抗污染能力强的悬铃木、银杏、臭椿、女贞、构树、大叶黄杨、垂柳等；防辐射效果较好的栎属植物、银杏等。

3.2.2　草本花卉种类的选择

3.2.2.1　花坛用花卉

花坛是按照设计意图，在有一定几何形轮廓的植床内，以园林花草为主要材料布置而成的，具有艳丽色彩或图案纹样的植物景观。花坛主要表现花卉群体的色彩美，以及由花卉群体所构成的图案美，能美化和装饰环境，增加节日的欢庆气氛，同时还有标志宣传和组织交通等作用。

不同类型花坛所选用植物种类亦不相同。如盛花花坛主要是由观花草本花卉组成，表现花盛开时群体的色彩美。常用植物材料有一串红、早小菊、鸡冠花、三色堇、美女樱、万寿菊、矮牵牛等；模纹花坛主要是由低矮的观叶植物和观花植物组成，表现植物群体组成的复杂的图案美。常用的植物材料有五色苋、彩叶草、银叶菊、香雪球、四季海棠等。此外，常用作花坛中心的花材有苏铁、桂花、海桐、杜鹃花等。

3.2.2.2　花境用花卉

花境是以宿根和球根花卉为主,结合一二年生草花和花灌木,沿花园边界或路缘布置而成的一种园林植物景观,亦可点缀山石、器物等。从设计形式上,花境可分为单面观赏花境、双面观赏花境和对应式花境3种。从植物选择上分,花境可分为宿根花卉花境、球根花卉花境、灌木花境、混合式花境和专类花卉花境等5种。

宿根花卉花境由可露地越冬的宿根花卉组成,如芍药、萱草、鸢尾、玉簪、蜀葵、荷包牡丹、耧斗菜等;球根花卉花境栽植的花卉主要为球根花卉,如百合、郁金香、风信子、大丽花、水仙、石蒜、美人蕉、唐菖蒲等;灌木花境应用的观赏植物为灌木,以观花、观叶或观果且体量较小的灌木为主,如迎春、月季、紫叶小檗、榆叶梅、金银木、映山红、石楠、矮紫薇、长春蔓等;混合式花境以耐寒宿根花卉为主,配置少量的花灌木、球根花卉或一二年生花卉;专类花卉花境由同一属不同种类或同一种不同品种的植物为主要种植材料,要求花期、株形、花色等有较丰富的变化,如牡丹芍药花境、鸢尾类花境、绣线菊类花境、郁金香类花境、菊花花境、百合花境等。此外,华东地区常用于花境的花灌木有南天竹、凤尾竹、日本五针松、八仙花、棣棠、月季、金钟花、金丝桃、杜鹃花、蜡梅、十大功劳、红枫、铺地柏、山茶、茶梅、矮生紫薇、贴梗海棠等;有些用于花坛的花卉也适于花境,如沿阶草、水仙、毛地黄、郁金香、美人蕉、葱莲、韭莲、大丽花等。

3.2.2.3　花台用花卉

在高于地面的空心台座(一般高40～100cm)中填土或人工基质并栽植观赏植物,称为花台。花台面积较小,适合近距离观赏,有独立花台、连续花台、组合花台等类型,以植物的形体、花色、芳香及花台造型等综合美观赏要素。花台的形式各种各样,多为规则式的几何形体,如正方形、长方形、圆形、多边形,也有自然形体的。

花台中的植物材料,一般选用花期长、小巧玲珑、花多枝密、易于管理的草本和木本花卉,也可和形态优美的树木配置在一起。如玉簪、一叶兰、芍药、土麦冬、三色堇、孔雀草、菊花、日本五针松、梅、榔榆、杜鹃花、牡丹、山茶、黄杨、竹类、铺地柏、福禄考、金鱼草、石竹等。

3.2.2.4　花池及花钵用花卉

花池是以山石、砖、瓦、原木或其他材料直接在地面上围成具有一定外形轮廓的种植地块,主要布置园林草花的造景类型。花池一般面积不大,多用于建筑物前、道路边、草坪上等。池内花卉布置灵活,设计形式有规则式和自然式。植物选择除草花及观叶草本植物外,自然式花池中也可点缀传统观赏花木和湖石等景石小品。常用植物材料有南天竹、沿阶草、土麦冬、芍药、葱莲等。

花钵是盆钵配置花卉的一种形式,分为高脚钵、落地钵两种类型。用花钵配置花卉的特点是装饰性强,可以随意移动和组合。多用于公园的园路两侧、广场、出入口、花坛中央等地作为装饰点缀。植物材料宜选用花繁植密的草花,也可配置一些垂吊花卉,如旱金莲、常春藤、叶子花、紫鸭跖草等。

3.3 园林植物的生态配置

园林植物的配置,是指在栽植地上对不同植物种类按照一定方式进行的种植,包括种间搭配、排列方式以及间距的选择。园林植物配植形式多种多样,千变万化。在不同地区、不同场合、地点,由于不同的目的、要求,可有多种多样的组合与种植方式;同时,由于植物是有生命的有机体,是在不断地生长变化,还应做到使群体中的个体处于适合植物生长的环境,并使个体与个体之间,种群和种群之间相互协调,相互依存。因此需要考虑植物的生物学特性及生态学习性,从而发挥植物群体的功能,并达到长期稳定的效果。

3.3.1 园林植物配置的原则

虽然园林植物的配置工作涉及面广,形式多变,但亦有基本原则可循。

首先,因为园林植物是具有生命的有机体,有着自身独特的生长发育特性,同时又与其所位于的生境间有着密切的生态关系,所以在进行配置时,应将其生物学特性及生态学习性作为基础进行考虑。其次,园林植物具有美化环境、改善防护及经济生产等多方面功能,在配置中应明确该植物所应发挥的主要功能,即满足植物配置主要目的的要求。第三,在满足主要目的的要求的前提下,应考虑如何配置才能取得较长期稳定的效果。第四,应考虑到配置效果的发展性和变动性,以及在变动过程中可采取的措施。第五,应考虑以最经济的手段获得最大的效果。第六,在有特殊需要时,园林植物配置应有创造性,不必拘泥于植物的自然习性,应综合地利用科学技术措施来保证植物配置的效果能符合主要功能的要求。

总之,园林绿化建设中的植物配置工作,必须符合园林综合功能中主要功能的要求,要有园林建设的观点和标准,有园林科学的方法来实现其目的。

3.3.2 园林植物配置的方式

3.3.2.1 规则式配置

规则式配置按一定的几何图形栽植,具有一定的株行距或角度,整齐、庄严,常给人以雄伟的气魄感。适用于规则式园林和需要庄重的场合,如寺庙、陵墓、广场、道路、入口以及大型建筑周围等。常见应用于法国、意大利、荷兰等国的古典园林,中国的皇家园林以及寺庙园林中。有中心植、对植、列植、环植等。

1) 中心植

指在布局的中心点独植一株或一丛。常用于花坛中心、广场中心(图 3.1)。要求树形整齐、美观,一般为常绿树,如雪松、苏铁、石楠、整形大叶黄杨等。

2) 对植

指树形美观、体量相近的同一树种,以呼应之势种植在构图中轴线两侧(图 3.2)。常用于房屋和建筑前、广场入口、大门两侧、桥头两旁以及石阶两侧等。目的是衬托主景,或形成配景、夹景以增强透视纵深感。多选用生长较慢的常绿树,如松柏类、银杏、龙爪槐、整形大叶黄杨等。

图 3.1　中心植

图 3.2　对植

3）列植

指树木呈行列式种植(图 3.3)。有单列、双列、多列等方式。其株距和行距可以相同亦可以不同。主要用于道路两旁(行道树)、广场和建筑周围、防护林带、农田林网、水边种植、灌木花径及绿篱等。如杭州西湖苏堤以无患子、重阳木、三角枫等高大乔木作为行道树,南京中山植物园入口处以银杏作为行道树列植等。

4）环植

指按照圆的边缘进行种植(图 3.4)。有环形、半圆形、弧形以及单环、多环、多弧等富于变化的形式。常用于花坛、雕塑和喷泉周围,以衬托主景的雄伟;或用来布置模纹图案,有很强的装饰性。树种多选择低矮、耐修剪的整形灌木,尤其是常绿或具有色叶的种类,如球桧、金黄球柏、黄杨、紫叶小檗、金叶女贞等。

图 3.3　列植

图 3.4　环植

3.3.2.2　自然式配置

无一定的模式,即没有固定的株行距和排列方式。该配置方式自然、灵活并富于变化,能体现宁静、深邃的气氛。配植方式有孤植、丛植、群植和林植等,适用于自然式园林、风景区和一般的庭院绿化。如中国式庭园、日本式茶庭及英国式庭园等。

1)孤植

孤植指在一个较为开旷的空间,远离其他景物种植一株乔木(图3.5)。目的是为突出显示树木的个体美,可作为景观中心视点或起引导视线的作用,并可烘托建筑、假山或活泼水景,但不论在何处看去,都不是孤立存在的。常用于庭院、草坪、假山、水面附近、桥头、园路尽头或转弯处、广场和建筑旁等。为了表现单株树木的个体美,要求植株姿态优美,树形挺拔、雄伟、端庄,如选择树冠开展、枝叶优雅、线条宜人的雪松、南洋杉、垂柳、樟树、榕树等;或选择花果美丽、色彩斑斓的海棠、枫香、樱花、玉兰、木棉、凤凰木等。江南园林中较为著名的孤植树有杭州岳王庙前的香樟,苏州网师园"小山丛桂轩"的羽毛枫、留园"绿荫轩"的鸡爪槭以及狮子林"问梅阁"的银杏等。

2)丛植

丛植指由两三株以上同种或异种的树木按照一定的构图组合在一起的种植方法(图3.6)。

图3.5 孤植

图3.6 丛植

这些树木种植在一起后,其林冠线彼此密接而形成一个整体轮廓线。丛植有较强的整体感,少量树的丛植亦有独赏树的艺术效果。在自然式园林中,丛植是最常用的配植方法之一。如可作为桥、亭、台、榭的点缀和陪衬,亦或是专设于路旁、水边、庭院、草坪或广场一侧,以丰富景观色彩和景观层次,活跃园林气氛。

3)聚植(集植或组植)

聚植指由两三株至一二十株不同种类的树种组配成一个景观单元的配置方式,亦可用几个丛植组成聚植(见图3.7)。聚植能充分发挥树木的群体美,既能表现出不同种类的个性特征,又能使这些个性特征协调地组合在一起而形成群体美,在景观上是具有丰富表现力的一种配植方式。一个好的聚植,应从每种植物的观赏特性、生态习性、种间关系,与周围环境的关系以及栽培养护管理上多方面进行综合考虑。

4)群植(树群)

群植指由二三十株以上至数百株的乔、灌木成群配置时称为群植,该群体称之为树群(图3.8)。树群可由单一树种组成,亦可由数个树种组成。树群由于株数较多,占地较大,在园林中可作背景、伴景用,在自然风景区亦可作主景。两组树群相邻时又可起到透景框景的作用。

树群不但有形成景观的艺术效果,还有改善环境的效果。在群植时应注意树群的林冠线轮廓以及色相、季相效果,更应注意植物种类间的生态习性关系,以便能保持较长时间的稳定性。

图 3.7　聚植(集植或组植)

图 3.8　群植

5) 林植

林植指较大面积、多株树木成片林状的种植,是将森林学、造林学的概念和技术措施按照园林的要求引入于自然风景区和城市绿化建设中的配植方式(图 3.9)。工矿场区的防护带、城市外围的绿化带以及自然风景区中的风景林等,均常采用此种配植方式。在配植时除防护林带应以防护功能为主外,其他形式的林植应特别注意群体的生态关系以及养护上的要求。通常有纯林、混交林等结构。在自然风景区中进行林植时应以营造风景林为主,应注意林冠线的变化、疏林与密林的变化、林中下木的选择与搭配、群体内及群体与环境间的关系以及按照园林休憩游览的要求采取留有一定面积的林间空地等措施。

图 3.9　林植

6) 散点植

指以单株在一定面积上进行有韵律、节奏的散点种植,有时也可以双株或三株的丛植作为一个点来进行疏密有致的扩展。对每个点不是像独赏树那样地给予强调,而是着重点与点间有呼应的动态联系。散点植的配植方式即能表现个体的特性又处于无形的联系之中,正好似有许多音色优美的音符组成的动人旋律,能令人心旷神怡。

3.3.3 园林植物生态配置的要点

为了使园林植物群体景观效果得以良好发挥,在依据园林植物观赏特性进行配置设计的基础上,还必须从生态学出发,做好以下几点:

(1) 选择主要树种应着重强调适地适树。主要树种是构成园林景观的主体,其具有生长适应性广、观赏价值高、环保效能好等优点。主要树种选择时一般应参考园林所在地四周森林中的主要优势树种,做到适地适树,以便于主要树种在园林植物群落中起主导作用。

(2) 选择次要树种应兼顾植物群体稳定、互益。次要树种在植物群落中于一定时期内与主要树种相伴而生,并为主要树种的生长创造有利条件。次要树种与主要树种选择恰当是植物群体稳定的基础,它们之间应是互益的关系,因此在选择上,应避免选择与主要树种有相近生态习性或由相同病虫害源的树种,同时,次要树种也要具有一定的观赏效果。

(3) 植物群体营造应体现多样性。多样性是生态平衡的条件之一。园林植物群体建设中应在大规模的范围内体现多样性,一定程度上,植物的单一种植是不可取的,这是生态失衡的前提,亦在感官上降低景观效果,但若在小面积绿地营造中片面强调物种的数量则会造成视觉上的混乱以及管理养护的不便。在不同树种的配置中,一般情况下主要树种比例应较大,但速生、喜光的乔木树种可在不影响景观效果的前提下,适当缩小比例;次要树种所占比例应以有利于主要树种功能的发挥为前提。目前园林建设中通常会在建设初期适当密植次要树种,以利于早成景且提高防护能力,但随着树龄的增大,种间竞争通常日益激烈,需及时通过一定的措施加以调节,以保证植物群体的稳定性。

3.3.4 生态园林植物群落及建设要点

自 20 世纪 20 年代欧洲一些国家提出"生态园林"的概念以来,世界各国都在积极实践和研究"生态园林"的内涵和外延。目前比较一致的看法是:"生态园林是继承和发展传统园林的经验,遵循生态学原理,建设多层次、多结构、多功能的植物群落,建立人类、植物、动物相联系的新秩序,达到生态美、文化美、艺术美,使生态、社会、经济效益同步发展,实现生态环境的良性循环。"

我国的园林专家经过长期的实践,总结出以下几种生态园林的植物群落类型:

3.3.4.1 观赏型人工植物群落

观赏型人工植物群落是从景观、生态、人的心理和生理对美的需求等方面综合考虑,合理进行植物配置,而形成的以观赏为主要目的的人工植物群落。为使植物群落的观赏效果持续、稳定发挥,应做好以下几点:

(1) 保护性开发植物资源,持续发展景观多样性。目前我国各地园林均存在不同程度的树种单一、个体抗逆性差的特点。因此,要实现景观多样性,首先应使物种多样化,应在保护物种资源的基础上实现野生资源的永续利用以及景观多样性的持续发展。

（2）运用传统与现代相结合的手法配置植物。我国传统小型园林的植物配置多采用单株配置手法，强调意境，注重情趣。现代城市中的公共空间具有开放性、公共性和大空间、快节奏等特点，如果仍旧使用这一传统的手法来设计都市大环境园林绿化，那就会造成杂乱繁琐的局面。因此，需采用成片、成块的栽植手法，突出群体美，并与现有的大空间相互呼应。

植物配置应根据具体空间环境区别对待。小花园、局部小景可采用单株配置，充分发挥植物个体美，而开放的居住区绿地、公路绿地等大空间应成片、成列配置，更大面积的森林公园等应大片林植，以追求大的自然效果。

（3）模拟自然群落，配合装饰修剪。生态健全的环境是美的基础。郁郁葱葱的树林，平整碧绿的草地都是一个良好的生态系统，都是园林中不可缺少的景观。自然界中的各种植物群落，各种形态的生态系统，都是园林植物配置中值得借鉴和模拟的。

植物的自然姿态是自然赋予的自然美，是园林绿化工作者必须充分利用和掌握的。但由于审美是一种复杂的现象，人们不会只满足于简单的模拟自然，而且会运用各种审美规律加以人工的"裁剪"，通过形态、高低、色彩、质感的手法，体现人工的艺术匠心，使得人工植物群落升华到一个更高的艺术境界。

3.3.4.2　环保型人工植物群落

环保型人工植物群落是指以保护城乡环境，促进生态平衡为目的的植物群落。

1）护岸林带

在沿江、沿海岸线，按防风林带标准，建立能护堤固滩的人工植物群落，将给附近人民带来长远利益。

2）农田防护林

指利用农田周围的沟渠、道路，成行状栽植树木形成林带，并连成网络。林网总体防风效能高，不仅提高作物产量，而且树叶可肥田，起到改良土壤的作用。

3）卫生防护林带

卫生防护林带一般设置在生活区与工厂区之间或农田与工厂区之间。对防护林带的树种选择应做到：选择抗污染性能强的乔木、灌木及地被植物，并且根据污染物种类不同调整植物配置；常绿植物材料占相当比重；在结构上应是疏透的结构；在树种配置上要注意多树种、多品种、多层次，以增加叶面积指数，达到最佳防护效果。

4）检测植物群落

有些植物对特定的污染物十分敏感，表现出明显的症状，可以将这些植物组合配置，通过观测其生长或受害症状来确定环境受污染程度，是一种低成本、能综合反映环境质量的检测工具。

5）衰减噪声的人工植物群落

不同树种组成的群落，其减低噪声的效果不同。如珊瑚树栽成宽40m的绿带就可以衰减噪声28dB，细叶且分枝低的雪松效果亦较好，而悬铃木则收效甚微。

6）净化水质的植物群落

通常是在郊区建设人工森林来净化城市污水。欧美国家的具体做法是，选用抗污染耐水湿的树种在郊区的低地构筑人工森林,将城市的生活污水通过适当处理后放入林地,污水经树木根系吸收及土壤净化后最终进入自然水体。

3.3.4.3　保健型人工植物群落

保健型人工植物群落指的是可与人类活动相互作用,并能使人增强体质,预防和治病的植物群落。

1) 保健型人工植物群落的功能

(1) 除尘杀菌、预防疾病。在空气中,通常有近百种不同的细菌,大多是病原菌;而煤粉尘和其他工业粉尘以及裸露泥土飞扬的尘土中不仅含有大量病菌,也会造成紫外光不足,引发儿童软骨病。植物一方面通过枝叶的滞尘作用减少空气中的飘尘与病菌,相当于一个滤尘器;另一方面有些植物能分泌具有杀灭病菌和原生动物作用的芳香物质等植物杀菌素,直接杀死空气中的各种病菌。

一般言之,树冠大而浓密、叶面多毛或粗糙以及分泌有油脂或黏液者具有较强滞尘能力,这些树种包括桦木、杨树、榆树、木槿、重阳木、大叶黄杨、楝树、构树、朴树、广玉兰、女贞、刺槐、臭椿、三角枫、桑树、丝绵木、悬铃木、乌桕、蜡梅、黄金树、栀子、夹竹桃、紫薇、五角枫、樱花、桂花、绣球等。另外,草坪也有明显的减尘作用,它可以减少重复扬尘污染。植物分泌杀菌素方面,如松科、柏科、槭树科、木兰科、忍冬科、桑科、桃金娘科等许多植物,对结核分支杆菌有抑制作用;桦、柞、栎、松、冷杉所产生的杀菌素能杀死白喉、结核、霍乱和痢疾的病原菌;其他杀菌能力很强的树种有侧柏、柏木、圆柏、白皮松、柳杉、雪松、黄栌、大叶黄杨、胡桃、月桂、柠檬、悬铃木、橙、茉莉、合欢、女贞、臭椿等。

(2) 观景赏色,安神健身。公园绿地中的光线较之街道、建筑物间的光线稍暗,这主要是部分光线被植物叶面、树冠反射或吸收,而植物所吸收的光波段主要是红橙光和蓝紫光,而反射的部分主要是绿色光,所以从光质上讲,林中及草坪上的光线具有大量绿色波段的光,这种绿光要比街道、广场、铺装路面的光线柔和得多,对眼睛保健有良好作用,尤其是夏季,绿色光能使人在精神上觉得爽快和宁静。另外,颜色对精神病人起着一定的作用,中医学把植物的部位、花朵色彩相应对照人体的器官进行治疗。不同的色彩将会有不同的治疗作用,按植物不同色彩配置的群落预期在赏景观色的同时对人类某些疾病将会有不同的疗效。

2) 保健型人工植物群落配置原则

保健型人工植物群落的配置须遵循以下原则:

(1) 最大限度地提高绿地率和绿视率。绿地率是指绿色植物覆盖率;绿视率是指绿色植物在人的视野中所占比例。据研究,绿视率为 25% 则能消除眼睛和心理疲劳。

(2) 突出祛病强身目的,创造人与自然的和谐。保健型人工植物群落的显著特点是具有增强体质、祛病健身的作用。该类型群落的实践目标,是使人类社会具有良好的环境质量,造就人与自然的和谐统一。

3.3.4.4　知识型人工植物群落

知识型人工植物群落是在遵循生态园林基本原理的前提下,运用植物典型特征而建立的,能激发人们探索自然奥秘的兴趣,并同时传授知识的植物群落。知识型人工植物群落的营建必须满足两项基本要求：

（1）目的性明确。知识是人在社会和自然实践中积累的经验，是包罗万象的，设计及实施知识型人工植物群落时，应根据对象和目的，有的放矢地将一些知识趣味性强的乔木、灌木和地被植物按株高、色彩、季相、共生、和谐等要素，布局为可提供科普教育的基地。

（2）具备科普条件。知识型植物群落所在地应具备开展科普活动的条件，如设立植物名录牌，结合环境布置科普廊，建立陈列馆等，通过文字、音像、标本、实物等多手段结合，将科学性、趣味性、知识性融为一体。

3.3.4.5 生产型人工植物群落

生产型人工植物群落是指在适宜的立地条件下，发展具有一定经济价值的乔、灌、草植物，以满足市场需求，同时最大限度地协调环境。例如可选用具有不同医疗功能的药用植物来建设生产型群落。我国的药用植物资源极为丰富，可用于绿化建设的树种不在少数，只是要避免种植具有毒性作用的树木。可以选择槟榔、苦楝用于驱虫；选择木瓜、桑、海州常山等用于祛风湿；选择三尖杉、接骨木、喜树等用于抗痛；选择国槐（槐花）、侧柏等用于止血；选择酸枣等用于安神镇静；选择肉桂、丁香等用于祛寒。另外，许多经济树种也是中药材，如胡桃、杏、枣、花椒、文冠果等；而刺五加、杜仲、厚朴、五味子等则是名贵药材。

3.3.4.6 文化型人工植物群落

文化型人工植物群落包括文化环境和文化娱乐两种。前者是指通过不同特征植物的组合和布局，形成具有特定文化氛围的群落；后者是指在人工植物群落的基础上，融自然景观、旅游观光为一体的文化娱乐园。

特定的文化环境如古典园林、风景名胜、纪念性园林、宗教寺庙等，要求通过各种方式的植物配置，使园林绿化具有相应的文化环境气氛。人们感官接受植物群落传递的文化信息，情境交融，引起共鸣和联想。如利用植物外形创造与文化设施相适应的环境气氛；运用植物的寓意进行意境创造；运用大块面积的配置方法来烘托特定的文化环境；栽植大量乡土树种，与当地的人文、习俗相适应，从而融自然景观、文化艺术、体育保健、旅游观光、度假购物、娱乐休憩于一体，既具有良好的生态环境、优美景色，又有浓浓文化背景的生态园林。

3.4 园林植物种类选择与生态型配置的工程实践

要建设园林化生态城市，首先要搞好城市园林绿化设计，即应用技术和艺术手段处理自然、建筑和人类活动之间的复杂关系，使其达到和谐、完美、生态良好、景观如画的境界。在环境景观的构成要素中，植物作为软质材料，在营造景观效果方面发挥着重要的作用。为了建设高质量的以人为本的园林植物景观，工程技术人员不断地对现有的园林植物景观进行评价，总结经验，进行了园林植物种类选择与生态型配置的原理分析和应用形式分析。

3.4.1　园林植物种类选择与生态型配置在工程实践中存在的问题

3.4.1.1　过分追求形式和统一格式化的倾向

目前,在城市园林绿化中,呈现不管区位、类别而一味追求大投入、高规格的现象。比如为追求城市森林的效果,一味强调大树移植对城市的建设贡献而忽略对整体生态环境的破坏,后期管护不当致使树木不成活等因素;为追求欧陆风格而不断地扩大草坪的面积,在增加对广场式大草坪应用的同时伴随着巨大的经济浪费。

3.4.1.2　种植规划设计思想落后

对园林植物景观的评价往往存在随意性和盲动性。有的园林植物景观评价结果对实际缺乏指导意义,有的还仅仅停留在理论层面,缺乏实际操作意义。在园林景观设计过程中,为了迎合人们渴望绿色的心理,因而在计划过程中往往加大对植物配置的应用比例。实际施工时,由于受成活率、施工技术水平和节约支出等因素的影响,工程单位往往对植物景观营造部分随意改动,使得实际的景观效果与计划效果之间存在差距的现象时有发生。

3.4.1.3　工程与管护的不对应

许多工程为了在某个特定时间前完工,而拼命赶工期,不按科学规律办事,违反规划设计原则,急于求成,有的甚至保养期不到又进行下道工序施工。使工程粗糙,本应精雕细刻,但由于工期短,不管季节是否适宜都进行施工,结果粗制滥造,效果不良,工程质量差。重建设、轻管护现象普遍存在,建起来的时候皆大欢喜,但使用一段时间后问题百出,不得不重新改建,浪费钱财。

3.4.2　园林植物种类选择与生态型配置的实践要求

3.4.2.1　植物种类的多样化

园林植物种类选择与生态型配置的工程实践经验表明,大凡植物景观单调,缺乏层次,缺少变化的环境,多呈现两个方面的缺陷:一是植物种类单一;二是乔木、灌木及花草应用量的比例失调。只有植物种类丰富多样,才能产生植物景观的多样性。例如,全国绿化示范小区的木本植物种数统计调查如下:

小区名称	木本植物种数 (包含品种)	小区面积 /hm²	所在地区常用 木本植物种数	占区域木本植物 种数百分比/%
北京恩济里	57	9.98	80	71.25
石家庄联盟小区	50	24.79	80	62.5
天津华苑碧华里	46	13.98	80	57.5
广州丽江花园	78	14.89	160	48.75

小区名称	木本植物种数 (包含品种)	小区面积 /hm²	所在地区常用 木本植物种数	占区域木本植物 种数百分比/%
广州名雅苑	62	6.88	160	38.75
深圳东海花园(一期)	49	3.488	160	30.6
中山东明花园	90	18.90	160	56.25
合肥琥珀山庄	74	11.398	120	61.67
常州红梅西村	50	14.86	120	41.67
成都棕北小区	40	12.24	120	33.33
昆明金康园	62	12.72	120	51.6

一般认为,面积 10hm² 以上的小区的木本植物种数能达到当地常用木本植物种数的 40% 以上,绿化效果比较好。

3.4.2.2　人工群落的应用

据试验,绿地中树木的数量越少,其产生的生态效益也越低。由少量草坪和低矮灌木组成的小片装饰性绿地,生态效益也不佳。以乔、灌、草组成的人工模拟自然群落,由于层次丰富,绿叶面积增加,提高了单位叶面积指数,从而增强了保护和改善环境的作用。

良好的生态环境绿化除了应有一定数量的植物种类外,还应有植物群落类型和组成层次的多样性作基础,以生态园林的理论为依据,模拟自然生态环境,利用植物生理、生态指标及美学原理,进行植物配置,创造复层结构,保持植物群落在空间、时间上的稳定与持久。

城市绿地中植物的搭配有着丰富的类型:乔木—草本型、灌木—草本型、乔木—灌木—草本型、乔木—灌木型—藤本型等,要因地制宜地根据不同绿地服务对象的需求和应达到的功能要求进行植物设计。例如,棚架下采用藤本植物遮阴,活动广场采用高大乔木遮阴,以观赏为主的绿地可采用灌木—草本型或乔灌草搭配型。观赏结合散步游览的绿地可采用乔木—草本型的植物配置方式。防护型的绿地可采用灌木篱或复层的群落搭配。同时,采用模拟自然的生态群落式配置,利用生态位进行组合,使乔木、灌木、草本植物共生,使喜阳、耐阴、喜湿、耐旱的植物各得其所,从而充分利用阳光、空气、土地、肥力,构成一个稳定有序的植物群体。人居环境中,由于建筑密集和人类活动频繁,不利于植物生长,经合理配置,利用共生原理组合群落,可明显提高植物的存活率。

3.4.2.3　选择和配置树种要有乡土性、针对性

种植树种应考虑植物生态群落景观的稳定性、长远性、美观性。树种选择在生态原则的基础上,力求变化,创造优美的林冠线和林缘线;配置大乔木时,要有足够的株行距,力求为相对稳定的植物生态群落结构打下基础,也可满足持续发展的需要。另外,园林植物配置应遵循美学原理,重视园林的景观功能。在遵循生态的基础上,根据美学要求,进行融合创造。不仅要讲究园林植物的现时景观,更要重视园林植物的季相变化及生长的景观效果,从而达到步移景异,时移景异,创造"胜于自然"的优美景观。

3.4.3 代表性地区园林植物选择与生态型配置情况

3.4.3.1 北京地区(暖温带落叶阔叶林地区)

1) 作上木的植物

银杏、白蜡、臭椿、合欢、槐树、栾树、刺槐、悬铃木、元宝枫、柿树、杜仲、流苏、旱柳、山桃、晚樱、毛白杨、白榆、皂荚、桧柏、侧柏、白皮松、雪松、油松、华山松、玉兰、洋白蜡等。

2) 在林下较阴的条件下生长的中木植物

鸡麻、连翘、小花溲疏、溲疏、大花溲疏、天目琼花、红瑞木、蓝荆子、金银木、珍珠梅、柳叶绣线菊、棣棠、四照花、大叶黄杨、粗榧等。

3) 在较疏的林下或全日照条件下生长的中木的植物

有矮紫杉、紫荆、小叶黄杨、猬实、太平花、紫叶小檗、圆锥绣球、珍珠梅等。

4) 作下层地被的植物

阔叶土麦冬、崂峪苔草、土麦冬、垂盆草、络石、大花萱草、玉簪、紫萼、二月兰、紫花地丁、地锦等。

5) 适合应用的植物群落模式

毛白杨—元宝枫+碧桃+山楂—榆叶梅+金银花+紫枝忍冬+白皮松(幼)—玉簪+大花萱草;银杏+合欢—金银花+小叶女贞—品种月季—早熟禾;国槐+桧柏—裂叶丁香+天目琼花—崂峪苔草;毛白杨+栾树+云杉—珍珠梅+金银木—崂峪苔草;臭椿+元宝枫—榆叶梅+太平花+连翘+白丁香—美国地棉+崂峪苔草;毛白杨+桧柏—天目琼花+金银花—紫花地丁+阔叶土麦冬;华山松+馒头柳+西府海棠—紫丁香+紫珠+连翘—崂峪苔草+早熟禾;国槐+白皮松—花石榴+金叶女贞+太平花—崂峪苔草;大叶白蜡+馒头柳+桧柏—麻叶绣线菊+连翘+丁香—宽叶麦冬;悬铃木+银杏+桧柏—胶东卫矛+棣棠+金银木—扶芳藤+崂峪苔草;垂柳+栾树+桧柏—棣棠+紫薇+海州常山—崂峪苔草+玉簪;垂柳—白皮松+西府海棠—腊梅+丁香+平枝枸子—崂峪苔草;国槐—红花锦带+珍珠梅—扶芳藤+紫花地丁;侧柏—太平花+金银木—紫花地丁+二月兰;油松+元宝枫—珍珠梅+锦带花+迎春—冷季型混播草(黑麦草+高羊茅+早熟禾)等。

3.4.3.2 南京、苏州地区(北亚热带落叶、常绿阔叶混交林地区)

1) 作上木的植物

湿地松、黑松、白皮松、马尾松、雪松、罗汉松、广玉兰、悬铃木、水杉、池杉、落羽杉、柳树、女贞、枫杨、朴树、榉树、栾树、薄壳山核桃、榔榆、银杏、鹅掌楸、毛泡桐、泡桐、意杨、枫香、七叶树、南酸枣、重阳木、合欢、白玉兰、二乔玉兰、乌桕、毛竹、刚竹、淡竹等。

2) 作中木的植物

紫玉兰、棕榈、枇杷、木瓜、梅花、碧桃、日本晚樱、海棠花、红枫、鸡爪槭、石楠、山茶花、夹竹桃、海桐、黄杨、十大功劳、木槿、腊梅、紫荆、紫叶李、溲疏、无花果、金银木、木芙蓉、四照花、石榴、木本绣球、紫薇、胡颓子、紫珠、山胡椒、桃叶珊瑚、平枝栒子、六月雪、小叶栀子、熊掌木、毛鹃、茶梅、菲白竹、铺地柏、孝顺竹、紫竹等。

3）作下层的植物

沿阶草、吉祥草、二月兰、玉簪、鸢尾、麦冬、红花酢浆草、紫叶酢浆草、石竹、萱草、万年青、葱兰、白三叶等。

4）适合应用的植物群落模式

水杉＋黄连木＋乌桕－卫矛＋石楠＋十大功劳＋粉花绣线菊＋棣棠－鸢尾；马尾松＋栓皮栎－山茶＋垂丝海棠＋棣棠－酢浆草；栾树＋合欢－洒金桃叶珊瑚＋海桐＋南天竹－沿阶草；悬铃木＋垂柳＋黑松－金钟花＋紫珠＋麻叶绣球－二月兰；鹅掌楸＋广玉兰－八仙花＋天目琼花＋珍珠梅－萱草＋玉簪；广玉兰＋白玉兰－山茶－阔叶麦冬；雪松＋龙柏＋红枫－大叶黄杨球＋杜鹃－雏菊＋沿阶草；重阳木＋乌桕＋金钱松＋黑松－杜鹃－连线草；鸡爪槭＋红枫＋桂花－海桐＋锦带花＋金钟花－花叶蔓常春花等。

3.4.3.3 杭州、重庆地区（中亚热带常绿、落叶阔叶林地区）

1）作上木的植物

广玉兰、合欢、薄壳山核桃、杂种鹅掌楸、鸡爪槭、朴树、珊瑚朴、樱花、玉兰、七叶树、枫香、香樟、梧桐、无患子、楸树、南酸枣、乌桕、喜树、枫杨、雪松等。

2）作中木的植物

香榧、三尖杉、罗汉松、竹柏、桂花、含笑、粗榧、山茶、油茶、厚皮香、大叶冬青、红茴香、海桐、卫矛、麻叶绣球、圆锥八仙花、伞形八仙花、木绣球、琼花、野珠兰、马银花、毛白杜鹃、锦绣杜鹃、杂种杜鹃、米饭花、六月雪、金银木、刺五加、桃叶珊瑚、枸杞、金丝桃、金丝梅、朱砂根、紫金牛、络石、中华常春藤、瓶兰、老鸦柿、虎刺、栀子、枸骨、南天竹、十大功劳属、小檗属、八角金盘、棕榈、棣棠、箬竹等。

3）作地被的植物

吉祥草、土麦冬、沿阶草、石菖蒲、连线草、红花酢浆草、石蒜、苍竹、蝴蝶花、萱草、大吴风花、单花紫菀、山白菊、蛇根草、八角莲、二月兰、石菖蒲、玉簪、紫萼、垂盆草、圆叶景天、鸢尾、富贵草、鱼腥草、葱兰、马蹄金、白三叶、野豌豆、刺果毛茛等。

4）适合应用的植物群落模式

麻栎－厚皮香－沿阶草；枫香＋麻栎－厚皮香＋红茴香－南天竹－沿阶草；广玉兰＋白玉兰－山茶－阔叶麦冬；枫香－桂花－水栀子＋蝴蝶花；黑松＋棣棠＋杜鹃－蝴蝶花；香樟－小叶黄杨＋洒金东瀛珊瑚－石菖蒲；雪松＋广玉兰－杜鹃－土麦冬＋二月兰＋红花酢浆草；悬铃木－杜鹃＋紫叶小檗＋金丝梅－沿阶草；雪松－红叶李＋红枫＋罗汉松－火棘＋结香－玉簪＋紫萼＋马蹄金；广玉兰＋玉兰＋五角枫－山茶＋含笑＋火棘＋珍珠花；金钱松（赤松、马尾松）－锦绣杜鹃＋毛白杜鹃－苔草＋络石＋宽叶麦冬＋沿阶草＋常春藤；罗汉松－山桃＋红枫＋海棠＋紫荆－山茶花－射干＋葱兰；广玉兰－桂花＋樱花＋慈孝竹－结香＋箬竹＋金丝桃＋杜鹃－麦冬＋葱兰；白皮松－紫薇＋红枫＋山麻杆＋桂花－枸骨－八角金盘＋茶梅－麦冬+葱兰;雪松+榔榆+广玉兰+银杏—枇杷+紫薇+垂丝海棠+圆锥八仙花—鸢尾+麦冬;水杉—八角金盘+腊梅+桃叶珊瑚+迎春—吉祥草+紫萼等。

3.4.3.4　深圳、广州地区(南亚热带常绿阔叶林地区)

1) 作上木的植物

郁香、榕属、桉属、台湾相思、红花羊蹄甲、洋紫荆、凤凰木、黄槿、木麻黄、悬铃木、银桦、马尾松、大王椰子、椰子、蒲葵、木菠萝、扁桃、兰花楹、南洋楹、幌罗伞、大花紫薇、荔枝、盆架子、白千层、芒果、人面子、蝴蝶果、石栗、白兰、桃花心木、木棉、蒲桃、荷树、秋枫等。

2) 作中木的植物

竹柏、长叶竹柏、香榧、三尖杉、粗榧、罗汉松、红茴香、米兰、九里香、红背桂、鹰瓜花、山茶、油茶、大叶茶、桂花、含笑、海桐、南天竹、栀子花、水栀子、八角金盘、冬红、阴绣球、小檗属、十大功劳属、毛茉莉、虎刺、云南黄馨、桃叶珊瑚、构骨、紫珠、马银花、紫金牛、木兰、剑叶铁、软枝刺葵、燕尾棕、散尾葵、棕竹、金栗兰、朱蕉、六月雪、罗伞树、金栗兰、三药槟榔等。

3) 作下木和地被的植物

仙茅、大叶仙茅、一叶兰、水鬼蕉、虎尾兰、中华常春藤、洋常春藤、长柄合果芋、络石、南五味子、海芋、水塔花、紫背竹芋、吉祥草、石菖蒲、广东万年青、垂盆草、红花酢浆草、地毯草、翠云草、黄堇、紫堇、艳山姜、花叶良姜、秋海棠类、鸭跖草、水塔花、红背桂、蜘蛛兰、鹅掌楸、蚌兰等。

4) 适合应用的植物群落模式

红花羊蹄甲—山茶—海芋+艳山姜—两耳草;白兰—油茶+大头菜—虎尾兰;白千层—九里香—沿阶草;蒲葵—南天竹+海桐—大叶仙茅+红花酢浆草;南洋杉—鹰爪花+含笑+山茶—地毯草;大叶桉—长叶竹柏—棕竹—地毯草;白兰—大叶米兰—珠兰;白兰+黄兰+木莲+广玉兰+花木荷+银木荷—夜合+木兰—垂盆草+石菖蒲;粉单竹—黑桫椤—地毯草;半枫荷—冬红+毛茉莉—地毯草;粉单竹—黑桫椤+刺桫椤—地毯草;盆架子—红背桂—地毯草;白兰+木棉+大花紫薇—柚子—红鸡蛋花+夹竹桃—扶桑+五彩变叶木+鹰爪+英丹—白子莲+紫背万年青+斑叶鸭跖草+金边千岁兰+姜花+朱顶红+网球花等。

3.4.4　园林植物种类选择与生态型配置案例

3.4.4.1　滨水植物群落

指配置在湖、池、泉、港、溪等各种水体边缘的植物群落类型。这种群落一般水平层次较多,从水面到堤岸处依次种植水生、湿生植物层,花卉灌木植物层及大小乔木层,以形成一系列不同层次的水生和陆生植物层片。

以杭州地区为例的优秀案例见图3.10、表3.1:

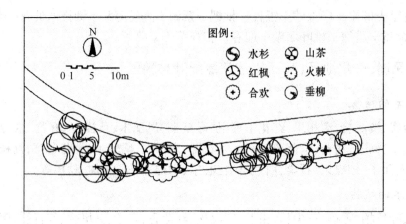

图 3.10　杭州曲院风荷滨水植物配置平面图

表 3.1　杭州曲院风荷滨水植物配置表

植物种类	科	属	数量（盖度）	生活型	类型	形态	胸径/cm	冠幅/m	高度/m
水杉	杉科	水杉属	9	乔木	落叶	单干	32.5	5.0	18.6
合欢	豆科	合欢属	2	乔木	落叶	单干	22.7	6.4	8.6
垂柳	杨柳科	柳属	3	乔木	落叶	单干	15.6	5.0	6.9
红枫	槭树科	槭树属	4	小乔木	落叶	单干	7.8	3.4	4.1
山茶	山茶科	山茶属	4	灌木	常绿	单干	8.9	2.8	3.4
野蔷薇	蔷薇科	蔷薇属	6	灌木	落叶	丛生	/	1.9	1.8
木芙蓉	锦葵科	木槿属	5	灌木	落叶	丛生	/	3.8	2.6
火棘	蔷薇科	火棘属	1	灌木	常绿	丛生	/	2.3	1.7
沿阶草	百合科	沿阶草属	70%	草本	常绿	丛生	/	/	/
黄菖蒲	鸢尾科	鸢尾属	少量	草本	落叶	丛生	/	/	/

1) 沿岸地带的植物配置

在陆地与近水区之间种植湿地松、水杉等乔木,在近水区种植落羽杉、池杉、垂柳等落叶乔木,林下种植溪荪、白及、斑叶金线蒲、吉祥草、蓝蝴蝶、白蝴蝶等耐湿植物,以丰富景观,保持水土。

2) 沼泽及岸边浅水区的植物配置

这一地带适合多种植物生长,主要为沼生植物和挺水植物群落。应用的沼生植物主要有慈姑、金线蒲、泽泻、芦苇、花叶芦竹、芦竹、海寿花、雨久花、旱伞草、美人蕉、紫露草、花叶菖蒲、黄菖蒲、千屈菜等;挺水植物主要有花叶水葱、水葱、香蒲、再力花、花叶芦苇、花叶芦荻、斑茅、蒲苇等,形成的景观自然而粗犷。

3) 深水区的植物配置

该区是许多水生观赏植物适宜生长的地带,如荷花、睡莲、萍蓬草、芡实等当夏季来临,荷花清香扑鼻,睡莲娇容秀丽,一派悠闲飘逸之感,令人陶醉;萍蓬宜种在水深较浅的地方,花虽小,但色彩金黄,成片种植颇为壮观(图3.11)。

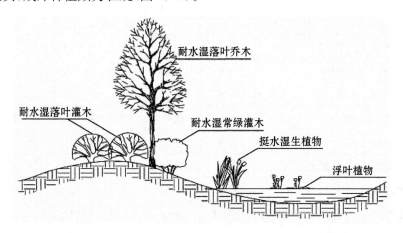

图 3.11　滨水植物配置竖向设计示意

3.4.4.2　疏林草地群落

是指郁闭度在0.4~0.6之间,地下可是天然草地或人工草坪。但树木的配置并不是均匀的,某处有树,某处又绿草茵茵;其中可供游人休息、游戏、空气浴和野餐等。树种多以冠大荫浓的大乔木为主。常配置1~3种树,可常绿、落叶混交,但以某一种树为主。少量点缀花灌木、球根和草花花丛(图3.12、表3.2)。

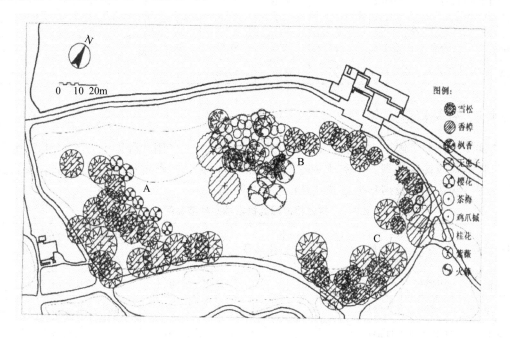

图 3.12　杭州花港观鱼公园雪松大草坪植物平面配置图

表 3.2　杭州花港观鱼公园雪松大草坪植物配置表

植物种类	科	属	数量（盖度）	生活型	类型	形态	胸径/cm	冠幅/m	高度/m
雪松	松科	雪松属	42	乔木	常绿	单干	51.7	11.9	16.7
香樟	香樟	樟属	4	乔木	常绿	单干	60.8	15.7	15.2
无患子	无患子科	无患子属	4	乔木	落叶	单干	30.8	10.9	9.7
枫香	金缕梅科	枫香属	5	乔木	落叶	单干	28.8	7.1	13.9
乐昌含笑	木兰科	含笑属	2	乔木	常绿	单干	17.0	2.5	2.8
北美红杉	杉科	北美红杉属	2	乔木	常绿	多干	15.0	3.7	6.9
桂花	木犀科	木犀属	39	乔木	常绿	多干	18.8	4.2	4.5
樱花	蔷薇科	梅属	8	小乔木	落叶	单干	13.1	5.6	5.1
鸡爪槭	槭树科	槭树属	3	小乔木	落叶	单干	12.0	4.1	3.2
紫薇	千屈菜科	紫薇属	3	灌木	落叶	单干	8.7	1.3	1.8
火棘	蔷薇科	火棘属	1	灌木	常绿	丛生	/	2.2	1.4
凤尾兰	百合科	丝兰属	9	灌木	常绿	丛生	/	1.5	1.3
茶梅	山茶科	山茶属	24	灌木	常绿	丛生	/	0.7	0.6
紫金牛	紫金牛科	紫金牛属	1%	小灌木	常绿	丛生	/	/	0.3
大叶仙茅	石蒜科	仙茅属	1%	草本	常绿	丛生	/	/	0.4
沿阶草	百合科	沿阶草属	1%	草本	常绿	丛生	/	/	0.2
麦冬	百合科	山麦冬属	1%	草本	常绿	丛生	/	/	0.2
红花酢浆草	酢浆草科	酢浆草属	1%	草本	常绿	丛生	/	/	0.2

3.4.4.3　密林群落

指郁闭度在 0.7 以上，以涵养水源或观赏为主。一般多采用两种以上乔灌木混交，配置方式可呈自然式或接近规则式。密林一般不可入游，但可在其间配置林间空地及林间小路，路两侧可配置一些花灌木及多年生草花花丛（表 3.3、图 3.13）。

表 3.3　杭州柳浪闻莺枫杨林密林植物配置表

植物种类	科	属	数量（盖度）	生活型	类型	形态	胸径/cm	冠幅/m	高度/m
枫杨	胡桃科	枫杨属	29	乔木	落叶	单干	52.6	13.7	22.3
香樟	樟科	樟属	2	乔木	常绿	单干	38.6	7.7	14.9
杜鹃	杜鹃花科	杜鹃花属	5%	灌木	半常绿	丛生	/	0.4	0.6
八角金盘	五加科	八角金盘属	10%	灌木	常绿	单干	/	0.9	0.8
沿阶草	百合科	沿阶草属	25%	草本	常绿	丛生	/	/	0.3

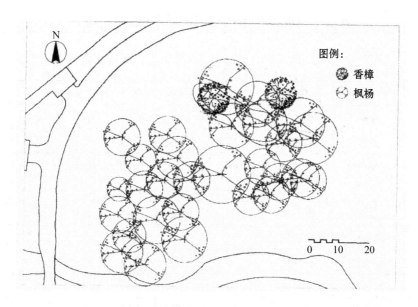

图 3.13 杭州柳浪闻莺枫杨林密林植物配置平面图

3.4.4.4 复层树群

是指植物配置时考虑植物垂直层次的混配与结合,以乔灌木为主体,地被、草坪为陪衬,形成高低错落、疏密有致的复层式种植结构。一般说来,这种群落由上到下可以大致分为 3 层:乔木、小乔木与灌木、地被与草坪。复层树群不但景观效果好,接近大自然的植物群落体系,而且具有很好的生态功能,物种多样性高,结构合理,稳定性强,增加了单位面积的绿量(见图3.14,表 3.4)。

图 3.14 杭州花港观鱼南大门入口复层树群植物配置平面图

表 3.4　杭州花港观鱼南大门入口复层树群植物配置表

植物种类	科	属	数量（盖度）	生活型	类型	形态	胸径/cm	冠幅/m	高度/m
无患子	无患子科	无患子属	10	乔木	落叶	单干	28.3	9.2	10.9
紫楠	樟科	楠木属	14	乔木	常绿	单干	16.4	4.6	8.2
浙江楠	樟科	楠木属	16	乔木	常绿	单干	13.5	5.8	4.9
浙江润楠	樟科	润楠属	6	乔木	常绿	单干	14.1	3.4	4.6
乐昌含笑	木兰科	含笑属	4	乔木	常绿	单干	12.3	3.6	6.3
枫香	金缕梅科	枫香属	2	乔木	落叶	单干	25.2	6.0	10.3
枫杨	胡桃科	枫杨属	5	乔木	落叶	单干	43.7	12.5	21.3
石楠	蔷薇科	石楠属	1	乔木	常绿	多干	16.0	4.8	3
桂花	木犀科	木犀属	34	乔木	常绿	多干	14.2	4.0	4.1
红叶李	蔷薇科	梅属	11	小乔木	落叶	单干	9.6	3.1	3.3
鸡爪槭	槭树科	槭树属	31	小乔木	落叶	单干	15.2	4.0	4
洒金东瀛珊瑚	山茱萸科	桃叶珊瑚属	69	灌木	常绿	单干	/	2.1	1.7
长柱小檗	小檗科	小檗属	35	灌木	常绿	丛生	/	1.4	1.1
野蔷薇	蔷薇科	蔷薇属	3	灌木	落叶	丛生	/	1.6	1.5
棣棠	蔷薇科	棣棠属	18	灌木	落叶	丛生	/	0.9	1.1
绣线菊	蔷薇科	绣线菊属	5	灌木	落叶	丛生	/	1.2	1.1
南天竹	小檗科	南天竹属	36	灌木	常绿	丛生	/	0.6	0.5
杜鹃	杜鹃花科	杜鹃花属	27	灌木	半常绿	丛生	/	0.3	0.3
狭叶十大功劳	小檗科	十大功劳属	1	灌木	常绿	丛生	/	2.0	0.8
棕榈小苗	棕榈科	棕榈属	2	灌木	常绿	丛生	/	1.0	0.9
沿阶草	百合科	沿阶草属	5%	草本	常绿	丛生	/	/	0.2
中华常春藤	五加科	常春藤属	5%	灌木	常绿	丛生	/	/	0.3
葱兰	石蒜科	葱兰属	1%	草本	常绿	丛生	/	/	0.3
吉祥草	百合科	吉祥草属	5%	草本	常绿	丛生	/	/	0.2
麦冬	百合科	山麦冬属	5%	草本	常绿	丛生	/	/	0.2
二月兰	十字花科	诸葛菜属	1%	草本	冬绿夏枯	丛生	/	/	0.4
红花酢浆草	酢浆草科	酢浆草属	1%	草本	常绿	丛生	/	/	0.2

3.4.4.5　广场绿地植物配置

广场绿地的植物配置是以满足广场的功能要求为目的利用植物的色彩、叶相及姿态变化进行布置,适当运用园林小品和硬质铺装等园林手段,最终形成美观、实用的广场环境(图

3.15)。配置模式以高大乔木为主,因为高大乔木不仅能为广场遮阴,还可以让游人在广场内进行较长时间的停留、观景,而且保证了从广场通向四周的景观视线通畅。

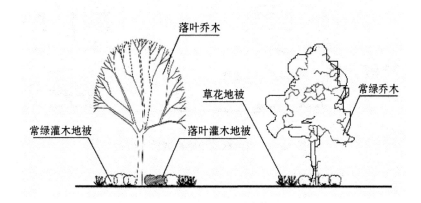

图 3.15　广场绿地植物配置模式

1) 主要配置模式

(1) 落叶乔木—常绿灌木类地被＋草坪。该配置模式可应用于以休闲娱乐、亲近阳光、享受日光浴为主要功能的广场。以简约、大气的配植风格,选用生态效益好和抗性强的落叶大乔木作为上层乔木,同时能呈现美丽丰富的秋色叶景观;中下层灌木选择规整、简约风格的常绿低矮灌木,并铺设大面积的草坪,留给游客更多的活动空间。

(2) 配置模式参考植物。上层乔木:银杏、香樟、红花檵木、水杉、东方杉、乌桕、垂柳、臭椿、马褂木、广玉兰、水杉、白玉兰、棕榈等。中层灌木:红花檵木、金叶女贞、龟甲冬青、亮绿忍冬、黄杨、金边冬青卫矛、小叶蚊母、枸骨、十大功劳、海桐等。下层地被:红叶苋、半支莲、彩叶草、萱草、结缕草、狗牙根等。

(3) 落叶乔木＋常绿乔木—常绿灌木类地被＋落叶灌木类地被＋草花地被。该配置模式主要考虑到为游人提供休憩、闲坐的遮阴环境。上层选用常绿乔木形成基调,并搭配一定数量的落叶乔木,以丰富景观效果;中下层以耐阴性好的常绿灌木类地被为主,并搭配丰富季相变化、观赏性强的品种;下层则配置色彩丰富的草花地被。

2) 配置模式参考植物

上层乔木:二球悬铃木、七叶树、香柿、广玉兰、枫扬、合欢、红花檵木、白玉兰、重阳木、杜梨等。中层灌木:八角金盘、洒金桃叶珊瑚、云南黄馨、迎春花、金钟花、八仙花、结香、红花檵木、南天竹、小叶蚊母树、金叶女贞、火棘等。下层地被:月季、萱草、鸢尾 、长春花、亚菊、四季海棠、百幕大草、西洋常春藤等。

3.4.4.6　道路绿地植物配置

道路绿化主要包括行道树和路侧绿化、分车带和交通岛绿化等(图 3.16、图 3.17)。道路绿化建设应体现生态型、文化性、功能性和整体性的特点。

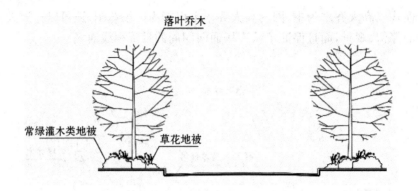

图 3.16　道路绿地植物配置模式(1)

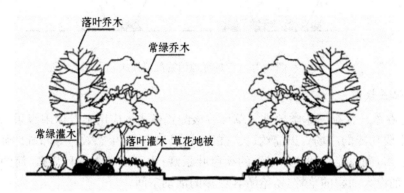

图 3.17　道路绿地植物配置模式(2)

3.4.4.7　主要配置模式

1) 落叶乔木—常绿灌木类地被＋草花地被

该配置模式主要是针对主干道路的功能需求,上层选用落叶乔木,夏天遮阴效果好,秋天色彩绚丽,冬天阳光充足;下层选择耐阴常绿的灌木类地被,并搭配色彩丰富的草花地被进行点缀。

2) 常绿乔木＋落叶乔木—常绿灌木＋落叶灌木—草花地被

该配置模式主要针对园区次级道路的功能需求,旨在创造安静、阴凉的园林空间。因此多选择树高冠广和花香叶美的植物植于道路两旁;对于叶色、质感等方面也有较全面的考虑,在景观上有较好的观赏价值。此外,选用较多的抗污染树种来净化空气、杀菌,为游人提供清新的空气。

3.4.4.8　配置模式参考植物

1) 上层乔木

银杏、香樟、榉树、二球悬铃木、朴树、马褂木、枫杨、乐昌含笑、无患子、重阳木、广玉兰、黄山栾树和香橼等。

2）中下层花灌木、地被

黄杨、小叶女贞、红花檵木、金叶女贞、龟甲冬青、亮绿忍冬、洒金桃叶珊瑚、八角金盘、金丝桃、紫叶小檗、南天竹、冬青卫矛、沿阶草、葱兰、胡颓子、玉簪和红花酢浆草等。

思 考 题

1. 如何理解"适地适树"？
2. 结合你所在的城市，谈谈园林绿化中乡土植物的选择及应用。
3. 调查你所在城市主要行道树种类及应用情况。
4. 为你所在城市设计一个观赏型植物群落。

4 园林苗木培育

【学习重点】

园林植物的繁育技术包括有性繁殖、无性繁殖及孢子繁殖。园林苗木的出圃与质量评价工作则是园林苗木培育的最后一个重要环节,关系到苗木的质量和经济收益。

4.1 园林苗圃地的规划设计与建设

园林苗圃是繁殖和培育优质苗木的基地,是园林绿化建设的重要组成部分。任务是用先进的科学技术,在较短的时间内,以较低的成本,根据市场需求,培育各种类型、各种规格、各种用途的优质苗木,以满足城乡绿化的需求。规划和建立足够数量并具有较高生产水平和经营水平的苗圃,培育出品种繁多、品质优良的苗木,是园林生产的重要环节。

城市园林苗圃的选择与区划,应根据城市社会经济发展水平、绿化现状及未来规划以及现有布局状况等进行合理安排,并尽可能地安排在城市的周边地区和不同方位。

4.1.1 园林苗圃地的选择与区划

4.1.1.1 园林苗圃地的选择原则

在城市绿化规划中,对园林苗圃的布局作了安排之后,就应进行圃地的选择工作。选择适宜的圃地对园林苗圃的建设至关重要,如果选择不当,不仅会使育苗工作遭受重大损失,无法培育壮苗,而且会造成人力、物力的极大浪费。在进行这项工作时,首先要选择交通方便,以便于苗木的出圃和材料物资的运入。其次是设在靠近村镇的地方,以便于解决劳动力、电力、住房等问题。如能靠近有关的科研院校,则有利于先进技术指导和采用机械化作业。第三,还应注意尽量远离污染源。

4.1.1.2 自然条件

1) 地形、地势及坡向

苗圃地宜选择排水良好、地势较高、地形平坦的开阔地带。坡度以 1°～3°为宜。坡度过大易造成水土流失,降低土壤肥力,不便于机耕与灌溉。坡度大小可根据不同地区的具体条件和育苗要求来决定。在较黏重的土壤上,坡度可适当大些;在沙性土壤上,坡度宜小,以防冲刷。在坡度大的山地育苗需修梯田。积水的洼地、重盐碱地、寒流汇集地,如峡谷、风口、林中空地等日夜温差变化较大的地方,苗木易受冻害,都不宜选作苗圃。

在地形起伏较大的地区,坡向的不同直接影响光照、温度、水分和土层的厚薄等因素,对苗木的生长影响很大。一般南坡光照强,受光时间长,温度高,湿度小,昼夜温差大;北坡与南坡相反;东西坡介于两者之间,但东坡在日出前到上午较短的时间内温度变化很大,对苗木不利;西坡则因我国冬季多西北寒风,易造成冻害。可见,不同坡向各有利弊,必须依据当地的自然条件及栽培条件,因地制宜地选择最合适的坡向。如在华北、西北地区,干旱寒冷和西北风危害是主要矛盾,故最好选用东南坡;而南方温暖多雨,则以东南坡、东北坡为佳,南坡和西南坡阳光直射幼苗易受灼伤。如在一苗圃内有不同坡向的地势,则应根据树种的不同习性,进行合理的安排,如北坡培育耐寒、喜阴的种类,南坡培育耐旱喜光的种类等,以减轻不利因素对苗木的危害。

2) 水源及地下水位

圃地应有充足的水源,排灌方便,水质要好。苗圃地应选设在江、河、湖、塘、水库等天然水源附近,以利引水灌溉。这些天然水源水质好,有利于苗木的生长;同时,也有利于使用喷灌、滴灌等现代化灌溉技术,如能自流灌溉则更可降低育苗成本。若无天然水源,或水源不足,则应选择地下水源充足、可以打井提水灌溉的地方作为苗圃。苗圃灌溉用水的水质要求为淡水,水中盐含量不超过 0.1%,最高不超过 0.15%。对于易被水淹和冲击的地方不宜选作苗圃。

地下水位过高,土壤的通透性差,根系生长不良,地上部分易发生徒长现象,秋季苗木木质化不充分易受冻害。当土壤蒸发量大于降水量时会将土壤中盐分带至地面,造成土壤盐渍化。在多雨时又易造成涝灾。地下水位过低,土壤易于干旱,必须增加灌溉次数及灌水量,这样便提高了育种成本。最适合的地下水位一般情况下为沙土 1～1.5m,黏性土壤 4m 左右。

3) 土壤

圃地土壤一般以沙质壤土和轻黏壤土为宜,其肥力水平较高或中等;土壤酸碱度以中性和微酸性为好。土壤的质地、肥力、酸碱度等各种因素,都对苗木生长发生重要影响,因此在建立苗圃时需格外注意。

(1) 土壤质地。苗圃地一般选择肥力较高的沙壤土、轻壤土或壤土。这种土结构疏松,透水透气性能好,土温较高,苗木生长阻力小,种子易破土。而且,耕地除草、起苗等工作也较省力。黏性结构紧密,通水透气性差,土温较低,种子发芽较困难,中耕时阻力大,起苗易伤根。沙土过于疏松,保水保肥能力差,苗木生长阻力小,根系分布较深,给起苗带来困难。盐碱土不宜选作苗圃,因幼苗在盐碱土上难以生长。

尽管不同的苗木可以适应不同的土壤,但是大多数园林植物的苗木还是适宜在沙壤土上、轻壤土上和壤土上生长。由于黏土、沙土和盐碱土的改造难以在短期内见效,一般情况下,不宜选作苗圃地。

（2）土壤酸碱度。土壤酸碱度对苗木生长影响很大，不同植物适应的能力不同。一些阔叶树以中性或微碱性土壤为宜，如丁香、月季等适宜 pH 值 7～8 的碱性土壤；一些阔叶树种和多数针叶树种适宜在中性或微酸性土壤上生长，如杜鹃、茶花、栀子花都要求 pH 值为 5～6 的酸碱性土壤。

土壤过酸过碱不利于苗木生长。土壤过酸（pH 值＋4.5）时，土壤中植物生长所需的氮、磷、钾等营养元素的有效性降低，铁镁等溶解度过于增加，危害苗木生长的铝离子活性增强，这些都不利于苗木生长。土壤过碱（pH＞8）时，磷、铁、铜、锰、锌、硼等元素的有效性显著降低，苗圃地病虫害增多，苗木发病率高。过高的碱性和酸性抑制了土壤中有益微生物的活动，因而影响氮、磷、钾和其他元素的转化和供应。

4）病虫害

在选苗圃时，一般都应做专门的病虫害调查，了解当地病虫害情况和感染程度。病虫害过分严重的土地和附近大树病虫害感染严重的地方，特别是有检疫病虫害的地区，不宜选作苗圃，对金龟子、象鼻虫、蝼蛄及立枯病等主要苗木病虫尤其需注意。

4.1.1.3　园林苗圃的面积计算

1）生产用地的面积计算

为了合理使用土地，保证育苗计划完成，对苗圃的用地面积必须进行正确的计算，以便于土地征收、苗圃区划和兴建等具体工作的进行。苗圃的总面积，包括生产用地和辅助用地两部分。生产用地即直接用来生产苗木的地块，通常包括播种区、营养繁殖区、移植区、大苗区、母树区、实验区以及轮作休闲地等。

计算生产用地面积应根据计划培育苗木种类、数量、单位面积产量、规格要求、出苗年限、育苗方式及轮作等因素，具体计算公式如下：

$$P = NA/n \times B/C$$

式中：P—某树种所需的育苗面积；N—该树种计划年产量；A—该树种的培育年限；B—轮作区的区数；C—该树种每年育苗所占轮作的区数；n—该树种的单位面积产苗量。

由于土地较紧缺，我国一般不采用轮作制，而是以换茬为主，故 B/C 常不做计算。

依上述公式所计算出的结果是理论数字。实际生产中，在苗木抚育、起苗、储藏等工序中苗木都将会受到一定损失，在计算面积时要留有余地。故每年的计划产苗量一般增加3％～5％。

某树种在各育苗区所占面积之和，即为该树种所需的用地面积，各树种所需用地面积的总和就是全苗圃生产用地的总面积。

2）辅助用地的面积的计算

辅助用地包括道路、排灌系统、防风林以及管理区建筑等的用地。苗圃辅助用地的面积不能超过苗圃总面积的 20％～25％；一般大型苗圃的辅助用地占总面积的 15％～20％；中小型苗圃占 18％～25％。

4.1.1.4　苗圃的区划与设施

苗圃的位置和面积确定后,为了充分利用土地,便于生产和管理,必须进行苗圃区划。区划时,既要考虑目前的生产经营条件,也要为今后的发展留下余地;合理的配置排灌系统,使之遍布整个生产区,同时应考虑与道路系统协调;各类苗木的生长特点必须与苗圃地的土壤水分条件相吻合。

1) 生产用地的区划

生产用地包括播种区、营养繁殖区、移植区、大苗区、母树区、引种驯化区等。

生产用地的区划,首先要保证各个生产小区的合理布局。每个生产小区的面积和形状,应根据生产特点和苗圃地形来决定。一般大中型机械化程度高的苗圃,小区可呈长方形,长度可视使用机械的种类来确定(使用中小型机具时小区长 200m,使用大型机具时小区长 500m)。小型苗圃以手工和小型机具为主时,生产小区的划分较为灵活(小区长 50~100m 为宜)。生产小区的宽度一般是长度的一半。

(1) 播种区。播种区是苗木繁殖的关键区。幼苗对不良环境的抵抗力弱,要求精细管理,因此应选择全圃自然条件和经营条件最优的地段作为播种区,而且人力、物力、生产设施均应优先满足。播种区的具体要求是:地势较高而平坦,坡度<2°;接近水源,灌溉方便;土质优良,深厚肥沃;背风向阳,便于防霜冻;靠近管理区。如是坡地,应选择最好的坡向。

(2) 营养繁殖区。是指培育扦插苗、压条苗、分株苗和嫁接苗的生产区。营养繁殖区与播种区的要求基本相同:应设在土层深厚和地下水位较低、灌溉方便的地方,但不像播种区那样严格。嫁接苗区主要为砧木苗的播种区,宜土质良好,便于之后覆土,地下害虫少。扦插苗区则应着重考虑灌溉和遮阴条件。压条、分株育苗法采用较少,育苗量较少时,可利用零星地块育苗。同时,也应考虑树种的习性来安排用地,如杨、柳类的营养繁殖(主要是扦插繁殖)区,可选在较低洼处的地方;而一些珍贵的或成活困难的苗木用地则应靠近管理区,在便于设置温床、阴棚等特殊设备的耕地进行,或在温室中育苗。

(3) 移植区。由播种区、营养繁殖区中繁殖出来的苗木,需要进一步培养成较大的苗木时,则应移入移植区进行培育。移植区一般设在土壤条件中等、地块大而整齐的地方,同时也要将常绿树设在比较高燥而土壤深厚的生产地,以利带土球出圃。

(4) 大苗区。培育的植株体型、苗龄均较大并经过整形的各类大苗的耕作区。在本育苗区继续培育的苗木,通常在移植区内进行过一次或多次的移植,培育的年限较长,可直接用于园林绿化建设。因此,大苗区的设置对于加速绿化效果及满足重点绿化工程的苗木的需要具有很大的意义。大苗区的特点是株行距大、占地面积大、培育的苗木大、规格高、根系发达,因此一般选用土层较厚、地下水位较低、地块整齐的生产区。在树种配置上,要注意树种的不同习性要求。为了出圃时运输方便,大苗区最好设在靠近苗圃的主要干道或苗圃的外围处。

(5) 母树区。在永久性苗圃中,为了获得优良的种子、插条、接穗等繁殖材料,需设立采种、采条的母树区。本区占地面积小,可利用零散地块,但要土壤深厚、肥沃及地下水位较低。对一些乡土树种可结合防护林带和沟边、渠旁、路边进行栽植。

(6) 引种驯化区。用于引入新的树种和品种,丰富园林树种种类。可单独设立实验区或引种区;也可引种区和实验区相结合。

　　2) 非生产用地的区划

　　苗圃的非生产用地包括:道路系统、排灌水系统、各种用房(如办公用房、生产用房和生活用房)、蓄水池、蓄粪池、积肥场、晒种场、露天储种坑、苗木窖、停车场、各种防护林带和圃内绿篱、围墙、宣传栏等。辅助用地的设计与布局,既要方便生产,少占土地,又要整齐、美观、协调、大方。

　　(1) 道路网。苗圃道路分主干道、支道或副道、步道。大型苗圃还设有圃周环形道。苗圃道路要求遍及各个生产区、辅助区和生活区。各级道路宽度不同。主干道,大型苗圃应能使汽车对开,一般宽 6~8m;中小型苗圃应能使 1 辆汽车通行,一般宽 2~4m。主干道要设有汽车调头的环形路或空地,并要求铺设水泥或沥青路面。

　　支道又称副道,常和主干道垂直,宽度根据苗圃运输车辆和种类来确定,一般 1~2m。步道为临时性道路,宽 0.5~1m。支道和步道不要求做路面铺装。圃周环形道设在苗圃周围,主要供生产机械、车辆回转通行之用。

　　(2) 灌溉系统。苗圃周围必须有完善的灌溉系统,以保证水分的充分供应。灌溉系统包括水源、提水设备和引水设施 3 部分。

　　①水源。主要有地面水和地下水两类。地面水是指河流、湖泊、池塘、水库等,以无污染又能自流灌溉的最为理想。一般地面水温度较高且与耕作区土温相近,水质较好,含有一定养分,因此较有利于苗木生长。地下水是指泉水、井水,其水温较低,宜设蓄水池以提高水温。水井应设在地势高的地方,以便自流灌溉。同时,水井设置要均匀分布在苗圃各区,以便缩短饮水和送水距离。

　　②提水设备。现在多使用抽水机(水泵)。可依苗圃育苗的需要,选用不同规格的抽水机。

　　③引水设施。有地面渠道引水和暗管引水两种。地面渠道引水主要采取明渠即土筑明渠的方式。该方法沿用已久,占地多,需注意经常维修,单修筑简便,投资少、建造容易。土筑明渠中的水流速较慢,蒸发量和渗透量均较大,故现在多加以改进。如在水渠的沟底及两侧加设水泥板或做成水泥槽;有的使用瓦管、竹管、木槽等。引水渠道一般分为三级:一级渠道(开渠)是永久性的大渠道,由水源直接把水引出,一般主渠顶宽 1.5~2.5m。二级渠道(支渠)通常也为永久性的,把水由主渠引向各耕作区,一般支渠顶宽 1~1.5m。三级渠道(毛渠)是临时性的水渠,一般宽度为 1m 左右。干渠和支渠是用来引水和送水的,水槽底应高出地面。毛渠则应直接向圃地灌溉,其水槽底应平于地面或略低于地面,以免把泥沙冲入洼中,埋没幼苗。各级渠道的设置常与各级道路相配合,使苗圃的区划整齐。渠道的方向与耕作区方向一致,各级渠道常垂直,支渠与干渠垂直,毛渠和支渠垂直。同时,毛渠还应与苗木的种植行垂直,以便灌溉。渠道还应有一定的坡降,应在 1/1000~4/1000 之间;土质黏重可大些,但不超过 7/1000。水渠边坡一般采用 1:1(即 45°)的坡降比。较重的土壤可增大坡度至 2:1。在地形变化较大、落差过大的地方应设跌水构筑物,通过排水沟或道路时可设渡槽或虹吸管。暗管引水主要有喷灌和滴灌等方式。主管和支管均埋入地下,深度以不影响机械耕作为度,开关设在地端以方便使用。喷灌是苗圃中常用的一种灌溉方法,具有省水、灌溉均匀又不使土壤板结、灌溉效果好等优点。喷灌又分固定式和移动式两种。固定式喷灌需铺设地下管道和喷头装置,还要建造泵房,需要的投资稍大一些。移动式喷灌又有管道移动和机具移动两种。使用管道移动式喷灌时,不移动抽水部分,只移动管道和喷头。机具移动式喷灌是以地上明渠为水源,使用

时,抽喷机具,如手扶拖拉机和喷灌机移动,这种喷灌投资较少,常用于中小型苗圃。有条件的苗圃,可安装间歇喷雾繁殖床,用于扦插一些生根难的植物。这种喷雾繁殖床能十分有效地提高插床的空气相对湿度。滴灌已从国外引进多年。它通过滴头,将水直接滴入植物根系附近,省水,在干旱地区尤其适宜。滴灌还能提高水温。当水从黑色的塑料管道中流过到达滴头的附近时,水温最高可提高 $10℃$。滴灌适宜于有株行距的苗木灌溉,是十分理想的灌溉设备。滴灌需要一套完整的首要枢纽、管道、滴头等设备,加上滴头十分容易堵塞,目前尚未普及。

（3）排水系统。排水系统对地势低、地上水位高及降雨量多而集中的地区更为重要。排水系统由大小不同的排水沟组成。排水沟分明沟和暗沟两种,目前较多采用明沟。排水沟的宽度、深度和设置,根据苗圃的地形、土质、雨量、出水口的位置等因素确定,应以保证雨后能很快排除积水而又少占土地为原则。排水沟的边坡与灌水渠相同,但落差应大一些,一般为 $3/1000～6/1000$。大排水沟应设在苗地最低处,直接通入河、湖或市区排水系统;中小排水沟通常设在路旁;耕作区的小排水沟与小区步道相结合。在地形、坡向一致时,排水沟和灌溉渠往往各居道路一侧,形成沟、路、渠并列的格局,这样既利于排灌,又区划整齐。排水沟与路、渠相交处应设涵洞或桥梁。在苗圃的四周最好设置较深而宽的截水沟,以起防外水入侵、排除内水和防止小动物及害虫入侵的作用。一般大排水沟宽 1m 以上,深 $0.5～1m$;耕作区内小排水沟宽 $0.3～1m$,深 $0.3～0.6m$。

（4）防护林带的设置。为了避免苗木遭受风沙危害,应设置防护林带,降低风速,减少地面蒸发及苗木蒸腾,创造小气候条件和适宜的生态环境。防护林带的设置规格,依苗圃的大小和风害程度而异。一般小型苗圃与主风相垂直设一条林带;中型苗圃在周围设置林带;大型苗圃除周围环圃林带外,因在圃内结合道路设置与主风方向垂直的辅助林带。如有偏角,不应超过 $30°$。一般防护林防护范围是树高的 $15～17$ 倍。

林带的结构以乔木、灌木混交半透风式为宜,这样既可减低风速又不因过分紧密而形成回流。林带宽度和密度依苗圃面积、气候条件、土壤和树木特性而定。一般主林带宽 $8～10m$,株距 $1.0～1.5m$,行距 $1.5～2.0m$;辅助林带多为 $1～4$ 行乔木。

近年来,国外为了节省用地和劳力,已有用塑料制成的防风网防风。其优点是占地少而耐用,但投资多,在我国少有采用。

（5）建筑管理区的设置。该区包括房屋建筑和圃内场院等部分。前者主要是指办公室、宿舍、食堂、仓库、种子储藏室、工具房、畜舍车棚等;后者包括劳动力集散地、运动场以及晒场、肥场等。苗圃建筑管理区应设在交通方便,地势高燥,接近水源,电源的地方或不适宜育苗的地方。大型苗圃的建筑最好设在苗圃中央,以便于苗圃经营管理。畜舍、猪圈、积肥场等应放在较隐蔽和便于运输的地方。

4.1.2 苗圃技术档案的建立

苗圃必须建立完整的技术档案。苗圃技术档案是育苗生产和科学实验的记录,记录了人们在各种活动中的思想发展、生产中的经验教训和科学研究的成果,是园林科技档案的一部分。建立苗圃档案的主要目的,就是通过不间断地记录、积累、整理、分析和总结苗圃地的使用情况,苗木的生长状况,育苗技术措施,物料使用情况及苗圃日常作业的劳动组织和用工等,在一定表格上系统地记载下来,作为档案资料进行保管。根据这些档案资料,能够及时、准确地掌握育苗技术的种类、数量和质量的现况数据,掌握各种苗木的生长节律,分析总结育苗技术经验,探索土地、劳力、机具和物料的合理使用;又能为建立健全计划管理、劳动组织、制定生产定额,指导翌年的生产和实行科学管理提供依据。苗圃档案要有专人记载,年终系统整理,由苗圃技术负责人审查,编号目录,分类归档。

4.1.2.1　苗圃技术档案的主要内容

1) 苗圃基本情况档案

苗圃基本情况档案包括育苗地区、场地概况、育苗地区气候、物候、水文、土壤、地形等自然条件的图表资料及调查报告;苗圃建设历史及发展计划;苗圃建筑物、机具、设备等固定资产的现状及历年增减、损耗的记载。

2) 苗圃土地利用档案

苗圃土地利用档案是记录苗圃土地利用和耕作情况的档案,以便从中分析圃地土壤肥力的变化与耕作之间的关系,为合理轮作和科学的经营苗圃提供依据。档案内容包括各作业区的面积、土质、育苗树种、育苗方法、作业方式、整地方法、施肥和施用除草剂的种类、数量、方法和时间、灌水数量、次数和时间、病虫害的种类,苗木的产量和质量等,可以表格形式记载,并逐年将资料进行汇总、归档保管备用。另外,为了便于工作和以后查阅方便,应每年绘出一张苗圃地利用情况平面图,并注明和标出圃地总面积,各作业区面积,各育苗树种的育苗面积和休闲面积等。

3) 育苗技术措施档案

每年苗圃各类苗木的培育过程包括从种子或种条处理开始,直到起苗包装为止的一系列技术措施,用表格形式分别记载下来。可依据此资料分析总结育苗经验,提高育苗技术。包括:苗木繁殖,按树种分类记载,包括繁殖材料来源、种质鉴定、繁殖方法、成活率、产苗量及技术管理措施等;苗木抚育,按地块分区记载,包括苗木种类、栽植规格和日期、株行距、移植成活率、年生长量、存苗量、存苗率、技术管理措施、苗木成本、出圃规格、出圃数量和日期等;使用新技术、新工艺和新成果的单向技术资料;试验区、母树区技术管理资料。

4) 苗木生长调查档案

记载各树种苗木的生长过程,以便掌握其生长周期与自然条件和人为因素对苗木生长的影响,确定适时的培育措施。

5) 气象观测档案

气象变化与苗木生长和病虫害的发生发展有着密切关系。在一般情况下,气象资料可以从附近的气象站抄录,但最好是本单位建立气象观测场进行观测。记载气象因素,可分析它们之间的关系,确定适宜的措施及实验时间,利用有利的气象因素,避免或防止自然灾害,达到苗木的优质高产。

6) 苗圃经营管理状况

苗圃经营管理状况包括苗圃建设任务书;育苗规划、阶段任务完成情况等;职工组织、技术装备情况;投资与经济效益分析、副业生产经营情况等。

4.1.2.2　建立苗木技术档案的要求

苗圃技术档案出于生产和科学实验,而且要充分发挥苗圃技术档案的作用,必须做到:

(1) 真正落实,长期坚持、不能间断。

(2) 设专职或兼职管理人员。多数苗圃采用由技术员兼管的方式。这是因为,技术员是经营活动的组织者和参加者,对生产安排、技术要求及苗木生长情况最清楚。由技术员兼管档案不仅方便可靠,而且直接把管理与使用结合起来,有利于指导生产。

(3) 观察记载时,要认真负责,实事求是,及时准确。要求做到边观察边记载,务求简明、全面、清晰。

(4) 一个生产周期结束后,有关人员必须对观察记载材料及时进行汇集整理,分析总结,以便从中找出规律性的东西,提供准确、可靠、有效的科学数据,指导今后苗圃生产。

(5) 按照材料形成时间的先后或重要程度,连同总结等分类整理装订、登记造册、归档、长期妥善保管。最好将归档的材料输入计算机中储存。

(6) 档案员应尽量保持稳定,工作调动时,要及时另配人员并做好交接工作,以免间断及人走资料失散的现象。

4.2　园林植物的繁育

4.2.1　园林植物的繁殖

园林植物的繁殖主要包括有性繁殖、无性繁殖及孢子繁殖等方式。有性繁殖指的是通过花的雌雄性器官,即花粉和胚珠结合形成种子,繁殖后代。因此,有性繁殖又称为种子繁殖。

4.2.1.1　有性繁殖

播种是园林植物繁殖最常用的方法,用种子繁殖的实生苗,其根系完整,植株生长发育健壮,对不良环境有较强的适应能力,并且苗木的寿命也较长。有性繁殖培育年限长,并较易发生变异,所以一般用于繁殖各种砧木和经济用材树种,而很少用来繁殖优良品种的园林植物。有性繁殖的主要环节为培育优良种子、种子的采收与调制、播种及播种后的管理。

要培育优良的植物种苗,种子品质的好坏是关键。由健壮的父母本交配所产生出来的种子也大都健壮,并能保持父母本的优良性状不至于衰退。因此,选择品种纯正和健壮的父母本进行留种是十分重要的。

1) 种子的采收与调制

采收各种植物种子,必须等籽粒充分成熟后才能进行,未经充分成熟的嫩种子,繁殖出来的下一代幼苗,不仅生长瘦弱、又极易引起品种退化。因此,对容易爆裂和飞散的种子,如凤仙花,或容易被水流冲走的种子,如睡莲,可在即将成熟时套上纱袋,使种子成熟后落入袋内。

种子采收后应及时清理,先脱粒和清除杂质,然后风干,接着进行精选,选出粒形整齐、饱满、无病虫害的种子,最后在通风、干燥、阴暗、温度较低而又变化不大的地方储存,以备翌年播种育苗用。如种子储存在温度偏高、温差较大的地方,会因呼吸强烈、消耗养分过多而缩短种子的寿命,如环境潮湿,又会引起种子发霉,失去发芽力。

对某些发芽困难的种子,播种前可采用以下处理措施进行催芽:

(1) 温水浸种。如栾树等种皮较硬的种子,可用60℃温水浸泡24小时后再播种,以便使发芽迅速而整齐,如香豌豆、牵牛花等。但浸种时间不宜过久,否则容易引起种子腐烂。

(2) 挫伤种皮。如棕榈、凤凰木、荷花、美人蕉等种皮坚硬不易吸水的种子,播种前把种子在锉刀上磨破部分种皮,再经温水浸泡24小时,种子即吸水膨胀,可加速整齐发芽。

(3) 烫裂法。春季播种合欢,可把种子放入盆内,浇注开水后用毛巾覆盖,把种皮烫裂后再播种,可加速发芽。

(4) 低温层积沙藏。如碧桃、月季、桂花、海棠、梅花等种子,秋末搬入湿沙埋入深60cm沟内,上面覆盖稻草并压土,第二年早春取出播种,种子的胚芽已萌动,播后发芽迅速整齐(图4.1)。

图4.1　林木种子的低温层积沙藏
1—秸秆或树枝;2—稻草;3—湿沙;4—林木种子;5—碎石块或碎瓦片

(5) 种子后熟。如圆柏、山茱萸等种子,采收后当年胚芽并未充分成熟,需经沙藏两冬一夏,使胚芽充分后熟,第三年早春播种才能发芽。

(6) 化学药剂处理。对种皮坚硬、难透水难透气的种子,如芍药、美人蕉、蜡梅等需用药剂处理以解除种子休眠,促进种苗生长。常用药剂有赤霉素、盐酸、乙烯、浓硫酸等。用浓硫酸处理中国山茱萸种子5小时、欧洲山茱萸10小时,可缩短沙藏期一年,次春即可发芽。

(7) 用水冲洗。有些植物的种子中或在其萌发过程中含有水溶性抑制剂、脱落酸等,可用水冲洗,以促进萌发。

(8) 变温处理。如九里香与花椒种子,在20～30℃变温条件下发芽迅速,萌发最佳。红千层在15～25℃变温环境下发芽最好。

2) 播种

(1) 种子消毒。为了不使花卉幼苗在播种发芽期间感染病害,在播种前应进行种子消毒。用60℃温水或1/5000高锰酸钾、0.1%硫酸铜溶液浸种0.5h,或0.5kg种子拌入20g福美双,即可杀死种子表面病菌。

(2) 播种地点。播种地点一般有苗床、花盆和营养钵等。播种香豌豆等不耐移栽的花卉,可直接把种子播在花圃或花坛内或用营养钵育苗。秋季大量播种为翌年早春布置花坛栽植的金盏菊、三色堇等草本花卉,可秋季露地播种、育苗。在温室里播种秋海棠、大岩桐、四季樱草等小粒种子的花卉,可先在花盆内播种,幼苗3～4片真叶时,以株行距4～5cm进行移植,6～

8 片真叶时,单株定植在大小合适的花盆内。

(3) 播种方法。播种方法有条播、点播和撒播。播种凤仙花、茑萝、麦秆菊等小粒种子,可在苗床或垄面上以 8～10cm 行距开浅沟,将种子条播沟内,覆土压实。播种沟的深浅以种子的大小决定,一般深 1～3cm,行距一般为 10～15cm。播种银杏、七叶树、榆叶梅等大粒种子,可在苗圃畦中以 30～50cm 行距、20cm 株距开穴,将种子点播穴内覆土压实。播种秋海棠、瓜叶菊、油松、瓜子黄杨等细小种子,可将种子均匀地撒播在浇透水的花盆表土上,为避免下种密度不一,可使种子混以 50％的细沙。细小种子覆土以看不见种子为度,大中粒种子播种后,覆土以不超过种子大小的 2～3 倍为宜。覆土过厚,种子发芽出土时不仅嫩茎要伸长,还会多消耗养分,并导致幼苗变弱,拖长出苗时间。大粒种子苗床播种覆土后,如能再薄薄地覆上一层碎木屑(锯末),可防除杂草滋生,保持土温,防止干旱。

3) 种子发芽的条件

种子是处在休眠状态的植物,萌动发芽是进入生长发育的起点,要解除种子休眠,必须满足它所需要的各种外界环境条件。

首先是温度。温度对于花卉种子的发芽起着重要的作用,而各种花卉种子发芽所需要的温度又不相同。一般的植物种子发芽要求 18～22℃ 比较稳定的温度,而要求高温的热带花卉王莲,则需 28～32℃ 才能发芽,耐低温的川谷、龙须牡丹等,12℃ 即可发芽。

其次是水分。水分也是种子发芽的重要条件。但水分必须供应适量,水分过多会造成土壤通气不良,种子会因呼吸受阻而引起腐烂;水分不足又会引起发芽迟缓,乃至不发芽,尤其是在种子萌动前缺水(俗称"芽干")。

第三是光照。一般种子发芽多不需要光照,故多放在没有直射光的环境中,等幼苗出土时再给光照。但四季樱草、大岩桐、凤仙花、彩叶草等花卉种子发芽阶段给予适宜的光照对发芽有促进作用。

其他方面,种子播种还需由良好的土壤,要求疏松肥沃、排水良好且盐碱度轻。为了避免病虫危害,土壤须进行蒸汽消毒,温度控制在 82℃,时间以半小时为宜,冷却后即可应用。苗床和花圃的大面积土壤消毒,可在播种前 1～2 天喷 0.2％～0.5％高锰酸钾、加水 500～1000 倍托布津或 1000～1500 倍五氯硝基苯等溶液,并于播种前冲去残存药液。一般情况下也可不消毒。

4) 播种后的管理

为了培育出健壮的幼苗,播种后要精心管理。应注意经常保持土壤湿润,当稍有干燥时,即刻用细孔喷壶喷水,不可使床土有过干或过湿的现象。播种初期可稍湿润些,以供种子吸水,而后水分不可过多。在大雨或梅雨期间覆盖塑料薄膜,以免雨水冲击土面。发芽前,床面或盆面覆盖塑料薄膜,以利保温、保湿,但需留有缝隙必须通风。土壤干燥时,于床播的行间开沟补水,盆播的采用浸灌法,切不要自上部喷水,以免冲翻表土影响出苗。幼苗子叶出土时,要逐渐接受光照,以免幼苗变黄。种子发芽后,逐渐减少水分,使幼苗苗壮成长。冬季温室内播种,由于幼苗的向光性,常出现幼苗向南倾斜现象。为此,每 2～3 天应进行 180°转盆,以利幼苗生长挺直。条播、撒播小苗过密时,应适时间疏幼苗,严防幼苗纤细瘦弱。当真叶生出 4～5 片时,要进行分栽,以利生长。

4.2.1.2 无性繁殖

利用某些种植物的根、茎、叶及地下根茎、块茎、鳞茎等营养器官进行繁殖来获取植株新个体的方法,称为无性繁殖或营养繁殖。该繁殖方法具有保持品种优良特性,使新获植株在短期内及早开花,常见的方法有扦插、嫁接、压条和分株。

1)扦插繁殖

此法又称为插条法。即剪取某些植物的茎、叶、根、芽、果等,插入沙中或浸泡水中,待生根后栽植,即成为独立新植株的繁殖方法。此法多用于容易产生不定根的种类,为当前园林植物最为常见的繁殖方法之一。

(1)扦插方法。根据器官的不同可分为枝插、叶插、根插、芽插以及果插等。

①枝插。按季节不同可分为:春季硬枝插,如早春扦插木槿、葡萄等用去年生的老枝;夏秋季嫩枝插,如扦插菊花、大丽花,用当年生的嫩枝。从园林植物的性状上又可分为:落叶枝条扦插,如银杏、木槿、金钟花等;常绿枝条扦插,如桂花、栀子花、红叶石楠、大叶黄杨等(图4.2)。

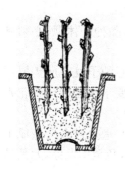

图4.2　常见的扦插方法——枝插

②叶插。适合进行叶插的园林植物有毛叶类秋海棠、落地生根、虎尾兰、大岩桐等。叶插用基质一般为细沙或蛭石,它们既可保持湿度又不易积水而导致腐烂。叶插的温度以20～25℃为宜,空气及扦插基质的相对湿度以80%～90%最好。以毛叶类秋海棠为例,剪取毛叶类秋海棠叶片,可保留长3～4cm的叶柄,以便插入沙中吸收水分;在叶片背面的叶脉上切数量适当的切口,以便扦插后愈合生根。扦插时,将保留的叶柄竖向插入沙中,叶面平铺在沙面上,先压一块小于叶片的玻璃片,以利叶背紧贴沙面,经过一段时间贴紧或即将生根时再行去掉。在20～24℃和湿润的条件下,约1个月生根。当切口偶发出2～3片小叶时即可挖出,定植盆中。

③根插。用根作插穗繁殖新个体的办法,适用于易从根部发生新梢的种类,如泡桐、凌霄、柿树、紫藤、海棠、垂盆草、芍药以及多年生宿根福禄考等。根插时,挖取泡桐、柿树、胡桃等1～2生粗壮幼根,切成长5cm的根段,开沟埋入土中,然后浇水保持湿润,精细管理,很快即可萌发新植株。宿根福禄考根插时,带土挖出根球,立切厚1.5～2cm根球片,然后平铺沙上,覆土以见不到根球片为止,浇足水,很快即能长出许多小植株。

④芽插。菊花、香叶天竺葵、竹节秋海棠等花卉的叶腋芽可供扦插繁殖。剪取插穗时,取一片叶子将其连接茎部的部分表皮一同切下,然后将叶芽向上插入沙中,茎部表皮破伤部分即愈合生根,腋芽即长成新的植株。

⑤果插。在仙人掌花刚刚凋谢、果皮仍在鲜绿阶段时,切取嫩果插入沙中,即可生根形成新植株。

(2)插穗的选择和处理。要通过扦插获得健壮优良新植株,插穗的选择是关键。一定要选择生长健壮富有品种特性特征、无病虫危害的插穗。插穗选好后要精心处理才能保证成活率高。插条的长度因种类而异,以20cm左右为宜,最好选取枝条的中段。在削取插穗时,下口要紧靠最下一个芽的节下部,因节的部位形成层细胞比较活跃,扦插后容易产生愈伤组织而生根;向上保留2～3个芽,上口要求高出最上一个芽,以保护芽不受损伤。入土部分占插条的一半以上,垂直插入土中。插条密度以平均间距3～4cm为宜。常绿花卉采后立即扦插,以防萎蔫影响成活。仙人掌类多浆花卉,剪取后则应放在通风处晾几天,待切口略有干缩再扦插,否则易引起腐烂。扦插何氏凤仙、夹竹桃、四季海棠等,可将插穗浸泡在清水中促进生根,但所用的水要经常更换,以保证用水清洁,防止水分变质引起插穗腐烂。秋末冬初剪取月季、木槿、连翘等大量插穗不能立即扦插时,可在秋季落叶以后采条,剪成 20~30cm 长,用绳捆起,平埋在地下过冬,上面用稻草覆盖,使温度不低于 0℃,翌年春天取出扦插。在插穗少的情况下,可以采用单芽插,但必须把芽相对的一面表皮割伤或削去部分表皮,以利产生愈伤组织生根,扦插时芽向上平插在沙中,故又称"船底插"。

(3)扦插的条件。为保证扦插成活,必须创造扦插的适合条件。首先是温度,一般植物扦插以保持 20~25℃生根最快。温度过低生根缓慢,温度过高则易引起插穗切口腐烂。因此,在自然条件下,以春秋两季气温适合时为宜。但在保护地环境,夏季有降温、冬季有升温条件,可随时进行扦插繁殖。雨季扦插成活率也高。其次是土壤水分、空气湿度与空气流通。插穗在产生愈伤组织和生根的过程中,既需要有足够的水分,又要吸收氧气呼出二氧化碳。为此,扦插一般多在通气良好的 1~1.5mm 直径的沙子、石英砂、蛭石、炉灰、粗泥炭等混合基质作为插床用基质,扦插用土应保证无病虫害潜伏,使用前严格消毒。应用全光照喷雾育苗技术可大大提高扦插生根率。基质水分要适度,过于干燥难以生根成活,而过于潮湿则会带来通气不畅而引起腐烂,一般以保持 50%~60%的含水量为宜。关于空气湿度,扦插落叶花卉,相对湿度不得低于 60%,扦插常绿花卉应不低于 80%。为了保持空气湿度,干旱季节插床要覆盖塑料薄膜,并经常喷雾或淋水。同时,还需在一定时间内通气,使床内空气新鲜。

至于光照,落叶花卉的插穗在生根发芽前一般不需要光。为此,可在苗床上遮阴,出叶后再给光照。扦插常绿花卉,则应给予"散射光"(俗称"花阴凉"),光线阴暗则会引起叶子变黄,生长细弱。

2)嫁接繁殖

嫁接繁殖是指把一棵植株的枝或芽,接在另一棵植株上,使接在一起的两部分成为一棵完整的植株。嫁接上去的枝条或芽称接穗,被接地植株叫砧木。嫁接分为枝接和芽接两大类,枝接以枝条为接穗,芽接则以芽为接穗。

(1)枝接。枝接一般在休眠期进行,最常用的是切接法、劈接法以及靠接法。

切接法适用于较小的砧木。嫁接时将砧木在离地面约 6cm 处剪断,削平切面,然后从一侧稍带木质部垂直切下,深度约 3cm,剪取接穗,须带 2~4 个芽,接穗下端削成约 3cm 的斜马蹄形,其背面削一长约 1cm 的斜切面,接穗削好后插入砧木,使两者形成层对齐,用塑料条绑缚即可(图 4.3)。

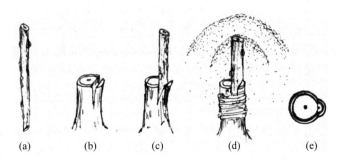

图 4.3 切接

(a)接穗;(b)砧木;(c)插入接穗;(d)绑缚和培土;(e)形成层对齐

劈接适用于砧木较粗的植株。接穗取 2～4 个芽，下端削成楔形，如砧木较细只接一枝时，接穗外侧稍厚，内侧稍薄，削面长 3～4cm，在砧木切口中间向下劈一切口，插入接穗，必须使外侧形成层相互对齐，密切结合。通常一个接口可以接 1～2 个接穗，粗的砧木可接 4 个接穗。但接穗过多则不易愈合(图 4.4)。

靠接主要用于一些扦插生根较困难的园林植物，如山茶、桂花、白兰花等。靠接自春至随时都可进行。嫁接时使砧木与接穗相互靠近，选取粗细相近的枝条，将砧木与接穗两者枝条接合处各削去等长切口，深达木质部，然后使两者形成层密切结合，扎紧绑实，等愈合成活后剪去砧木的上部和接穗的下部，即可获得新的植株(图 4.5)。

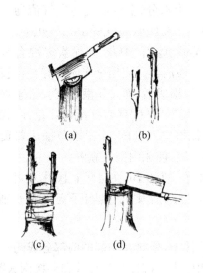

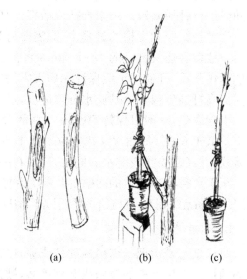

图 4.4　劈接
(a) 劈砧木；(b) 剖接穗；(c) 嫁接；(d) 一绑扎

图 4.5　靠接
(a) 砧木与接穗；(b) 扎紧绑实；(c) 剪去砧木的
上部和接穗的下部

（2）芽接。芽接都在生长期进行，最常用的是"T"字形芽接法。此法操作简单，成活率高，一般适用于小砧木，如砧木过大，树皮增厚反而影响成活。接穗选自当年生枝条发育充实饱满的芽，一般取枝条中段之芽。取芽时左手倒持接穗枝条，右手拿刀，在芽上 0.5cm 处横切一刀，然后自芽的下方向上削取，深达木质部，长 1.5～2cm，并与横切的一刀汇合，后用两指捏住叶柄基部左右轻轻移动，取下接芽。在砧木上要嫁接的部位用芽接刀切成"T"字形切口，用刀把切口剥开，把削好的接芽插入切口中，使接芽上面的形成层与砧木切口的形成层密切对齐，用塑料条绑紧，露出叶柄。大约过两个星期，如果叶柄一触即落，说明已经成活；否则，可以进行补接(图 4.6)。

贴芽接也是芽接的一种，与"T"字形芽接相比，操作费力费时。此法可用于小砧木。具体的做法是在砧木与接穗上削取同样大小的缺刻，可以是方块形，也可以是其他形状，但接芽须居其中，使削取的嵌芽正好嵌入砧木上的缺刻中，四周对齐，用塑料条把芽片捆紧即可。

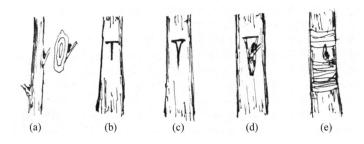

图 4.6 芽接

(a) 取芽;(b) 切"T"字形切口;(c) 撬开砧木;(d) 接法;(e) 绑扎

3) 压条繁殖

压条是将母株的枝条压埋于土壤中,由母株供给营养,萌发新根后再割离母株,形成独立植株。凡扦插较难生根或者生根缓慢,而在基部丛枝较多,枝条较长,枝条压入土中能生根的种类,均可用压条法繁殖,如木香、金钟花等。压条的时期,以在 2~3 月份最好;4~7 月份也能进行,但生根较慢。压条繁殖依操作方法及位置的不同,可分为堆土压、沟压、盆压及高空压4 种。

(1) 堆土压条。此法适用于萌蘖性强的园林植物,在其基部培土成馒头状,使其生根后分离栽植即可,被压之枝不需弯入土中,适宜于不易弯曲的种类,如牡丹、蜡梅、米兰、杜鹃花、栀子花、贴梗海棠等,一般待生根后且在晚秋或翌年春天进行分栽。

(2) 沟压法。在二三月间,选生长苗壮、一年生或 2~3 年生的枝条,在母株旁边靠近要压的枝条下方,铲一宽 5~10cm 的小沟,深度随树木及生根难易而不同,一般为 10~15cm。小沟壁靠近母株的一面,要挖成斜面,以便枝条易弯入沟中,易与土壤密接。沟壁的另一端则挖成垂直面,以便使枝梢易于直立地伸出土面。枝条压入部分,要带 1~2 芽。最后,盖土、踩实,最好用竹叉等物加以固定,等压条生根后,就可与母株割断,移植他处。但一般宜延迟晚割,以便多生根,到秋季落叶后或翌年春天方行割断移植。

(3) 盆压法。用于盆栽类或不耐移植的园林植物,将枝条压入配好一定盆土的花盆中,方法同沟压法。如枝条较长时,可连续压入几个盆中,有些地方称为"过桥压"。生根后即可割断,成为一盆新植株。枝条短的亦可压在原盆中,生根后再另盆移栽(图 4.7)。

(4) 高空压法。多用于一些枝条不易弯曲或树身高大、扦插生根较难且基部很少丛生枝条的园林植物,如广玉兰、白兰花、山茶、桂花(金桂、银桂、丹桂品种群)等。在枝条被压部分须用刀刻伤,以刺激其生根。外面用劈开的竹筒夹在枝上,筒内加土,因容量小,易干燥,必须经常浇水,以保持适当湿润。生根后,即可在筒下割断分植。高压枝条的刻伤方法有二:一是横切,即将枝条横切断一半;二是纵切,即在枝条中间纵切一刀,在切口处放入一小石块撑开(图4.8)。

压条繁殖又依生根难易的不同,压入土中部分可分为刻伤处理及不刻伤两类。

(1) 不刻伤。易生根的树种,压条时入土部分的枝条不作任何处理。

(2) 刻伤处理。凡生根困难的树种,压枝前入土部分的枝条须刻伤,刻伤后随即压入土中。刻伤的作用,是使生长激素集聚在刻伤部分,以促使生根。刻伤的方法有以下几种:

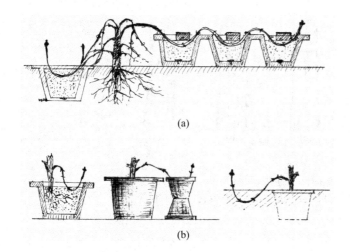

图 4.7　盆压法

（a）长枝压条法；（b）短枝压条法

图 4.8　高压及其刻伤

1—横切；2—纵切

①纵断切开法。在入土部分枝条纵切断一半，插入土中；另一半压入土中。

②切割法。将枝条被压部分割一刀或三刀，使枝条易弯曲而不致折断。

③刻皮法。在入土部分枝条的两芽中间割两刀，削下一块皮，用手把枝条弯折一下，即埋入土中。

④劈开法。在枝条入土部分的芽的下方，纵切一裂缝约 3cm 长，裂缝中放入树枝或石块撑开，或将劈开的两部分错开后再压入土中。

⑤扭伤法。用手将压枝部分扭伤后压入土中。

4）分株繁殖

指把某些植物的鳞芽、球茎、块根、匍匐枝等，从母株上分割下来，另行栽植而成独立新植株的繁殖方法。本法多用于易萌发根蘖的植物种类，尤其是丛生性灌木如蜡梅、贴梗海棠等最为常用。分株繁殖的缺点是不能大量繁殖，但因成苗快所以应用较广（图 4.9）。

图 4.9　分株繁殖

（1）分蘖芽。丁香、黄刺玫等开花灌木，常在株丛四周萌生很多蘖芽，早春挖取另行栽植，即可繁育新植株。

（2）分吸芽。水塔花、香蕉等，常在植株根际萌生吸芽，早春挖取另行栽植，即成长为新植株。

（3）分球茎。唐菖蒲秋季在母球下常滋生许多小仔球,次年早春另行栽植,即成长为新植株。

（4）分鳞茎。百合、风信子等的地下鳞茎,可以分割另行栽植成长为新植株。

（5）分块根。大丽花、美人蕉、芍药等的块根顶部根茎处有芽或隐芽体,切取带根颈部分的芽或隐芽体的块根供繁殖。

（6）分块茎。菊芋的地下块茎可供切割繁殖。

（7）分匍匐枝。吊兰的匍匐枝上常生出小珠芽,可剪取后另行栽植。

（8）分珠芽。卷丹的叶腋中常生出小珠芽,可摘取供繁殖。

（9）分无性芽。落地生根叶子边缘常生出很多带根的无性芽,摘取可供繁殖。

因分株季节的不同,分为春季分株和秋季分株。

（1）春季分株。一般在 2～3 月间当芽刚刚开始萌动或萌动以前进行,如大丽花、美人蕉、丁香、蜡梅、迎春、连翘等。分株后,即可定植。

（2）秋季分株。在深秋落叶后进行,如芍药分株宜在 9 月中下旬至 10 月上中旬。分株后,即可定植。但是因为那时切口还没有愈合好,到冬天易受冻害,所以一般多行假植过冬,到翌年春天定植。经过一个冬天的假植,分割的伤口有充分的时间愈合好,少数植物还能生出一些新根,定植后生长良好。

4.3 园林苗木栽培的生产管理

园林苗圃所培育出圃的都是大规格苗木,大苗的培育需要多年的栽培生产管理,总结起来主要是苗木移植及栽培管理等。

4.3.1 苗木移植

4.3.1.1 苗木移植的意义

移植是指把生长拥挤密集的较小苗木挖掘出来,按照规定的株行距在移植区栽种下去。园林苗圃中各种植物种类由于生物学特性及生态习性各不相同,育苗初期一般密度较大,单株营养面积较小,相互之间竞争难成大苗,而通过移植可以扩大株行距,有利于苗木根系、树干、树冠的生长,最终通过这一环节培育出理想树冠、优美树姿、干形通直的高质量园林苗木。

通过苗木的移植,一方面扩大了苗木地上、地下的营养面积,改变了通风透光条件。因此,使苗木地上、地下生长良好,同时使根系和树冠有扩大的空间,可按园林建设所要求的规格发展;另一方面,苗木的移植切去了部分主、侧根,使根系减少,移植后可大大促进须根的发展,根系紧密集中,有利于苗木生长,大大提高了苗木移植成活率;第三,在移植过程中对苗木根系、树冠进行必要、合理的整形修剪,人为调节了苗木地上与地下部分的生长平衡,淘汰了劣质苗,提高了苗木质量。

4.3.1.2　移植的时间、次数和密度

1) 移植时间

移植的最佳时间是在苗木休眠期进行,即从秋季10月(北方)至翌春4月;也可在生长期移植。如果条件许可,一年四季均可进行移植。

(1) 春季移植。春季气温回升,土壤解冻,苗木开始打破休眠恢复生长,故在春季移植最好。移栽苗成活的多少很大程度上取决于苗木体内的水分平衡。早春移植,树液刚刚开始流动,枝芽尚未萌发,蒸腾作用很弱,土壤湿度较好。因根系生长温度较低,土温能满足根系生长的要求,所以早春移植苗木成活率高。春季移植的具体时间,还应根据树种发芽的早晚来安排。一般来讲,发芽早者先移,晚者后移;落叶者先移,常绿者后移;木本植物先移,宿根草本后移;大苗先移,小苗后移。

(2) 秋季移植。秋季是苗木移植的第二个好季节。秋季移植在苗木地上部分停止生长,落叶树种苗木叶柄形成层脱落时即可开始移植。此时根系尚未停止活动,移植后有利于伤口愈合,移植成活率高。秋季移植的时间不可过早,若落叶树种尚有叶片,往往叶片内的养分尚未完全回流,造成苗木木质化程度降低,越冬时容易受冻出现枯梢。由于北方地区冬季干旱,多大风天气,苗木移植后应浇足越冬水,保证苗木安全越冬。

(3) 夏季移植(雨季移植)。常绿或落叶树种苗木可以在雨季初进行移植。移植时要带大土球并包装,保护好根系。苗木地上部分可进行适当的修剪,移植后要通过喷水喷雾以保持树冠湿润,还要遮阴防晒,经过一段时间的过渡,苗木即可成活。长江中下游地区常在梅雨季节移植常绿苗木。

2) 苗木移植的次数和密度

培育大规格苗木要经过多年多次移植,而每次移植的密度又与总移植次数紧密相关。每次苗木移植较密,则相应移植次数应增加;反之亦然。苗木移植的次数与密度还与树种的生长速度有关,生长快的移植密度应小,次数较少;生长慢的则移植密度大,次数较多。

4.3.1.3　移植方法

1) 穴植法

人工挖穴栽植,成活率高,生长恢复较快,但工作效率低,适用于大苗移植。在土壤条件允许的情况下,采用挖坑机械挖穴可大大提高工作效率。栽植穴的直径和深度应大于苗木的根系。

挖穴时应根据苗木的大小和设计好的株行距,定点放线,然后挖穴,穴土应放在坑的一侧,以便放苗木时便于确定位置。栽植深度以略深于原来栽植地径痕迹的深度为宜,一般可略深2~5cm。覆土时混入适量的底肥。先在坑底填一部分肥土,然后将苗木放入坑内,再回填部分肥土,之后,轻轻提一下苗木,使其根系伸展并尽量与土壤接触,然后填满土踏实,浇足水。较大苗木要设立三根支撑固定,以防苗木被风吹倒。

2) 沟填法

先按行距开沟,土放在沟的两侧,以利回填土和苗木定点,将苗木按照一定的株距,放入沟

内,然后填土,要让土渗到根系中去,踏实,要顺行向浇水。此法一般适用于移植小苗。

3) 孔植法

先按行、株距定点放线,然后在点上用打孔器打孔,深度与原栽植相同,或稍深一些,把苗放入孔中,覆土。孔植法要有专用的打孔机,可提高工作效率。

移植后要根据土壤湿度,及时浇水。由于苗木是新土定植,苗木浇水后会有所移动,应注意及时将苗木扶正并培土,或采取一定措施固定后培土。要及时进行松土除草,追施少量肥料,及时防治病虫害,对苗木进行一次修剪,以确定其培养的基本树形。有些苗木还要进行遮阴防晒工作。

4.4　园林苗木出圃及质量评价

苗木的出圃包括:起苗、分级、包装、运输或假植、检疫等环节。为了保证出圃工作的顺利进行,必须做好出圃前的准备工作,确定苗木质量的具体标准。通过苗木的调查,了解各类苗木的质量和数量、制定出圃销售计划,并做好相应的辅助工作。

4.4.1　出圃苗木的标准

出圃苗木有一定的质量标准。不同种类、不同规格、不同绿化层次及某些特殊环境、特殊用途等,对出圃苗木有不同的质量标准要求。

4.4.1.1　常规出圃苗的质量标准

园林苗圃培养苗木的目的主要是用于园林绿化、美化。苗木的质量高低与发挥绿化效果的快慢又密切相关。高质量的苗木,栽培后成活率高,生长旺盛,能很快形成景观效果;反之,不但浪费人力和物力,在经济上造成损失,还会影响赏观效果,推迟工程或绿地发挥效益的时间。因此、高质量的苗木可以加快园林建设的速度。

一般苗木的质量主要由根系、干茎和树冠等因素决定。高质量的苗木应具备如下条件:

1) 生长健壮,无病虫害和机械损伤

苗木生长健康是首要的条件,特别是有危害性的病虫害及较重程度的机械损伤的苗木,应禁止出圃。这样的苗木栽植后,常因患病虫害及机械性损伤而生长发育差,树势衰弱,冠形不整,影响绿化效果;同时还会起传染疾病的作用,使其他植物受侵染。

2) 树形骨架基础良好,枝条分布均匀

总状分枝类的苗木,顶芽要生长饱满,未受损伤。苗木在幼年期具有良好骨架基础,长成之后,树形优美,长势健壮。其他分支类型大体相同。

3) 根系发育良好,大小适宜

根系是为苗木吸收水分和矿物质营养的器官,根系完整,带有较多侧根和须根且根不劈不裂,主侧根分布均匀,主根短而直,根系要有一定长度,大根系无劈裂,栽植后即能较快恢复生长,及时给苗木提供营养和水分,从而提高栽植成活率,并为以后苗木的健壮生长奠定有力的基础。起苗时苗木所带根系的大小应根据不同品种、苗龄、规格、气候等因素而定。苗木年龄和规格越大,温度越高,带的根系也应越多。

4) 苗木形态的比例要适当

(1) 茎根比。苗木地上部分与根系之比,是指苗木地上部分鲜重与根系鲜重之比,称为茎根比。茎根比大的苗木根系少,地上部分比例失调,苗木质量差;茎根比小的苗木根系多,苗木质量好。但茎根比过小,则表明地上部分生长小而弱,质量也不好。

(2) 高径比。高径比是指苗木的高度与根颈直径之比,反映苗木高度与苗粗之间的关系。高径比适宜的苗木,生长匀称。高径比主要取决于出圃前的移栽次数、苗间的间距等因素。

此外,年幼的苗木,还可参照全株的重量来衡量其苗木的质量。同一种苗木,在相同的条件下培养,重量大的苗木,一般生长健壮,根系发达,品质较好。

另外,对于干性强而无潜伏芽的某些针叶树(如某些松类及冷杉等),中央领导枝要有较强的优势,侧芽饱满,顶芽发达或顶端优势明显。而在其他特殊环境或有特殊用途的苗木,质量标准视具体要求而定:如桩景要求对其根、茎、枝进行艺术的变形处理;如假山石上栽植的苗木,则大体要求"瘦"、"漏"、"透"。

4.4.1.2　出圃苗木的规格要求

出圃苗木的规格,需根据绿化的具体要求来确定。其中,行道树用苗规格应大,一般绿地用苗规格可小一些。但随着经济的发展,绿化层次增高,大中型乔木、花灌木也大量使用。有关苗木的规格,各地都有一定的规定。华东、华中不少地区目前执行的标准系列如下:

1) 大中型落叶乔木

如银杏、国槐、栾树、梧桐、毛白杨、元宝枫、水杉、枫香、合欢等树种,要求树形良好,树干通直,分支点 2~3m。胸高直径在 5cm 以上(行道树苗胸径要求在 6cm 以上)为出圃苗木的最低标准。其中,干径每增加 0.5cm,规格提高一个等级。

2) 有主干的果树,单干式的灌木和小型落叶乔木

如枇杷、柿树、榆叶梅、碧桃、紫叶李、海棠、垂柳等,要求树冠丰满,枝条分布匀称,不能缺枝或偏冠。根颈直径每提高 0.5cm,规格提高一个等级。

3) 多干式灌木

要求根颈分枝外有 3 个以上分布均匀的主枝。但由于灌木种类很多,树型差异较大,又可分为大型、中型和小型。各型规格要求如下:

(1) 大型灌木类。如丁香、黄刺玫、大叶黄杨、海桐、红叶石楠等,出圃高度要求在 80cm 以上。在此基础上,高度每增加 30cm 即提高一个规格等级。

(2) 中型灌木类。如木槿、紫薇、紫荆、粉花绣线菊等,出圃高度要求在 50cm 以上。在此基础上,苗木高度每提高 20cm 即提高一个规格等级。

(3) 小型灌木类。如月季、南天竹、郁李、棣棠、金山绣线菊、小丑火棘等,出圃高度要求在 30cm 以上。在此基础上,苗木高度每提高 10cm 即提高一个规格等级。

4) 绿篱(色块)苗木

要求苗木生长势旺盛,分枝多,全株成丛,基部枝条丰满。灌丛直径大于 20cm,苗木高度

在 20cm 以上,为出圃最低标准。在此基础上,苗木高度每增加 10cm,即提高一个规格等级。如金叶女贞、紫叶小檗、龟甲冬青等。

5) 常绿乔木

要求苗木树型丰满,保持各树种特有的冠形,苗干下部树叶不出现脱落,主枝顶芽发达。苗木高度在 2.5m 以上,或胸径在 4cm 以上为最低出圃规格。高度每提高 0.5m,或冠幅每增加 1m 即提高一个规格等级。如香樟、女贞、桂花、苦槠、红果冬青、深山含笑、广玉兰等。

6) 攀援类苗木

要求生长旺盛,枝蔓发育充实,腋芽饱满,根系发达。此类苗木由于不易计算等级规格,故以苗龄确定出圃为宜,但苗木必须带 2～3 个主蔓。如爬山虎、常春藤、紫藤、凌霄等。

7) 人工造型苗木

黄杨、龙柏、海桐、小叶女贞等植物,出圃规格可按不同要求和目的而灵活掌握,但是造型必须较完整、丰满、不空缺和不秃裸。

8) 桩景

桩景正日益受到人们的青睐,加之经济效益可观,所以在苗圃中所占的比例日益增加。如银杏、椰榆、三角枫、老鸦柿、对节白蜡、木瓜海棠、罗汉松、全缘叶构骨等。以自然资源作为培养材料,要求其根、茎等具有一定的艺术特色,造型方法类似于盆景制作,出圃标准由造型效果与市场需求而定。

4.4.1.3　苗龄及其表示方法

1) 苗龄的计算方法

一般是以经历 1 个生长周期作为一个苗龄单位。

2) 苗龄的表示方法

苗龄用阿拉伯数字表示。第 1 个数字表示播种苗或营养繁殖苗在原地生长的年龄,第 2 个数字表示第一次移植后培育的年数,第 3 个数字表示第二次移植后培育的年数。数字用短横线间隔,即有几条横线就是移栽了几次。各数字之和为苗木的年龄,即几年生苗。如:

1-0　表示没有进行过移栽的 1 年生播种苗;

2-1　表示移栽了 1 次后培育 1 年的 3 年生移栽苗;

2-1-1　表示经过 2 次移栽,每次移栽后培育 1 年的 4 年生移栽苗;

$1_{(2)}$-0　表示 1 年干 2 年根未移栽的插条苗;

$1_{(2)}$-1　表示 2 年干 2 年根移栽 1 次的插条移栽苗。

4.4.2　苗木调查

4.4.2.1　苗木调查的目的与要求

苗木调查分树种、苗龄、用途和育苗方法几个项目。通过对苗木的调查,能全面了解全圃各种苗木的产量与质量,做好苗木出圃前的各项准备工作,以便有计划地供应栽植地所需苗木。此外,通过调查可进一步掌握各种苗木生产发育状况,科学地总结育苗技术经验,找出成功或失败的原因,为下阶段合理调整、安排生产任务提供可靠的依据。

为了得到准确的苗木产量与质量数据,根颈直径在 5～10cm 以上的特大苗,要逐株清点。根颈直径在 5cm 以下的中小苗木,可采用科学的抽样调查,但准确度不低于 95%。

4.4.2.2 时间

一般在秋季苗木停止生长后进行,对全圃所有苗木进行清查。此时苗木的质量不再发生变化。

4.4.2.3 调查方法

通常在调查前,首先要查阅育苗技术档案中记载的各种苗木的育苗技术措施,并到各生产区查看,以便确定各个调查区的范围和采用的方法。凡是树种、苗龄、育苗方式方法及抚育措施,绿化用途相同的苗木,可划为一个调查区。再从调查区中抽样逐株调查苗木的各项质量指标及苗木数量,之后根据样区面积和调查区面积,计算出单位面积的产苗量和调查区的总产苗量。最后,统计出全圃各类苗木的产量与质量。抽样的面积为调查苗木总面积的 2%～4%。常用的调查方法有下 3 种:

(1) 标准行法。在调查区内,每隔一定行数选一行或 1 垄作标准行。全部标准行选好后,如苗木数过多,在标本行上随机取出一定长度的地段。在选定的地段上进行苗木质量指标和数量的调查,如苗高、根颈直径(行道树为胸径,大苗为距地面 30cm 处粗)、冠幅、顶芽饱满程度、针叶树有无双干或多干等。然后,计算调查地段的总长度,求出单位长度的产苗量,此调查方法适用于移植区扦插区、条播、点播的苗区。

(2) 标准地法。在调查区内,随机抽取 1㎡的标准地若干个,逐株调查标准地上苗木的高度、根颈直径等指标,并计算出 1㎡的平均产苗量和质量,最后推算出全区的总产量和质量。此调查方法适用于播种的小苗。

(3) 准确调查法。数量不太多的大苗和珍贵苗木,为了数据准确,应逐株调查苗木数量,抽样调查苗木的高度、地径、冠幅等,再计算其平均值。苗圃中一般对地径在 5～10cm 以上的大苗都采用准确调查法,以便出圃。

对标准行或标准地调查时,一般实际调查的行数或面积应占苗木生产区总行数或总面积的 2%～4%,并且要使标准行数或标准地均匀分布在整个调查区内。

4.4.3 起苗与分级

起苗又称掘苗。起苗操作技术的好坏,对苗木质量影响很大,也影响到苗木的栽植成活率以及生产、经营效益。

4.4.3.1 起苗时期

1) 秋季起苗

应在秋季苗木停止生长,叶片基本脱落,土壤封冻之前进行。此时,根系仍在缓慢生长,起苗后及时栽植,有利于根系伤口愈合和劳力调配,也有利于苗圃地的冬耕和因苗木带土球使苗床出现大穴而必须回填土壤等圃地整地工作。秋季起苗适宜大部分树种,尤其是春季开始生长较早的一些树种,如春梅、落叶松、水杉等。过于严寒的北方地区,也适宜在秋季起苗。

2) 春季起苗

一定要在春季树液开始流动前起苗。主要用于不宜冬季假植的常绿树种或假植不便的大规格苗木。春季移苗时,应随起苗随栽植。大部分苗木都可在春季起苗。

3) 雨季起苗

主要适用于常绿树种,如侧柏等。雨季带土球起苗,随起随栽效果好。

4) 冬季起苗

主要适用于南方。北方部分地区常进行冬季破冻土带坨起苗。

4.4.3.2 起苗方法

根据起苗时是否需要带土球,分为裸根起苗和带土球起苗两种。

1) 裸根起苗

大多落叶、阔叶树的起苗采用此法。一般二三年生苗木保留的根幅直径为 30~40cm。起苗时,沿苗行方向距苗行 10~20cm 左右处挖沟,在沟壁下侧挖出斜槽,根据根系要求的深度切断苗根,再于第二行与第一行间插入铁锹,切断侧根,然后把苗木推在沟中即可起苗。大苗的裸根起苗方法参见 5.2.2。

2) 带土球起苗

不易成活的植物常采用此法,具体方法参见 5.2.2。

4.4.3.3 苗木分级

起苗之后应及时对苗木进行分级。苗木分级就是按苗木的质量标准把苗木分成若干等级的工作。当苗木起出后,应立即在蔽阴处进行分级,并同时对过长或劈裂的苗根和过长的侧枝进行修剪。分级时,根据苗木的年龄、高度、粗度(根颈或胸径)、冠幅和主侧根的状况,分为合格苗、不合格苗和废苗 3 类。

1) 合格苗

是指可以用来绿化的苗木。具有良好的根系、优美的树形、一定的高度。合格苗根据高度和粗度的差别,又可分为几个等级。如行道树苗木,枝下高 2~3m,胸径在 4cm 以上,树干通直,冠型良好,为合格苗的最低要求。在此基础上,胸高直径每增加 0.5cm,即提高一个等级。

2) 不合格苗

是指需要继续在苗圃培育的苗木,其根系、树形不完整,苗高不符合要求,也可称为小苗或弱苗。

3) 废苗

是指不能用于造林、绿化,也无培养前途的断顶针叶苗、病虫害苗和缺根、伤茎苗等。除有的可作营养繁殖的材料外,一般皆废弃不用。

　　苗木数量统计应结合分级进行。大苗以株为单位逐株清点，小苗可以分株清点；也可用称重法，即称一定重量的苗木，然后计算该重量的实际株数，再推算苗木的总数。苗木分级可使出圃的苗木合乎规格，更好地满足设计和施工要求，同时也便于苗木包装运输和标准的统一。整个起苗工作应将人员组织好，做好起苗、检苗、分级、修剪和统计等工作，实行流水作业，分工合作，以提高功效，缩短苗木在空气中的暴露时间，提高苗木的质量。

4.4.3.4　苗木检疫

　　在苗木销售和交流过程中，病虫害叶常常随苗木一同扩散和传播。因此，在苗木流通过程中，应对苗木进行检疫。运往外地的苗木，应按国家和地区的规定检疫重点的病虫害。如发现本地区和国家规定的检疫对象，要禁止出售和交流。

　　引进苗木的地区，还应将本地区或单位没有的严重病虫害列入检疫对象。引进的种苗有检疫证，证明确无危险性病虫害者，均应按种苗消毒方法消毒之后再栽植。如发现有本地区或国家规定的检疫对象，应立即销毁，以免扩散引起后患。没有检疫证明的苗木，不能运输和邮寄。

思 考 题

1. 结合所掌握的知识，对如何规划设计一个苗圃谈一谈自己的认识和看法。
2. 对某些发芽困难的种子，播种前可采用哪些措施进行催芽？并举例说明。
3. 在苗圃中，苗木移植有何作用？最好选择在什么季节？为什么？
4. 出圃前应如何对苗木进行质量调查？

5 园林植物的栽植

【学习重点】

　　园林植物栽植是园林绿化施工的核心内容,包括一般乔、灌木的栽植,大树移植,绿篱与色块栽植,花坛与花境栽植,竹类栽植等。园林植物的栽植必须充分考虑植物的生长特性、栽植季节、设计要求及施工计划,制订一套完整的栽植方案,才能最终实现栽植目的。

5.1 概述

5.1.1 栽植的概念

　　传统意义上栽植的概念是指将植物种在土壤中的一种操作方式。随着栽植一词的广泛应用,其含义也将发生变化。栽植有狭义和广义之分。狭义的栽植,即种植或定植;广义的栽植,包括起苗、搬运、种植(定植)这样的 3 个基本环节。起苗,是指将植株从土中连根(裸根或带土团并包装)起出;搬运是指将植株用一定的交通工具(人力和机械以及车辆等)运至指定地点;种植是指将被移来的植株按要求栽植于新地的操作过程。栽植因其目的不同又可分为移植和定植。移植不同于定植。移植是指植物种植后还将被挖起重新种植;定植则是指按要求将运来的园林植物栽入适宜的种植穴中的操作过程。在园林绿化施工过程中,园林植物的移植是指将园林植物从某一绿地搬运到另一绿地进行种植的过程。如,古树移植、大树移植等。此处移植的概念不同于苗木培育过程中的移植。苗木培育过程中的移植是为了扩大苗木根系及形成理想树形而进行的必要操作;在绿化施工中将园林植物种植于某绿地是为了让其发挥永久性的景观作用,极少是为了临时性种植的,因此常常是定植,移植工序不是必需的步骤。园林绿化中栽植是指广义的栽植,包括树种选择、栽植季节选择、种植施工、成活期养护及成活效果检查等。这些环节都直接决定着植株栽植后的景观效果。

5.1.2　园林植物栽植成活的原理

5.1.2.1　植物吸水原理

植物中大部分的水是通过根系吸收来的。植物根部对水的吸收有两种不同的机制,即被动吸水和主动吸水。

1) 主动吸水

主动吸水是指在根系的根压和渗透压的作用下,水分上升。根压是植物的木质部导管内产生的一种内部压力,是植物的正常生理活动。如春天用刀在核桃树干上横切一刀,可以看到切口处有水分不断流出,这种现象就是伤流(溢流)。如果在切口处连上一个压力计,可以根据汞柱上升的高度量出根压的大小。在定量观察时可以发现,切口溢出的水和根部吸收的水量大致相等。另外,在土壤水分充足、空气相对湿度较高的情况下,常常可以看到有液滴从植株的叶尖溢出,这种现象称为吐水。通常认为,吐水和伤流是根压和主动吸水的表现。一般植物的根压为 $1\sim2$ 个大气压(1 大气压 $=101kPa$),而树木的根压比一般植物高约 5 个大气压,理论上可使水柱上升 10.33m,保证水分上升到几米至几十米的树冠。渗透压是水分子通过细胞膜、原生质膜等半透膜由低浓度溶液向高浓度溶液渗透过程中产生的,这使得土壤中的水分顺利进入根系内。

2) 被动吸水

蒸腾作用为植物体内水分的长距离运输提供了主要的动力,而且也是根部吸水的一种重要力量来源。当叶肉细胞壁的水分蒸发到细胞间隙后,细胞壁的水势降低,于是原生质中的水就转入壁内,进而又引起水分从液泡到原生质的移动。经过这样的传递,细胞各个部分水势都将有所降低。通过细胞之间的传递,各个细胞的水势也将依次发生改变,从而保持着与水的移动方向一致的水势梯度。以后在叶肉细胞与木质部管道之间出现的水势梯度又将使木质部管道中的水分移向叶肉细胞,从而使木质部导管或管胞中的水柱受到一种张力。因为张力相当于一种负的压力,在计入水势时取负值,所以木质部中的水势就相应降低了。如果木质部的另一端(在根内的一端)不能从邻近细胞迅速地得到水分补充,那么木质部内水柱的张力就会变得很大,同时水分从木质部管道进入叶肉细胞的速度也将减慢。如果在这样的条件下,叶肉细胞的蒸发作用继续进行,含水量继续减少,细胞体积继续收缩,那么膨压会减少到零。再进一步失水就将在细胞内出现张力。因此,叶肉细胞的水势剧降。叶肉细胞水势迅速大幅度下降,是在空气干燥或供水困难条件下减少蒸腾消耗的一个重要办法,同时也是牵引木质部水分上升的一种力量。由于水分子之间的的相互吸引("内聚力")和水分子与木质部运输管道的壁的分子之间的相互吸引("附着力"),水柱能忍受相当大的张力而并不断裂,也不与壁脱离。叶子失水的速率超过根部吸水的速率越多,木质部管道内产生的张力也就越大。

只要输导系统下部末端的导管和管胞内水柱承受张力,从而使导管和管胞内的水势低于邻近根细胞的水势,水就会从这些活细胞进入导管和管胞。在水柱张力相对较低的条件下,根细胞内将会建立起水势梯度。从根的外层到木质部的边缘,细胞的水势依次递减,而根的外层细胞的水势又低于土壤水的水势,于是土壤中的水将按渗透原理横越根部组织进入木质部。

如果木质部管道中产生的张力很大,以至大于根细胞的渗透势,那么这些根细胞内也将出现张力。当包括根部和叶部细胞在内的整个流体动力系统都出现张力时,水从根部的吸收表面到叶子的蒸发表面之间,都将以集体流动方式进行。在这里不管是在低张力之下根部以渗透方式吸水,或是在高张力之下以集体流动方式吸水,其最终动力都来自植物的其他部分,根部本身只是提供了一个吸收表面,起着辅助性的作用。所以,这种吸水称为被动吸水。

以上关于水分运输的原理来自内聚力学说,即靠植物体内导管或管胞中水分子的拉力吸水,由于蒸腾作用和木质部汁液产生的张力,水分子大量进入植物体。植物的蒸腾作用主要是通过气孔、表皮和皮孔等进行的,主要以叶表面的气孔为主。气孔是通过保卫细胞调节开张,调节植物水分的蒸腾。植物的的正常生长就是其体内水分的吸收与蒸腾在一定水平上的平衡,保持平衡植物就能正常生长,破坏平衡则影响或抑制生长。园林植物栽植的一切技术措施都在保持这个平衡。

5.1.2.2 栽植成活原理

一株正常生长的植物,其根系与土壤紧密结合,地下部分与地上部分生理代谢是平衡的。在树木栽植过程中,植物挖出以后,根系特别是吸收根遭到严重破坏,根幅与根量缩小,植物根系全部或部分脱离了原有生存的土壤环境,根系主动吸水的能力大大降低,而地上部分因气孔调节十分有限,还会蒸腾和蒸发失水。植物栽植以后,即使土壤能够供应充足的水分,但在新的环境下,根系与土壤的密切关系遭到破坏,减少了根系对土壤的吸收。根系损伤后,在适宜的条件下虽具有一定的再生能力,但要发出较多的新根还需一定的时间。因此必须迅速建立根系与土壤的密切关系,以及根系与枝叶的新平衡,否则,植物发生水分亏损,最后导致死亡。创造新的平衡来自植物自身,即地上部分气孔关闭、减少蒸腾的自我调节能力;受伤的根系在适宜的条件下产生愈伤组织,保护伤口并逐渐产生新根。但是植物这种自我调节能力是有限的,要有适宜的条件。

因此,如何使移来的植物与新环境迅速建立正常关系,及时恢复植物以水分代谢为主的平衡,是栽植成活的关键。而这种新平衡关系建立的快慢,既与植物的生物学习性、年龄规格、栽植技术、成活期养护有关,又与影响生根和蒸腾为主的外界因子都有密切关系。可见,植物栽植成活的关键是保持和恢复株体以水分为主的代谢平衡。

5.1.3 确保栽植成活的关键措施

5.1.3.1 保湿、保鲜,防止水分流失

苗木在远距离运输途中由于风吹日晒,水分蒸发快,导致苗木因失水过多而萎蔫或死亡。因此如何防止水分流失,使苗木保持活力,提高栽植成活率和保苗率,是亟待解决的难题。据相关报道,对桉树裸根苗根部进行 4 种不同方式的保鲜处理(表 5.1),经封箱储藏 5 天后,得出以下结论:采用黄心土对桉树裸根幼苗浆根保鲜效果最好。方法是将已作浆根处理的幼苗竖放到有通气孔的纸皮箱或塑料箱中,喷洒 400 倍菌毒清药液,封盖箱口,放在避光处,可使桉树裸根苗保鲜 5 天,移栽成活率达 90%。此方法有助于桉树苗木大量的远距离运输,提高了成活率并大幅度降低成本。同时,对于园林绿化工程中所需的大量作地被或色块的小型苗

木,如金森女贞、红叶石楠、海桐、大叶黄杨等,在长距离运输过程中也可采用此法,既减少了带土球的麻烦,也能提高苗木的保鲜效果。

表5.1　苗木(桉树)不同处理后储存保鲜的状况

处理方法	苗木保鲜状况	评　价
黄心土浆根	苗木青绿、茎叶挺拔、根无损伤	最好
泥炭土护根	部分叶子萎蔫、茎挺拔、根无损伤	较好
卫生纸包根	40%苗木出现萎蔫现象	一般
对照(无处理)	苗木根茎腐烂、叶子干枯	不好

5.1.3.2　保护根系,促进根的再生

苗木从圃地起出,其根量损失较大。据测定,播种的柳杉苗,用一般的起苗方法,失去根系总量的60%;根系纤弱而庞大的赤松,则失去根系总量的90%以上。植物的同化、吸收作用和植物的根量有着极其密切的关系。因此,根量的减少对苗木的成活及其以后的吸收作用有着显著的影响。另外,根系一和土壤分离,它的功能完全停止,这对苗木是一次大的手术,起苗后的管理不好,苗木就会死亡。经过这样大的手术要保全苗木的生命力并恢复活力,这里有两个问题应予考虑:一个是很好地保持根系完整;一个是根的再生问题,即维持恢复苗木个体生活力的能力。这样,苗木能不能再生新根,就成了决定苗木生死存亡的关键。

根的再生与组织的活力有关,含水率高组织活力强,新根的发生率也高。根被挖出放到空气中干燥,组织活力降低,干燥达到一定程度再给水,根的活力也不能恢复。新根从须根伸长的根端和根的组织分化出来。通常后者为多,它多从二次组织发生不定根。由于根被挖起,根端部分和须根等组织细弱的部分,容易受伤和干燥,故应当保护原有的二次组织。

为保护苗木根系,在起苗中,应尽可能做到多留根,少伤根。对土球不完整和根系伤口较多的植株,应用糊状泥浆蘸根后包装。对裸根苗要蘸黄泥浆,最好在黄泥浆中加入2%的白砂糖、0.2%维生素B_{12}及500~1 000mg/kg的促根剂(如萘乙酸、吲哚丁酸或ABT生根粉2号等),这样可有效地促进伤口愈合和生长新根。包装时,应先用稻草包1层,然后再用塑料薄膜包好,并用塑料绳捆扎结实,以防土球松动,损伤根系。

5.1.3.3　缩短根系暴露在空气中的时间

在实际绿化工程中,多数苗木须通过远距离运输,才能到达栽植现场,因此大大降低了栽植成活率。据报道,柳杉苗在日光下晒5个小时,苗重降低到原重60%以下时,就会全部死亡。油松苗在日光下晒10分钟,成活率为81.6%,晒1小时则为67%,晒4小时就只有3.1%了。苗木在日光下的干燥过程,因部位而有所不同,叶和茎干燥慢,根系干燥快。为适应外界环境条件的变化,茎的表面有木栓层,叶有表皮层等各种组织的覆盖,另外叶子还有气孔等蒸腾调节组织,能控制水分从体内蒸发。根系所在的土壤环境,水分状况比地上部稳定,所以没有像地上部分那样发达的水分蒸腾调节组织,而且皮部组织变薄,细胞排列疏松,细胞壁薄。再生组织虽和地上部一样都能形成木栓层,但其厚度和地上部分相比显著变薄。因此,缩短根系在空气中暴露的时间是苗木保持活力的一个重要方面。

为缩短苗木在空气中暴露的时间,苗木栽植应遵循"随挖、随运、随栽"的原则,减少运输过

程中水分的蒸发和散失,运输工具最好选用车速较快的汽车,途中要用帆布棚盖在苗木上,以遮挡日晒风吹。运输距离较近时,苗木装车后用篷布覆盖即可,1天以上的长距离运输,必须包装苗木,以避免苗根因水分流失而干枯。包装用料应就地取材,秸秆、草袋、苔藓、锯末、稀泥均可。运输途中要经常检查,如发现苗木发热要打开通风,发现苗木干燥要及时适量喷水。

5.1.4 栽植季节

"种树无时,唯勿使树知",这是一句很有道理的我国古代农谚。说的是栽植树木应选择树木地上部分处于休眠状态或生长不旺、新陈代谢活动最低、根系能够迅速恢复的时间进行。园林植物的栽植时期,应根据植物特性、栽植地区的气候条件及绿化施工的工程进度特点而定。从植物自身的生长发育规律和外部的环境条件两方面考虑,最适宜栽植时期为早春和晚秋。晚秋是指植物落叶后开始进入休眠期至土壤冻结前;早春是指气温回升,土壤解冻,根系已开始生长,而枝芽尚未萌发之时。在这两个时期,气温较低,地上部分进入休眠或还未萌发生长,蒸腾量小,而植物体内储存的营养物质较充足,根系仍能进行生长,故有利于伤口的愈合和新根的产生。一般落叶树种多在秋季落叶后或春季萌芽前进行,此期树体处于休眠状态,受伤根系易恢复,栽植成活率高。常绿树种栽植,在南方冬暖地区多为秋植;冬季严寒地区,常因秋季干旱造成"抽条"而不能顺利越冬,故以新梢萌发前春植为宜;春旱严重地区可进行雨季栽植。至于春栽好还是秋栽好,众说纷云,在实际栽植时,不能拘泥于一说,应从植物种类的特性、绿化工程计划、栽植的环境条件、现有的栽植条件等方面综合考虑,做到各取所长,灵活应用。

5.1.4.1 春季栽植

春季树体结束休眠,开始生长发育,是我国大部分地区的主要植树季节。此外,春植符合植物先长根、后发枝叶的物候顺序,有利于水分代谢的平衡。特别是在冬季严寒地区或对于不甚耐寒的植物,春植可免却越冬防寒之劳。多数落叶植物宜早春栽植,最好在萌芽前半个月栽。但对于早春开花的梅花、玉兰等为不影响春季开花,则应于花后栽;对春季萌芽展叶迟的树种,如乌桕、无患子、合欢、苦楝、栾树、喜树、重阳木、枫杨等,宜于晚春栽,即芽萌动时栽;秋旱风大地区,常绿树种也宜春植,但在时间上可稍推迟。如香樟、柑橘、广玉兰、枇杷、桂花等适宜晚春栽植,如香樟于4月底~5月上旬栽比3月份栽成活率高。具肉质根的树种,如山茱萸、木兰、鹅掌楸等,根系易遭低温冻伤,也以春植为好。春季工作繁忙,劳力紧张,要根据树种萌芽习性和不同地域土壤解冻时期,利用冬闲做好计划。树种萌芽习性以落叶松、银芽柳等最早,杨柳、桃、梅等次之,榆、槐、栎、枣等最迟。土壤解冻时期与气候因素、立地条件和土壤质地有关。落叶树种春植宜早,土壤一解冻即可开始栽植。华北地区春植,多在3月上旬至4月下旬,华东地区以2月中旬至3月下旬栽植为佳。

5.1.4.2 夏季(雨季)栽植

受印度洋干湿季风影响,有明显旱、雨季之分的西南地区,以雨季栽植为好。雨季如果处在高温月份,由于短期高温,强光易使新植树木水分代谢失调,故要掌握当地的降雨规律和当年的降雨情况,在连续阴雨时期栽植。江南地区,亦有利用"梅雨"期(6月)的气候特点,进行夏季栽植的经验。部分常绿植物或针叶树如圆柏、龙柏、金钱松、雪松等由于萌芽率和成枝率较低,栽前不宜过多修剪,可在梅雨季进行栽植,避免水分过度蒸发导致植株枯萎或死亡。

5.1.4.3　秋季栽植

秋季栽植,树体对水分的需求量减少,而且气温和地温都比较高,树木地下部分尚未完全休眠,栽植时被切断的根系能够尽早愈合,并有新根长出。此外,秋栽的时间比春栽长,有利于劳力的调配和大量栽植任务的完成,根系有充分的恢复和发新根的时间,翌年春季气温转暖后苗木立刻开始生长,不需要缓苗时间,故栽植成活率也较高。多数落叶树种和竹类可选择秋季栽植。在华东地区秋植,落叶树宜晚秋栽,时间为 10 月中旬至 11 月中、下旬,也可延至 12 月中下旬。华北地区秋植,多使用大规格苗木,以增强树体越冬能力。东北和西北北部严寒地区,秋植宜在树木落叶后至土地封冻前进行。

5.1.4.4　冬季栽植

冬季栽植适用于冬季土壤基本不冻结的华南、华中和华东等长江流域地区。北方寒冷地区可采用冻土球移栽法。具体做法如下:栽植时间在封冻季节,当冻层厚达 8~12cm 时进行起苗和挖坑,此时下层土壤未冻结,起挖效率较高。由于挖坑很费工,因此需在封冻前挖好定植坑,保证坑底无积水,以免结冰。定植坑一般长、宽各 1m,深 0.8~1m。使根系处在土壤下层相对恒温层。挖苗时间一般在封冻后,在挖苗的圃地或林地,最好在封冻前灌足冬水。为保证土球完整,土球四周挖好后,先不要切断主根,放置一夜,待土球完全冻好后,再把主根切断,球起好后再往球上洒水,以加速土球的冻结。土球大小根据树苗而定,一般 10~17 年生的大树土球直径以 60~80cm、厚 40~50cm 为宜,过小带根少,缓苗期长,过大不宜搬动,反而造成土球碎裂。开始挖掘时土球可以留大一些,以后逐渐修削至符合要求为止。如土球部分损伤可用稀泥浆填补,待冻结后运输。

5.1.5　栽植前的准备

绿化工程必须按照批准的绿化工程设计及有关的文件施工。绿化施工单位在工程开工前,应做好一切准备工作,以确保高质量按期完成栽植任务。

5.1.5.1　明确设计意图,了解栽植任务

施工前设计单位应向施工单位进行设计交底,施工人员应按设计图进行现场核对。当有不符之处时,应提交设计单位做变更设计。施工人员应掌握设计意图,进行施工准备。

通过向设计单位了解工程概况,包括:植树与其他有关工程(铺草坪、建花坛以及土方、道路、给排水、山石、园林设施等)的范围和工程量;施工期限(始、竣日期,其中栽植工程必须保证以不同类别植物于当地最适栽植期间进行);工程投资(设计预算、工程主管部门批准投资数);施工现场的地上(地物及处理要求)与地下(管线和电缆分布与走向)情况;定点放线的依据(以测定标高的水位基点和测定平面位置的导线点或与设计单位研究确定地上固定物作依据),初步掌握绿化树种的搭配、景观设计、所达预想目的和意境,以及施工完成后近期所要达到的效果;其他概况,如苗木的来源,包括苗木的规格、种类与品种、出圃地点、出圃时间及质量要求等,施工过程中所需用的劳工数及机械、车辆等。

5.1.5.2　绿化施工现场的准备

施工人员在了解设计意图和工程概况后,必须亲临现场进行踏勘与调查,对施工现场的自然地势、地表及地下的土质结构、周边环境和水源情况都要做深入调查,为绿化工程的设计与施工提供第一手资料。同时做好以下几方面的准备:

1) 清理障碍物

在绿化工程范围内,一些妨碍施工的市政设施、农田设施、房屋、违章建筑等应一律拆除或搬迁。拆除时,应根据其结构特点并遵循有关安全技术规范的规定进行操作。如果施工现场内的地面、地下或水下发现有管线通过,或有其他异常物体时,应事先请有关部门协同查清,未查清楚前不可动工,以免发生危险或造成严重损失。

2) 保存原有树木

在绿化现场发现有古树名木或较珍贵的树木经确定需要保存的,在土建施工以前,应采取措施暂时围起来,以避免由于踏实、焚烧造成损伤。为了防止机械损伤树干、树皮,应用草袋保护。特别是行道树,有时由于更换便道板或树穴板,需要做垫层,石灰和水泥都会造成土壤碱化,危害树木正常生长。因此,在施工前先将树穴用土护起,做成高 30cm 以下的土丘,避免石灰侵入。如果垫层需要浇水养护,应及时将树穴围起,或将水导向别处,禁止向树穴内浇含有石灰、水泥的水。

3) 地形处理

地形处理是指在绿化施工用地范围内,根据绿化设计要求塑造出一定起伏的地形。建造地形是为了解决园林绿化中的平面呆板、单调、缺乏艺术性的问题,使园林景观更富于变化。要依据设计要求,依据视觉效果不断调整修改,从各个角度不断对比,依据自然地势进行再创造。地形塑造应做好土方合理使用,要先挖后填。由于建设工程中土方的进出需动用大笔的施工费用,因此土方量一定要测算准确,尽量减少误差,降低施工成本。一般做地形所使用的土方将平均下沉 5～19 cm 的高度,并通过两年左右的时间方可沉实,因此在施工中要考虑到整体与长远的实际效果。

在地形塑造同时,要注意绿地的排水问题。一般要根据当地排水大趋势,将绿化地适当加高,然后自然整理成一定的坡度,使其与本地排水趋势一致。除此,还要做好绿地与四周的道路、广场的标高合理的衔接,做到排水流畅。

4) 整理地面土壤

地形塑造完成之后,还需要在绿化地块上整理地面土壤。绿化地的整理不只是简单的清掉垃圾,拔掉杂草,该作业的重要性在于为植物提供良好的生长条件,保证根部能够充分生长,维持活力,吸收养料和水分。在施工中不得使用重型机械碾压地面。一要确保根域层有利于根系的自然生长。一般来说,草坪、地被根域层生存的最低土层厚度为 15cm,小灌木为 30cm,大灌木为 45cm,浅根性乔木为 60cm ,深根性乔木为 90cm ;而培育植物所需的最低土层厚度应在生存最低厚度基础之上,即草坪地被、灌木各增加 15cm,浅根性乔木增加 30cm,深根性乔木增加 60cm(表 5.2)。二要确保适当的土壤硬度。土壤硬度适当可以保证根系充分生长和维持良好的通气性和透水性,避免土壤板结。三要确保排水性和透水性,填方整地时要确保团粒结构良好,必要时可设置暗渠等排水设施。四要确保适当的 pH。土壤 pH 最好控制在 5.5~7.0 范围内或根据所栽植物对酸碱度的喜好而做调整。五要确保养分,适宜植物生长的最佳土壤是矿物质45%,有机质 5%,空气 20%,水 30%。

对所有种植地与回填土均应达到种植土的要求:应保持疏松、排水良好,非毛管孔隙度不低于10%,土壤 pH 为 0.6~0.8,土壤含盐量不高于 0.12%,土壤营养元素达到基本平衡(有机质含量不低于 10g/kg,含氮量、含磷量、含钾量分别不低于 1.0g/kg、0.6g/kg、0.7 g/kg)。具体做法:首先要通过检测,分析土质是否符合种植条件,确定是否需要更换种植土。勘察地表以下 1m 左右的土层结构情况,如有建筑残基,需确定可行的消除方案,进行彻底清除。一般土质较好、土层较厚,只要稍加平整即可。如果在有建筑垃圾、工程遗址、矿渣以及化学废弃物等修建绿地的,需要彻底清除渣土,按要求换好土并达到应有的厚度,其间应尽量防止重型机械进入现场碾压。除此,对符合质量要求的绿化地表土应尽量利用和复原,为绿化创造良好的生长环境。根据要求在确保地下没有其他障碍物时,最好结合施基肥和深翻,达到细碎和平整。

表 5.2   园林植种植必需的最低土层厚度

植被类型	草本花卉	草坪地被	小灌木	大灌木	浅根乔木	深根乔木
土层厚度	30cm	30 cm	45 cm	60 cm	90 cm	150 cm

5)其他准备

保证施工现场通电、通水;施工地面要达到设计要求,设置合理的道路能让车辆进出通畅。另外,还要搭建临时办公室及工棚,安排好施工人员的食宿等。

5.1.5.3   编制施工计划书

1)施工计划书内容

根据施工进度编制翔实的栽植计划,及早地进行人员、材料的组织和调配,并制定相关的技术措施和质量标准。计划书应包括的内容有:工程概况(工程名称、施工地点、工程内容及范围、施工程序等);施工的组织机构(参与施工的单位、部门及负责人、劳动力的来源及人数等);各工序的用工数量及总用工日;工程所需材料进度表、机械与运输车辆和工具的使用计划;施工技术和安全措施;施工预算;大型及重点绿化工程应编制施工组织设计等。

2)栽植工程的主要技术项目的确定

(1)定点、放线。确定平面和高程定点放线的具体方法,以保证栽植位置符合设计要求,做到准确无误。

(2)挖树坑。根据不同树种苗木的规格大小,分别确定相应的树坑规格(直径、深度)以及完成挖坑的时间等。

(3)换土。分成片或单坑换土。如需换土,要确定客土的来源并计算出土方量,以及渣土的外运处理和去向等。

(4)起苗。确定不同的起苗方法、包装方式,确定哪些树种需带土球,哪些树种不需带土球;确定土球大小、裸根根幅规格、包装方法及起苗时间等。

(5)运苗。明确运苗时间和方法。车辆、机械、行车路线、遮盖物及押运,以及途中保护措施等落实情况。

（6）假植。明确是否需要假植，需假植的应落实地点、方法、时间、养护管理等措施。

（7）修剪。确定不同苗木的修剪方法和要求。栽植乔木一般于栽前进行修剪，灌木、绿篱可栽后修剪。

（8）栽植。确定不同树种、不同地段的栽植时间及顺序，是否需要对苗根消毒，以及施肥种类、数量和方法等确定与落实。

（9）立支撑。为了防止新植树木被风刮歪刮倒，应确立支撑的形式、材料和方法。

（10）浇水、喷水。确定浇水、喷水的方法、时间、数量和次数；制作、撤除围埝和松土等。

（11）清理现场应做到文明施工，达到工完场净的要求。

（12）其他技术措施，如遮阴、喷雾、防治病虫害以及灌水后倒树扶正等。

5.1.5.4 施工方案及进度计划的审查

1）施工方案的审查

施工组织设计应编列主要工程项目的施工方案，而施工方案的确定一方面需要考虑施工单位的施工能力、施工经验、现场条件；另一方面也要考虑经济性与合理性，充分维护建设单位的利益，方案不仅要安全可靠，还要经济合理。

2）施工进度计划的审查

根据工程特点、工程规模确定关键线路，计算合理工期，并兼顾工程总体进度目标，充分考虑各种自然因素来确定工程的分阶段施工进度计划，施工单位的施工能力是否与工程规模相适应，即审查进度计划与资源投入的匹配性，而且还应该考虑不可预见因素的干扰，以确保工程按计划顺利完成。

5.2 一般乔、灌木栽植

乔灌木是园林植物的主体材料，也是园林绿化施工的重点。"园林绿化，乔木当家"。乔木有明显高大的主干，枝叶繁茂，绿量大，生长年限长，景观效果突出，占据园林绿化的最大空间，决定着植物景观营造成败的关键。灌木栽植虽不及乔木的主体地位，也不及草坪和地被植物所产生的作用和效果，但也因其具体量适中、亲人性强，能够活跃空间且便于管理等优点被广泛应用于园林绿化的重要场所。

5.2.1 定点、放线

定点、放线就是把绿地设计的内容，包括种植设计、建筑小品、道路等按比例放样于需要进行施工的地面上。绿化种植施工的定点、放线即按照设计图纸的要求，在现场测出苗木栽植位置和株行距。在种植施工定点、放线前要勘查现场，确定施工放线的总体区域。施工放线同地形测量一样，必须遵循"由整体到局部、先整体后局部"的原则，首先建立施工范围内的控制测量网，放线前要进行现场勘查，了解放线区域的地形，考察设计图纸与现场的差异，确定放线方法。清理场地，踏查现场，在施工工地范围内，凡有碍工程开展或影响工程稳定的地面物或地下物都应该清除。要把种植点放得准确,首先要选择好定点、放线的依据,确定好基准点或基准线、特征线,同时要了解测定标高的依据,如果需要把某些地物点作为控制点时,应检查这些点在图纸上的位置与实际位置是否相符,如果不相符,应对图纸位置进行修整,如果不具备这些条件,则须和设计单位研究,确定一些固定的地上物,作为定点、放线的依据。测定的控制点应立木桩作为标记。

5.2.1.1　道路绿地的定点、放线

1)行道树的定点、放线

行道树是指道路两侧成行列式栽植的树木。对行道树的定点、放线要求做到横平竖直,整齐,美观。一般行道树应按照道路设计断面图的中心线为基准进行定点、放线。为保证植行笔直,每隔一定距离钉桩作为行位控制标记。具体栽植时,要注意行位和点位的确定。

(1)确定行位的方法。行道树行位严格按横断面设计的位置放线,以有固定路牙内侧为准;在没有路牙的道路,以道路路面的平均中心线为准,用钢尺测准行位,并按设计图规定的株距,大约每10棵钉一个行位控制桩,通直的道路,行位控制桩可钉稀一些,凡遇道路拐弯则必须测距钉桩。行位控制桩不要钉在植树刨坑的范围内,以免施工时挖掉木桩。道路笔直的路段,如有条件,最好首尾用钢尺量距,中间部位用经纬仪找准穿直的方法布置控制桩。这样可以保证速度快,行位准。

(2)确定点位的方法。行道树点位以行位控制桩为瞄准的依据,用皮尺或测绳按照设计确定株距,定出每棵树的株位。株位中心可用铁锹铲一小坑,内撒白灰,作为定位标记。

2)中央分隔带的定点、放线

中央分隔带的定点、放线,最简单的方法是以中央分隔带左右两边路缘石的中心为依据,用皮尺、测绳等按图纸设计的株距,量出每株或每池栽植植物的位置,然后以此点为中心,用白灰向四周画出应挖坑穴尺寸或方形或圆形边框。定点时,如遇到涵洞、管道、电缆等障碍物应躲开,在不影响整体设计意图的情况下,不应拘泥于设计的尺寸。

3)道路边坡、边沟的定点、放线

道路边坡在定点、放线时,宜用皮尺或测绳,按照设计的尺寸放出第1行应栽植物的种植点。然后按照行距的要求,依"品"字形或矩形,依次放出第2行、第3行的种植点。种植行数应视边坡的高度而定。在边坡定点放线时,测绳或皮尺的长度不宜过长,否则种植点的误差就会很大。

边沟一般是栽植一行或多行乔灌木,它的定点、放线可利用测绳按照设计的株行距放出栽植点即可。

4)道路等距弧线的放线

在道路弯曲处栽植的树木(即树木栽植为一弧线),放线时可从弧线的开始到末尾以路牙或中心线为准,每隔一定距离分别画出与路牙垂直的直线。在此直线上,按设计要求的树与路牙的距离定点,把这些点连接起来就成为近似道路弧度的弧线,于此线上再按株距要求定出各点。

5.2.1.2 自然式绿地的定点、放线

自然式树木种植方式,不外乎有两种:一为单株的孤植树,多在设计图上有单株的位置;另一种是群植,图上只标出范围而未确定株位的株丛、片林,其定点放线方法如下:

(1) 网格法。多用于范围大、地势平坦的环境。采用"网格法",即按比例在设计图纸上和相应的现场分别画出相应距离相等的方格(如 20m×20m)(图 5.1)。定点时先在设计图上量好树木在某一方格的纵横坐标距离,然后到现场相应的方格中确定好位置,最后撒白灰或钉桩加以标明。

(2) 交会法。多用于面积较小、施工现场有与设计图纸位置相符的固定物(如电柱、井位、建筑等)。采用交会法定点、放线,定出种植点。交会法是依地面标识物的两个固定位置为依据,根据设计图上与该两点的距离半径进行交会,定出种植位置,并撒白灰或钉桩加以标明。

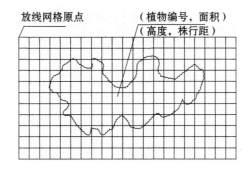

图 5.1 片植植物定点、放线方法

(3) 极坐标法。极坐标系是由极点、极轴及极径构成。从极点出发向右水平方向为正方向,应有一定长度单位。然后用一对数表示平面上点的极坐标,即从极点到预定点的距离为极径(ρ),另外是从极轴按逆时针方向旋转的夹角为极角(θ)。选择施工现场有与设计图纸位置相符的固定物为极点而建立坐标系,通过计算测出自然式种植各栽植树木位置点的极坐标,由此可以进行准确的定点放线。定点时,对孤植树、列植树应定出每株的位置,并用白灰或木桩标明(树种名称、控穴规格),对自然式丛植和群植的应依照图纸按比例测出其范围,并用白灰标出边线。其内部,除了主景树需要精确定点并标明外,其他次要树种可用目测法确定种植点,但需树种、数量符合设计要求。丛植的树种位置要有层次,以形成中心高、边缘低或由高渐低的有曲折变化的林冠线。树林内应注意配置自然,切忌呆板,避免平均分布、距离相等,邻近的几棵不要呈机械的几何图形或者呈一条直线。

(4) 支距法。此种方法在园林施工中经常用到,是一种简便易行的方法。它是根据树木中心点至道路中线或路牙线的垂直距离用皮尺进行放样。如图 5.2 所示,将树中心点 1,2,3,4,5 等在路牙线的垂足 E,D,C,B,A 等点在图上找出,并根据 ED,DC,CB,BA 等距离在地面相应园路路牙线上用皮尺分段量出并用白灰撒上标记,确定 E,D,C,B,A 等点,再分别作垂线按 1E,2D,3C,4B,5A 等尺寸在地面上作出 1,2,3,4,5 等点,用白灰撒上标记或钉木桩,在木桩上写上树名,这样就可进行树木种植施工。

(5) 仪器测放法。适用于范围较大,测量基点准确的绿地,可以利用经纬仪或平板仪放

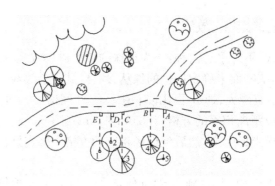

图 5.2　支距法定点、放线

线。当主要种植区的内角不是直角时,可以利用经纬仪放线。当主要种植区的内角不是直角时,可以利用经纬仪进行此种植区边界的放线。用经纬仪放线需用皮尺钢尺或测绳进行距离丈量。平板仪放线也叫图解法放线,但必须注意在放线时随时检查图板的方向,以免图板的方向发生变化出现误差过大。

5.2.2　树木起挖

5.2.2.1　树木起挖前准备

1) 苗木选择

幼苗树由于其根系分布范围小,起苗时容易多带须根,对根系损伤率低,地上枝条恢复能力强,生长旺盛。同时幼树可塑性大,对新环境的适应能力强,所以栽植幼龄植株成活率高。但是在城市中栽植过小的苗木,一方面影响近期的绿化效果,另一方面容易受人为活动的影响。对于壮龄树即大树,它们的根系虽然分布广,但吸收根远离树干,起树时容易伤根,故移栽成活率相对要低。为提高成活率,对栽植与养护的各个环节技术要求较高,施工养护费用加大,同时壮龄树种固有的特性已经确定,可塑性低,对环境的适应能力远不如幼龄树,所以对大量的城市绿化用苗最好选用幼年、青年阶段的苗木。这个阶段的苗木既有一定的适应能力,又具有快速生长能力,栽植容易成活,绿化效果发挥得较快。建议一般城市绿化工程选用苗木规格:落叶乔木胸径 5~10 cm,常绿乔木树高 2~3.5 m,落叶灌木树高 1~1.5 m,地径 2~4 cm,做绿篱的树种冠径应不小于 30 cm 等。

对苗木规格的选择应考虑绿地的需求,种植行道树及在人流量大的地段种树,可选择胸径 8~10 cm 的苗木;受人为因素干扰小的区域,如封闭式绿地、庭院绿地,选择胸径 4~5 cm 的苗木即可;受人为因素影响极小且周边自然生态条件良好的城郊路段,选择胸径 2~3 cm 的苗木即可;对于山地造林则以小苗为主。应注意,所有苗木都必须是生命力旺盛的健壮苗,不能用老化苗或"小老树"苗。

2) 苗木调集及编号

一般情况下,苗木调集应遵循就近采购的原则,必要时可准备 1~2 个预备供应商,以防临时有变。同时,应加强植物检疫,杜绝重大病虫害的蔓延和扩散,在购进树木后应进行树木的全面消毒。消毒方法有浸渍、喷洒等,在配置农药时,要严格按照使用说明操作,要特别注意安全。在选择要栽植的大树时,既要按设计要求选用生长良好、姿态优美、无病虫害、无毒、无臭、无刺激的树木,达到绿化、美化、香化、彩化的目的,更要坚持"适地适树"的原则,充分考虑所选树木的生态学要求是否与栽植地的环境条件相符合。

为使施工有计划地进行,可把定植坑及要栽移的树木均编上号码,保证其移植时可以对号入穴,以减少现场混乱事故。定向是在树干上标出南北方向,使其在移植时仍能按原方位栽下,以满足它对蔽阴及阳光的要求。在起树前,应把树干周围的碎石、瓦砾堆、灌木丛及其他障碍物清除干净,并将地面大致整平,拟定起吊工具和运输工具的停放位置,为顺利移植树木创造条件。然后按树木移植的先后次序,合理安排运输路线,以使每棵树都能顺利运出。

3) 苗木质量要求

宜选择苗圃移植苗类、容器苗或容器苗,移植时间以半年至两年为宜。乔木质量要求:杆形通直,树枝权均匀,树冠幅完整匀称,乔木胸径为地面上 1.2m 处,主干直径允许偏差,采用四舍五入计算,土球完整,无破裂松散,树皮无损伤。灌木苗木以地径和苗木高度两个指标为依据,Ⅰ级和Ⅱ级为合格苗木。合格灌木苗的质量要求:高度符合设计规定,冠形完整美观、有短主干,丛木有主茎 3～6 个,分布均匀,根际有分枝、侧根须根多,且具有一定的长度;土球结实,草绳不松脱。

苗木种类、规格是否符合设计要求,苗木质量的好坏,关系到种植成活率,也关系到工程成本。树木根系一定要完整,土球要符合规定大小,保持土球完整,树冠均匀,无严重损伤和病虫害,要查阅供苗单位提供的《植物检疫证书》,严禁采用带有检疫性病虫害的树木(植物)。对于种类(品种)、冠幅、高度、直径、土球及病虫害等方面,有一条不符合要求的,一律进行退回处理(表 5.3)。

表 5.3　乔木质量合格标准

树木形态	质 量 要 求
树干	主干不得过于弯曲,无蛀干害虫,有主轴的树种应有中央领导枝
树冠	树冠茂密,各方向枝条分布均匀,无严重损伤和病虫害
根系	有良好须根,大根不得有劈裂,根际无瘤肿及其他病害。带土球的苗木,土球必须结实,草绳不松脱

5.2.2.2　树木起挖(起苗)

树木起挖是植树工程的重要工序之一,起苗质量直接影响植树的成活率以及绿化成果。确定合理、正确的起苗时间和方法,并认真负责地组织操作,是保证苗木质量的关键。为此,起苗前,应充分做好各项准备工作,如圃地土壤水分状况、工具以及包装材料等准备工作。

1) 苗木起苗前准备

(1) 苗木选择。选择无病虫害、生长健壮、树干光滑、树形较好、粗细均匀、无机械损伤的树。对野生树要在朝阳面喷上标记,对圃内树和栽培性状好的树木则不必注意朝向问题。

(2) 消毒植株。起苗前 7 天,必须认真逐株检查病虫情况,彻底剔除受病虫害浸染的枝叶,然后选用具有触杀、胃毒、内吸、杀卵作用的杀虫剂,如 40％的氧乐果 1 000 倍加 1.8％阿维菌素 2 000 倍混合液全面喷施 1 次;隔 2～3 天,再选用 50％多菌灵与 80％代森猛锌 800～1 000 倍等量混合液全面喷施 1 次。

2) 浇足水分

起苗的 1 个月前进行截根处理,起苗前 7 天内不施氮肥。在干旱少雨季节,气候干燥,植物体内自由水甚少,难以维持起苗后较长时间的断水运输。为使苗木含水量提高,于起苗前 3～5 天对苗床灌水以提高土壤含水量,增加土壤的供水能力,在蒸腾作用下,植株体内的自由水充盈,能克服过早脱水现象,从而提高苗木含水量,提高栽植成活率。

3) 酌施陪嫁肥

在浇水的次日,施 1 次 0.3％～0.5％的硫酸钾复合肥。喷完杀菌剂的次日午后喷施 1 次 1 000 倍液磷酸二氢钾加 500～750 倍液等量的多元叶面肥和光合微肥,以提高植株的抗逆性。

4) 裸根起挖

裸根起苗法多用于常绿树小苗及落叶树种。裸根起苗的关键在于保持根系的完整,骨干根不可太长,侧根、须根尽量多带。具体操作如下:

(1) 开挖掘沟。挖掘沟的大小是根据树木根系分布范围来定的。一般情况下,经过移植养根的树木能携带较多有效根系,水平分布幅度通常为主干直径的 6～8 倍;垂直分布深度,为主干直径的 4～6 倍,一般多在 60～80cm,浅根系树种多在 30～40cm。开沟时,先以树干为圆心,以树干胸径的 6～8 倍以上在树木周围画一圆圈,开出挖掘沟。挖掘深度应较根系主要分布区稍深一些,以尽可能多地保留根系,特别是具吸收功能的根系。

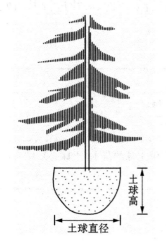

图 5.3　土球形态(五星苹果形)

(2) 断根。在挖到一定深度后,遇到根系可以切断。对规格较大的树木,当挖掘到较粗的骨干根时,应用手锯锯断,并保持切口平整,坚决禁止用铁锹去硬铲。对有主根的树木,在最后切断时要做到操作干净利落,防止发生主根劈裂。根系的完整和受损程度是决定挖掘质量的关键,树木的良好有效根系,是指在地表附近形成的由主根、侧根和须根所构成的根系集体。

(3) 根系打浆。从掘苗到栽植,务必保持根部湿润,根系打浆是常用的保护方式之一,可提高移栽成活率 20％。浆水配比为:过磷酸钙 1kg＋细黄土 7.5kg＋水 40kg,搅成糊糊状。为提高栽植成活率,运输过程中可采用湿草覆盖,以防根系风干。

日本加漱青发明了药液裸根移植法,即把聚乙烯醇搅拌成适当黏度的液体,然后用喷雾器喷洒到树木根部及其所带起的泥土表面上,使之自然硬化,形成被膜层后就可装载移植了。药液裸根移植树木有以下优点:能够较好地防止树木根部的水分蒸发,使树木不因缺水而萎蔫。搬运时,树木根部带起的泥土不散裂掉落,较好地保护了树根。操作简便,可以节省劳力和时间。移植后,聚乙烯醇被膜层很快地被外界水分所溶解,树根易于伸展和生长。药液中含有甲醛(福尔马林)成分,树根得到消毒,可以防止腐烂。

5）带土球起挖

一般常绿树、名贵树和花灌木的起挖要带土球。带土球起挖能较好地保护树木根系，避免根部水分过度蒸发及起苗和运输过程产生的机械伤害。具体操作如下：

（1）挖前准备。起挖前如遇干燥天气，可提前2～3天对土壤灌透水，以使树木充分吸水，增加土壤的黏结力，便于操作，防止土球松散。挖树时先将树冠用草绳拢起，避免损坏树冠。对于枝叶茂盛的常绿树可进行修枝剪叶等处理。

（2）开操作沟。以树干为圆心，以树干胸径的4～6倍为半径画圆。在圆外侧用铁锹垂直下挖，挖一条操作沟，沟壁应垂直，沟深与土球高度相等。

（3）修土球。在下挖过程中，遇到细根用锹斩断，3 cm以上的粗根应用锯锯断，以免震裂土球。挖至规定深度，用锹将土球表面及周围修平，使土球上大下小形状呈"红星苹果形"（图5.3），土球的上表面，宜中部稍高，逐渐向外倾斜，其肩部应圆滑，不留棱角，这样包扎时比较牢固，扎绳不易滑脱。土球规格的大小因树种特性、树体规格和栽植季节而定（表5.4）。一般认为，土球的直径为树木胸径的8～10倍，土球高度为其直径的2/3，应包括大部分的根颈在内。土球的下部直径一般不应超过土球直径的2/3。自上而下修整土球至一半高时，应逐渐向内缩小至规定的标准。对于灌木树种，土球的大小依树冠的大小而定。树冠越大，土球就越大，土球直径为冠幅的1/2～1/3，一般为30 cm左右。

（4）掏底。最后用锹从土球底部斜着向内切断主根，使土球与底分开，粗大的主根用手锯锯断，不可用锹斩断，以免劈裂。

表5.4 乔木树种的最小土球规格

地径/cm	3～5	5～7	7～10	10～12	12～15
土球直径/cm	40～50	50～60	60～75	75～85	85～100

常绿树种及某些裸根栽植难于成活的树种，如板栗、长山核桃、七叶树、玉兰等，多使用带土球栽植。规格较大的乔灌木在生长期栽植，亦要求带土球进行，以提高成活率。如距离较近，可简化土球的包装手续，只要土球大小适度，在搬运过程中不致散裂即可。如黄杨类须根多而密的灌木树种，在土球较小时也不会散裂。对直径在30cm以下的小土球，可用草绳或塑料布简易包扎。如土球较大使用蒲包包装时，只需稀疏捆扎蒲包，栽植时剪断草绳撤出蒲包物料，以便新根萌发，吸收水分和营养。如用草绳密缚，土球落穴后，也应剪断绳缚，以利根系恢复生长。容器苗木在起苗时，要严防袋内土壤散落。

5.2.2.3 土球包扎

土球包扎方法依土球大小、土质松紧与否及运输距离的远近而定。在打包之前应将捆包绳用水浸泡潮湿，以增强包装材料的韧性，减少捆扎时引起脆裂和提断。

（1）土球直径在50cm以下者，抱出坑外打包，先将一个大小合适的蒲包浸湿摆在坑边，双手抱出土球，轻放于蒲包正中，然后用湿草绳纵向捆绕，将包装捆紧。

（2）土质松散及规格较大的土球，应在坑内打包，将2个大小合适的湿蒲包从一边剪开直至蒲包底部中心，用其一兜底，另一盖顶，两个蒲包接合处，捆几道草绳使其固定，然后按纵向捆草绳。先用浸湿的草绳在树干茎部系紧，缠绕几圈固定好，然后沿土球与垂直方向稍斜角

（约30°）捆草绳，捆扎过程中，可用石块敲打草绳，使草绳捆得更加牢固。每道草绳间隔8cm左右，直至把整个土球捆完。土球直径小于40cm者，用一道草绳捆一遍，称为"单股单轴"。土球直径较大者，用一道草绳沿同一方向捆两遍，称为"单股双轴"。土球很大，直径超过1m者，用两道草绳捆两遍，称为"双股双轴"。纵向草绳捆完后，在树干基部收尾捆牢(图5.4)。

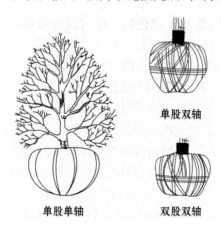

单股双轴

单股单轴   **双股双轴**

图5.4   土球纵向捆扎法

（3）直径超过50cm的土球，纵向系绳收尾后，为保护土球，还要在土球中部捆横向草绳，称为"系腰绳"。方法是：另用一根草绳在土球中部紧密横绕几道，然后再上下用草绳呈斜向将纵、横向草绳串联起来，不使腰绳滑脱。

（4）凡在坑内打包的土球，在捆好腰绳后，轻轻地将苗木推倒，用蒲包草绳将土球底包严捆好，称为"封底"。方法是：先在坑的一边挖一条小沟，并系紧封底草绳，用蒲包插入草绳将土球底部露土之处盖严，然后将苗木朝挖沟向推倒，采用封底草绳与对面的纵向草绳交错捆连牢固即可。

（5）土球封底后，应该立即出坑待运，并随时将掘苗坑填平。

5.2.2.4   苗木装运

苗木运输时要轻装、轻放、轻卸，同时要注意保湿，以防苗木脱水。大型苗木装车时要将其固定好，并隔以缓冲物，防止树木碰撞伤及皮部，碰散土球。小规格苗木最好用竹筏箱、藤筐或木板条箱分装，然后逐个装车，以防相互挤压坏死。

1）苗木装车

（1）带土球苗木的装车。2m以下的带土球苗木可以立装。2m以上的苗木必须斜放或半放。土球朝前，树稍向后，并用木架将树冠架稳。土球规格较大，直径超过0.6 m的苗木只装一层，小土球可以码放2～3层，土球之间安放紧密，还须用木块、砖头支垫，以防止土球晃动。土球上不准站人或码放重物。

（2）裸根苗木的装车。对于裸根苗木，装车不宜过高过重，不宜压得太紧，以免压伤树枝和树根；树梢不准拖地，必要时用绳子围拴吊拢起来，绳子与树身接触部分，要用蒲包垫好，以防伤损干皮。卡车后箱板上应铺垫草袋、蒲包等物，以免擦伤树皮，碰坏树根，装裸根乔木应树根朝前，树梢向后，顺序排码。长途运苗最好用苫布将树根盖严捆好，这样可以减少树根失水。

　　2）苗木运输

　　城市交通情况复杂，而树苗往往超高、超长、超宽，应事先办好必要的手续。运输途中押运人员要和司机配合好，尽量保证行车平稳，运苗途中提倡迅速及时，尽快到达施工现场。如果是短距离运输，以防苗根不失水为原则，苗木可散在筐篓中，在筐底放上一层湿润物，筐装满后在苗木上面再盖上一层湿润物即可。如果长距离运输，则裸根苗根一定要蘸泥浆，带土球的苗要在枝叶上喷水，再用湿苫布将苗木盖上。无论是长距离还是短距离的运输，都要经常检查包内的湿度和温度，以免湿度和温度不适影响成活。如包内温度高，要将包打开，适当通风，并要换湿润物以免发热；若发现湿度不够，要适当加水。另外，运苗时应选用速度快的运输工具，以便缩短运输时间。最好的方法是用特制的冷藏车来运输，因为低温能使苗木保持休眠状态，降低生理活动强度，减少水分的消耗和散失。既能保持苗木活力，又能推迟苗木萌发，延长栽植时间。低温储藏的温度要控制在 0～3℃，空气相对湿度保持在 85%～90% 以上，并有通风设施。

　　3）苗木卸车

　　苗木卸车时要轻拿轻放，保护树冠及土球的完整。带土球苗卸车时，不得提拉树干，而应双手抱土球轻轻放下。较大的土球卸车时，可用一块结实的长木板，从车箱上斜放至地上，将土球推倒在木板上，顺势慢慢滑下，绝不可滚动土球。裸根苗木必须当天种植，以保证裸根苗木自起苗开始暴露时间不超过 8h；当天不能种植的苗木必须进行假植并做好养护措施。

5.2.2.5　树木假植

　　假植是指将苗木根系用湿润土壤进行暂时埋植，以防根系干燥，保护苗木活力。假植分临时假植和越冬假植两种。假植地应选在地势较高，排水良好、背风，春季不育苗的地段。平整地后进行挖沟假植。

　　（1）临时假植。保存时间短，在地面直接挖小沟将苗木成行地把根系埋在湿润的土壤中，假植深度在苗木原土印以上 3～5cm 处，然后要经常浇水保湿直到栽植结束。

　　（2）越冬假植。即在秋季起苗，需要通过假植越冬的苗木，保存时间长。在土壤结冻前，选排水良好背阴、背风的地方挖一条与当地主风方向垂直的沟，沟的规格因苗木大小而异。一般沟深 20～50cm，沟宽 100～200cm。大苗还应加深、加宽，迎风面的沟壁作成 45° 的斜壁，然后在苗木全部落叶后入沟内成排、散把、单株、整齐地进行假植，苗梢向下风向倾斜，要确保苗木根系用湿润的土壤埋好、踏实，行间距 15～20cm，然后浇透水。假植深度为苗木的原土印。然后在苗木上方将假植沟用稻草片、蒲包等封盖并覆土 10～30cm，以防风干和霉烂。沟内的土壤湿度以其最大持水量的 60% 为宜，即手握成团，松开即散。假植期间要经常检查，特别是早春不能及时出圃时，应采取降温措施，抑制苗木萌发。发现有发热霉烂现象应及时倒沟假植。苗木出沟造林时，要充分化透，不能伤根，以最大限度地保持苗木活力。

　　（3）容器假植。容器假植是指将苗木在秋季或春季从苗圃地挖起，裸根运到栽植地装入容器假植一段时间后，再进行定植的方法。特点是：容器苗不再需要长途运输，苗木根系不易受到损伤，定植后成活率较高；小面积容器假植较裸根定植更便于集中管理、节约灌溉成本。具体操作如下：在栽植地附近寻找避风向阳、靠近水源的开旷地面作为集中假植地。假植地应预先开沟，沟略深于容器高，宽可放置 3 排容器，沟底平整踏实，沟间距 50cm。将修剪好的苗木放入容器,填入基质并按实,基质至容器边缘1～2cm,然后将容器放入沟中,左右两行交错排列,株间容器紧挨,行间容器距离20cm左右。然后向沟内填土,不要高出容器,踏实后浇水,80%浇在容器内,20%浇在沟内,要求浇透容器内基质。浇水后扶正苗木和容器,补充基质与土壤,使土壤与容器齐平。沟两侧起垄,便于灌溉。封土后,视墒情及时补充水分。发芽展叶期浇水要少量多次,后期应量多次少,并适当进行抗旱锻炼。假植苗基本不需要追肥,如果叶片发黄较弱,可结合浇水补充少量氮磷钾混合肥,浓度不要过大。及时清除杂草,掌握"除早、除小、除了"的原则,做到容器内、床面和步行道上无杂草。病虫防治措施与大田相同。起苗前一周应浇透水1次。这样,容器内的土壤既有一定的湿度又具有一定的强度,便于起运。起苗时从沟的一端开始,逐个把容器挖出抱起放到车上,同时把发育不良、枝叶短小及病虫危害的苗木剔除。

珍贵树种和非种植季节所需苗木,尽可能选择用容器假植的苗木,并在适当的时间起苗。

5.2.2.6　挖种植穴(刨坑)

刨坑看似简单,但质量好坏,对今后树木生长有很大影响。必须保证位置准确,符合设计意图。挖种植穴槽前,应调查附近所设地下管线标志,并联系有关单位了解地下管线设施情况,避免损伤设施。

1) 种植穴的规格大小

各种树木种植的位置必须准确,挖掘种植穴时,按图进行定点放线。属于规则式种植时,树穴要排列整齐;属于自然式种植时,树穴应保持自然,力求达到设计的配置艺术要求。种植穴规格应根据根系或土球规格以及土质情况来确定,一般坑径应较根径大一些。刨坑深浅与树种根系分布深浅有直接关系。乔木常用种植穴规格见表5.5、表5.6,花灌木种植穴规格见表5.7。

表5.5　常绿乔木类种植穴规格/cm

树高	土球直径	种植穴深度	种植树穴直径
150	40～50	50～60	80～90
150～250	70～80	80～90	100～110
250～400	80～100	90～110	120～130
400以上	140以上	120以上	180以上

引自《城市绿化工程施工及验收》

表5.6　落叶乔木类种植穴规格/cm

胸径	种植树穴深度	种植穴直径	胸径	种植穴深度	种植穴直径
2～3	30～40	40～60	5～6	60～70	80～90
3～4	40～50	60～70	6～8	70～80	90～100
4～5	50～60	70～80	8～10	80～90	100～110

引自《城市绿化工程施工及验收》。

表 5.7 带土球花灌木种植穴规格/cm

灌木高度	冠径	土球直径	种植穴穴深度	种植穴直径
100～以下	40～60	25～40	40～50	30～50
100～150	60～80	40～55	50～55	50～70
150～200	80～100	55～70	55～60	70～90
200～250	100～130	70～80	60	90～100
250～300	130～170	80～100	65	100～120
300 以上	170～200	100 以上	70～90	120 以上

2) 操作规范

用尖镐和圆锹挖坑时要注意,以定点标记为圆心,按规定的坑半径尺寸,先在地面画圆,表示出刨坑范围的准确位置,沿圆垂直向下挖掘,保证树坑的上口与下口口径一致,绝对不可上大下小,或上小下大(图 5.5)。图 5.6 中(a)为正确的树穴,根系在树穴中可自由地舒展开来,而(b)中树木根系则蜷曲、交错、断裂,甚至反翘露出土面,严重阻碍了根系的健康生长。一般树穴的直径比土球直径大 30～40cm,深度比土球深 20cm 左右,树穴的形状一般为圆形。在正常土质条件下,刨出上层的表土与下层的底土分别堆放,回填时,上层表土因含有机质多,应填于下层作肥土用,而底层土用于开堰。如果土质不好,有砖头、瓦块,应拣出分别堆置,不能填于坑内。

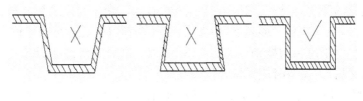

图 5.5 种植穴形态

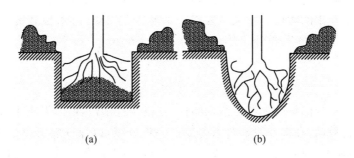

(a)   (b)

图 5.6 树木根系与种植穴的关系

5.2.2.7 树木定植

定植是指将苗木按绿化设计要求栽种到绿地中的操作过程,一般在长时间内不会再被移植。定植技术是苗木栽培中的重要一环,苗木定植的好坏,是影响苗木成活的关键因素之一。苗木定植最好选择在阴雨天,定植前应先将苗木进行清理分类及栽前修剪,剪去枯枝、病虫枝、交叉枝以及伤根。对坚硬过长的侧枝,也应进行回缩处理。定植后,应加强养护管理,以确保苗木成活。

1) 定植前的修剪

(1) 树冠修剪。在定植前,苗木必须经过修剪,主要目的是减少水分的散发,以保证树木成活。根据树种的不同分枝习性、萌芽力、成枝力大小,修剪伤口的愈合能力及修剪后的反应不同,采取不同的修剪方式。对于一般常绿针叶树和萌芽力弱的阔叶树种如桂花、广玉兰、雪松等在修剪时原则上保留原有的枝干树冠,只将徒长枝、交叉枝、病虫枝及过密枝剪去(图 5.9)。对于较大的落叶乔木,尤其是生长势较强、容易抽出新枝的树枝,如杨、柳等可进行强剪,树冠可减少至 50% 以上,这样可减轻根系负担,维持树木体内的水分平衡,也使得树木栽后稳定,不致招风摇动。对具有明显主干、萌芽力较强的高大落叶乔木,如银杏、柿等应保持原有树形,适当疏枝,所保留的主侧枝应在健壮芽上短截,可剪去枝条的 20%~40%。对无明显主干、枝条茂密的落叶乔木,干径 10cm 以上者,可疏枝保持原树形;干径为 5~10cm 的,可选留主干上的几个侧枝,保持原有树形来进行短截。对中央领导枝弱、生长快、萌芽力、成枝力及愈合力强的树种,如悬铃木、合欢、栾树、国槐、元宝枫等将整个树冠全部截去,只保留一定高度的树干。用作行道树的乔木,定干高度宜大于 3m,第一分枝点以下枝条应全部剪除,其上枝条酌情疏剪或短截,并应保持树冠原型。珍贵树种的树冠,宜尽量保留少剪。此外,注意修剪的刀口要平整,锯除较大的枝干时,在伤口处用 20% 硫酸铜溶液进行消毒,最后涂上保护剂(保护蜡、调和漆等),起到防腐防干和促进伤口愈合的作用。

修剪时修剪量依不同树种要求而有所不同。用于植篱的灌木不多剪,只剪去枯病枝、受伤枝即可。单株栽植的灌木,根据要求修剪成不同的形状。修剪时应遵循各种植物自然形态的特点和生物学特性,在保持基本形态下,剪去阴枝、病弱枝、徒长枝、重叠或过密的枝条,并适当剪摘去部分叶片。对于过长的枝条可剪去 1/3~1/2。修剪时要注意分枝点的高度。灌木的修剪要保持其自然树形,短截时应保持外低内高。

(2) 根系修整。树木定植之前,还应对根系进行适当修剪,主要是将断根、劈裂根、病虫根和过长的根剪去。修剪时剪口应平而光滑,并及时涂抹防腐剂以防过分蒸发、干旱、冻伤及病虫害。对去年秋季起出的假植树木根系要进行清水浸泡 48h,树木根系充分吸收水分后,方可栽植。对生根较难的野生树种可用浓度为 100~200mg/kg 的生根粉浸泡、蘸根或涂抹根部。

2) 苗木栽植

苗木栽植应按设计图纸要求核对苗木品种、规格及种植位置,若发现不符时应立即予以纠正。栽植前先进行散苗,即事先量好苗木高度进一步分级,以保证邻近苗木规格大体一致,然后轻拿轻放,不得损伤树根、树皮、枝干或土球,将苗木按设计要求放于树坑内。规则式种植尤其是行列式的栽植应十分整齐,一般可用测绳(皮尺)量好或采用先栽标样树,相隔 10~20 株栽种一株作为标样树,然后以标样树为准,采用三点一线方法进行栽种。树木种植应在一条线上,相邻植株规格应合理搭配,高度、干径、树形近似,树木高、低相差不超过 50cm,干径相差不超过 1cm。树干弯曲的苗木,树弯应在树行里。种植的树木应保持直立,不得倾斜;应注意将树形好的一面朝向主要观赏面。树木种植密度要适宜,朝向(阴阳面)应与原生地一致。

(1) 裸根苗栽植。裸根苗栽植可采用“三埋两踩一提苗”法,这种栽植方法包括三次埋土、两次踩实及一次将苗木向上提起的过程。具体栽植技术要点如下:先将表土和添加磷肥和腐熟肥料的基肥混合均匀,取其一半填入种植树穴中,培成土丘状,这是第一埋,埋的是肥料和表土。接着将裸根树苗放入坑内时务必使根系均匀分布在坑底的土丘上,校正位置,将另外一半种植土分层填入坑内,这是第二埋。此时将树苗稍微向上提一下,这叫一提苗,目的是防止树苗窝根,影响成活和生长。提苗后不要立即埋土,这时要将已埋的土向下踩实,目的是使树苗的根须和土壤紧密接触,尽快吸收水分和营养元素,以便扎根生长。接着进行第三埋,就是将剩下的心土埋入,一直埋到与地面平齐,进行第二次踩实,目的是使树苗树干挺直,也使树苗与土壤紧密结合,以防被风吹斜。最后将土在树苗根部打成倒漏斗状围土堰。栽植过程中要严格控制栽植深度,过深或过浅都不利于栽植的成活(图5.7)。若栽植过深,则泥球中的根系与土壤环境错位,土壤透气性不好,土温较低,影响根系吸收和伤口愈合,也不利于发新根,在黏性土壤环境下也易造成根系窒息,严重者还将导致根部腐烂坏死;如果栽植过浅,根系在浇水后极易外露,树木也会受日灼、风干而死,同时也不利于栽植树木的稳定,春季大树随风摆动,破坏根系的土壤环境,也不利于栽植成活。一般苗木栽植深度与原土痕平齐,或使根颈部高于地面5~10cm。

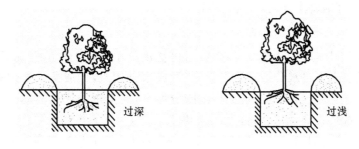

图5.7 栽植深浅示意

(2) 带土球苗栽植。栽植土球苗,应先检验待植树坑的深度、宽度是否达到规格标准,绝不可盲目入坑,造成来回搬动土球。土球入坑后应先在土球底部四周垫少量土,将土球固定,树身上、下应垂直。如果树干有弯曲,其弯曲应朝当地风方向。然后将包装材料剪开,撤出,随即填入好的表土至坑的一半,用木棍将四周夯实,再继续用土填满坑。最后开堰,以备浇水。对于珍贵树木及原带土球不完整,根群已有不同程度的脱水的苗木,需采用浆根及根部喷施生根素进行处理。栽种苗木的深度,一般乔木应保持土壤下沉后,苗木根际线与原种植线等高,个别生长快、易生不定根的树种可较原土痕深5~10cm,常绿树种栽植时土球应略高于地面5cm,避免栽得过深或过浅。栽得过深,则根系呼吸困难且易烂根;栽得过浅,则根颈易受冬季低温冻害及夏季高温日灼,影响成活或不利生长。

对于片植的灌木,种植区域的地形要饱满,以馒头形为佳,既提高了灌木群体的立体感和观赏性,又避免了灌木因积水而死亡(有旱季的地区不一定要作地形处理)。当来苗数量过多来不及种植时,应将金叶女贞等带不住泥球的苗木先种植。种植前尽可能精细地平整土地,应用小工具,尽量不要用铁锹,并根据植株土球大小挖穴下种,而后覆土捣实。栽植时注意密度的控制以免因种植过密而死亡或长势不佳。灌木球种植时应将树冠丰满的一面朝向主要观赏面,栽后应将拢冠用的草绳撤除,对树冠进行修整,去除断枝、枯枝、残花及多余的叶片等,保证球形树冠的完整(图5.8、图5.9)。

图 5.8　灌木球拢冠

图 5.9　树木定植前的修冠

5.2.2.8　树体管理

常见的树体管理措施主要有以下几方面：

1）灌水

栽植时如土壤干旱，应先浇树坑，植树苗后再浇水。在土壤干旱的情况下，若栽树后不及时浇水，势必造成苗木本身水分被干土所吸附，形成水分倒流，造成苗木生理失水，根系死亡，从而影响成活率。土壤干旱失水会造成根细胞分离，影响正常的代谢活动而死亡。新栽植的树木能否成活，浇水是关键，水大根自生，无水根死亡，故苗木栽植后水要浇透。树木栽植后应在略大于种植穴直径的周围，筑成高 10～15cm 的灌水堰（图 5.10），堰应筑实不得漏水。树木连片栽植且株距较近，如丛植片林、树阵、树群等，可将成片的几株树联合起来集中进行筑水堰，称为作畦。畦内要求平坦，以确保畦内水分吸收均匀，畦背牢固不跑水。

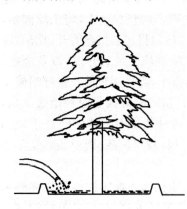

图 5.10　筑堰灌水

少雨季节或北方干旱地区植树，应间隔 3～5 天浇一次水，连浇三遍，俗称"灌三水"。新植树木应在栽种当日浇透第一遍水，称为定根水。通过浇水可使土壤缝隙吸水填实，以保证树根与土壤紧密结合。但要求水量不易过大，以浸湿土层 30cm 左右深即可。第二次浇水应在第一次浇水后 3～5 天进行，浇水量仍以压土填缝为主，浇水后仍应扶正补畦。第三次浇水应在第二次浇后 7～10 天内进行，此次应浇透灌足，应使水分渗透到全坑土壤和坑周围的土壤，浇水后应及时扶正、踩实。

浇水要掌握"不干不浇，浇则浇透"的原则。浇水量应根据树木种类和规格、土壤性质及天气况状而定（表 5.8）。黏性土壤，宜适量浇水；根系不发达树种，浇水量宜较多；肉质根系树种，浇水量宜少。干旱地区或遇干旱天气时，应增加浇水次数。干热风季节，应对树冠喷雾，宜在上午 10 时前和下午 4 时后进行。浇水时应防止因水流过急冲裸露根系或冲毁围堰，造成跑漏水。浇水后因土壤松软沉降，树体极易发生倾斜倒伏现象，一经发现，需立即扶正。扶树时,可先将树体根部背斜一侧的土挖开,再将树体扶正,将土踏实。特别是对带土球树体,切不可强推猛拉,来回晃动,以致土球松裂,影响树体成活。

表5.8 栽植乔、灌木的浇水量

挖树坑直径/cm	水围直径/cm	每坑浇水量/kg
50	70	75
60	80	100
70	90	120
80	100	160
100	120	220
120	140	300

2）树体裹干

常绿乔木和干径较大的落叶乔木,定植后需进行裹干,即用草绳、蒲包、苔藓等具有一定的保湿性和保温性的材料,严密包裹主干和比较粗壮的一二级分枝。经裹干处理后,一可避免强光直射和干风吹袭,减少干、枝的水分蒸腾;二可保存一定量的水分,使枝干经常保持湿润;三可调节枝干温度,减少夏季高温和冬季低温对枝干的伤害。目前,绿地中常见到用草绳或稻草裹干后,外加一层塑料薄膜,这种方法的保温保湿效果较好,尤其适合在树体休眠阶段使用,但在树体萌芽前应及时撤除。因为塑料薄膜透气性能差,不利于枝干的呼吸作用,尤其是高温季节,内部热量难以及时散发而引起的高温会灼伤枝干、嫩芽或隐芽,对树体造成伤害。树干皮孔较大而蒸腾量显著的树木,以及大多数常绿阔叶树木,栽植后宜用草绳等包裹缠绕树干达1～2m高度,以提高栽植成活率。方法是在主干高1.5m处或与接近主干的主枝部分用草绳紧密缠绕,卷干前先用1%的硫酸铜溶液涮树干灭菌。既可减少水分蒸发,同时也可预防日灼和冻害。

3）立支柱

栽植胸径5cm以上的乔木及高度2m以上的常绿树应设支柱固定。立支柱的目的是防止新栽树木被风吹动,树木一旦晃动,根部新产生的吸收根由于外力作用而脱落,影响树木根系恢复生长。因此新栽的树木特别是在栽植季节有大风的地区,植后应立支架固定。支架材料可选用通直的木棍、竹竿、金属丝等。支撑点以树体1/3～1/2为宜,支柱基部应埋入土中30～50cm。上支点与树体要结合紧密,接触部分应加软物垫好,防止磨损树皮,且绑扎牢固（图5.11）。为保证上下支点牢固,一定要有辅助立桩固定或支撑点牢固的固定设施。上支架与树干支架材料要有一定的长度和粗度,其坚实性要与栽植树木体量相适应,确保支撑稳固。不能用带有病虫害的木板、木棍等材料作支架。要注意支架不能打在土球或骨干根系上。裸根苗木栽植常采用标杆式支架,即在树干旁打杆桩,用绳索将树干缚扎在杆桩上,缚扎位置宜在树高1/3或2/3处,支架与树干间应衬垫软物。带土球苗木常采用扁担式支架,即在树木两侧各打入杆桩,杆桩上端用横担缚连,将树干缚扎在横担上完成固定。三角桩或井字桩的固定作用最好,且有优良的装饰效果,在人口流量较大的市区绿地中多用。

图 5.11　支柱与树干间垫木片

目前立支柱的方法主要有：

（1）单支柱法。用一根固定的木棍或竹竿，斜立于下风方向，立柱下部深埋入土 30cm。支柱与树干之间用草绳等软物隔开，并将两者捆紧。

（2）双支柱法。由两根立柱和一根横木组成，绑扎为"巾"字状。

（3）三支柱法。由 3 根立柱和 5 根横木组成，3 根立柱为等边三角形分布；或者 3 根立柱共同作用于树干某一支点。

（4）四支柱法。由 4 根立柱和 6 根横木组成，4 根立柱一般为正方形分布（图 5.12）。

（5）多支柱联合法。用于片植或群植树木。此种立支柱方式既可节省支撑材料，又起到很好的防风作用，固定效果较好。

双支柱法　　　　　　　三支柱法　　　　　　　四支柱法

图 5.12　立支柱方法

4）搭遮阴棚

在高温干燥季节，大规格树木移植初期，要搭荫棚遮阴，以降低树冠温度，减少树体的水分蒸发。体量较大的树木，要求全冠遮阴，荫棚上方及四周与树冠保持不少于 50cm 的距离，以保证棚内空气流动，防止树冠日灼危害。使用遮阴度为 70% 的遮阴网，让树体接受一定的散射光，以保证树体光合作用的进行。待树木成活后，视生长情况和季节变化，可逐步去掉遮阴物（图 5.13）。

图 5.13 搭遮阴棚

5.3 大树移植

大树移植是园林绿化的一种重要手段,也符合城市环境特点和园林绿化的要求。通过大树移植,可在短时间内改变一个区域的自然面貌,提高景观效果,达到快速提高城市绿化和生态效益的目的。近年来,随着创建园林城市和新城区建设的发展,人们对绿化的要求在不断地提高,人们在享受城市发展带来的优势和方便的同时也远离了自然。因此为了满足市民接近自然、回归自然,许多地方加快了生态城市、森林城市的建设步伐。移植大树进城就成为城市绿化的常用手段,同时也是对一些珍稀名树、古树进行抢救性的保护的有效手段之一。

大树移植是指对胸径 15 cm 以上的常绿乔木或胸径 20cm 以上的落叶乔木、树高 4 m 以上的树木,或挖掘土球直径为 1.5~3.0 m 的树木进行移栽的过程。对于具体树种来说,也可以有不同的规格。就移栽而言,针叶树干径 6 cm 以上就需要按大树移栽方式栽植,而杨柳树有时干径 6cm 还可以裸根栽植。大树移栽因移栽树种、树龄、季节、距离、地点等不同而移栽难易不同,因此必须制订完整配套的移栽方案。

5.3.1 大树移植在园林绿化中的意义

5.3.1.1 大树能有效提高城市绿地率、绿化覆盖率和绿视率

绿地率、绿化覆盖率和绿视率是衡量城市绿地系统的重要指标。绿地率是指绿地面积与城市用地面积的比值,绿化覆盖率是指绿化植物的垂直投影面积占市区用地面积的比值,绿视率是指人们眼睛所看到的物体中绿色植物所占的比例,它强调立体的视觉效果,代表城市绿化的更高水准。大树树体高大,树冠开阔,枝繁叶茂,其垂直投影面积显然要比使用灌木、草坪大得多,从而除提高绿地率外还可以较大地提高绿地覆盖率和绿视率指标。

5.3.1.2 大树移植能在最短的时间内改变城市景观

多数树种此时正处于树木生长发育的旺盛期,适应性和再生能力都较强,移植一旦成活,

绿化效果十分显著,立竿见影,能在最短时间内改变一座城市或小区的自然面貌,较快地发挥绿色景观效果。例如,在游园广场中配置大树,能起到遮阴作用,在乔灌草搭配运用中,能使绿化效果空间化、立体化。根据不同的需求,选择不同的树形,如行道树应选择干直、冠大、有良好遮阴效果的树木,而用于庭院观赏的树木,应选择造型奇特的树木。

5.3.1.3　大树移植能保护古老、珍稀、奇特树种

在城市化步伐加快的今天,一些重点城市建设工程不免要占据一些古老、珍稀、奇特树种原生存位置,进行大树移植,是保存这些古老、珍稀、奇特树种的重要手段。另外,由于生态的破坏,环境条件的变化,有些大树对原生存环境已不适应,移植到它适合的生存环境,采用大树移植仍是一种很好的解决办法。

5.3.2　大树移植的基本原理

5.3.2.1　近似生境原理

树木的生态环境是复杂的,主要的影响因素包括光、气、热等小气候和土壤条件。移栽后的生境优于原生境的,移栽成功率较高。而一些在山地生长的大树移入平地或一些在酸性土壤生长的乔木移入带碱性的土域,其生态差异较大,成功率也较低。

5.3.2.2　树势平衡原理

树势平衡是指乔木的地上部和地下部须保持平衡。大树移栽过程中容易使树根受损,因此必须根据树种的根系分布情况对地上部进行修剪,使地上部和地下部的树势保持平衡。

5.3.2.3　促根保水控平衡原则

充分调节水、肥、气、热的关系,促进根系的生长,是大树成活的关键,是整个移栽全过程须始终遵循的原则。

5.3.3　大树移植的特点

5.3.3.1　大树移植成活困难

(1) 大树年龄大、阶段发育老、细胞的再生能力较弱,根系恢复慢,新根发生能力较弱。挖掘和栽植过程中损伤的根系恢复慢,新根发育能力差。

(2) 由于壮龄树的离心生长的原因,树木的根系扩展范围很大(一般超过树冠水平投影范围),而且扎入土层很深,使有效的吸收根系处于深层和树冠投影四周,造成挖掘大树时土球所带吸收根系很少,根系的吸收功能明显下降。

(3) 大树形体高大,枝叶的蒸腾面积大。为使其尽早发挥绿化效果和保持其原有美丽姿态,加之根系距树冠距离长,给水分的输送带来一定的困难。因此,大树移植后难以尽快建立地上地下的水分平衡。

（4）树木大、土球重,起挖、搬运、栽植过程中易造成树皮受损、土球破裂、树枝折断,从而危及大树成活。

5.3.3.2　移植周期长

大树移植不同于一般树木的移植,因大树移植成活较低,对技术要求较高,对移植前需作断根处理,一般要花 1～3 年的时间,从起苗、包装运输、挖种植穴至定植也需要很长的时间。因此大树移植周期较长。

5.3.3.3　移植技术要求较高

大树移植具有特殊性,为确保移栽成活,应采取先进的技术措施。如移栽前需进行根部处理、平衡修剪、土壤杀菌等;定植后可采用输液促活技术、喷洒抗蒸腾剂等先进的技术措施促进大树移植成活。

5.3.3.4　限制因子多

限制大树移植的因素很多,如季节、树体规格、运载工具、劳工数量、与市政设施的矛盾、移植费用等,任何一种因素都可能导致移植失败。如大树具有庞大的树体和相当大的重量,通常移栽条件复杂,质量要求较高,往往需借助于一定的机械力量才能完成,若起挖机械或运载车辆不能正常作业,就会导致移植不能顺利进行。因此,大树移植前要做好移植计划,尽量排除一切障碍因素。

5.3.4　大树移植前的准备

移植大树需要有经验的技术人员或经园林部门培训合格的专业技术人员。移植前应对移植的大树生长情况、地理条件、周围环境等进行调查研究,制订移植的技术方案和安全措施。对需要移植的树木,应根据有关规定办好所有权的转移及必要的手续,并做好施工所需工具、材料、机械设备的准备工作。施工前要与交通、市政、公用、电信等有关部门配合排除施工障碍,并办理必要的手续。大树选择的的条件应该满足不同绿化功能要求,树体生长正常,没有病虫害感染以及未受机械损伤。选定移植树木后,应在树干南侧作出明显标记,标明树木的朝阳面。同时建立树木卡片,内容包括树木编号、树木品种、规格（高度、分枝点、干径、冠幅）、树龄、生长状况、树木所在地、拟移植的地点,如有需要还可保留照片或录像。当需移植大树时,宜在移植前分期断根、修剪,作好移植准备。检查移植的大树应是无病虫害、无明显的机械损伤、具有较好的观赏性、植株健壮、生长正常的树木,并具有起重及运输机械能达移植树木的现场条件。

5.3.4.1　树种及树体规格的选择

1）树种选择

根据园林绿化施工的要求,坚持适地适树原则,尽量选择乡土树种。在选择应用外地树种前,要从光、水、气、热、土壤、海拔等各方面综合比对,将生境差异控制在苗木可适应的范围内。

要考虑树种成活的难易、树种生命周期的长短、起运是否便利、成本费用等因素。树种移栽难易不同。一般易于成活的树种有银杏、柳、杨、梧桐、臭椿、槐、李、榆、梅、桃、海棠、雪松、合欢、枫树、罗汉松、五针松、木槿、梓树、忍冬等；较难成活的树种有柏类、油松、华山松、金钱松、云杉、冷杉、紫杉、泡桐、落叶松、白桦等。

移植大树最好选择在苗圃经多次移植的苗木，但在实践中因此类苗源严重不足，多选择山苗和林地苗。选择山苗和林地苗时要特别注意苗木根系特点，要选择水平根型和斜生根型苗木，尽量不选择垂直根型苗木。如油松，在由母岩发育成的土层较薄（1 m以内）的土壤上时，根型为具有发达水平根的垂直根型；当主根受阻、窝根等影响时，易形成水平根型、斜生根型。在由黄土母质发育成的深厚层土壤（土层达1 m以上）时，主根极发达，根系为典型的垂直根型，水平根和斜生根都不发达。

由于大树移植的成本较高，应使其在移植后较长时间内保持大树的原有风貌。若选择寿命较短的树种进行大树移植，树体不久就进入老龄化阶段，移植时耗费的人力、物力、财力无论从生态效应还是在景观效果上都得不偿失。而对生命周期长的树种，即选用较大规格的树木，仍可经历较长年代的生长，并充分发挥其较好的绿化功能和景观效果。

选树时还应从树木的生长发育规律去分析：灌木类比乔木易于移植；落叶类比常绿类的易于移植；扦插的、须根发达的比直根类和肉质根类易于移植；同一种树，树龄越幼者越易于移植；栽培的比山野中自生者易于移植；叶形细小的比叶少而大者易于移植。

2) 树体规格的选择

树体规格包括胸径、树高、冠幅、树形、树相、树势等。大树移植并非树体规格与树龄越大越好，胸径过大的苗木在挖掘、运输、栽种及养护管理等方面都需要花费大量人力、财力，年龄过大的苗木尤其是古树名木，已经生长了许多年，大多超过了生命旺盛期甚至达到老年期，树体生理生化活动减弱，细胞再生能力下降，伤口难以愈合，加之移植到新地方后，土壤气候条件与原生地存在一定差异，容易"水土不服"。研究表明，胸径15cm的树木在移植后3～5年根系才能恢复到移植前的水平，而胸径25cm的树木移植后的根系恢复则需5～8年，进一步加剧了养护管理的难度。处于壮年期的树木，无论从形态、生态效益以及移植成活率上都是最佳时期。树木胸径在10～15cm时，大都处于树体生长发育的旺盛时期，因其环境适应性和树体再生能力都强，移植过程中树体恢复生长需时短，移植成活率高，易成景观。一般来说，树木到了壮年期，树冠发育成熟且较稳定，最能体现景观设计的要求。从生态学角度而言，为达到城市绿地生态环境的快速形成和长效稳定，也应选择能发挥最佳生态效果的壮龄树木。故一般慢生树种应选20～30年生，速生树种应选10～20年生，中生树种应选15年生，果树、花灌木为5～7年生。一般乔木树种，以树高4m以上、胸径15～25cm的树木最为合适。

5.3.4.2   断根缩坨

断根缩坨，也称切根或回根，是指大树移植前的1～3年分期于树木四周一定范围之外开沟断根，每年只断周长的1/3～1/2，利用根的再生能力使断根处产生大量须根，并使大量有效吸收根回缩到土球范围内，提高大树移植的成活率。断根缩坨处理适用于未经移植过的"生苗"或在城市改扩建过程中的古树名木的移植保护，以及较大的或珍稀名贵树木的移植。

具体做法是：在移植前1～3年的春季或秋季，以树干为中心，以胸径的3～4倍为半径画一个圆形或方形的边线,把圆形或方形的东、南、西、北分成 4 段,在相对的南和北或东和西两段向外挖宽 30～40cm 的沟,深度 60～80cm(视根的深浅而定)。挖掘时,如遇较粗的根,应用锋利的修枝剪或手锯切断,使之与沟的内壁齐平。如遇 5cm 以上的粗根,为防大树倒伏,一般不切根,而是在土球壁处行环状剥皮并涂抹 20～50mg/L 的生长素(茶乙酸等),促发新根。沟挖好后,填入肥沃土壤并分层夯实,然后浇水。到翌年的春季或秋季,再挖掘其余的两段,仍照上述操作进行。在正常情况下,第三年沟中长满须根,可以起挖。有时为快速移植,在第一次断根数月后即挖起栽植(图 5.14)。

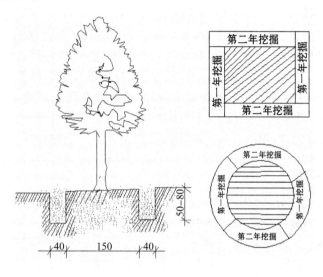

图 5.14　断根缩坨

5.3.4.3　平衡修剪

平衡修剪主要是指对树冠和根系的适量修剪,目的是为了保持树木地下、地上两部分的水分、养分代谢平衡,减少树冠水分蒸腾。修剪强度应根据树木种类、规格大小、移植季节、挖掘条件、运输条件、种植地情况等因素来确定。

1) 移栽前的根部修剪

主要技术手段包括多次移栽法、断根缩坨法、根部环剥法,提早对根部进行处理,促进新根的萌发。

2) 移栽时的树冠修剪

主要技术手段包括枝杆的短截、回缩、摘叶等。对落叶树和再生能力强的常绿阔叶树(如香樟、杜英、桂花等)可进行适当的树冠修剪,一般剪掉全冠的 1/3～1/2,只保留到树冠的一级分枝;而对于生长较快、树冠恢复容易的槐树、榆树、柳树、悬铃木等可去冠重剪(截干);对常绿针叶树(如雪松、白皮松等)和再生能力弱的常绿阔叶树(如广玉兰、深山含笑等)只可适当疏枝打叶绝不可拦头,修剪的重点是将徒长枝、交叉枝、下爪枝、病虫枝、枯枝及过密枝去除,以尽量保持树木原有树形为原则。无论重剪或轻剪、缩剪,皆应考虑到树形的框架以及保留枝的错落有致。所有剪口先用杀菌剂杀菌消毒,后用塑料薄膜、凡士林、石蜡或植物专用伤口涂补剂包封。

5.3.5　大树移植技术

5.3.5.1　树体起挖

常用的大树移植挖掘和包装方法主要有以下几种：

1）带土球软材包装移植法

落叶和常绿树种都可用，一般针叶树木胸径 10～15cm 或稍大一些的树木（土球直径不超过 1.3m）以及土壤结构密实度高的树木或运输距离相对较近的树木移植；树木选好以后，可根据树木胸径的大小来确定挖土球的直径和高度。一般来说，土球直径为树木胸径的 6～8 倍，土球过大，容易散球且会增加运输困难；土球过小，又会伤害过多的根系影响成活。所以土球的大小还应考虑树种的不同以及当地的土壤条件，最好是在现场试挖一株，观察根系分布情况，再确定土球大小。具体操作是：以树干为圆心，按比土球直径大 3～5cm 的尺寸画圆，向外垂直挖掘宽 60～80cm 的沟，深度与确定的土球高度相等。当挖掘到规定深度的一半时，逐渐向内收缩，使底径为土球上径的 1/3，呈上大下小的红星苹果形状，然后用铁铣修整土球表面，使土球肩部、四周圆滑。

在掏挖土球下部底土时，须先对土球打腰箍，以避免土球松散。将预先湿润过的草绳理顺，于土球中部缠腰绳，先将草绳一端压在土球横箍下面，然后一圈一圈地横扎。2 人合作边拉缠，边用木锤（或砖、石）敲打草绳，使绳略嵌入土球为度，每圈草绳应紧密相连，不留缝隙，总宽度达土球高的 1/4～1/3，至最后一圈时，将绳头压在该圈的下面，收紧后切除多余部分。土球腰箍打好后，在土球底部向下挖一圈沟并向内铲去土，直至留下 1/4～1/5 的心土，这样有利草绳绕过底沿不易松脱，然后用草绳打花箍。花箍打好后，再切断主根，完成土球的挖掘和包扎。打花箍的方式主要有井字式包扎法、五角式包扎法、橘子式包扎法 3 种。

（1）井字式包扎法。先将草绳一端结在腰箍或主干上，然后按照图 5.15（A）所示的次序包扎，先由 1 拉到 2，绕过土球的底部拉到 3，再拉到 4，而后绕过土球的底部拉到 5，如此顺序地扎下去，最后成图 5.15（B）扎样。

（2）五角式包扎法。先将草绳一端结在腰箍或主干上，然后按照图 5.16（A）所示的次序包扎，先由 1 拉到 2，绕过土球的底，由 3 向上拉到土球面 4，再绕过土球的底部，由 5 拉到 6，如此包扎拉紧，最后成图 5.16（B）的扎形。

（3）橘子式包扎法。先将草绳一端结在腰箍或主干上，再拉到土球边，依图 5.17（A）的次序，由土球面拉到土球底，如此继续包扎拉紧，直到整个土球均被密实包扎，如图 5.17（B）所示。有时对名贵或规格特大的树木进行包扎，为保险起见，可以用 2 层，甚至 3 层包扎，里层可选用强度较大的麻绳，以防止在起吊过程中扎绳松断，土球破碎。

2）带土球方箱包装移植法

通常用于树木胸径 15～25cm 的常绿乔木或土壤结构密实度较低的树木移植，把树木根部挖掘为方形土台；包装方法通常采用硬性的木箱包装法。木箱是指以角钢和槽钢为骨架，将木板固定于钢骨架上，并制作为大小相等的 4 块等腰梯形木板（底角 60°～70°）和两块中部带半圆（直径 30～40cm）缺口的木板，土台挖掘好后，掏挖土台底部直至仅有 30～40cm 的圆柱，

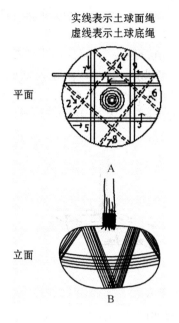

图 5.15 井字式包扎法

图 5.16 五角式包扎法

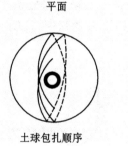

图 5.17 橘子式包扎法

并截断根系,然后将木板下小上大四面夹住土台,带半圆缺口的木板从底部两面塞进,并以螺钉固定木板;此法便于起吊和保护土球,特别是土壤松散,难以携带土球的情况下尤为可行。

(1)挖掘土台。先根据树木的种类、规格及株行距确定土台大小,一般以树木胸径的 7～10 倍作为土台直径。土台大小确定后,以树干为中心,按比土台大 5～10 cm 的尺寸画正方形,于线外垂直下挖 60～80 cm 深的沟,沟深与规定的土台高度一致。挖掘时随时用箱板进行校正,修平的土台尺寸可稍大于边板规格,以便绞紧后保证箱板与土台紧密。土台下部可比上部小 10～15 cm,呈上宽下窄的倒梯形,土台四壁为中间略凸于四周,以保证装箱后土台与箱壁能紧密结合。

(2)上箱板。先将土台四个角修成弧形,用蒲包包好,再将 4 块壁板围在土台四面,四壁板下口要保证对齐,上口沿可比土台略低。两块箱板的端部不要顶上,以免影响收紧。在土台与沟壁间用木棍抵住箱板,经检查、校正,使箱板上下左右都放得合适,保证每块箱板的中心都与树干处于同一条直线上,使箱板上端边低于土台1cm左右,作为土台下沉系数。将钢丝分上下两道围在箱板外面,上下两道钢丝绳的位置,应距箱板上、下边缘各15～20cm。在钢丝绳接口处安装紧线器,并将其松到最大限度。上、下两道钢丝绳的紧线器应分别装在相反方向箱板中央的横板条上,并用木墩将钢丝绳支起,以便紧线。紧线时,必须两道钢丝绳同时进行。钢丝绳的卡子不可放在箱角和带板上,以免影响拉力。紧线时如钢丝跟着转动,则用铁棍将钢丝绳别住。当钢丝绳收紧到一定程度时,用锤子等物试敲钢丝绳,若发出“当当”之声,说明钢丝绳已收紧,即可进行下一道工序(图5.18)。

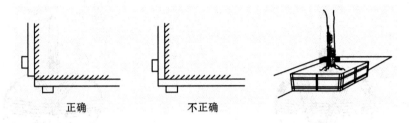

正确　　　　　不正确

图5.18　箱板与紧线器的放置法

(3)钉铁皮。钢丝绳收紧后,先在两块箱板交接处,即在围箱的四角钉铁皮。每个角的最上和最下一道铁皮距上、下箱板边各5cm;如箱板长1.5m,则每箱角钉7～8道;箱板长1.8～2.0m,每箱角钉8～9道;箱板长2.2m,钉9～10道。铁皮通过箱板两端的横板条时,至少应在横板上钉2枚钉子。钉尖向箱角倾斜,以增强拉力。箱角与板条之间的铁片,必须绷紧、钉直。围箱四角铁皮钉好之后,用小锤轻敲铁皮,如发出老弦声,证明已经钉紧,即可旋松紧线器,取下钢丝(图5.19)。

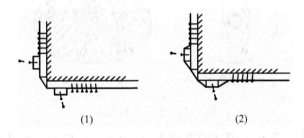

(1)　　　　　(2)

图5.19　钉铁皮的方法

(4)上底板。土台四周箱板钉好后,用方木将箱板与坑壁支牢(图5.20),然后开始掏台下面的底土,上底板和面板。先按土台底部的实际长度,确定底板的长度和所需块数。然后在底板两端各钉一块铁皮,并空出一半,以便对好后钉在围箱侧板上。掏底时,先沿围板向下深挖35cm,然后用小镐和小平铲掏挖土台下部的土。掏底可在两侧同时进行,并使底面稍向外凸,以利收紧底板。当土台下边能容纳一块底板时,就应立即将事先准备好与土台底部等长的第一块底板装上,然后继续向中心掏土(图5.21)。上底板时,先将底板一端空出的铁皮钉在木箱板侧面的带板上,再在底板下放木墩顶紧,底板的另一端用千斤顶将底板顶起,使之与土台紧贴,再将底板另一端空出的铁皮钉在相应侧板的纵向横条上。撤下千斤顶,同样用木墩顶好,上好一曜后继续往土台内掏直至上完底板为止。但在最后掏土台中央底土之前,先用4根10cm×10cm的方木将木箱四方侧板向内顶住。支撑方法是:先在坑边中央挖一小槽,槽内插入一块小木板,将方木的一头顶在小木板上,另一头顶在侧板中央横板条上部,卡紧后用钉子钉牢,这样四面钉牢就可防止土台歪斜。然后掏出中间底土。掏挖底土时,如遇粗根可用手锯锯断,并使锯口留在土台内,绝不可让其凸出,以免妨碍收紧底板。如果土质松散,应选用较窄的木板,一块接一块地封严,以免底土脱落,如万一脱落少量底土,应在脱落处填充草席、蒲包等物,然后再上底板。如果土质较板结,则可在底板之间留 10~15cm 宽的间隙。

 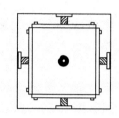 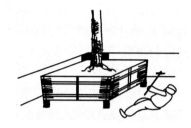

图 5.20 土块上部支撑方法　　　　图 5.21 从土球两边掏底

(5)钉面板。底板上好之后,将土台表面稍加修整,使靠近树干中心的部分稍高于四周。若表面土壤缺少,应填充较湿润的好土,用锹拍紧,修整好的土台表面应高出围板 1cm,再在土台上面铺一层蒲包,即可钉上面板。

3)裸根移植法

此法只适用于移植容易成活、干径为 10~20 cm 的落叶乔木,如悬铃木、柳树、银杏、合欢、栾树、刺槐等。大树裸根移植,所带根系的挖掘直径范围一般是树木胸径的 8~12 倍,然后顺着根系将土挖散敲脱,注意保护好细根。然后在裸露的根系空隙里填入湿苔藓,再用湿草袋、蒲包等软材将根部包缚。裸根移植简便易行,运输和装卸也容易,但对树冠需采用强度修剪,一般仅选留 1~2 级主枝缩剪。移植时期一定要选在枝条萌发前进行,并加强栽植后的养护管理,方可确保成活。

4)移树机移植法

目前,国内外已经生产出专门移植大树的移树机,适宜移植胸径 25cm 以下的乔木,但由于造价昂贵,绿地中较少使用。大树移树机是一种在卡车或拖拉机上装有操纵尾部,四扇能张合的匙状大铲的移树机械。可先用四扇匙状大铲在栽植点挖好同样大小的坑穴,即将铲张至一定大小向下铲,直至相互并合。抱起倒锥形土块上收,横放于车的尾部,运到起树边卸下。为便于起树操作,预先应把有碍的干基枝条锯除,用草绳捆拢松散树冠。移树机停在适合起树的位置,张开匙铲围于树干四周一定位置,开机下铲,直至相互并合,收提匙铲,将树抱起,树稍向前,匙铲在后,横卧于车上,即可开到栽植点,直接对准放正,放入原挖好的坑穴中,填土入缝,整平作堰,灌足水即可。

5.3.5.2 吊装运输

一般的大树移栽都采用吊车装卸。起吊运输设备要根据树体的大小及树种的要求提前作好准备。起吊前,应先计算土球重量,以确定起吊机械和运载车辆的荷载力。由于土球在开挖时未完全与原土断开,起重吊车要将土球拔起,因而起重力要大于树木和土球重量的 1 倍,即起吊机械和装运车辆的承受能力必须超过树木和土球重量的 1 倍才能够安全吊运。如:移植高 10m 以上的大雪松、广玉兰等土球直径在 1.5m 以上的大树,要配备 10t 的吊车和卡车。土球重量计算公式如下:

$$W = \pi R^2 h \beta$$

式中:W—土球重量;R—土球半径;h—土球厚度;β—土壤容重(一般取 1.7～1.8g/cm³);π—3.14。

低于 1.5m 的土球,可用吊装带缠绕树干基部以上 50cm 处直接吊装,树干吊装处要用草毡进行缠绕,以防止树皮被拉伤拉断,特别是在生长季节,更应该加大缠绕的厚度,注意草毡缠绕的方向应与吊装带缠绕的方向保持一致,否则会造成苗木难以起吊或在吊运过程中滑动。树冠部分应拉好风绳,保证起运过程和装车中的方向不变,同时利于苗木整齐摆放。直径大于 1.5m 的土球可用三角式方法进行吊装。用两根吊带,一根系于树干基部,另一根视树干的重心约系于树干的分枝点处,将两处吊装带并拢直接起运(图 5.22),这对于保护树皮非常有利。注意一定要用专用的吊装带,不可用钢丝绳或其他替代品直接起运大规格苗木。

在起吊和装卸的过程中一定要小心轻放不要碰撞土球。树木装进汽车时,要使树冠朝向汽车尾部,根部靠近驾驶室(图 5.23)。树干包上柔软材料放在木架上,用软绳扎紧,树冠也要用软绳适当缠拢。土球下垫木板,然后用木板将土球夹住或用绳子将土球在车厢两侧缚紧。长途运输或非适宜季节移栽,还应注意喷水、遮阴、防风、防震等,遇大雨要防止土球淋散。

大树运到栽植现场后,方箱包装的,如不马上栽植,卸立时应垫方木,以便栽吊时穿吊钢丝绳用(图 5.24)。

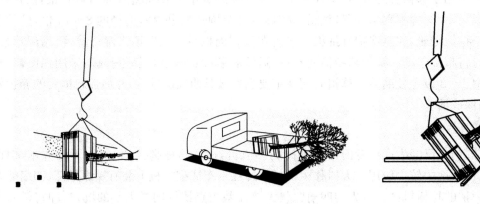

图 5.22　方箱的吊装　　　图 5.23　方箱包大树吊装车法　　　图 5.24　卸立垫木法

5.3.5.3　大树定植

大树移植要掌握"随挖、随包、随运、随栽"的原则,移植前应根据设计要求定点、定树、定位。栽植大树的坑穴,应比土球(台)直径大 40～50cm,比方箱尺寸大 50～60cm,比土球或方箱高度深 20～30cm,并更换适于树木根系生长的腐殖土或培养土。定植前要对穴土做灭菌杀虫处理,亦即用 50％百威颗粒按 0.1％比例拌土杀虫、用 50％托布津或 50％多菌灵粉剂按相同比例拌土杀菌。种植穴及栽植用土经过杀虫杀菌处理,能大大减少树木植后受病虫侵染的机会,利于生根成活。

带土球软材包装的大树在定植时,先在穴底铺一层营养土,紧接着拆除土球上的包扎物,借助吊车把大树缓缓移入穴中,看准树冠方向,选定朝向,在树未下穴时将底部网和绳解开。

如土球松散可不解开底网和绳,土球放入树穴后铲入客土,并用棍插紧周围,待土回填近1/3时,松吊树带,看树是否正直平稳,如斜向一边用吊机勾吊树带使之拉直,并铲泥至树穴底部,并用棍插紧压实,直到树正直为止,再将包装物解开取出,以免草绳霉烂发热影响根系断面的愈合及新根的生长,然后填土。栽植深度与原土痕印相平,或略深3~5cm即可。填土时要分层回填、踏实(土球四周和地表也要加铺营养土),当回填土至土球高度的2/3时,浇第1次水,使回填土充分吸水,待水渗毕后再添满土(注意此时不要再踏实),最后在外围修一道围堰,浇第2次水,浇足浇透。浇完水后要注意观察树干周围泥土是否下沉或开裂,有则及时加土填平。为防止土球出现架空和增加土壤通透性,应在种植的同时在树穴周围按竖向埋设3~4根长50cm、口径5~10 cm的塑料管或竹筒作通气管。这样可起到长期透水通气的作用,在浇水时向管内灌水,还可避免从表面浇水可能不透而出现的"半截水"现象,也可避免因表面浇水不透而使土球与周围土壤间出现空隙,使土球出现架空现象,保证土球与土壤密贴,为移栽植株成活提供了保障。

带土球方木箱移植的大树种植穴应为正方形,每边比箱宽50~60cm,加深15~20cm,通过测定从箱底至树干土印深度,检查并调整坑的规格,要求栽后与地面平。栽前先在坑中央堆一高15~20cm、宽70~80cm的长方形土台,长边与箱底板方向一致。在箱底两边的内侧穿入钢丝,将木箱兜好,卸车立直后垂直吊放(图5.25)。若土体不易松散,放下前应拆去中部两块底板,入穴时应保持原来的方向或把姿态最好的一侧朝向主要观赏面。近落地时,一个人负责瞄准对直,四个人坐在坑穴边用脚蹬木箱的上口,放正和校正位置,然后拆开两边底板,抽出钢丝,并用长竿支牢树冠,将拌入肥料的土壤填至1/3时再拆除四面壁板,以免散坨。每填20~30cm土,便捣实一次,直至填满为止。浇水方法同上。

图5.25 大树垂直吊放

5.3.5.4 促进大树移植成活的措施

要保证大树移植成活,除了做好移植前的准备工作和应用科学的移植技术外,移植后1~3年里日常养护管理很重要,尤其是移植后的第1年管理更为重要。除了要求执行常规的管护工作如喷浇水、排水、树干包扎、保湿防冻、搭棚遮阴、剥芽除内梢、病虫防治等外,还要采用以下几项措施:

（1）树冠喷雾或水滴树干。在树冠南面架设三角支架,安装1个高于树冠1m的喷雾装置,因夏秋季大多吹南风,安装在南面可经常给树冠喷雾,使树木枝叶保持湿润,也增加了树木周围的空气湿度,降低温度,减少了树体内水分养分的消耗。也可采用"滴灌法",即在树旁搭1个三角架,上面吊1个储水桶,或直接将储水桶吊在树的顶部,在桶下部打若干个孔,用硅胶将小塑料管一端黏在孔上,另一端用火烧后封死,将小管呈螺旋状绕在树干和树枝上,按需要各方向在管上打孔后滴水,储水桶常保持有水。此法同样能起到保湿降温、减少树体内水分养分消耗的作用,而且还比较简便,容易实施。

（2）促进根部土壤透气。大树栽植后,根部良好的土壤通透条件,能够促进伤口的愈合并促生新根,大树根部透气性差,如栽植过深、土球覆盖过厚、土壤黏重、根部积水等因素会抑制根系的呼吸,根无法从土壤中吸收养分、水分,导致植株脱水萎蔫,严重的出现烂根死亡。为防止根部积水,改善土壤通透条件,促进生根,可采用以下措施:第一,换土。对于透气性差,易积水板结的黏重土,可在土球外围20～30cm处开一条深沟,开沟时尽量不要造成土球外围一圈的保护土震动掉落,然后将透气性和保水性好的珍珠岩填入沟内,填至与地面相平。第二,挖排水沟。对于雨水多、雨量大、易积水的地区,可横纵深挖排水沟,沟深至土球底部以下,且沟要求排水畅通。第三,埋设聚氯乙烯管。在土球周围埋上几个聚氯乙烯管,管上打上许多小孔,平时注意检查小孔是否堵塞,管内有了积水及时抽走。这样既排除了积水,又增加了土壤的透气性。土表变干后及时中耕,若土壤含水过大可深翻处理。

（3）喷洒抗蒸腾防护剂。抗蒸腾剂（Antitranspirant）是指作用于植物叶表面,能降低蒸腾强度,减少水分散失的一类化学物质。依据不同抗蒸腾剂的作用方式和特点,可将其分为3类:

①代谢型（Metablic Antitranspirant）,也称气孔抑制剂（Stoma Closing Compounds）。其作用于气孔保卫细胞后,可使气孔开度减少或关闭气孔,增大气孔蒸腾阻力,从而降低水分蒸腾量。常见的代谢型抗蒸腾剂有苯汞乙酸（Phenyl Mercuric Acctate,PMA）、脱落酸（ABA）、阿特拉津、甲草胺、黄腐酸（FA）等。

②成膜型（Filom-forming Antitranspirant）,成分为一些有机高分子化合物,喷布于叶表面后形成一层很薄的膜,覆盖在叶表面,降低水分蒸腾。当前常见的成膜型抗蒸腾剂有Wolt-Pruff Gard、Mobileaf、folicote、Plantguard、十六烷醇乳剂、氯乙烯二十二醇等（均为商品名）。

③反射型（Reflecting Antitranspirant）,此类物质用以喷施到叶片的上表面后,能够反射部分太阳辐射能,减少叶片吸收的太阳辐射,从而降低叶片温度,减少蒸腾。常见的反射型抗蒸腾剂有高岭土和高岭石。

对于珍贵的树种和常绿树可以用抗蒸腾防护剂喷洒树冠。具体方法是将蒸腾剂用水稀释100～150倍,用高压喷雾器直接喷洒在树冠上,可有效抑制枝、叶表层水分蒸发,提高树木的抗旱能力。

（4）浇灌生根剂。在浇灌水时,可配合一定浓度的生根剂（萘乙酸、吲哚丁酸、APT、森生一号、根太阳等）随水浇灌,注意要深浇,才能促进根的生长发育。如北京名木成森生物技术有限公司生产的强力大树移栽生根液"五华素4号",稀释100～150倍,围绕大树开环状沟,浇灌根部,连用2～3次,间隔15～20天,浇透即可,若和树干注射营养液同时使用效果更佳。

（5）注射营养液。为了促进移植大树根系伤口的愈合和再生,补充树体生长所需的养分,从而确保移植成活的质量,通常可以采用给大树进行输液。具体操作如下:

①材料准备:输液管、输液瓶或袋、特制针头,营养生长素适量。

②钻孔:输液时,用铁钻在根颈、主干、中心干和骨干枝上,纵向每隔1m左右交错钻一个向下与主干呈45°左右夹角的输液孔,深度可达髓心。孔径与输液用的针头(或插头)大小一致,孔数视树木大小和衰弱程度而定,但分布要均匀。

③药液配制:一般为促进移植树的细胞再生,生长前期应用氮肥,生长后期应用磷、钾肥,必要时加一些氮肥。每500g清水加入药至25g(这里指氮肥尿素),浓度视树的生长势而定。将定量的氮肥溶于瓶中,然后来回轻轻摇动,或者用棍棒搅动,直至完全溶解。

常用的树体输液方法有3种:一是注射器注射,将注射器(一般用大号的兽医注射器)针头插入输液孔,让配制液慢慢注入孔中;二是喷雾器压输,在喷雾器中装上配制液,将喷管头上安装的锥形空心插头插入孔中,拉动手柄打气加压,待配制液输满孔口后拔出插头即可;三是挂瓶点滴,将装满配制液的瓶子倒挂在孔口上方,把输液管的两头分别插入瓶口和孔口,使配制液沿输液管缓慢流入树体孔口,再由树体的输导组织把它们输送到其他部位(图5.26)。不管采用哪一种输液方法,输液结束后都应该对输液孔进行严格的消毒和封闭处理,以避免病虫趁机从此处侵入。

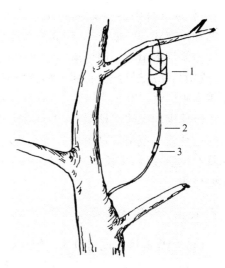

图5.26　树体的挂瓶点滴
1—输液瓶;2—输液管;3—流量调节器

此外,大树移植后应当立即浇水,保持土壤湿润,加强管护,注意病虫害的发生。为缓解移植时根与冠之间的矛盾,把地面上的枝叶相应修减,使植株根冠比维持必要的平衡关系。为避免主干上因修剪造成过多、过大的伤面,去除主干大枝时可留高桩。粗的着生部位好的要高,细的着生部位欠佳的要低。生长旺季温度高,蒸腾量大,除定植时灌足水外,还要经常给移植木洒水和根部灌水。移植后设立支架、防护栏,防治病虫害,剪除多余的萌生条,适时灌水、施肥、除草、松土。

5.4　绿篱、色块栽植

5.4.1　绿篱的定义、功能及类型

5.4.1.1　定义

绿篱是用灌木或小乔木,以相等的株行距,单行或双行排列种植而构成的致密、不透风的绿化林带,也称植篱或生篱。选作绿篱的树种其性状需满足树体低矮、分枝低、分枝多、树冠密、耐修剪、易造型、树势茂盛、四季均可修剪特点;经过修剪很快可以抽出新芽,而不致枯死;修去徒长枝不致影响生长,徒长枝末端不会抽出花芽;篱貌稳定时间长等特点。绿篱树种主要有:桧柏、侧柏、大叶黄杨、小叶黄杨、大叶女贞、小叶女贞、金叶女贞、红叶小檗、榆树等。一些草本花卉,如萱草、扫帚草、郁金香、万寿菊、一串红等也常作花篱。

5.4.1.2　功能

绿篱作为园林绿化的一种重要形式,在园林绿地中的主要功能有:可以分隔空间和组织空间;用绿篱夹景,强调主题,起到屏俗收佳的作用;作为花境、雕像、喷泉以及其他园林小品的背景;可构成各种图案和纹样;可结合地形、地势、山石、水池以及道路的自由曲线及曲面,运用灵活的种植方式和整形技术,构成高低起伏、绵延不断的园林景观。正确地运用绿篱可以为园林景观增添许多情趣。用绿篱作建筑物的基础栽植,或在道路边沿布置绿篱,或用矮绿篱组成图案,或用高绿篱进行空间分隔,都容易取得立竿见影的效果。在如今的园林绿化中,绿篱的应用越来越广泛。在现实绿地中,有些应栽植绿篱的地方,出现了由于物品短期堆积或建筑临时施工等原因而无法栽植绿篱,于是就出现了临时绿篱。临时绿篱是由耐修剪的草本植物在临时性空地栽培或由数盆耐修剪植物盆栽后按一定几何图形摆放进行整形修剪所形成的绿篱。它具有灵活性强、生长快、冬季免受人为破坏等特点,并对临时弥补、分隔、遮蔽及边缘修饰等重要作用。

5.4.1.3　绿篱的类型

(1) 根据高度不同可分为高绿篱、中绿篱和矮绿篱。通常园林中最常用的类型是中绿篱。凡高度在 160 cm 以下、120 cm 以上,人的视线可以通过,但其高度一般人不能跳跃而过的绿篱,称为高绿篱,多作防范和划分空间用;凡高度在 120 cm 以下、50 cm 以上,人们要比较费事才能跨越的绿篱,称为中绿篱;凡高度在 50 cm 以下,人们可以毫不费事而跨过的绿篱,称为矮绿篱,多用宿根花卉植物而成。

(2) 根据功能要求与观赏要求不同,可分为常绿篱、花篱、观果篱、刺篱、落叶篱、蔓篱与编篱。常绿篱(图 5.27)由常绿树组成,为园林中常用的绿篱,常用的主要树种有侧柏、桧柏、大叶黄杨、雀舌黄杨、女贞、冬青等。花篱(图 5.28)由观花树组成,为园林中比较精美的绿篱。常用的树种有榆叶梅、迎春、木槿、珍珠梅、绣线菊等。观果篱:许多绿篱植物在果实长成时可以观赏,别具风格。如枸骨、火棘、沙棘、红瑞木、枸杞等,观果篱以不加严重的规则整形修剪为宜。如果修剪过重,则挂果减少,影响观赏效果。刺篱:在园林中为了起防范作用,常用带刺的植物作绿篱。比过去的刺铅丝篱既

图 5.27　叶篱

经济又美观。常用的树种有沙枣、红叶小檗、黄刺梅、蔷薇等。落叶篱:由一般落叶树组成,华北地区大都用此类。主要树种有水蜡、红叶小檗、金叶女贞、榆叶梅、榆树等。蔓篱(图 5.29):在园林或庭院绿化中,为了能快速达到区划空间的作用,又一时得不到高大苗木,则常先建立竹篱栅围墙,同时栽植藤本植物攀援于篱棚之上,别有风格,常用品种有五叶地锦、山葡萄等。编篱:为了避免游人或动物穿行,有时把绿篱植物的枝条编结起来,作为网状或格状形式。常用的植物有木槿、紫穗槐、竹类等。

图 5. 28 花篱

图 5. 29 蔓篱

5.4.2 色块的定义和特点

色块是指用低矮灌木、草本花卉和一些低矮的木本花卉组成的成片种植的园林绿地,运用现代设计的语言,把各种彩色植物进行组合,艺术地处理成点、线、面的形式,体现出极强的象征性和装饰性,富有极强的节奏感和韵律美,造型形式简洁大方,单纯明快,飘逸流畅,以表现丰富的色彩构图、流畅的线型,给人以强的感染力,符合现代人的审美情趣。

形成色块的植物材料大都要经过修剪整形,有些要经过多年修剪才能达到设计中的效果,这些植物材料一般密植,且数量较多。色块有两个明显的特点。一是绚丽的图案:色块图案的形式各种各样,如带状、放射状、圆弧状、扇形、方形、波浪形("S"形)和其他不规则形状等。在园林设计中,色块图案形式的选择不是任意的,首先要考虑到与环境的轮廓走向相协调,如在宽阔的街道两边绿地设计中,都采用带状和波浪形的图案,在一个近似方形的绿地中,采用圆弧形和扇形、方形图案比较合适,也可采用不规则形状;其次,有些图案可能表达一定的主题和寓意,图案的主题应与环境的主题相吻合。如一些文字或数字图案,起到画龙点睛的作用;再次,图案的面积大小也要与环境协调,一味地追求大色块的设计方法是不可取的,面积过大会过于厚实,占用游人的活动空间;色块面积过小又显空乏,色彩对比效果不强。二是缤纷的色彩。整个色块可用单一的色彩,也可用两种或几种色彩的搭配组合;前者体现整齐划一的美,达到绿地景观的多样统一;后者体现色彩的变化多样,可实现对比与调和的艺术效果。

目前在城市园林中色块的运用相当广泛,在城市广场、主要建筑物前、立交桥下和一些街头公共绿地、单位绿地中,到处可见大面积的色块(图5.30),色块已成为城市绿化、美化的主力军。色块不仅让人赏心悦目,而且在高楼大厦林立的城市环境中,符合现代人追求俯视效果和动态观赏的动机。

图 5. 30 色块

5.4.3　绿篱、色块的栽植

5.4.3.1　定点、放线

绿篱的定点、放线先按设计指定位置在地面放出种植沟挖掘线。若绿篱位于路边、墙体边，则在靠近建筑物一侧出现边线，向外展出设计宽度，放出另一面挖掘线。如是在草坪中间或片状不规则栽植可用方格法进行放线，确定栽植范围并用白灰线标明。

色块的定点、放线根据其图案的性质和面积大小，采用以下两种方法：

（1）图案整齐、线条规则的色块。要求图案线条准确无误，故放线时要求极为严格，可用较粗的铁丝、铅线按设计图案的式样编好图案轮廓模型，图案较大时可分为几节组装，检查无误后，在绿地上轻轻压出清楚的线条痕迹轮廓，有些绿地的图案是连续和重复布置的，为保证图案的准确性、连续性，可用较厚的纸板或围帐布、大帆布等（不用时可卷起来便于携带运输），按设计图剪好图案模型，线条处留 5 cm 左右宽度，便于撒灰线，放完一段，再放一段这样可以连续地撒放出来。

（2）图案复杂的色块。对于地形较为开阔平坦、视线良好的大面积绿地，很多设计为图案复杂的模纹图案。由于面积较大一般设计图上已画好方格线，按照比例放大到地面上即可。图案关键点应用木桩标记，同时模纹线要用铁锹、木棍画出线痕，然后再撒上灰线，因面积较大，放线一般需较长时间。因此，放线时最好订好木桩或划出痕迹，撒灰踏实，以防突如其来的雨水将辛辛苦苦画的线冲刷掉。

具体做法：根据色块图案的复杂程度及对整个绿化效果的影响程度确定图纸上的网格单位。色块图案越复杂，对整个绿化效果的影响越大，则单位越小，可用 1 cm 或 0.5 cm；反之则越大。若色块图案大部分较简单而局部较复杂，简单部分可采用大单位而在局部复杂部分用小单位，"双网格法"或"母子网格法"。如，整个图案用以 2 cm 为单位的网格，而局部图案用以 1 cm 或 0.5 cm 为单位的网格。在图纸上画出网格。画网格时如果绿地有直边，则从直边开始。可依色块图案的特点采用正方网格或长方网格。根据图纸上网格单位及比例，确定绿化场地上网格的单位。如图纸上网格单位为 1 cm，比例为 1∶100，则绿化场地上网格的单位为 1 m。在绿化场地上相应地绘出网格。在图纸网格上找出色块图案的形状关键点，并相应地找出在绿化地网格中的位置。关键点即确定色块图案走向的关键位置，有最左边、最右边、最上边、最下边"4 个基本点"，以及曲线弯曲趋势点、变化点等。关键点找得越多，则放线越准确。依据设计方案连接各关键点，即在绿化地上用工具划出痕迹或撒上石灰等，修改调整放线的不足之处。

5.4.3.2　栽植时间

绿篱、色块栽植时间以春秋两季为宜，但以秋栽最好。春季栽植以 4 月中旬到 5 月上旬为好，因为此时树液尚未全动，而土壤的解冻层已达到了栽植的深度。

5.4.3.3　选苗

绿篱栽植的苗木秆径、冠径和株高应大体一致，阔叶苗木以 2～3 年生苗最为理想，针叶苗木以 30～50cm 高为宜。一般中矮篱选用速生树种,例如女贞、小蜡、水蜡,可将苗木于栽植时离地面 10 cm 处剪去,促其分枝。如应用针叶树或慢长树,如桧柏、黄杨等,则须在苗圃先育出大苗。高篱及树篱,最好应用较大的预先按绿篱要求修剪的树苗为宜。作色块的植物材料选择应考虑色彩搭配、季相特色、经济成本及养护管理条件等方面,可用的植物种类及品种如下:春季:雏菊、金盏菊、石竹、福禄考、鸢尾、景天、红叶小檗、侧柏、小叶黄杨、胶东卫茅、水蜡、沙地柏、金叶榆、月季、芍药等;夏季:凤仙花、黑心菊、百日草、万寿菊、金鱼草、矮牵牛、千日红、萱草、八仙花、红花继木、金山绣线菊、金叶女贞、小丑火棘等;秋季:雁来红、地肤、大花牵牛、鸡冠花、大花美人蕉、大丽花、一串红、大花六道木等;冬季:羽衣甘蓝、红柄甜菜、茶梅等(以华东地区为例)。

5.4.3.4　确定株距

绿篱种植前应根据树种习性和树苗年龄确定株行距,一般株距 50cm。具体如下:

(1)矮篱。一般多为单行直线或几何曲线。株距 5～30 cm ,篱成型宽度 15～40 cm ,高度 50 cm。

(2)中篱。单行或双行,直线或曲线。株距 30 ～ 50cm,单行宽 40～70 cm ,双行宽 50～100 cm。

(3)高篱。株距 50～75 cm。

(4)树墙。株距 100～150 cm。

在绿地中常常将中高篱沿围墙种植,由于距离围墙太近,常使靠墙一面的枝条干枯死亡。为避免此类情形的发生,凡沿墙种植的绿篱,离墙行距不得少于 2 m,株间距离初植 1 m,待2～3 年,再隔株去掉 1 株,即把株距扩大为 2 m 左右。对于生长在南方的大叶黄杨,最多 10株,分两行交叉种植;而对于生长在北方的瓜子黄杨,最多不要超过每米 20～30 株(因生长期短,生长速度慢,故为增加近期效果可适当多植几株)。如果采用球形树作绿篱,株距可减为每米 2～3 株。

5.4.3.5　定植

由于绿篱和色块的栽植密度很大,根团很小,因此定植前应当对主枝和侧枝进行重剪,以保持地上部分和地下部分的平衡,也便于密植操作。阔叶树大都行裸根定植。修剪时应尽量把苗木的高矮和篷径的大小调整一致。

定植前先开挖一条笔直的、深 50cm 左右的栽植沟,拉上测绳,沿着测绳按株距把苗木排放在沟两侧,呈双行交错定植(图 5.31),踩实后浇透水。若用丛生性很强的花灌木作花篱,则呈单行栽植(图 5.32),株距一般保持在 1m 以上,不必开沟而根据根团的大小来进行穴栽。

绿篱的种植模式应考虑植株生长的均衡性,包括植株根部营养竞争状况、采光透光条件及生长空间等,应尽可能地使绿篱内部相邻植株之间的间距保持最大,从而降低相邻植株之间的相互影响程度。例如,在一些城市,绿篱存在着一大弊病,即上部枝叶生长势强,下部生长势弱,时间长了,下部枝叶干枯脱落,这样绿篱仅上部新枝叶密生而中下部光秃裸露,美化效果大打折扣。究其原因主要是在种植时将绿篱幼苗一把把地并排充塞沟内,为使提前郁闭,种植过密过大,导致苗木通风透光差,病虫害滋生严重,最后造成下部枝叶干枯或苗木死亡。这样不仅造价高,而且绿化效果差。因此,绿篱种植时应充分考虑植物的生物学特性,合理控制种植

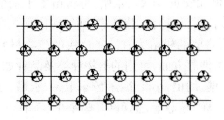

图 5.31　品字型种植

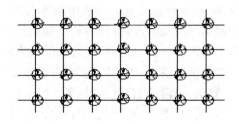

图 5.32　行列式种植

株行距,给绿篱日后生长发育创造良好的营养空间。目前绿篱及色块的种植模式有行列式和品字型两种。品字型种植成型后绿篱内通风透光,上下部分不断产生新枝,避免篱体下部秃露。

色块定植时,应根据设计方案按不同品种分别栽植,规格相同但种类不同的植物,确保高度在同一水平面上。种植时先从中央开始,向四周扩散;先种植图案轮廓线,后种植内部填充部分,每栽一株都应踩紧扶正。在栽至色块的边缘时,适当地增加种植的密度,使色块的轮廓更加明显。

5.5　花坛、花境栽植

5.5.1　花坛的类型及设计

5.5.1.1　花坛的定义

花坛的最初定义是在具有几何形式轮廓的种植床内种植各种不同色彩的花卉,运用花卉的群体效果来体现纹样或观赏花卉盛开时绚丽景观的一种花卉应用形式。在《大百科全书》中认为花坛是“在一定范围的畦地上,按照整形式或半整形式的图案栽植观赏植物,以表现花卉群体美的园林设施”。《中国农业百科全书观赏园艺卷》也持有相同的看法,将花坛定义为:“按照设计意图在一定形体范围内栽植观赏植物,以表现群体美的设施。”对于花坛的理解众说纷纭,虽然大多数解释意义相近,但至今仍未形成一个明确而完整的概念。通过对花坛概念的综合理解,可以归纳出营造园林花坛的要素,主要有以下 2 个方面:植物材料的选择搭配以具有鲜艳色彩的草本花卉、花灌木等观花或者观叶植物为主,突出表现植物的群体美;以特定的轮廓、新颖的造型来进行造景,凸显特定的主题,起到丰富景观效果、画龙点睛的作用。综上,花坛应概括为具有一定的几何形轮廓的植床内种植各种不同色彩的观赏植物,构成一幅具有华丽纹样鲜艳色彩的图案画。花坛在园林绿地中与其他园林植物相比,所占的比重很小,但却在园林绿地中起着“锦上添花”和“画龙点睛”的作用。

花坛源于西方,最早出现于古罗马时期的文人园林中。2000 年前罗马帝国在继承了希腊和埃及的文化之后,种植了百合、玫瑰、紫罗兰、三色堇、罂粟、鸢尾、金鱼草、万寿菊等多种花卉,富有人家的花园常用有壁画的围墙围合,园内有雕塑、喷泉、花坛、林荫道、阶梯花池和整形别致的花木,可算是花坛的雏形。17 世纪的法国园林,花卉的应用得到了空前的提高。以凡尔赛宫为代表,常用的有彩结式花坛、模纹花坛群及图案花坛。模纹花坛又称毛毡花坛,是以色彩鲜艳的低矮种类为主,在平面或立面上用植物种植成各种精美图案的一种花坛形式。我国花坛的迅速发展开始于20世纪80年代,如1986年10月的首都天安门广场,建立了首个以庆祝国庆为主题的大型花坛。随后又出现了1998年天安门广场西北角的"五谷丰登"造景花坛,该花坛占地50 hm²,大胆采用花艺造型手法,将五谷和各色花卉进行抽象组合,表现祖国改革开放20年所取得的丰硕成果。这表明我国的花坛应用有了很大进步,特别是2006年国际立体花坛大赛在上海举办,很好地表现了我国花坛的设计、制作与造型水平。

花坛是展现花卉群体美的一种布置方式,花坛设计是种艺术创作,它有文化艺术的属性,同时还具有科学属性。花坛的实际效果集中体现了一个国家和地区的花坛设计、施工工艺、花卉栽培等方面的综合水平,在城市的绿化美化中起着画龙点睛的作用,为节日增添了丰富的内容和喜庆气氛。

5.5.1.2　花坛在园林中的作用

1) 美化环境

表现在园林构图中常作为主景或配景,盛开的花卉给现代城市增加五彩缤纷的色彩,更有随季节更替的花卉能产生形态和色彩上的变化,具有很好的环境效果和欣赏及心理效应,从而协调了人与城市环境的关系,提高人们艺术欣赏的兴趣。

2) 装饰基础

花坛往往设置在一座建筑物前庭或内庭,美化衬托建筑物。花坛对一个硬质景观,如纪念碑、水池、山石小品等,可以增加其艺术的表现力和感染力。但切记,作为基础装饰的花坛不能喧宾夺主。

3) 分隔空间

用花坛分隔空间也是园林设计中一种艺术处理手法。在城市道路设置不同形式的花坛,可收到似隔非隔的效果。带型花坛则起到划分地面、装饰道路的作用,同时在一些地段设置花坛,可充实空间,增添环境美。

4) 组织交通

在分车带或道路交叉口设立花坛可分流车辆或人员,从而提高驾驶员的注意力,使人也有安全感。如设置在风景名胜区庐山牯岭正街路口的花坛,是美化环境和组织交通的成功一例。

5) 渲染气氛

在过年、过节期间,花坛运用大量有生命色彩的花卉装点街景,无疑增添节日的喜庆热闹气氛。每逢节日,庐山牯岭街摆花,百万盆花争奇斗妍,各种花坛及花卉造型千姿百态,美不胜收,为景区增添无限风光。

6) 生态保护

花卉植物,是净化空气的"天然工厂"。花卉不仅可以消耗二氧化碳,供给氧气,而且可吸收氯、氟、硫、汞等有毒物质。有的鲜花具有香精油,而具芳香气味的鲜花都有抗菌作用,飘散在空气中的香味对于杀灭结核杆菌、肺炎球菌、葡萄球菌以及预防感冒,减少呼吸系统的疾病具有显著效果。

5.5.1.3　花坛的类型与特点

花坛有着多种区分方法,人们一般根据视维空间的不同,将花坛分为平面花坛与立体花坛;根据立地特点的不同,将花坛分为单体花坛与群体花坛;根据使用花材的多少,将花坛分为单种花坛与复种花坛,根据布置方式的不同,将花坛分为盛花花坛和模纹花坛等(图5.33)。

花坛群	模纹花坛(人物肖像)
立体花坛	标牌花坛

图5.33　常见花坛类型

1)平面花坛

其外廊多为规则的几何体,常用于环境较为开阔的城市出入口及市内广场。一般情况下,以大面积草坪作陪衬。

2)立体花坛

是指运用一年生或多年生的小灌木或草本植物,结合园林色彩美学及装饰绿化原则,经过合理的植物配置,将植物种植在二维或三维的立体构架上而形成的具有立体观赏效果的植物艺术造型,它代表一种形象、物体或信息。常用于城市的重要路口或主要道路交叉口,一般情况下,用于表现重大节日庆典的浓缩氛围及刻画大型活动的标志物。

3)单体花坛

是相对孤立且缺少陪衬的花坛。单体花坛往往设置在广场中心、交通道路口、建筑物的前庭,其外形呈对称状,轮廓与周围环境一致但也可有些变化。它属一种静态景观,但花坛内的植物四季演替不断有动态和色彩变化,一般造型精巧,布置讲究,具有较高的欣赏价值,可激活相对呆板的周边环境,增加绿化的色彩。

4)群体花坛

是由多组单体花坛所组成的大型花坛。群体花坛形状富有层次感,主体造型明显。一般纵横轴成对称状。花坛可高可低,可大可小,既可形成主景,也可成为配景。作主景构图时,常与大型喷水池、雕塑或纪念性建筑物相融合;作为配景时,可与山石小品及水池结合设置。常用于城市主要的道路交叉口及立交桥周围的环境布置,有的与立体花坛结合使用。

5)单种花坛

是只使用一种花卉材料布置的花坛。在大空间的园林中,有时为了能产生强烈效果,常常采用单种配置。单种配置花期较一致,花色花形也易取得协调。但因花卉花期较短常常在花后或植株休眠期景观较差。在平面花坛的布置中应用较多。

6)复种花坛

由几种在某一观赏性状上一致的花卉配植在一起,在花期、花色及植株的枯萎期上取得互补,能较好地延长花坛的观赏期和绿色期,在立体花坛及群体花坛的布置中应用较多。

7)盛花花坛

又叫集栽花坛或花丛花坛。就是集合几种花期一致、色彩调和的不同种类的花卉,配置成的花坛。它的外形可根据地形呈自然式或规则式的几何形等多种形式。而内部的花卉配置可根据观赏的位置不同而各异。如四面观赏的花坛一般是中央栽植植株稍高的种类、四周栽植植株较矮的种类;单面观赏的花坛则前面栽植较矮的种类,后面栽植较高的植株,使其不被遮掩。这类的花坛设置和栽植较粗放,没有严格的图案要求。但是,必须注意使植株高低层次清楚、花期一致、色彩协调。一般以一二年生草花为主,适当配置一些盆花。

8)模纹花坛

又叫毛毡花坛或模样花坛。此种花坛是以色彩鲜艳的各种矮生性、多花性的草花或观叶草本为主,在一个平面上栽种出种种图案来,看去犹如地毯。花坛外形均是规则的几何图形。花坛内图案除用大量矮生性草花外,也可配置一定的草皮或建筑材料,如色砂、磁砖等,使图案色彩更加突出。这种花坛是要通过不同花卉色彩的对比,发挥平面图案美,所以,所栽植的花卉要以叶细小茂密、耐修剪为宜。如半支莲、香雪球、矮性霍香蓟、彩叶草、石莲花和五色草等。其中以五色草配置的花坛效果最好。在模纹花坛的中心部分,在不妨碍视线的条件下,还可选用整形的小灌木、桧柏、小叶黄杨以及苏铁、龙舌兰等。当然也可用其他装饰材料来点缀,如形象雕塑、建筑小品、水池和喷泉等。

5.5.1.4 花坛种植设计要点

1)盛花花坛种植设计要点

盛花花坛主要是以欣赏草本花卉盛开时鲜艳的色彩为目的,一般由观花的草本植物组成。要求高矮一致,开花整齐,花期一致且较长。盛花花卉可放置在大型广场的中央,大型建筑物的正前方,可以衬托建筑物,增强建筑物的艺术感染力。如在许多雕塑下的花坛就是典型的盛花花坛,还有树下配有的花坛也是盛花花坛的一种体现。

(1)植物选择。以观花草本为主体,可以是一二年生花卉,也可用多年生球根或宿根花卉。可适当选用少量常绿、色叶及观花小灌木作辅助材料。一二年生花卉为花坛的主要材料，其种类繁多，色彩丰富，成本较低。如，红色：矮牵牛、鸡冠花、红色百日草等；黄色：万寿菊、孔雀草、金盏菊、黄色金鱼草等；蓝色：蓝色翠菊、蓝色矢车菊等；白色：银叶菊、白色矮牵牛、白色翠菊等；粉色：粉色矮牵牛、粉色翠菊等；其他色：地肤、三色堇、小丽花、福禄考、天竺葵等。球根花卉也是盛花花坛的优良材料，色彩艳丽，开花整齐，但成本较高，如荷兰的郁金香、风信子、中国水仙和百合等，还有常用的唐菖蒲、小苍兰、百合、晚香玉、仙客来、大岩桐、水仙、大丽花、朱顶红、球根秋海棠等。

盛花花坛是以开花时整体的效果为主，表现出不同花卉或品种的群体及其相互配合所显示的绚丽多彩与优美外貌。因此，在一个花坛内，不在于种类繁多，而要图案简洁，轮廓鲜明，体形有对比，才能获得良好的效果。宜选用花色鲜明艳丽，花朵繁茂，在盛开时几乎看不到枝叶又能很好地覆盖花坛土面的花卉。花卉中心宜选用较高大而整齐的花卉材料，如美人蕉、扫帚草、高金鱼草等；也有用树木的，如苏铁、凤尾兰、雪松、云杉及修剪的球形黄杨、龙柏等。镶边植物应用得好与坏，直接影响到整个花坛的观赏效果。镶边植物应低于内侧花卉，可种植一圈，也可种植两圈，采用同种、同规格的植物。镶边植物品种选配视整个花坛的风格而定。若花坛中的花卉株型规整色彩简洁，可采用枝条自由舒展的天门冬作镶边植物；若花坛的花卉株型较松散，花坛图案较复杂，可采用五色草或整齐的麦冬作镶边植物，以使整个花坛显得协调、自然。花坛的边缘也常用矮小的灌木绿篱或常绿草本做镶边栽植，如黄杨、紫叶小檗等。总之，镶边植物不只是陪衬，搭配得好，就等于是给花坛画上了一个完美的句号。

（2）色彩设计要点。盛花花坛表现的主题是花卉群体的色彩美，因此在色彩设计上要精心选择不同花色的花卉巧妙的搭配。一般要求鲜明、艳丽。盛花花坛常用的配色方法有：

①对比色应用：这种配色较活泼而明快。深色调的对比较强烈，给人兴奋感，浅色调的对比配合效果较理想，对比不那么强烈，柔和而又鲜明。

②暖色调应用：类似色或暖色调花卉搭配，色彩不鲜明时可加白色以调剂并提高花坛明亮度。这种配色鲜艳，热烈而庄重，在大型花坛中常用。

③同色调应用：这种配色不常用，适用于小面积花坛及花坛组，起装饰作用，不作主景。如白色建筑前用纯红色的花，或由单纯红色、黄色或紫红色单色花组成的花坛组。

色彩设计中还要注意其他一些问题：一个花坛配色不宜太多，一般花坛 2～3 种颜色，大型花坛 4～5 种。配色多而复杂难以表现群体的花色效果，显得杂乱。在花坛色彩搭配中注意颜色对人的视觉及心理的影响。如暖色调给人在面积上有扩张感，而冷色则收缩等。

（3）图案设计要点。外部轮廓主要是几何图形或几何图形的组合。花坛大小要适度。在平面上过大在视觉上会引起变形。一般观赏轴线以 8～10m 为度。现代建筑的外形过于多样化、曲线化，在外形多变的建筑物前设置花坛，可用流线或折线构成外轮廓，对称、拟对称或自然式均可，以求与环境协调、内部图案简洁、轮廓明显。忌在有限的面积上设计繁琐的图案，要求有大色块的效果。一个花坛即使用色很少，但图案复杂则花色分散，不易体现整体块效果。盛花花坛可以是在某一季节观赏，如春季花坛、夏季花坛等，至少保持一个季节内有较好的观赏效果。但设计时可同时提出多季观赏的实施方案，可用同一图案更换花材；也可另设方案。一个季节花坛景观结束后立即更换下季材料，完成花坛季相交替。

2）模纹花坛的种植设计要点

模纹花坛作为花坛的一种表现形式，不单纯追求群体花卉的色彩美和绚丽的景观，表现的内容更为丰富。模纹花坛主要是由低矮的观叶植物和花叶兼美的植物组成,表现群体组成的精美图案或装饰纹样,包括毛毡花坛和浮雕花坛等。毛毡花坛是由各种观叶植物组成精美的装饰图案,植物修剪成同一高度,表面平整,宛如华丽的地毯。浮雕花坛是依纹样变化,植物高度有所不同,部分纹样凸起或凹陷。也可以通过修剪,使同种植物因高度不同而呈现凸凹,整体上具有浮雕的效果。当今更深层意义上的模纹花坛是与盛花花坛相结合,既能表现一定的主题思想,又可具有绚丽的色彩景观。

(1) 植物材料的选择。模纹花坛植物应以生长缓慢的多年生植物为主,如红绿草、白草、尖叶红叶苋等。一二年生草花生长速度不同,图案不易稳定,可选用草花的扦插、播种苗及植株低矮的花卉作图案的点缀。前者如紫菀类、孔雀草、矮一串红、四季秋海棠等;后者有香雪球、雏菊、半支莲、三色堇等,但把它们布置成图案主体则观赏期相对较短,一般不使用。模纹花坛植物还应选择枝叶细小,株丛紧密,萌蘖性强,耐修剪的观叶植物。通过修剪可使图案纹样清晰,并维持较长的观赏期。枝叶粗大的材料不易形成精美的纹样,在小面积花坛上尤不适用。观花植物花期短,不耐修剪,若使用少量作点缀,也以植物株低矮、花小而密者效果为佳。植株矮小或通过修剪可控制在 5~10cm 高,以耐移植、易栽培、缓苗快的材料为佳。植株的高度与形状,对花坛纹样与图案的表现效果有密切关系。根据采用花卉的不同,可表现宽仅10~20cm 的花纹图案,植株高度可控制在 6~20cm。

(2) 图案设计。模纹花坛以突出内部纹样华丽为主,因而植床的外轮廓以线条简洁为宜,可参考盛花花坛中较简单的外形图案。面积不宜过大,尤其是平面花坛。面积过大在视觉上易造成图案变形的弊病。一般短轴不要超过 9m,游人可以在一侧看清所处一侧的一半图案,到另一侧又能看清另一半。图案简单的花坛,也可以使中间部分简单粗犷些,边缘 4.5m 范围内的图案则精细一些。另外,也可采用斜坡式,或中间高四周低的形式来展示清晰的图案效果。

模纹花坛的内部纹样可较盛花花坛精细复杂些。但点缀及纹样不可过于窄细。以红绿草类为例,不可窄于 5cm,一般草本花卉以能栽植 2 株为限。设计条纹过窄则难于表现图案,纹样粗宽色彩才会鲜明,使图案清晰。

内部图案可选择的内容广泛,如仿照某些工艺品的花纹、卷云等,设计成毡状花纹;用文字或文字与纹样组合构成图案,如国旗、国徽、会徽等,设计要严格符合比例,不可改动,周边可用纹样装饰,用材也要整齐,使图案精细,多设置于庄严的场所;名人肖像,设计及施工均较严格,植物材料也要精选,从而真实体现名人形象,多布置在纪念性园地;也可选用花篮、花瓶、建筑小品、各种动物、花草、乐器等图案或造型,可以是装饰性,也可以有象征意义。此外,还可利用一些机器构件如电动马达等与模纹图案共同组成有实用价值的各种计时器。常见的有日晷花坛、时钟花坛及日历花坛等。日晷花坛设置在公园、广场有充分阳光照射的草地或广场上,用毛毡花坛组成日晷的底盘,在底盘的南方立一倾斜的指针,在晴天时指针的投影可从早是 7 时至下午 5 时指出正确时间。时钟花坛是用植物材料作时钟表盘,中心安置电动时钟,指针高出花坛之上,可正确指示时间,设在斜坡上观赏效果好。日历花坛是用植物材料组成"年"、"月""日"或"星期"等字样,中间留出空间,用其他材料制成具体的数字填于空位,每日更换。日历花坛也宜设于斜坡上。

3) 立体花坛的种植设计要点

(1) 材料选择。立体花坛的材料选择包括骨架结构材料和植物材料两部分。材料相同,如钢材、木材、竹、砖、石等,结构材料是根据立体花坛造型、大小、重量、工艺来选择的。无论以何种结构材料为主的结构,都要符合基础、立体支撑架和造型轮廓的要求,同时能在立体花坛展出期间保证植物材料的生存和生长需要。立体花坛中最为常用的就是钢架结构和木架结构。植物材料的选择一方面要考虑到植物的生物学特性、生态学特性及其与环境条件的关系。如有些植物品种要求全光照才能体现色彩美,一旦处于光照不足的半阴或全阴条件下则恢复绿色,失去彩色效果,如佛甲草;而有些植物则要求半阴的条件,一旦光线直射,就会引起生长不良,甚至死亡,如银瀑马蹄金。另一方面要考虑植物的高度、形状、色彩、质感对立体花坛图案纹样的表现。

立体花坛造型中立面植物的选择要求以枝叶细小,植株紧密,萌芽性强,耐修剪、生长缓慢的多年生观叶植物为主,如暗紫色的小叶红草、玫红色的玫红草、银灰色的芙蓉菊、黄色的金叶景天等都是表现力极佳的植物品种,通过修剪可以使图案纹样清晰,并能维持较长时间的观赏期。枝叶粗大的植物材料不易形成精美的纹样,尤其是在小面积造景中不适合使用。一二年生草花生长速度不同,容易造成图案效果不稳定,一般不作为主体造景,但可选植株低矮、花小而密的花卉作为图案的点缀,如孔雀草、四季海棠等。由于立体花坛造景改变了植物原有的生长环境,在短时间内达到最佳的观赏效果,所以作为立面用的植物材料要选择抗性强、容易繁殖、病虫害少的种类。例如,红绿草、朝雾草等都是抗性好的植物品种。造景花坛的植物选择很广泛,几乎包括了所有的观赏植物,但需结合花坛主题、气候、季节等因素合理利用。由于可供选择的植物品种比较丰富,而各地的气候条件不同,植物配置方式多样,应该带有地方风格和特色。立体花柱的植物材料多选用低矮、分枝紧密、色彩艳丽、花期一致的盛花材料,如四季海棠、矮牵牛、三色堇、雏菊,也可用彩叶植物,如各色彩叶草等。花柱的色彩以 2~3 种为宜。

(2)形体大小设计。不同比例的形体给人不同感觉,立体花坛的体量大小,由布展场地的空间大小来决定,设计立体花坛时要注意与环境的协调。根据视觉规律,人们所选择的观赏位置多数处在观察对象高度视平线以上 2 倍以外的位置,并且在高度 3 倍的距离前后为多。以高度为主的对象,在高度 3 倍以上的距离去观赏时,可以看到一个群体效果,不仅可以看到陪衬主体的环境,而且主体在环境中也处于突出的地位;如果在主体 2~3 倍的距离进行观赏,这时主体非常突出,但环境处于第二位。以宽度为主的对象,比较集中有效的观赏范围一般是在视距等于 54°视角的范围,在此范围内观赏者无须转动头部即能看清物体的全貌。以四面观赏圆形花坛为例,造型一般高为花坛直径的 1/4~1/6 较好。在造型体量确定时,可参考视觉规律,结合布展场地大小,以能给观赏者留出最佳观赏视点的体量尺寸为佳。

(3)造型各细部之间的比例关系。造型时各部分比例关系要处理恰当,如建筑小品景亭是立体花坛造型中经常选用的对象,亭顶的大小与亭柱粗细及高度的比例关系很重要。再如凤凰造型,凤凰的头、驱体、腿、脚的比例是否合适,关系到人们是否认同你的造型形象。另外考虑到视错觉等影响,造型尺寸不能完全写实,要具体情况具体分析,结合多方因素,最后做到协调美观,符合人们的观赏习惯。

(4)要考虑风向、光照等对花坛的影响。大型造景花坛受风向的影响,以 S 形走势最为稳定,重量、各种比例关系及骨架分解等问题均可参照造型花坛的设计。造景花坛中,造型最好不处于整个花坛的中心位置,以符合黄金分割比例为佳。对于标牌花坛,以东、西向观赏效果好,南向光照过强,影响视觉,北向逆光,纹样暗淡,装饰效果差。

5.5.2 花坛种植施工

5.5.2.1 定点放线

花坛的定点放线,应按照设计图在地面准确画出位置、轮廓线。面积较大的花坛,可用方格线法,按比例放大到地面。

1) 平面花坛的定点放线

对于花坛群的定点放线,应根据设计图和地面坐标,用测量仪器把花坛群中主花坛中心点坐标测设在地面上,再把纵横中轴线上的其他中心点的坐标测设下来,将各中心点连线即在地面上放出花坛群的纵横轴线。据此可量出各处个体花坛的中心点,最后将各处个体花坛的边线放到地面上就可以了。对于单个花坛的定点放线,可根据图纸规定直接用皮尺量好实际距离,用点线作出明显的标记。对面积较大的花坛,可先将花坛分成若干等份,即从花坛中心桩牵出几条细线,分别拉到花坛边缘各处,用量角器确定各线之间的角度,就能够将花坛表面等分成若干份。放线时要注意先后顺序,避免踩坏已经做好的标志。

2) 模纹花坛定点放线

模纹花坛在定点放线前先上顶子。"上顶子"是指在模纹式花坛的中心栽种龙舌兰、苏铁或球形盆栽植物,也可在花坛的中心地带布置高低层次不同的盆栽植物。将上顶子所需盆栽植物种好后,再将花坛的其他土面翻耕均匀并耙平,然后按图纸的纹样进行精确放线。可先将花坛的表面等分为若干份,再分块按照图纸花纹用白色细沙撒在所画的花坛纹线上;也可用胶合板、铅丝等制成纹样,再用它在地表面上打样。有些过于细小的曲线图样,可先在硬纸板上放样,然后将硬纸板剪成图样的模板,再依照模板把图样画到花坛土面上(具体方法参照 5.2.1 定点、放线的内容)。

5.5.2.2 花坛边缘石砌筑

定点、放线后,应根据设计要求,在花坛边线开挖边缘石基槽,基槽的开挖宽度应比边缘石基础宽 10cm 左右,深度可在 12～20cm 之间。槽底土面要整平、夯实,有松软处要进行加固,不得留下不均匀沉降的隐患。在砌基础之前,槽底还应做一个 3～5cm 厚的粗砂垫层,作基础施工找平用。

边缘石一般是以砖砌筑的矮墙,高 15～45cm,其基础和墙体可用 1:2 水泥砂浆或 M2.5 混合砂浆砌 MU7.5 标准砖做成。矮墙砌筑好之后,回填泥土将基础埋土,并夯实泥土。再用水泥和粗砂配成 1:2:5 的水泥砂浆,对边缘石的墙面抹平即可,不要抹光。最后,按照设计用磨制花岗石石片、釉面墙地砖等贴面装饰,或者用彩色水磨石、干黏石米等方法饰面。有些花坛边缘还可能设计有金属矮栏花饰,应在边缘石饰面之前安装好。矮栏的柱脚要埋入边缘石,用水泥砂浆浇铸固定。待矮栏花饰安装好后,才进行边缘石的饰面工序。

5.5.2.3 种植施工前的土壤处理

花坛栽植土壤一般要求用疏松、深厚、富含大量有机质的腐殖土。种植前应先整地,一般深翻 30～40 cm。对土壤进行除草、翻晒,清除土壤中的碎石及其他杂物,并对土壤进行消毒处理。如果栽植深根性的花木,翻耕还应更深一些。连续多次种植草花的,要更换花坛土壤的土层。如果土质较差,则应将表层更换为好土(即 30 cm 表土),同时应根据需要,施加适量肥性好、持久性强、已腐熟的有机肥作为基肥。若是用五色草等植物直接在花坛中扦插,还应在上层加入 30 %左右的蛭石或珍珠岩等轻质材料,以保证有 6～10cm 厚植床土壤的疏松,也具有良好的排水性,有利于扦插和扦插后五色草的快速生根。

一般花坛,其中央部分填土应该高些,边缘部分填土应低一些。单面观赏的花坛,前边填土应低些,后边填土应高些。花坛土面应做成坡高为 5 %～10 %的坡面。在花坛边缘地带,土面高度应填至边缘石顶面以下 2～3cm;以后经过自然沉降,土面即降到比边缘石顶面低 7～10cm 之处,这就是边缘土面的合适高度。花坛内土面一般呈龟背形或弧形;单面观赏花坛的土面则要填成平坦土面或是向前倾斜的直坡面。填土达到要求后,要把上面的土粒整细,耙平,以备栽种花卉植物。

5.5.2.4　苗木准备

(1) 花坛用苗量的计算。以花苗稳定冠幅为标准来估算,春花坛:雏菊、金盏菊、三色堇等草本花卉 36 株/m²。夏花坛:紫茉莉 9 株/m²、凤仙花 16 株/m²、半边莲 36 株/m²、早菊或一串红 9 株/m²、翠菊 16 株/m²、鸡冠花 25 株/m²、五色草 400～500 株/m²。

(2) 备苗。一般花坛采用播种,有些需要移苗,花苗运到工地后,应放置荫蔽处,切忌暴晒,当栽种暂时停止时,应喷水保湿。

5.5.2.5　栽植

栽植时间一般选择在上午 10 时前或下午 16 时后,切忌夏天中午种植。若条件允许最好选择在阴天进行。草花移植后,应及时淋水,并保持植株清洁。种植深度应将新土覆盖原土球 2～3 cm 为宜,要求种后无裸露的根部,覆土平整。移植时尽量勿将草花原土球弄散,以防伤根。严格按设计图案(图纸)种植草花,以防品种及色彩混淆。

草花栽植的顺序:一般花坛应按从中心向外的顺序种植;坡式花坛应由上向下种植;单面观赏花坛栽植应从后边往前边栽;模纹花坛或标题花坛,则应先栽模纹、图线、字形,后栽底面的植物;在栽植同一模纹的花卉时,若植株稍有高矮不齐,应以矮植株为准,对较高的植株则栽得深一些,以保持顶面整齐。宿根花卉与一二年生花卉混植时,应先种植宿根花卉,后种植一二年生花卉;大型花坛宜分区、分块向一个方向种植。草花种植数量应以无裸露土地为宜。图案的勾勒线条和花坛的边缘应选择强壮的苗株稍密于中间种植,保证图案和边线的完整。

种植前应按设计要求放样、定好株行距。初种时的覆盖率不得低于花坛面积的 90 %。

1) 平面花坛植物栽培

盆栽花苗栽植时最好将盆退下,注意保证盆土不松散;裸根花苗随起随栽,起苗应注意尽量保持根系完整;掘带土花苗时,如花圃畦地干燥应先灌浇苗地,起苗要注意保持根部土球完整、根系丰满;如花苗土球松散可先进行缓苗,有利成活。平面花坛管理可较粗放,除采用幼苗直接移栽外,还可在花坛内直接播种,出苗后及时进行间苗管理。根据需要适当追肥并及时浇水。球根花卉不可施用未经充分腐熟的有机肥料,以免造成球根腐烂。

2）模纹花坛植物栽植

图案花纹按照先栽主要纹样，先里后外、先左后右的顺序进行。如果花坛面积较大，可搭搁板或扣木匣子，以便操作人员踩在上面栽种。栽种时可先用木槌子插孔，再将草插入孔内用手压实。要求做到苗齐，地面达到"上横一平面，纵看一条线"。株行距视五色草植株的大小而定，一般白草的株行距为 3～4 cm；大叶红草的株行距为 5～6 cm；小叶绿草、红草的株行距为4～5 cm，平均种植密度 250～280 株/m²；最窄的纹样栽白草不少于 3 行为宜，小叶红草、绿草、黑草不少于 2 行。

3）立体花坛植物栽植

立体花坛即用砖、木、塑料、泥或竹等制成骨架，然后用不同花卉布置外形，使之成为不同造型的花坛。例如，动物形状、地球形、圆盘型、花瓶、花篮等立体造型的花坛。由于立体花坛的结构及植物造型手法不同，施工程序也不一样，在园林绿化中，采用植物栽植法（将较低矮致密、不同色彩的植物如五色草，按照设计方案栽植到骨架上，然后修剪组成各种图案、纹样）的钢结构立体花坛较为常用，在这里论述此种类型的立体花坛的施工。

首先是建立花坛骨架结构。骨架造型结构先根据设计图用建筑材料制作出大体相似的骨架外形，外面覆盖泥土，然后用草或蒲包将泥固定；也可用木棍或竹子作中柱固定地上，然后用铅丝、竹片条等扎成立架，外覆泥土、蒲包即可。骨架材料的焊接要严密不能有砂眼，结构要坚固，要绝对避免因用材不当而出现变形或倒塌的现象。1987 年，南京盐仓桥广场"海豚顶球"立体花坛，由于焊接处有砂眼，立体花坛装土浇水后，因承受不了花坛整体重量而倾倒。骨架稳固后，若立体花坛比较高，为了便于施工，要用钢管或木板搭好脚手架，高度以人站上去便于施工操作为宜。

其次是栽植植物。按照设计图纸，用铁丝将遮阳网扎成内网和外网（两网之间的距离根据设计来定），然后开始装土。土的干湿度以捏住一搓能散为宜。垂直高度超过 1m 的种植层，应每隔 50～60cm 设置一条水平隔断，以防止浇水后内部栽培基质往下塌陷。装土时从基部层层向上填充，边装边用木棒捣实，由外向里捣，使土紧贴内网。外部遮阳网必须由下往上分段用铁丝绑扎固定在钢筋上，边绑扎边装土，并用木槌在网外拍打，调整立体形状的轮廓。按照设计图案用线绳勾出轮廓，或者先用硬纸板、塑料纸等做出设计的纹样，再画到造型上。不管采用哪种方法，只要能在造型上做出比较清晰的图案纹样即可。种植植物材料宜先上后下，一般先栽植花纹的边缘线，轮廓勾出后再填植内部花苗。栽植时用木棒、竹签或剪刀头等带有尖头的工具插眼，将植物栽入，再用手压实。注意栽苗时要和表面成锐角，防止和形体表面成直角栽入。锐角栽入可使植物根系较深地栽在土中，浇水时不至于冲掉。栽植的植物株行距视花苗的大小而定，如白草的株行距应为 2～3cm，栽植密度为 700～800 株/m²；小叶红、绿草、黑草的株行距为3～4cm，栽植的密度为 350～400 株/m²；大叶红为 4～5cm，最窄的纹样栽白草不少于 3 行，绿草、小叶红、黑草不少于 2 行。在立体花坛中最好用大小一致的植物搭配，苗不宜过大，大了会影响图案效果。花瓶式的瓶口或花篮式的篮口，可布置一些开放的鲜花。立体花坛基床的四周要布置一些草本花卉或模纹式花坛。

5.5.3　花境栽植

5.5.3.1　花境的定义及特点

花境是模拟自然界中林缘地带各种野生植物交错生长的方式,以宿根植物、花灌木为主要素材,经过不同的艺术设计手法而配置成的曲线式或直线式的自然式花带,表现花卉以自然的生态形式散布生长的景观。

花境营造的是"虽由人作,宛自天开"、"源于自然,高于自然"的植物景观。运用园林、美学等造型艺术手法,模拟野生林地边缘植物群落组合植物以体现花卉自然群体美和季相美的动态景观。丰富的植物材料是营造花境的前提条件。经典的花境可形成丰富的季相景现,可达到三季有花的景观效果。植物材料以宿根花卉为主,不同类型的花境可间有小灌木、球根花卉、一二年生草花、观赏草等。一次种植后可多年使用,通常能保持3~5年。几乎所有的露地花卉都可作为花境的材料,但以多年生的宿根、球根花卉为宜。这些花卉种类繁多,多年生长,不需要经常更换,养护比较省工,节省了大量的人力、物力和财力,从而提高了经济效益,还能使花卉的特色发挥得更充分。花境的应用不仅符合现代人们对回归自然的追求,也符合生态城市建设对植物多样性的要求,还能达到节约资源,提高经济效益的目的。

标准花境是将植物有机自然地布置在沿着长轴方向演进的带状种植库上。从平面上看,各种花卉块状混植;从立面上看,各种花卉高低错落排列,既表现了个体生长的自然美,又展示了植物自然组合的群体美。花境具有丰富的立面设计,这也是花境的特别之处。花境中植物高低错落有致,所创造的立面景观的多层次性和丰富性也是花坛等单一景观所无法比拟的。

5.5.3.2　花境的类型(图 5.34)

1)根据观赏角度不同划分

(1) 单面观赏花境。整体上要求前低后高,仅有一面能被观赏。

(2) 双面观赏花境。主要应用于道路隔离绿化带中,或者在大块绿地中,其立面有高低起伏错落,供两面观赏。

2)根据植物的生物学特性划分

(1) 草本花境。多以多年生草本花卉和一二年生花卉为主,是较早出现的花境形式。

(2) 混合花境。由不同种类的植物组成的花境,一般以常绿乔木和花灌木为基本结构,配置适当的耐寒宿根花卉、一二年生花卉、观赏草形成美丽的景观。一般这种花境应用较为广泛,植物品种搭配错落有致,最能营造花境的特色;混合花境中可以看到一年四季的美妙景色。早春:美女樱、聚合草、福禄考等开花独特而雅致;随后金鸡菊、黄金菊、火炬花、鼠尾草等也相继开放。到了秋天,金枝槐、加拿大紫荆、金叶复叶槭都展示了秋季妖娆的身姿。具有美丽果实的宝塔火棘、毛核木、冬珊瑚等和一些观干植物如红瑞木、火焰柳等都是冬季观赏的焦点。

(3) 针叶树花境。以松柏类针叶为主,通过其相对草本花卉的常绿性及生长缓慢的特点,营造出主题鲜明、持续性强的景观特色,是新兴的花境布置形式。

3）按园林应用形式分类

可以分为林缘花境、路缘花境、墙垣花境、草坪花境、滨水花境以及庭院花境等。此外还可按花期的不同，可分为早春花境、春夏花境和秋冬花境等；按立地条件分为黏土花境、砂土花境、湿地花境；按光照不同，分为阳地花境和阴地花境等。

园路两边的混合花境　　　　　　　　道路中央的双面花境

路缘单面观赏花境　　　　　　　　　林缘单面观赏花境

图 5.34　常见花境类型

5.5.3.3　花境种植设计要点

1）花境立面设计

花境立面要求高低错落、层次丰富，应充分利用植物的株形、株高、花型、质地等创建一个前高后低、高度和群体起伏有序的花境。直立形的植物如蛇鞭菊、火炬花、千屈菜、鼠尾草等植物可以打破水平线，增加竖向设计；圆形植物如紫菀、菊花、绣线菊、金光菊、八仙花、亚菊等在中间，作为焦点，可以吸引视线；匍匐形植物如美女樱、报春花、岩白菜等在前排，这样可层次分明，同时，不同外形的植物要反复使用，产生韵律感。花境在立面设计上最好有这三大类植物的外形比较，尤其是平面与竖向结合的景观效果更应突出。为得到最好的效果，小型和中型植株最好成组种植，把较高、较粗壮的种类单独种植，较小的植株可集中种植（视地块大小而定），在体量、颜色和形态上形成对比。单面（宽 2～4 m）观赏花境植物配置由低到高，形成面向道路的斜面。双面（宽 4～6 m）观赏花境，中间植物最高，两边逐渐降低，中间最高处不要超过人的视线。其立面应该有高低起伏错落的轮廓变化。植床中部或内部应稍隆起，形成 5°～10° 的坡度以利于排水。

2) 平面设计

花境中各种植物采用不同形状的块状混植，每组花丛大小无定式，有三角形组合、飘带组合、弧形组合及自由斑块组合等(图 5.35)。每组花丛通常由 5～10 种花卉组成，一种花卉集中栽植，一般花后叶丛景观较差的植物面积宜小些。为使开花植物分布均匀，又不因种类过多造成杂乱，可把主花材植物分为数丛种在花境不同位置。花丛内应由主花材形成基调，次花材作为配调，由各种花卉共同形成季相景观，即每季以 2～3 种花卉为主，形成季相景观；其他花卉为辅，用来烘托主花材。主花丛可重复出现。

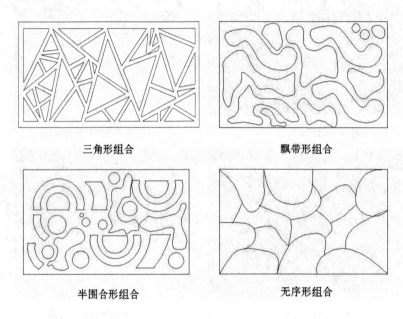

三角形组合　　　　　　　　飘带形组合

半围合形组合　　　　　　　　无序形组合

图 5.35　花镜块状混植平面图

花境在设计形式上是沿着长轴方向演进的带状连续构图，带状两边是平行或近于平行的直线或是曲线。长轴的长短取决于具体的环境条件，每段不宜超过 20 m，对于过长的花境，分段处理。种植床内植物可采取段内变化、段间重复的手法，表现植物布置的韵律和节奏。花境短轴宽度宜适当，过窄难以体现群落景观，过宽则超过视觉范围而造成浪费，也不便于养护管理。在小型庭院中宽度一般为 1～2 m，在开敞的大型绿地中单面观赏的花境宽度以 4 m 为宜，最少 3 m，两面观赏的花境宽度多为 4～8 m。在实际操作中可根据场地大小情况灵活掌握。1985 年，Jeff 和 Marilyn Cox 研究了花境的设计尺度问题，认为在用宿根花境作草坪饰边时，花境的宽度最好为草坪与花境连合宽度的 1/3。但如果草坪太大则花境的宽度设计成乔木或灌木等背景高度的 1/3 为适。

平面轮廓与带状花坛相似，植床两边是平行的直线或有轨迹可寻的平行曲线，并且最少在一边用常绿矮生植物(如麦冬、葱兰、沿阶草、吉祥草、瓜子黄杨等)镶边。

3) 季相设计

利用植物花期、花色、叶色创造季相变化，是花境的主要特征之一。理想的花境应四季有景可观，寒冷地区也应做到三季有景。花境的季相是通过种植设计实现的。如早春的报春、夏日的福禄考、秋天的菊花等。植物的花期和色彩是表现季相的主要因素，花境中开花植物应连续不断,以保证各季的观赏效果。花境在某一季节中,开花植物应散布在整个花境内,以保证花境的整体效果。具体设计方法:在平面种植图上标出花卉的花期,然后依月份或春、夏等时间顺序检查花期的连续性,并且注意各季节中开花植物的分布情况,使花境成为一个连续开花的群体。可结合花境的色彩设计同时进行。种植设计正是根据植物的株形、株高、花期、花色、质地等主要观赏特点进行艺术性的组合和搭配,创造出优美的群落景观。此外,由于在花境设计时经常忽略常绿与落叶品种的搭配,以及不合理的修剪和冬季未采取弥补措施等,造成花境冬季景观的萧条。为改善花境冬季景观,一方面需在设计时要充分考虑常绿品种的衔接,尽量保持冬季花境的骨架;另一方面可在冬季运用地表覆盖物或是适当补充时令草花进行弥补。

4) 花境的背景设计

背景是花境设计的一个重要组成部分。绿地中的建筑物、围墙、栅栏、篱笆和树丛、树墙、绿篱等可作为花境的背景。在林下、建筑物间设置花境背景,可起到空间分隔的作用;同时还可起到屏障的作用,以防视线游走得太远。考虑到与花境中其他植物的协调,背景通常选用株形开张、枝叶茂盛的常绿花灌木,如山茶、南天竹、洒金榕等。花境的边缘,高床可用石头、瓦片、砖块、术条等垒筑而成,平床边缘用低矮植物镶边,外缘为道路、草坪。

5) 花境色彩设计

色彩是人们欣赏花境的重点之一,而花境中的色彩不仅是指花朵的颜色,还包括叶片的颜色、果实的颜色以及花境与周围环境的色调。在花境的色彩设计中,通过巧妙地利用不同花色、叶色或果色等来创造空间或景观效果。如把冷色占优势的植物群放在花境后部,在视觉上有加大花境深度、增加宽度之感;在狭小的环境中用冷色调组成花境,有空间扩大感。用互补色搭配的方法更容易吸引人们的视线。配置时相邻的植物避免用相近的颜色,冷色调与暖色调的应用可以通过视觉改善人们的心理感受,如春季宜以粉、红色调为主,突出热烈、欢快的气氛;夏季应多选用蓝紫色及白色的花卉,可以给人清凉、宁静的感觉;秋季则以黄色为主色调,体现丰收的喜庆。花境与周围环境的色调,亦宜用互补色搭配的方法,如在红墙体前的花境,可选用枝叶优美、花色浅淡的植物配置;在灰色墙体前的花境,可选用大红、橙黄花色来配置效果较好。

6) 花境的饰边设计

饰边不仅围合了花境,起到边界的作用,而且还能阻隔植物根系的蔓延,保持水源。饰边的类型是多种多样的,但必须与花境的风格及周边的环境相协调统一。色彩艳丽的花境作品,饰边应朴素淡雅,很好地突出植物景观;相反如果花境的规模较小或色彩不够丰富,则可以运用精致华丽的饰边来增加景观效果。同时饰边还应该具有牢固、耐用的实用性,而在庭院中的花境饰边可以相对精致且观赏性强,突出个人风格。

5.5.3.4　花境中的植物选择

花境多由宿根花卉布置而成,如玉簪、鸢尾、萱草、随意草、麦冬等,适当配以一二年生花卉或球根花卉。植物材料的选择首要全面了解植物的习性,正确选择适宜的材料。光照和温度是花境种植设计中必须考虑的重要因子,如在花境背景及高大森林所形成的局部半阴环境就须选用耐阴植物。同时,植物的抗逆性、观赏性、季节变化和根系深浅等,都是在材料选择中必须考虑的因子。其次,应在适地适花的基础上,对植物花期、花色、花序、花型、叶型、叶色、质地、株型、高矮等主要观赏对象组合配置,使花境达到高低错落、季相分明、色彩艳丽、群落稳定的效果。以建筑为背景的花境,植物选择应充分考虑建筑的主体风格,比如建筑风格突出现代潮流的,则宜采用色彩鲜艳,形态丰富的植物作为花境的主体构架;建筑风格体现的是古典欧式风情,则应以多彩的花卉颜色镶嵌出不同的色块景观;以中国古典风格为标志的建筑,则应配置以木本花卉为主的花境作为和谐的外景。

综上所述,花境中植物丰富,以宿根花卉为主,兼配灌木、一二年生植物及球根花卉;观赏期应持续数月,植物高低错落,富于季相、色彩变化;花境种植应节约成本,养护管理较少;植物一次种植,最少应保持3～5年,生态性强,景观较稳定。花境的以上特点决定了花境植物的选择应具备以下基本条件:

①适应当地环境、气候条件。

②抗性强、低养护。花境植物材料应能露地越冬,不易感染病虫害,每年不必大面积换花。

③观赏期长。花境植物材料的一般共性是植物的观赏期(花期、绿期)较长,至少两月以上。

④具备一定的景观价值。花境主要通过各种不同外轮廓的植物搭配而成,所以植物本身应具有较高的观赏价值。每种植物主要能表现花境中的竖线条景观或水平线条景观(丛状景观)或独特花头景观。

⑤具备花境造景的功能。花境注重植物的高低错落,所以在高度上有一定要求,基本控制在0.3～2m之间。每种植物或可作为镶边,或可用于花境前景,或可用于花境中景,或可用于花境后景或背景。

5.5.4　花境栽植施工

5.5.4.1　背景植物的种植

背景植物的种植穴挖掘应比土球宽15～20cm,深20～25cm,要求上下口径一致。种植时,种植顺序由上而下、由高而低;将植物主要观赏面朝前;回填土要细、碎;较大易倒的背景树要及时支撑;种植完后应及时淋水。

5.5.4.2　整床放线

由于花境所用植物材料多为多年生花卉,种植土壤要求肥沃、疏松利水,故第一年栽种时整地要深翻,一般要翻地深40～50cm,及时清除草梗,石块及垃圾。对大土块要敲粹,如种深根花卉应加深;若土质不适应花木生长应更换或改良;若土壤过于贫瘠,要施足基肥;若种植花卉喜酸性,需混入泥灰土或腐叶土。土翻松后加入沙、草炭土、椰糠10cm拌匀。地形应有一定坡度,以3°～5°为宜,有的为了效果应局部突起,也有的位置还需置后。地形以长条形宽2～5m为好。较宽时花境与背景之间应有一段草皮,便于养护。也有的为圆形四面观光的应中央突出。

按平面图纸用白粉或沙在植床内放线,对有特殊土壤要求的植物,可在种植工程中采用局部换土措施。要求排水好的植物可在种植区土壤下层添加石砾。对某些根蘖性过强,易侵扰其他花卉的植物,可以在种植区边挖沟,埋入石头、瓦砾、金属条等进行隔离。

5.5.4.3　种植间距与植物选择

花境设计时,应考虑乔灌木、宿根花卉、一二年生花卉、球根花卉等的种植间距,这样有利于分配各种植物的种植团块大小以及算出最后的用量。通常情况下,花境中没有太多空间种植太多乔木,所以花境中一般不选用大乔木。通常选择1~3棵成熟时高度不超过6m的慢生小乔木作为框架,速生树种不适合于混合花境。在花境设计中,灌木通常在乔木确定后设计,也作为花园的骨架。混合花境中一般多选择高度为1~1.5m的灌木。但用作背景或绿篱的较大灌木,高度可为1.5~3m。混合花境中乔灌木基本上作为个体种植,所以不用考虑它们之间的种植间距。但如果作为背景屏障种植,则要比它们平常的冠幅种植的要密。藤本植物经常在混合花境中被遗忘,但它们却有着其他植物所没有的特性。当花境空间太小而无法种植乔灌木时,可以在花境背景处设置藤架或篱笆等支撑结构,再种植上藤本植物,形成漂亮的背景及框架结构,这种方法占用的面积不大,在垂直空间中占有明显优势。宿根花卉是混合花境中用得最多的一类,是花境中的重头戏。根据花卉的形态、尺寸、质地、色彩等,可以表现出很多不同的效果。关于花境中花卉的种植间距,传统的原则是高的尖塔形花卉如蜀葵、唐菖蒲、火炬花等的种植间距应为它们成熟高度的1/4。高的、丛生花卉如美国薄荷、金鸡菊等的种植间距应为它们成熟高度的1/2。圆球形的、丛生花卉如石竹、首草、景天等的种植间距应为它们的成熟高度,攀援性的地被植物的种植间距是它们成熟高度的2倍。还可以根据花卉在花境中所处的位置大致确定它们的种植间距。种植在花境前缘高度在0.3m以下的花卉,其种植间距一般为0.2~0.3m。中等尺寸的花卉最好的种植间距为0.4~0.5m。生长较大的花卉如观赏草、美人蕉等最好的种植间距为0.5~0.7m,而多数宿根花卉则以0.35~0.45m的种植间距为佳。从艺术角度和多数园艺师的经验来看,草本宿根花卉和一二年生花卉,最好都以奇数的条带或组群种植,每个组群中包含三、五、七株植物。通常,五到七株植物组合在一起可以实现色彩质地混合后的较好效果。另外,花境中花卉的高度最好限定在花境宽度的2/3以内。例如,一个花境1.8m宽,则最高的花卉不超过1.2m。这样则不会让整个花境看起来有头重脚轻的感觉。一二年生花卉基本作为花境的镶边及补充材料,一般种植间距为30cm。球根花卉的种植间距一般为球根宽度的3倍。小的球根植物如番红花属植物等经常以0.08~0.1m的间距种植。多数的球根花卉如水仙花、郁金香、风信子和较大的葱属植物,都以约0.15m的间距种植,大型的葱属植物可以约30cm的间距种植。

5.5.4.4 花境种植

按设计图纸的要求,先把花卉组织到位,同一种品种按不同颜色分开摆放,没有花时应注明。种植时脱盆要小心,注意不要让泥头散掉。轻拿轻放,花叶枝条要保护好,以免影响种植效果。洞穴应稍大以利于摆放花的朝向。埋土一般高于土球10cm为宜,不宜太深以免引起积水。花木种植之前应先清理枯枝、烂叶,种后绝不能用脚压土。及时对倒伏花木进行支撑,支撑时应将竹棍或其他支撑物藏于花内侧,扎绳一般以小铁线为宜,长的竹棍应剪掉。淋水时水力控制不要太大,均匀来回喷洒,以淋透为宜。

为了节约成本,花境种植可采用播种或种小苗,应根据品种的生长状况确定花木的间隔距离。种植前对土壤干湿度进行了解,过干应提前淋水,以半干为宜。过湿侧不能操作,以免影响土壤通透性。种花的顺序:一般为先上后下,先高后矮,先栽宿根花卉,再栽一二年生花卉和球根花卉,面积较大应分块而种。

花境种植床内,不应用竹、石头等材料人为分割每种花境品种材料,这样将破坏花境的自然美感,增加人工的痕迹。人为用排水沟把每种花境植物材料在花境种植床内分隔开,也会破坏花境的自然美感,使每种花材变得相对孤立。花境的品种选择,并不是非新品种不可,一些老品种同样能创造出较好的视觉效果。在熟练应用老品种的基础上,增加部分新品种;更能凸显出观赏效果。花境最好不要布置在规则式的背景前、几何形的花池内,这种布局方式同花境模拟自然生态野生花卉交错生长状态的初衷不相吻合。花境种植施工时,尽量不要变成花卉品种的简单堆砌。品种不是越多越好,而要讲究品种间的巧妙搭配组合、纵向和横向的有机契合、花期先后顺序的连接等。

5.6 水生植物栽植

水生植物是指以水为生境,在水中展叶、开花,结实,创造水上景观的绿色园林植物的总称。丰富的水生植物资源和良好的园林水体环境使水生园林植物在气候湿润温暖的南方城市得到了大力推广和应用(图 5.36)。

岸边的花菖蒲 水中的芡实

深水区盛开的睡莲 "接天莲叶"的荷花

图 5.36 水生花卉及应用

5.6.1 水生植物的作用

水生植物的作用主要表现在以下 4 个方面:

(1)在园林水池中常布置水生植物来美化水体、净化水质、减少水分的蒸发。如水葱、水葫芦、田蓟、水生薄荷、芦苇、泽泻等,可以吸收水中有机化合物,降低生化需氧量。

(2)还能吸收酚、吡啶、苯胺,杀死大肠杆菌等,消除污染,净化水源,提高水质。

(3)很多水生植物如槐叶萍、水浮莲、满江红、荷花、慈姑、菱、泽泻等,可供人们食用或作为牲畜饲料,因此在园林水体中大面积的布置水生植物还可取得一定的经济效益。

(4)由于水生植物生长迅速,适应性强,所以栽培管理方面节省人力、物力。要做好水生植物的造景,就应掌握水生植物在水中生长的生态特性和景观的需要进行选择,荷花、睡莲、玉蝉花等浮叶水生植物的根茎都着生在水池的泥土中,而叶浮在水面上。

5.6.2　水生植物的类型

根据水生植物在水中的生长状态及生态习性,分为以下 4 个类型:

(1)浮水植物。植物叶片漂浮在水面生长,叫浮水植物。浮水植物又按植物根系着泥生长和不着泥生长,分为两个类型:一种叫根系着泥浮水植物,如睡莲、王莲等;另一种叫漂浮植物,如凤眼莲、大漂、青萍等。根系着泥浮水植物用于绿化较多,价值较高。而根系不着泥生长的漂浮植物,因无根系固着生长,植株漂浮不定,又不易限制在某一区域,在水体富营养化的条件下容易造成极性生长,覆盖全池塘,形成不良景观,一般不用于池塘绿化,应被视作水生杂草,一旦发现要及时清除掉。

(2)挺水植物。植物的叶片长出水面,如荷花、香蒲、芦苇、千屈菜、鸢尾、伞草、慈姑等。这类植物具有较高的绿化用途。

(3)沉水植物。全部植物生长在水中,在水中生长发育,如金鱼藻、眼子菜等。

(4)湿生植物。这类植物的根系和部分树干淹没在水中生长。有的树种,在整个生活周期,它的根系和树干基部浸泡在水中并生长良好,如池杉。池杉的适应性较强,不仅在水中生长良好,而且在陆地也生长极佳。有的树种,在水陆交替的生态条件下能良好生长,如水杉、柳树、杨树等。

5.6.3　水生植物种植设计要点

5.6.3.1　掌握种植密度

水生植物种植密度需根据水生植物种类及景观要求来决定。在水体中种植水生植物时,不宜满栽,一般的种植面积占水面总面积的 $50\% \sim 65\%$ 为宜。如果满栽将使水面看不到倒影,失去扩大空间作用和水面平静的感觉;水体沿岸也不要种满一圈,应有疏有密,有断有续。对于个体较大的水生植物如千屈菜、美人蕉、荷花、王莲、红蓼等,种植密度不宜过大,若种植太密,不仅浪费植株,而且由于营养面积小、通风条件差、光照差,易导致植株长势不良、病虫害多,影响景观效果;对于个体较小的水生植物如灯芯草、旱伞草等,种植密度不宜过小,种植太稀,其群体种间竞争将处于不利地位,易被杂草侵占,给维护管理工作带来较大困难。水生植物种植密度还应考虑植株的分蘖性,对于如慈姑等不分蘖的水生植物或每年只分蘖 1 次的玉蝉花、黄菖蒲等则应种密些;再力花、水葱等生长期内不断分蘖的水生植物则应适当种得较稀些。

5.6.3.2　控制种植深度

水生植物种植深度,即水深适应性,是指水生植物在一定水深范围内能够正常生长发育和繁衍的生态学特性。水生植物根据其类型不同,其种植深度亦有差异。挺水植物的种植深度与植株本身高度有较大关系,植株高大的水生植物比植株矮小的水生植物适应深水的能力要强。挺水植物的种植深度有较大差异,如玉蝉花、泽泻、香姑草、石菖蒲等的种植深度只有10～30cm,而深水荷花在水深150cm甚至200cm还能正常开花。浮叶植物的根部生于水域的底泥中,叶片浮于水面,其种植深度一般可达数米,有的甚至可达3m。漂浮植物由于其根系不固定在泥土里,植物体随水面漂流,因而不存在所谓种植深度的问题。沉水植物整个植株都在水面以下,其种植深度主要由其本身生态学特性决定,同时还受光照所能达到的深度和水的能见度影响,水的能见度越大,光照所能达到的深度也越大,沉水植物种植的深度也越深,有些沉水植物其种植深度是能见度的2倍以上,如狐尾藻,其种植深度可达水深6m处。

5.6.3.3　了解水生植物的生态习性

大部分水生植物喜阳光(除沉水植物外),如睡莲每天需6～7小时的直射光线,才能开花;荷花需8小时以上的直射光线才能生长良好等。要避免这类植物种植在大树下或遮阳处。

5.6.3.4　了解池塘水位及各个位置的水深情况

水生植物的适宜水深不能超过1.5m,大部分在0.5～1.0m的深度范围内生长良好。在浅水和池塘的边缘处,可适当地布置池杉、千屈菜、鸢尾、慈姑、伞草、珍珠菜等,在池塘溪旁可布置百合等。

5.6.3.5　了解水生植物的生长特性

选择水生植物时要充分了解各种水生植物的生长特性,注意株型大小、色彩搭配与植株的观赏风格等协调一致,以及与周围环境相互融合。可以是单纯一种,如在较大水面种植荷花等;也可以几种混植,混植时的植物搭配除了要考虑植物生态要求外,在美化效果上要考虑有主次之分,以形成一定的特色。

5.6.4　水生植物栽植

在种植水生植物前,要设计好各种植物所种植的位置、面积、高度,并设计好栽植方法。为便于栽植,种植水生植物,可以在未放水前,也可以在放水后进行。

5.6.4.1　栽植季节

1) 生长期栽植

大部分水生植物可在4～10月的生长期栽植,但移植前要摘除一定量的叶片,不要失水时间过长。生长期中的水生植物如需长途运输,则宜存放在装有水的容器中。水生植物多为草本植物,在生长期新梢萌发速度快,根系活动旺盛,此时种植水生植物,一般经过10～30天,植株形态基本可以完全恢复。如慈姑在生长期种植后5～7天内可恢复得很好,海寿花在生长期种植1个月后就能开花。耐寒性差的品种需在生长期种植,如花叶水葱、纸莎草、旱伞草、水生美人蕉等;耐寒性强的品种可在休眠期种植,如再力花、芦苇、千屈菜、睡莲、黄菖蒲等。耐寒性差的植物必须在生长期种植。由于根系不能长期承受低温,伤口难以愈合,恢复极慢,易导致冻害。在华东地区,旱伞草、埃及莎草、纸莎草、花叶水葱、海寿花、水生美人蕉等,甚至在生长初期还易受冻害,这类水生植物应在生长期种植,此时正值高温季节,其根部土壤温度高,根系活动旺盛,植株恢复较快。另外,有些热带植物在低温地区需要在生长期种植。如原产我国华南、西南地区的姜花,在华东地区只能在生长期种植,否则易遭受冻害致死。

2) 休眠期栽植

耐寒性强的可在休眠期种植。有些水生植物在长期的进化过程中形成了抗寒的形态结构,具备了抵抗低温的生理特征,如芦苇、芦竹、水葱、再力花、水毛花、千屈菜、睡莲、黄菖蒲等植物可在休眠期种植。

5.6.4.2　水生植物的传统种植方法

1) 池底砌筑栽植槽种植法

在栽植前把池塘水抽干。池塘水抽干后,用石灰或绳画好要做围池(或种植池)的范围,在砌围池的位置挖一条下脚沟,下脚沟最好能挖到老底子处。先用砖砌好围池墙,再在围池墙两面砌贴 2~3cm 厚的水泥砂浆,阻止水生植物的根穿透围池墙。围池墙也可以使用各种塑料板,塑料板要进到泥的老底子处,塑料板之间要有 0.3cm 的重叠,防止水生植物根越过围池。围池墙做好后,再按水位标高添土或挖土。铺上至少 15cm 厚的培养土,用土最好是湖泥土、稻田土、黏性土,适量施放肥料,整平后即可种植水生植物。不同水生植物对栽培土壤的要求不同,需要进行选择。睡莲及藻类适合选用沙土作为栽培土;各种挺水植物如千屈菜、美人蕉、再力花、梭鱼草等宜选用塘泥等黏土作为栽培土;花菖蒲、紫芋、花叶芦竹等水缘和喜湿植物则宜选用壤土类。

种植水生植物一般 0.5~1.0m² 种植 1 蔸。栽植深度以不漂起为原则,压泥 5~10cm 厚。在种植时一定要用泥土压紧压好,以免风浪冲洗而把栽植的根茎漂出水面。根茎芽和节必须埋入泥内,防止抽芽后不入泥而在水中生长。

2) 容器种植法

将水生植物先栽植在缸、桶、或金属做的容器中,再将容器沉入水中。这是绿地中最常用的水面绿化方法。因为它移动方便,例如北方冬季须把容器取出来收藏以防严寒;在春季换土、加肥、分株的时候,作业也比较灵活省工。而且,这种方法能保持池水的清澈,清理池底和换水也较方便。容器栽植水生植物还可避免疏松的土壤直接入池产生浑浊,增加养护过程中枯枝、残叶消除的难度与力度。此外,容器中使用水生植物专用土,上面加盖粗砂砾,防止鱼类的活动影响土壤。

不同水生植物对水深要求不同,容器放置的位置也不相同。一般是在水中砌砖石方台,将容器放在方台的顶托上,使其稳妥可靠。另一种方法是用 2 根耐水的绳索捆住容器,然后将绳索固定在岸边,压在石下。如水位距岸边很近,岸上又有假山石散点,要将绳索隐蔽起来,否则会影响景观效果。

一般深水植物多栽植于较小的容器中,将其分布于池底,栽植专用土上面加盖粗砂砾;浅水植物单株栽植于较小容器或几株栽植于较大容器,并放置于池底,容器下方加砖或其他支撑物使容器略露出水面;睡莲应使用较大容器栽植,而后置池底,种植时生长点稍微倾斜,不用粗砂砾覆盖;荷花种植时注意不要伤害生长点,用手将土轻轻压实,生长点稍露出即可。

5.6.4.3 水生植物种植的新方法

1）可调深度器皿种植法

在目前人工运河、水系中栽种浮叶型、挺水型植物是比较困难的，因为水体驳岸或堤岸大多陡直且多为水泥浇铸或石块（片）砌筑，没有类似自然湖岸条件的土壤坡面，其上植物植株体量较大，季相花色丰富，具有较高观赏性，使用可调深度器皿种植法解决了植物需要不断调节沉水部分的要求。可以将其灵活布置在岸边，形成类似自然堤岸的水景。此方法适用于对水位有一定要求的种类，如荷花、睡莲、香蒲等（图5.37（a））。

2）漂浮坞组合种植法

按照设计的图形，以厚5～10cm的发泡塑料板置于水面，面上打大小不一的洞，洞底衬纱网，底铺陶粒或沙砾，加入少量种植土，根据设计需要植上湿生或沼生植物，拉锚固定（图5.37（b）），此方法适于种植挺水型（含湿生）植物。

3）多孔基质球种植法

在水体中栽植沉水植物，可有效地净化水质。硬质池底不能直接种植沉水植物，可采用固着种植球的方式种植，即制作一些种植球，在球上种植沉水植物，沉于水底，即可完成种植，球结构见图5.37（c）、图5.37（d）。

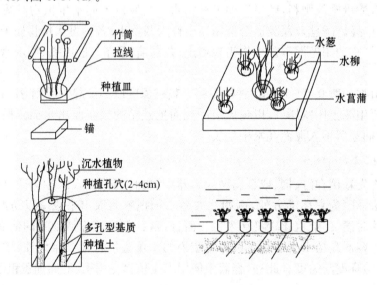

图5.37　水生植物种植方法示意图

(a) 可调浓度器皿种植法；(b) 漂浮坞组合种植；(c) 沉水植物种植球结构图；
(d) 硬质湖底河道沉水植物种植

以上几种水生植物种植新方法有许多优点：可根据植物生长的状况或造景变化和不同时期的观赏需要随时变化重新组合；应用在垂直型驳岸水体时，在对湖底（或河底）和驳岸不做任何工程改造的前提下，创造出丰富的自然地生态景观，以此方法可以对一些建成的水体进行实验性栽植；在水位变动较大或没有正常种植条件的情况下，可创造丰富的水生植物景观。这些新种植方法，不但使水生植物净化水质、稳定水体环境的作用得到体现，扩大了栽植水生植物的应用范围,这些人工结构的器具还具有遮蔽、保护、屏障等作用,为鱼类及鸟类的繁衍生息提供了条件。

5.6.4.4　水位调控

许多水生植物种植后大面积死亡,其中一个重要原因就是水位控制得不好。一般水生植物种植施工时,由于项目尚未竣工水体往往没有完全蓄水或水位偏低,后期进行蓄水和水位调控时,往往过深或过浅都会影响各种生活型的水生植物的生长发育,出现挺水植物被"淹死",浮叶植物叶子浮不出水面被"闷死",沉水植物因水深光照过弱而"饿死"的情况。因此,施工种植时应严格确定正常水位线,将各种水深植物的水深适应性作为硬指标来考虑,以免后期水位调控时过深或过浅而导致植株不能正常生长。此外,水生植物不同生长时期对水位的需求也有所不同,种植时一般保持5～10cm的水位,随着立叶或浮叶的生长,可根据植物的需要量相应提高水位,一般在30～80cm。这个过程的水位调节,应掌握由浅入深再由深到浅的原则。

5.6.4.5　日常管理

1)追肥

一般在植物生长发育的中、后期进行追肥,可用浸泡腐熟后的人粪、鸡粪、饼类肥,每年追肥2～3次。在施追肥时,应用可分解的纸做袋装肥或用泥做成团施入泥中;也可用化肥代替有机肥,以避免污染水质,用量为一般植物的10%。

2)水体中植株残体的打捞

"花著鱼身鱼嚎花"的景观画面虽然优美,但毕竟凋落水中的多数还是枯枝落叶;且无论对于水质还是水体景观来说,这并不是一个好现象。故而,在多数景点都经常可见有园林工人拿着网兜或驾船水面,或沿路而行,颇为耐心地打捞着水面杂物。特别是在秋冬季节,沿岸落叶缤纷,任务甚是繁重。此外,对风景区内的水生植物进行长期监管,及时预防病虫害,并对局部区块进行及时调整和改进也是一个非常基础的日常维护工作。

3)控制部分植物种类蔓延

部分水生植物无性繁殖能力或种子繁殖能力较强,如果超过设计需要的范围而不予控制,便会造成过度蔓延的状况,直接破坏原先的景观效果,不利于植物景观的长久维持;甚至通过侵占、挤压其他植物的生长空间而扩张,形成单一优势种,从而破坏生物多样性,造成生态群落的不稳定。原因在于这些植物大都是多年生植物,地下根茎较为发达,主要是通过分株等无性繁殖方式扩繁;对环境的适应性相对较强,或种植区的生境条件比较适合其生长,且采用了自然式种植方式。因此在每年早春就应进行观察,根据对比结果及时采用人工手段来控制和限定水生植物的种植范围。如在生长期需要结合修剪进行整治,切除多余根蘖,防止种子散播,以及使用围护、切边等措施进行土壤隔离;亦可根据情况分别采用容器种植、种植池种植等方法来解决。

4)局部养护工作的完善

由于受容器栽植的限制,容器中土壤的理化结构随时间发生变化,易形成板结现象;而养分获取也存在问题。故不加处理长期种植肯定会影响到植物的生长发育。故发现如盆栽水葱、盆栽慈姑等盆栽植物在多处均不能继续正常的生长发育甚至死亡。部分景观水体中,水生植物的存在较好地起到丰富水面、增加美感的作用;但不知为何后来消失了,却也不见有补种等其他弥补措施,甚为可惜。因此在日常的养护管理工作中,要切实加强调查与观察,及时发现并解决问题。可通过加强换土、施肥等土肥管理工作,或换盆、及时补种、调整种类等措施予以解决。

5.7　竹类植物的移栽

竹子为禾本科竹亚科植物,全世界共有竹种 70 多属,1000 多种。我国处于东南亚季风气候,地域辽阔,气候变化多样,是竹子分布的中心,有竹种 37 属,占世界竹属的一半以上,竹种(含变种)500 余种,约占世界竹种的 42% 竹子分为乔木、亚乔木、草本和藤本。竹子的高矮粗细错落有别,大型竹种高度可达 20~30m,秆粗 20cm 左右,枝叶繁茂,冠幅较大,其中云南的巨龙竹直径可达 30cm,而菲白竹和玉竹则植株矮小,类似草坪。中小型竹子高度一般在 5~8m 之间,呈小乔木或灌木状。竹子的秆色和叶色也丰富多彩,不仅有绿、紫、黑、黄、白等,而且有的秆和叶具有条纹,如绿、黄、白相间,黄绿相间,紫黑相间等不同色彩搭配。秆的形态有方、畸、怪、龟形等。叶的形态有宽大、狭长、细小等类型。株型有散生、丛生、混生型 3 种类型。秆型有匍匐型、攀援型、悬垂型等。不同的竹种千差万别,为园林造景提供了广泛的应用空间(图 5.39)。"华夏竹文化,上下五千年,衣食住行用,处处竹相随⋯⋯"中国被称作是"竹子文明的国度",在我国源远流长的文化史上"松、竹、梅"被誉为岁寒三友,而"梅、兰、菊、竹"被称为四君子,可见竹子在我国人民心中占有重要的地位。

我国竹类植物的自然分布地区很广,南自海南岛,北至黄河流域,东起台湾,西迄西藏的错纳综和雅鲁藏布江下游,相当于北纬 18°~38° 和东经 92°~122°。在这个范围内,长江以南地区的竹种最多,生长最旺,面积最大,竹林培育的群众经验也最丰富。由于气候、土壤、地形的变化以及竹种生物学特性的差异,我国竹子分布具有明显的地带性和区域性,可划分为五大竹区,即北方散生竹区、江南混合竹区、西南高山竹区、南方丛生竹区及琼滇攀援竹区。

竹子的生长发育与一般乔、灌木树种有明显不同,竹秆的寿命较短,开花结实的周期很长。因此,竹类植物的繁殖更新主要通过营养体(地下茎)的分生来实现。地下茎,俗称竹鞭,是竹类植物在地下横向生长的主茎,它既是养分储存和输导的主要器官,同时也具有分生繁殖的能力。竹子的地下茎类型主要有 4 种(图 5.38):

(1) 合轴丛生型。即由秆基的大型芽直接萌发出土成竹,不形成横向生长的地下茎,秆柄在地下也不延伸,不形成假鞭,竹秆在地面丛生,如刺竹属的孝顺竹、绿竹等。

(2) 合轴散生型,即秆基的大型芽萌发时,秆柄在地下延伸一段距离,然后出土成竹,竹秆在地面散生,如箭竹属、筱竹属等。

(3) 单轴散生型,即有真正的地下茎,鞭上有节,节下生根,每节着生一侧芽,侧芽或出土成竹,或形成新的地下茎,或处于休眠状态。竹秆在地面散生,如刚竹属、方竹属的竹种。

(4) 复轴混生型。即有真正的地下茎,间有散生和小丛出土两种特征,即侧芽出土成竹,或侧芽以小丛出土成竹。前者竹秆在地面散生,后者竹秆在地面呈丛生状。复轴混生型地下茎不是一种十分稳定的地下茎类型,常因立地条件和生长状况的变化而发生变化,单轴散生型的竹种在较差的立地条件下,或者生长不好时,常表现为复轴混生的性状,而复轴混生型竹种,

菲白竹	早竹	龟甲竹
若竹	孝顺竹	佛肚竹

图 5.38　常见园林观赏竹

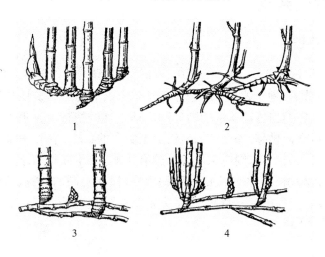

图 5.39　地下茎的形态
1—合轴丛生型;2—合轴散生型;3—单轴散生型;4—复轴混生型

当立地条件较好,生长旺盛时,常表现为单轴散生的性状。如茶秆竹、箬竹等。

散生竹地下茎的生长是靠鞭梢的不断伸长来实现的。鞭梢位于地下茎的先端,尖削,为鞭箨所包被,鞭梢顶端分生组织不断分裂分化,使竹鞭在地下不断向前延伸。鞭梢具有强大的穿透力。地下茎节上一部分侧芽的顶端分生组织细胞经分裂分化,形成鞭节、鞭箨、鞭芽、鞭根原始体和居间分生组织,经居间分生组织细胞的分裂分化,地下茎节间的长度和粗度增加,使地下茎不断向前延伸。当鞭梢下部各节的居间分生组织停止分裂分化活动后,鞭箨形成离层,鞭根逐渐生长,形成新的地下茎系统。大小年明显的竹种,鞭梢的生长一般在小年进行,8~9月份生长最为旺盛,11月底停止生长。在来年进入大年时,从新稍附近的侧芽另抽新鞭,6~7月份为生长旺期,8~9月份因大量孕笋,生长逐渐停止。

散生竹的竹鞭蔓延深度一般为10~35 cm,多趋向于西南方向或土壤疏松而肥沃的方向。在疏松肥沃湿润的土壤中,1年间鞭梢可钻行生长达2~4 m,方向变化不大,起伏扭曲也小,竹鞭粗壮节稀,芽肥根多,有利于出大笋、长大竹。如果土壤过于板结,石砾过多,又干燥瘠薄或竹林内灌木丛生,使得鞭梢在钻行过程中受阻而影响鞭梢的生长速度,而且易折断、扭曲、鞭节缩短,侧芽发育不良,严重影响竹林的产量和质量。鞭梢生长所需养分来源于相连的母竹,母竹合成的营养物质总是向着地下茎生长的方向输导。因此,在地下茎生长期,应特别注意保护地下茎系统,禁止砍竹挖鞭。新生的地下茎养分和水分含量高,一年后,地下茎组织逐渐成熟,水分含量下降,形成发达的根系。一般自笋成竹后第2年生长最旺,自此后长势渐衰,在第5年左右即渐次腐朽,第3年发笋能力最强,竹笋及成竹质量最高。一般大型竹,如毛竹地下茎的壮龄期为3~6年生,而中、小型竹地下茎的壮龄期为2~4年生,壮龄地下茎的养分丰富,抽鞭发笋力强,是移竹造林选择母竹的标准之一。

丛生竹没有横走的地下竹鞭,其地下茎即是竹秆的秆基和秆柄部分,节间短缩、状似烟斗,只有竹根没有竹鞭,秆基肥大多根,沿竹秆的分枝方向,着生6~8个大型芽,1年一般萌发1~3个,其余为潜伏芽,当新笋受母竹养料充足、外界条件适宜时,潜伏芽才能萌发成笋。

5.7.1 散生竹的栽植

5.7.1.1 栽植地整理

竹子生长要求土层深度50~100cm,肥沃、湿润、排水和透气性能良好的砂质土壤,微酸性或中性,pH4.5~7.0为宜,地下水位1m以下或50cm以下均可。整地是竹子栽植前的重要环节,整地的好坏直接影响到竹林质量的高低和成林速度的快慢。整地方法应采用全面整地为好,即对栽植地进行全面耕翻,深度40cm,清除土壤中的石块、杂草、树根等杂物。如土壤过于黏重、盐碱土或建筑垃圾太多,则应采取用增施有机肥、换土或填客土等方法对土壤进行改良。整好地后,即可挖种植穴。种植穴的密度和规格,根据不同的竹种、竹苗规格和工程要求具体而定。在园林绿化工程中,一般径竹每平方米2~3株,行距50~60cm,栽植穴的规格为长60cm、宽40cm、深40cm。

5.7.1.2 栽植时间

散生竹通常是春季3~5月份开始发笋,多数竹种6月份基本完成高生长,并抽枝长叶,8~9月份大量长鞭,进入11月份后,随着气温的降低,生理活动逐渐缓慢,至翌年2月,伴随气温回升,逐渐恢复生理活动。根据这一生长规律,散生竹理想的栽种时节应该是10月至翌年2月,尤以10月份的"小阳春"为最好。冬季11~12月份种竹,尽管雨量少,天气干燥,但此时竹子的生理活动趋弱,蒸腾作用不强,栽竹成活率也较高。在长江中下游地区,可在梅雨季节的正常年份采用新竹栽植。但只宜近距离移栽,最好是采用"随挖、随运、随栽"的方法,且根盘带宿土方可保证有很高的成活率。北方地区由于冬季严寒,宜在秋季10月至早春2月栽竹。值得注意的是,春季3~5月出笋期不宜栽竹,尽管此时栽竹还较为适宜,但是正处于出笋期对笋芽的破坏较为严重,按经济效益来算是很不划算的,不宜采用。

"种竹无时,雨后便移",只要保证母竹的质量,精心管理,保持水分平衡,1年中除炎热的三伏天和严寒的三九天外,其余时间均可栽种;如果采用容器竹苗,则南北地区也均可四季种竹,保证成活。

5.7.1.3 母竹的选择

母竹质量的好坏对栽植成活影响很大,优质母竹栽植容易成活和成林,劣质母竹不易栽活或难以成林。母竹质量主要反映在年龄、粗度、长势及土球大小等方面。

(1) 母竹年龄。最好选用1~2年生为宜。因为1~2年生的母竹竹鞭,一般处于壮龄阶段,鞭芽饱满,鞭根健壮,因而容易栽活和长出新竹、新鞭,成林快。老龄竹(3年以上)不宜作母竹。1~2年生竹鞭为幼龄阶段,其有效鞭芽虽多,但未成熟,孕笋少,一般不能成竹;3~6年生的竹鞭为壮龄阶段,其有效芽多,并已发育成熟,孕笋能力强,成竹率高。尤以5~6年的竹鞭发笋最多,成竹率最高,新竹径级最大。7年以上的竹鞭为老龄阶段,其有效芽少,很少孕笋,而且成竹率低,新竹径级也小。为此,在毛竹移栽造林中,应选1年生的枝繁叶茂、胸径为3~6cm的竹株为母竹,而且在挖掘母竹时应特别注意观察竹鞭的现状。若发现土黄色的竹鞭上颜色鲜艳,说明鞭龄正处在3~5年的壮龄阶段,可选作母竹。若发现土黄色的竹鞭上分布有灰褐色、黑褐色、黑色斑点或整个竹鞭已变成灰褐色、黑褐色、黑色的话,则鞭龄已进入7年以上的老龄阶段。为此,凡是与老龄竹鞭相连接的竹株都不宜选作母竹之用。

(2) 母竹粗度。中径竹(刚竹类)以胸径2~3cm为宜,小径竹(方竹、紫竹等)以胸径1~2cm为宜。

(3) 母竹形态。要求生长健壮,分枝较低,枝叶繁茂,枝、叶、梢完整,高度与秆径粗度的比例协调,外形挺拔健壮,无病虫害及开花迹象的为宜。

(4) 土球要求。直径要求以30~40cm为宜,土球过小,母竹易过度失水,降低成活,且竹鞭短,根系少,成林慢。土球过大,则不便运输及损坏"螺丝钉"。中小型观赏竹,通常生长较密。因此,可将几支一同挖起作为一株母竹。具体要求为:散生竹1支/株,混生竹2~3支/株,丛生竹可挖后分成4~5支/丛。母竹挖起后,一般应砍去竹梢,保留4~5盘分枝,修剪过密枝叶,以减少水分蒸发,提高种植成活率。

母竹远距离运输时,如果土质松散,则必须进行包扎,用稻草或编织袋等将土球包扎好。装上车后,先在竹叶上喷上少量水,再用篷布将竹子全面覆盖好,防止风吹,减少水分散失。母竹近距离运输不必包扎,但必须防止鞭芽和"螺丝钉"受损及宿土震落。

5.7.1.4 母竹的挖掘与运输

按不同竹种移栽需携带土球大小的不同,确定相应的挖掘半径。毛竹、花毛竹等大径竹,挖掘半径不小于竹子胸径的5倍;白哺鸡竹、淡竹等中径竹,挖掘半径不小于竹子胸径的7倍;小径竹类的挖掘半径一般不小于竹子胸径的10倍。母竹挖掘前首先判明竹鞭走向,一般来说,竹鞭走向与竹子的最下一盘枝的朝向大致相同(图5.40)。根据竹鞭的位置和走向,在离母竹50cm左右的地方破土找鞭,先在确定的挖掘圆周上轻轻挖开表土层,然后按来鞭(即着生母竹的鞭的来向)20～30cm 去鞭(即着生母竹的鞭向前钻行将来发新鞭长新竹的方向)40～50cm 的长度将鞭截断,再沿鞭两侧 20～35cm 的地方开沟深挖将母竹连同竹鞭一并挖出,带土 25～30kg。挖掘时断鞭处保持截面光滑,不伤鞭芽。所留竹鞭,一般保留 4 个或更多的健芽。挖掘过程中逐步掏空竹蔸四周和底部,避免损伤竹秆与竹鞭连接部分的"螺丝钉",不得摇动竹秆。母竹所带土球以草或其他材料包裹,以防土球破碎。包扎方法是在鞭的近圆柱形的土柱上下各垫一根竹竿,用草绳一圈一圈地横向绕紧,边绕边捶,使绳土密接,并在鞭竹连接即螺丝钉着生处侧向交叉捆几道,完成土球包扎。

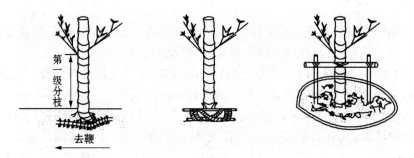

图 5.40 竹子的移栽

母竹搬运期间轻提轻放,在装车和卸车时,于靠近泥球一侧的车厢侧面设置躺板,并以特制的构杆牵引泥球顺板提上车厢或滑至地面,以免泥球破碎或竹鞭断裂。如果需要长距离运输,可将土球装于容器中。首先应购置塑料桶,或事先挖好穴坑也可,塑料桶应在底部钻 4～6 个直径 2cm 的洞眼,穴坑也应留有通水口,在桶(穴)内先放一些瓦砾稍盖洞眼,以稍通气漏水即可,然后填一层 10cm 厚肥沃的细土,将母竹解开薄膜后置入桶(穴)后,展开根须,以尽量将鞭根贴近泥土,提高成活率,然后再填些细土至桶(穴),压实,浇足水即可。

5.7.1.5 挖种植穴及修剪

按设计要求,确定每一竹种、每一竹株种植位置,并在种植前 1 天挖好栽竹穴。挖穴规格视所栽竹子携带泥球大小而定,如栽植毛竹的种植穴约长 100cm,宽 60cm。母竹一旦入穴,泥球与穴周边距离不小于 6 cm,以利培土及掏实。此外,母竹入穴种植前先行修枝整形,以减少水分蒸发,有利于提高成活率。修枝整形后的母竹呈塔形。修枝整形的强度以不影响全竹外形美观为标准。

5.7.1.6 母竹的栽植

栽竹的原则是:深挖穴,浅栽竹,下紧围,高培蔸,宽松盖,稳立柱,鞭平秆可斜。母竹运到栽植地后,应立即种植。首先,将表土或有机肥与表土拌匀后回填种植穴内,一般为 10cm。然后解除母竹根盘中的包扎物,将母竹放入穴内,根盘面与地表面保持平行,使鞭根舒展,下部与土壤密接,或泥球底部与穴底泥土紧密衔接,不留空隙。然后回填土,先填表土,后填心土,自下而上分层分批进行,捡去石块、树根等杂物,并以木制捣棒将填土拨向泥球底部,使泥球与穴周边衔接密实,防止上实底松,培土与地面齐平或略高于地面。竹子宜浅栽不宜深栽,通常母竹根盘表面比种植穴面低 3～5cm 即可。在斜坡上栽竹时,培土表面与坡面保持平整。在填土踏实过程中注意勿伤鞭芽。然后浇足"定根水",进一步使根与土密接。待水全部渗入土中后,再覆盖一层松土,在竹秆基部堆成馒头形。有条件的可在馒头形土堆上加盖一层稻草或杂草,以防止种植穴水分蒸发。如果母竹高大或在风大的地方需加支撑,以防风吹竹秆摇晃,使根土不能密接和损坏"螺丝钉",降低成活率。

5.7.2　丛生竹的栽植

5.7.2.1　栽植时间

丛生竹一般于3～5月份竹鞭发芽,6～8月份开始出笋,且丛生竹不耐严寒,所以丛竹栽植时间最好是在春季2～3月份竹子"休眠"期进行。此时笋芽尚未萌发,竹液还未流动,栽植成活率最高。当年即可出笋,3～4年即可成林。但是,如果管理条件好或采用容器育苗,也可四季种竹。

5.7.2.2　母竹选择

应选择生长健壮、枝叶繁茂、没有病虫害、秆基芽眼肥大充实、须根发达的1～2年生竹秆,发笋力强,栽后易成活,成林迅速,是丛生竹移竹造林的最好母竹。2年生以上的竹秆,秆基芽眼已有部分发笋成芽,残留下来的多半老化变"虚",失去萌发能力,而且根系也开始衰退,不宜选作母竹。1～2年生的健壮竹株一般都着生在竹丛边缘,秆基入土较深。此外,选择母竹还要大小适中,一般大秆竹种的胸高直径为3～5cm,小秆竹种为2～3cm。过于细小的竹株生活力差,影响成活;竹株过于粗大,竹蔸大,挖掘、搬运、栽植都不方便,也不宜选作母竹。

5.7.2.3　母竹挖掘

1) 竹丛分株

母竹在挖掘前应先了解新老竹的关系、地下茎的连接状况等。竹丛的分株与成活关系很大,分出的母竹、新壮竹适当配搭成活高,发笋力强。分株时首先应了解地下茎的相互关系,有些竹丛新老竹的关系很明显,但在秆多时难以分辨,在这种情况下要摸清新老竹相互关系。新竹多在老竹分枝方向的一侧,看老竹出枝的方向,一般可以找出新老竹的关系。用手轻轻摇动老竹,新竹同时被牵动,即可断定连接的位置。在土层深厚、土质紧的情况下,往往摇动老竹,新竹不动,可采用花镐插入竹丛内,接触秆柄,即轻击秆柄,竹摇动时,亦可断定地下茎连接的关系。基本掌握地下茎连接的关系后,根据竹丛具体情况进行分株。母竹可取2～3株一丛,较差的竹种可适当多一些。根据竹子由内向外发展的生长规律,竹丛外围壮竹多,须根多,分出母竹植株可少一些;越接近中央区域则老竹多,竹蔸多,须根少,分株时可适当多带几株。实践证明,选择壮竹,少伤须根,多带土,单株栽植也能生长良好。

2) 母竹挖掘

先在离母株25～30cm的外围,扒开土壤,由远及近,逐渐深挖,防止挖伤秆基竹眼,竹蔸的须根应尽量保留。在靠近老竹的一侧,找出母竹秆柄与老竹秆基的连接点,然后用利凿、山锄或快刀猛力切断母竹的秆柄,连蔸带土挖起。在切断母竹秆柄时必须特别注意,防止劈破或撕裂秆柄秆基,否则母竹的柱蔸受伤腐烂,影响成活。有时为了保护母竹,可连老竹一并挖起,即挖"母子竹"。根据竹种特性和竹秆大小,决定挖掘时的带土量和母竹秆数。

一般根径较长或较大秆的竹种如梨竹、麻竹、绿竹、刺竹等,竹株粗大,竹蔸根系发达,单株挖蔸带土要多些;小型竹种如孝顺竹、凤尾竹等竹株较小,密集丛生,竹根分布也较集中,可以3~5株成丛挖起栽植。母竹挖起后,发枝低的竹秆,留2~3盘枝,在竹秆15~2m高处,从节间中斜行切断,切口呈马耳形。这样可以减少母竹蒸腾失水,便于搬运和栽植,栽后不需架设防风支柱。挖起的母竹不能及时栽植,应放在阴凉避风地方,并适当浇水。如远距离搬运,可用湿草包扎竹蔸,防止损伤芽眼及震落宿土。

5.7.2.4　母竹栽植

丛生竹种植必须遵循浅埋、踩实的原则。种植穴的大小视母竹竹蔸或土球大小而定,一般应大于土球或竹蔸50%~100%,直径为50~70 cm,深约30 cm。栽竹前,穴底先填细碎表土,最好能施入15~25kg腐熟有机肥与表土拌后回填。将母竹苗斜放在种植穴内,若能判断秆基弯曲方向,可将竹蔸的弯柄朝下(即弓背朝下,正面朝上),芽眼向两侧。这样不但根系舒展有利于成活和发笋长竹,而且有利于加大母竹出笋长竹的水平距离。竹蔸距地面距离约10cm,竹尾最后一个竹节露出土面,梢部的马耳形切口向上。整根竹苗除竹尾的最后一个节可露出土面外,其余部分全部用土覆盖,盖土后要踩紧,再盖一层松土,最后在竹蔸部分浇定根水。

5.7.2.5　混生竹的栽植

混生竹生长发育节律介于散生竹与丛生竹之间,5~8月份发笋长竹,所以栽竹季节以秋季10~12月份和春季2~3月份为宜。混生竹既有横走地下茎,又有秆基芽眼,都能出笋长竹,其生长繁殖特性位于散生竹与丛生竹之间,移栽方法可两者兼而有之。

5.8　园林植物的反季节栽植

5.8.1　反季节栽植概述

5.8.1.1　反季节栽植的含义

反季节栽植,就是在不适宜搞绿化工程,施工难度大的季节进行绿化施工。园林绿化施工主要是园林植物的栽植过程,种植成活的内部条件主要是长势平衡,即在外部条件确定的情况下,植株根部吸收的供应水、肥和地上部分叶面光合、呼吸和蒸腾消耗平衡。种植树枯死的最大原因是根部不能充分吸收水分,茎叶蒸腾量大,水分收支失衡所致。按植物生存生长规律,常规的绿化施工是从3月中旬开始至5月末结束或者是10月中旬至12月上旬。梅雨期间有一段施工机会,大都种植一些常绿树,而在其他时期栽树木就为反季节栽植。

近年来,全国各地大中城市都在争创国家园林城市,力争在较短时间内提高绿地覆盖率。反季节栽植以其不受时间限制,优化城市绿地的植物配植和空间结构,及时满足重点或大型市政工程的绿化美化要求、最大限度地发挥城市绿地的生态效益和景观效益的特点,近几年被广泛应用于城市绿化建设中,是现代化城市园林布置和绿化建设中经常采用的重要手段和技术措施。

5.8.1.2　反季节栽植必须遵循的原则

1）坚持适地适树的原则

在选择树种时必须考虑那些能适应本地气候和土壤立地条件的树种,如黄杨、香樟、月季、女贞、紫薇等,同时注重种植植物的生理特性,针对其特性找出相应的适合生长环境空间和其他特定的因素以及方法,确保在某种程度上缩小与原自然生长空间的环境差异,并了解其耐寒、耐湿、喜阳、喜阴等习性,针对性地采取栽培措施以及进行植物配置。在不利气候条件下进行施工时,必须尽最大限度提供有利于树木生长的生存环境,以满足树木生长的要求。

2）坚持以树种特性为依据的原则

不同树种对环境条件的要求和适应能力表现出很大的差异性。一些再生力和发根力强的落叶树如杨树、柳树、榆树、泡桐等栽植容易成活,可以用裸根栽植。苗木的包装、运输可以简单些,栽植技术可以粗放些,栽植的关键在于保护好根系的完整性,骨干根不可太长,侧根、须根尽量多带。从掘苗到栽植期间,务必保持根部湿润,防止根系失水干枯。为提高移栽成活率,运输过程中,可采用湿草覆盖的措施,以防根系风干。一些常绿树以及发根再生能力差的树种,如七叶树、白玉兰、红枫等,栽植时必须带土球,栽植技术必须要求严格,以提高移栽成活率。

一般来说,反季节栽植落叶树比常绿树容易成活,灌木比乔木容易成活。较易成活的树木:如国槐、栾树、白蜡、合欢、枫树、灯台树、雪松、龙柏、桧柏、侧柏、黄杨、木槿、紫荆、碧桃等。较难成活的树木:如玉兰、柿子树、稠李、女贞、云杉、水杉、法桐、马褂木等。最难成活的树木:如落叶松、华山松、白桦等应尽量避免反季节栽植。而有些适应性较强的乔木;浅根性、须根多的花灌木反季节栽植对成活也不会有太大的影响,如杨树、柳树、榆树、银杏、臭椿、丁香、连翘、紫薇等。

5.8.2　反季节栽植技术要点

5.8.2.1　苗木选择

1）选择长势旺盛、植株健壮的本地苗

苗木是反季节移栽关键,苗木质量好坏直接影响移栽的质量、成活率、养护成本及绿化效果。乔木、大灌木应挑选长势旺盛,植株健壮,根系发达,色泽明亮,无病虫害的植株。露地栽培花灌木应符合下列要求:1~2年生小苗,株高应达到15~40cm,冠径达到25~30cm,分枝比较均匀,分枝点要低并不应少于3~5枝,叶簇健壮,色泽明亮。宿根花卉,根系必须完整发达,无腐烂。球根花卉,根茎应硕大,无损伤,幼芽饱满。观叶植物,叶色应鲜艳,叶簇丰满。

本地培育的苗木一般对移栽地气候与土壤条件都有较强的适应能力,可随起随栽。同时,可减少长途运输对苗木的损伤及运输费用,苗木移栽后根系恢复快,后期长势较好。

2）选择移植过且土球较好的苗木

选择近2年已进行过移植,且有新生的细根集中于树蔸部位,这样能保证其在再次进行移植时受到的影响将较小,尤其是在反季节环境下栽植时的成活率将更有保证。例如,目前很多苗圃都先将移植过的苗木做成袋装苗,经过实践证明这种方法使得其在反季节环境中栽植的成活率是最高的,在绝大多数的绿化工程中都能全部成活。苗木起挖时适当扩大土球直径,在进行反季节栽植时,尽可能选择土球直径最大的苗木,并保证上球完整、不松散。这样能确保根系的完整性,移栽之后也就越容易存活。

3)尽量采用假植的苗木

在进行反季节栽植前应提前掘取并进行假植。待假植苗木的树苑处开始长出新根,根的活动性较旺盛后再进行栽植,这时即使在反季节的情况下也能保证存活率。

4)少用地栽苗多用容器苗

反季节移栽时,地栽苗需带土球,根系容易受伤,成本较高,为了节约成本便于运输和移栽,应大力提倡用容器苗。容器苗的营养土符合苗木生长发育需要,且起苗运苗过程中根系不易损伤、绿化季节长、无缓苗期等优点,适合反季节移栽。

5.8.2.2 土壤的处理

园林植物成活生长的关键之一是园林种植土壤,但园林土壤的处理往往在园林绿化建设中重视程度不够,造成绿化资源的浪费。非正常季节的苗木种植土必须保证足够的厚度,保证土质肥沃疏松,透气性和排水性好。种植或播种前应对该地区的土壤理化性质进行化验分析,采取相应的消毒、施肥和客土等措施。

5.8.2.3 苗木的假植

1)大木箱囤苗法

针对大规格落叶乔木,如胸径超过 20 cm 的银杏,按照施工计划及场地条件,在发芽前进苗。按施工规范要求规格打木箱,木箱规格根据银杏土球直径放大 40 cm,按此规格制作矩形木箱,然后将银杏植于箱中。选择场地开阔、无其他施工、交通方便的场地,按 2 列排行,预留巷道。及时灌水,疏枝 1/5～1/4,植后木箱苗均正常展叶,施工条件具备时即可种植。

2)柳筐囤苗

径粗 7～8 cm 的落叶乔木,如栾树;1.8～2 m 的落叶灌木,如丁香和珍珠梅等。于春节前后进苗,植于 60 cm 柳筐中,填土踩实,按 3 行排列及时灌水、疏枝。柳筐苗均正常展叶抽枝。条件具备后,带筐栽植,种植后去柳筐上部1/2。

3)盆栽苗木

将小叶黄杨、丰花月季、金叶女贞、小檗、锦带等植于 30 cm 花盆中。按 5～6 列排行,预留巷道。盆中基质用原床土加入适量肥料进行正常的肥、水养护。条件具备时,去掉花盆,苗木土球不散,花盆可再利用。

4)大规格常绿乔木

措施一:夏季高温,容易失水。在苗木进场时间问题上,以早、晚为主,特别是在晚上,在保证安全及施工质量的前提下,晚上栽植是最好的时间。雨天应加大施工量,在晴天的条件下,每天给新植树木喷水至少两次,时间适宜在 9 时前、16 时后,保证植株蒸腾所需的水分。措施二:所有移植苗木都经过了断根的损伤,即使在进入容器前进行修剪,原有树势已经削弱。

为了恢复原有树势,扩大树上树冠,应对伤根恢复以及促根生长采取措施。施生根粉 APT3 号,浓度 1‰。施工后,在土坨周围用硬器打洞,洞深为土坨的 1/3,施后灌水。措施三:搭建遮阳棚。用毛竹或钢管搭成井字架,在井字架上盖上遮阳网,必须注意网和栽植的树木要保持一定的距离,以便空气流通。

5.8.2.4 起苗及种植前修剪

起苗前,为了保证树形美观,起运方便,减少栽植时的修剪量,可提前一年进行修剪,有利于栽后树势恢复。阔叶树可采取强修剪,必要时还可采用截冠的办法;针叶树则对枯枝、病枝、断枝进行清理,其他枝条可根据树姿情况适量少剪。

种植前应进行苗木根系修剪,应将劈裂根、病虫根、过长根剪除,并对树冠进行修剪,保待地上地下平衡。

1) 乔木修剪

落叶树可疏稀后进行强截,多留生长枝和萌生的强枝,修剪量可达 6/10～9/10。常绿阔叶树,采取收缩树冠的方法,截去外围的枝条适当疏稀树冠内部不必要的弱枝,多留强的萌生枝,修剪量可达 1/3～3/5。针叶树以疏枝为主,修剪量可达 1/5～2/5。对易挥发芳香油和树脂的针叶树、香樟等应在移植前 1 周进行修剪,枝条短截时应留外侧芽,剪口应距留芽位置以上 1 cm;修剪直径 2 cm 以上大枝及粗根时,截口必须削平并涂防腐剂,10 cm 以上的大伤口,需经消毒,并涂保护剂。

2) 花灌木修剪

夏季花灌木种植前应加大修剪量,剪掉植物本身 1/2～2/3 数量的枝条,以减少叶面呼吸和蒸腾作用。一些低矮的灌木,为了保持植株内高外低、自然丰满的圆球形,达到通风透光的目的,可在种植后修剪。一些种植模块的小型灌木,为了整体美观,也可种植后修剪。修剪应遵循下列原则:

(1) 对冠丛中的病枯枝、过密枝、交叉枝、重叠枝,应从基部疏剪掉。对有主干的灌木,如碧桃、连翘、紫薇等,移栽时要将从根部萌发的蘖条齐根剪掉,从而避免水分流失。

(2) 对根蘖发达的丛生树种,如黄刺梅、玫瑰、珍珠梅、紫荆等,应多疏剪老枝,使其不断更新,旺盛生长。

(3) 早春在隔年生枝条上开花的灌木,如榆叶梅、碧桃、迎春、金银花等,为提高成活率,避免少开花消耗养分,需保留合适的 3～5 条主枝,其余的疏去。

(4) 夏季在当年生枝条开花的灌木,如紫薇、木槿、玫瑰、月季、珍珠梅等,移栽后应重剪,促生新枝,更新老枝。对观叶、观枝类花灌木,如金叶女贞、大叶黄杨、红瑞木等也应栽后重剪。

(5) 既观花又观果的灌木,如金银木、水荀子等,仅剪去枝条的 1/4～1/3。

(6) 对嫁接灌木,应将接口以下砧木萌生枝条剪除。

(7) 对于一些珍贵灌木树种,如紫玉兰等,应于移栽后把花蕾摘掉,并将枝条适当轻剪,保证苗木的成活。

5.8.2.5 土球直径和种植穴规格

根据苗木胸径,确定苗木的土球规格。若施工场地内不具备假植条件,还应加大苗木土球尺寸,乔木正常季节移栽土球直径一般为胸径的 8～10 倍,夏季要达到 12～14 倍。当土球直径大于 1.8m 时,就要考虑打箱板施工。在起挖的前 2～3 天,对所选定的植株挖宽 20cm、深40cm 的圆槽圈,浇灌浓度为 5%～8% 的活力素水剂。保证起苗运输途中的养分和水分储存。对整个植株用 1%～3% 抑制蒸腾剂进行喷洒,减少水分和养分的蒸发,抑制植物的生理活动,促使植株处于半休眠状态。

种植穴应比常规大,一般比土球大 40～50cm,深度要高出土球高度 15cm 左右。对含有建筑垃圾、有害物质的种植穴均须放大树穴,清除废土换上种植土,并及时填好回填土。挖穴、槽后,应施入腐熟的有机肥作为基肥。可在穴底铺设 10～15cm 砂砾或铺设渗水管、盲沟,以利排水,避免在夏季高温期由于反复浇水或持续降雨引起积水。

5.8.2.6　定植与养护

植物定植前应分别用 1%～3% 的消毒液和 5%～8% 的生根剂进行浸穴。用管径 10 cm的塑料管做好透气孔,其孔底部插入渗水层以下,增加应用的保险系数,如果雨季渗水层不能迅速渗水,可用微型潜水泵从透气孔中排除积水,保证苗木根系透气,防止在高温时产生乙醇损伤根系,尤其是珍贵树木更要采用这一措施。植株入土前,应对植株进行整理。种植时,土球经初步覆土捣实,可将土球的包扎物小心解除,随后填土分层捣实,待覆土达到植株土球深度的 1/3 时,边填土边灌水,浇足第一次水,完成整个栽植填土工序,覆土层高于种植地 3～5cm 并在树根周围形成围堰。花灌木栽植时应稍高栽植土 10 cm 左右,便于填土下沉及排水。

反季节种植苗木,要尽量缩短起、运、栽的时间,保湿护根。浇水是反季节栽植的重要环节,通常要紧跟"三水",才能确定成活。灌水次数要较正常栽植的树木多,还可灌一定浓度的生长素。枝叶根据不同品种进行不同程度的短截。通过喷洒发芽抑制剂和蒸发抑制剂,抑制发芽,减少叶面蒸发水分。还要经常对地面和树冠进行喷水,增加空气湿度。在炎热的夏季,还应对树苗进行适当遮阴。在冬天严寒季节,还应采取地面盖草或土,树侧设风障等,对不耐寒的树种,要用稻草或草绳把主干包起来,高度不低于 1.5m,或用石灰水对主干涂白来减少树体受外界温差的影响,避免树干裂致死。植株栽植后,用三角支撑防止倒伏,并打好遮阴网,遮阴网要高出植株顶端 1.2～1.5m 为宜。在高温高湿期,时刻提防病菌生长,相隔 3～5 天,根据实际情况喷洒杀菌剂。对叶面经常喷施水分,并在水中添加 0.2% 的尿素和微量元素,保证叶面养分供应。除做好植株移栽的常规养护管理外,还应重点做好防止倒伏、及时抗旱排涝、安全越夏、防冻保暖和及时解除树干绑扎物等工作。

5.9　栽植成活期的养护管理

园林植物栽植后,即进入了成活期。对于乔灌木而言,因栽植季节的不同,成活期的长短也不相同。一般第一年栽植后,经过一个冬季,到第二年春天树木能够正常生根发芽,表明树木成活,这个阶段就是树木的成活期。冬季栽植的树木,应视为春季栽植的提前,成活期应到第二个春天。成活期的管理至关重要。树木经过挖掘、运输、移栽,破坏了根系,消耗了水分,打破了地上和地下两部分的水分平衡、养分平衡,给树木成活带来困难,对以后的生长产生不利影响。一个好的花境如果后期养护得当,那么在后期的换花成本上会大幅度降低,同时也更能体现花境的设计思想和后期效果。在精心养护管理下一般花境可保持 3～5 年的景观效果。

"三分栽植，七分管护"，栽后养护管理直接关系到栽植后植物的成活质量和观赏效果。园林植物在成活期的养护管理主要包括以下几方面的内容：

5.9.1　水肥管理

5.9.1.1　水分管理

主要包括土壤灌水、树冠喷水和雨季排水等。栽后水分管理直接关系到苗木的成活率。新栽的植物除了灌三水外，在干旱季节要注意多灌水，最好能保证土壤含水量达最大持水量的60%。一般情况下，树木移栽后第一年应灌水 5～6 次；一般乔木树种应连续灌水 3～5 年，灌木最少 5 年，土质差的或树木因缺水而生长不良，或遇干旱年份，则应延长浇水期限，直到树木根系与地上部分的树冠不再浇水也能维持正常生长为止。对于绿篱而言，为使绿篱生长旺盛，应当勤浇水，早春 1 个月 1 次即可，一般干旱的月份，1 周最少浇 1 次水，不过各地应根据具体情况而定，只要观察植株生长正常即可（表 5.9）。

表 5.9　绿篱浇水量(参考)

绿篱种植槽宽度/cm	水围宽度/cm	种植槽长度每延长 1m 浇水量/kg
40	60	60
50	70	70
60	80	80
80	100	100
100	120	120
120	140	140

对于常绿树种、珍贵树种或反季节栽植的树木，在高温干旱季节，为补充树体水分，应向树冠喷水增加冠内空气湿度，从而降低温度，减少蒸腾，促进树体水分平衡。喷水宜采用喷雾器、喷枪或人工拉皮管，直接向树冠喷射，让水滴落在枝叶上。喷水时间可在 10 时至 16 时，每隔 1～2 小时喷 1 次。

花坛、花境施工结束后，除浇第一次透水外，每日早晚各浇水 1 次。浇水时间应避开暴晒的中午时段，提倡夜间浇水。在雨水缺少季节，每天的浇水量要稍大于该种类的蒸腾量，浇水时要用花洒浇灌，禁用水枪直射。每日浇水必须浇透，遇到高温天气，每日可增加 1～2 次叶面喷水保湿降温。立体花坛应每天喷水，每次喷水要细并防止冲刷，一般每天喷水 2 次，若天气炎热干旱则应多喷几次。

在南方多雨季节，要特别注意防止土壤积水，除绿地的排水外，可在树的基部适当培土，使树盘的土面适当高于地面，以防止树木根系处于淹水状态。

5.9.1.2　肥分管理

施肥有利于恢复树势。树木移植初期，根系吸肥力低，宜采用根外追肥，一般半个月左右一次。用硫酸铵、磷酸二氢钾等速效性肥料配制成浓度为 0.5%～1% 的肥液，选早晚或阴天进行叶面喷洒,遇降雨应重喷一次。根系萌发后,可进行土壤施肥,要求薄肥勤施,慎防伤根。在树木生长期,结合中耕除草,在树木根系施用"土壤磷钾激活剂"、"微生物菌剂"能使土壤活力增强,促发新根和根系生长。对针叶类树种可喷施乐得固体叶面肥,这种叶面肥具有强根、壮苗,快速形成良性循环的作用。对于已出现萎蔫的树木,叶面不能吸收时,可采用在树木形成层输液的办法,可用植物用氨基酸或活力素等。

绿篱与色块应以施基肥(有机肥)为主,具体方法是沿绿篱及色块边缘条状开沟施肥。沟开至接触植株的吸收根,深度与宽度一般为30cm×30cm。绿篱在每年生长期必须进行追肥,追肥采取撒施或水施,肥料以速效肥为主。1年中的追肥次数应根据绿篱的长势而定,一般为3~5次。如常绿树种(针叶类)所消耗的养分较少,一般在每年春季追1次肥,以豆饼类、马粪类等有机肥为好;常绿阔叶树种生长快,消耗的养分多些,应在每年春秋季各施1次有机肥(复合肥也可)。除了土壤施肥,也可采取根外追肥,即叶面喷肥。常用于绿篱叶面喷施的肥料有尿素、磷酸二氢钾等,前者可促进绿篱抽梢长叶,后者使叶肥厚、浓绿。

花卉生长的基础是土壤,因此花坛、花境种植后仍需加强对土壤的施肥,对土质差的地段进行增施腐熟有机肥或者定期施复合肥。花坛以每月施肥1~2次为宜。成品草花第1次施肥在移植后7~10天(薄施),第2次施肥在移植后25~30天,第3次施肥在移植后40天左右进行。可适当追施磷、钾肥,以使花多色艳,花期更长。施肥量多少因植物的种类和品种而异,一般花大、花开得多、花期长、且植株高大的植物一般都喜肥,但要注意,有些宿根花卉在肥沃的立地条件下徒长引起倒伏,开花量少,影响其观赏价值。要在不同的生长期追施不同肥料。生长枝叶期间适当多施氮肥,形成花蕾之前要施磷、钾肥,开花期不施肥,花后结合修剪残花再施一次氮肥,促进枝叶生长。复合肥和叶面肥可根据需要混施,但肥料浓度一般不能超过150mg/kg。施肥方法可采用埋施或水施等。植株较大,施用粪干或豆饼时可采用挖穴或开沟进行埋施;施用化学肥料时常用水施。施肥后应用清水喷淋,严禁肥料污染花、叶;公园、景点、重要路段的绿地禁用有异味的肥料。

竹类植物施肥宜结合松土进行,随着立竹量的增加,施肥量应逐年增加。为促进地下鞭生长,提高出笋率和成竹率,加速竹林郁闭,1年可进行3次施肥,时间2、6、9月份。当年母竹可施化肥50~150g,人粪尿5~10kg。化肥应均匀撒施,也可冲水浇施,浓度宜淡不宜浓。人粪尿应冲水2~4倍,进行浇施。新建竹林可以使用各种肥料,有机肥、化肥都可以使用,但应掌握少量多次,浓度宜淡,并注意施肥方法。在竹林生长旺盛季节,宜施速效化肥、人粪尿等。在冬季宜施缓效的有机肥。

5.9.2　平堰、培土、覆盖

平堰是指将单株栽植的水堰或连片栽植的畦背,平整后覆盖在树木根基周围(图5.41)。由于刚栽植时土壤翻松,几次浇水后土壤沉实,有些植株的根部就会高出土面,不利于生长和越冬。此时需要在株间培土填平,如宿根花卉栽后生长一个周期后,根颈部位会上移,需及时培土,也可栽植时适当栽深一些。丛生竹笋芽都发生在秆基,新竹成竹一年后又从秆基出笋成竹,各处相继发生,密集成丛,地下部位逐年抬高,露出地面,使根系吸收营养困难,生长势逐年衰退。为此,凡秆基露出者均需培土,一般结合施肥进行。在秋季栽植的树木,也应在根颈处培土防寒。

图 5.41　封堰

在绿地林下、树穴、树坛的裸露地面可采用碎树皮进行覆盖(图 5.42),可防止飞尘和水土流失,减少地面水分蒸发和抑制杂草生长,改良土壤结构,增加美观效果。除此,为了充分利用土地绿化,亦可在行道树树池内种植小灌木或地被植物,不仅覆盖地面,而且也能增加绿化效果。

碎树皮覆盖

稻草覆盖

地膜覆盖

图 5.42　干基地面覆盖方法

5.9.3　留芽支萌

移栽时的修剪会使树木在发芽阶段萌发出过量的芽。一些萌芽力强的阔叶树如国槐、柳树、杨树等容易产生大量的芽。此时,应及时除去过多的萌芽,否则容易消耗水分和树体的养分;还会影响将来树形的形成。在去芽过程中,适当保留一部分芽,即剥去枝条基部的芽,尽量留树体高位上的芽,因为芽位高就能使水分、养分向高处输送,全株都容易成活。同时,及时剪去树干上萌发的过多枝条及根部长出的萌蘖等,避免养分流失,保证树木正常生长。

5.9.4　株体修剪

新栽树木为维持树体水分平衡,常需进行不同程度的修剪,但经过挖掘、装卸和运输等操作,常常受到损伤或其他原因使部分芽不能正常萌发,导致枯梢,应及时疏除或剪至嫩芽、幼枝以上。对于截冠或重剪栽植的树木,因留芽位置不恰当或剪口芽太弱,造成枯桩或发弱枝,则应进行补充修剪,以促发强壮的新枝。

绿篱修剪的时期,要根据不同的树种灵活掌握。对于常绿针叶树种绿篱,应在春末夏初和立秋以后各修剪一次;对于大多数阔叶树种绿篱,在春、夏、秋季都可根据需要随时进行修剪;用花灌木栽植的绿篱最好在花谢以后进行。任何形式的绿篱都要保证阳光能够透射到植物基部,使植物基部的分枝茂密,因而在整形修剪时,绿篱的断面必须保持上小下大,或上下垂直。上大下小则下枝照不到阳光,下部即枯死;如主枝不剪,成尖塔形,则主枝不断向上生长,下部亦容易自然枯死。

定期的疏枝管理,可改善绿篱内部通风透光条件,提高枝条的充实度和抗病虫能力,避免绿篱下部空裸干枯现象的发生。一般来说,每年必须进行一次整枝,最佳时间是秋末。这时树木刚刚进入休眠期,将多余的、衰老的枝条剪去,改善篱内的通透性,使来年开春后新枝萌发有伸展的余地。衰老严重的植株可连根挖掉,再将篱内过密处植株挖出来填补空缺。对于绿篱中的空隙,可采用枝条牵引的办法填补。大面积枝条衰老则应剪去全部老枝,主干留 10cm 左右,然后松土施肥(豆饼、芝麻饼等有机肥),增加水分供给。1 年后侧枝会大量萌发,篱体也逐步形成,2 年后可恢复原有形态。

花坛修剪一方面可及时清理或摘除已凋谢的残花及枯叶,以利于抽新芽、长新蕾,保持花坛的美观。徒长的花枝叶不得超过整体高度的 20cm,如发现部分草花出现局部徒长,可通过摘心、摘花及换苗等方法保证花带的平整。另一方面修剪是保证花纹图案效果好的关键。如五色草花坛,五色草栽好后先进行第一次修剪,将草压平,以后每隔 15~20 天修剪 1 次。剪草有两种方法:第一种是平剪。将纹样和文字都剪平,边缘略低、顶部略高。第二种是浮雕形。将纹样修剪为浮雕状,即中间草高于两边。栽后第一次不宜重剪,第二次修剪可重些,在两种植物交界处,各向中心斜向修剪,使交界处成凹状,产生立体感。特别是人物和动物造型,需要靠精雕细琢的修剪来实现。如在制作马、牛等动物造型时,很容易产生下列问题:将马的肚子制作得滚圆,就变成了一匹肥马,没有精神;开荒牛本来应该肌肉肋骨突出,脊梁高耸,但制作出来的作品却找不到那种奋发上进的感觉。红绿草宜及时修剪,使低节位分蘖平展,尽快生长致密。晚修剪会造成高位分蘖,浪费植物的养分,延迟成型的时间。此外,模纹花坛在修剪时,为了不踏坏花卉图案,可利用长条木板凳放入花坛,在长凳上进行操作。

在花境养护中,植物的整形修剪是必不可少的。保持各种植物适当的株型是保证花境整体观赏效果的必要前提。修剪与整形要依据植物个体的生理特性,因地制宜地进行。修剪的技术措施有以下几种:一是摘心。摘除枝梢顶芽,促进分枝生长,使花繁叶茂,株型紧凑。对于许多株型较高的宿根花卉,这是防止倒伏的有效方法。如金鸡菊太高时,可以通过摘心降低株高。二是除芽。目的是剥去过多的腋芽,限制枝条和花朵的数量,既使得花朵大而充实,也能使花境中的植物保持自己恰当的体量,不至于影响到其他植物的生长和景观效果。如大菊,在花境中种植时,为了充分体现菊花花大色艳的效果,要对植株较多的花芽进行抹除。三是修枝。及时剪除枯枝、有病虫害的枝条、位置不正而扰乱株型的枝条、开花后的残枝等,并及时清除,既有利于改善植株通风透光条件,减少养分的消耗,又能保证植物景观的最佳观赏效果。此外,应及时去除花境内植物的残花,不然花境会显得零乱。如金鸡菊冬季枯叶未及时去除,在春季长新叶时较为散乱,可在冬季去除地上部分进行更新。另外,某些品种如腊菊、亚菊、牛至在夏季腐烂,造成景观效果较差的情况应引起重视。

5.9.5　防冻

新植大树的枝梢、根系萌发迟,积累的养分少,因而组织不充实,易受低温危害,应做好防冻保温工作。一方面,入秋后,要控制氮肥,增施磷、钾肥,并逐步延长光照时间,提高光照强度,以提高树体的木质化程度,增强自身抗寒能力。第二,在入冬寒潮来临前,可采取地面覆盖、设立风障、搭制塑料大棚等方法做好树体保温工作。(详见9.5.4)

5.9.6　防病治虫

新移植的树体抵抗能力弱,又值夏季病虫害高发期,如果不注意防范,树体会因遭病虫危害死亡,降低成活率。病虫防治坚持以防为主,根据树种特性和病虫害发生发展规律,做好防范工作,如树干伤口应涂以凡士林等保护剂及冬季涂白树干等。一旦发生病情,要对症下药,及时防治。如:每年5～9月份是各种害虫与病菌多发季节。病害主要有炭疽病、叶斑病、黑斑病等,防治时可选用65%代森锰锌、25%甲霜灵、45%粉锈宁等药剂。虫害主要有天牛、金龟子、蚜虫、介壳虫、蛴螬、蜗牛及一些天牛类蛀秆害虫,防治时选用12.5%吡虫啉、80%敌敌畏乳油,2.5%敌杀死亦可得到有效防治(详见7.4)。

5.9.7　松土除草

松土的主要目的是破碎土表结皮,疏松土壤,割断表层和底层土壤的毛细管联系,减少地表蒸发,利于保水蓄水,改善土壤透水性及通气性,并为大量吸收降水及土壤微生物的活动创造良好的条件。树木根际土壤常因人为践踏、车辆辗压及经常浇水等原因变得坚硬、板结,影响树木根系的呼吸,从而影响其生长发育。定期松土可以使树木根部土壤经常保持疏松有利于土壤空气流通,利于根系生长。除草的主要目的是消除杂草根系对树木根系在吸收养分和水分方面的竞争,有的杂草根系还会分泌出对树木有害的有毒物质使树木生长不良。而多数杂草的根系又能结成稠密的网状,形成厚厚的一层草皮,影响雨水入土,并使底层土壤通气不良,造成树木根系无法穿透和得不到足够的水分和养分。在植物生长季节要不间断地进行除草,避免杂草与植物争肥水,减少病虫滋生条件。春夏季要进行2～3次,切勿让杂草结籽,否则翌年又会大量滋生。杂草要集中处理,并及时运走堆制肥料。对影响树木生长的各类野生藤蔓植物,应及时清除。除草一般用手拔除或用小刀铲、锄头。

除草结合松土一举两得,从4月开始,一直到9、10月为止。一般20～30天一次。除草深度以掌握在3～5cm为宜,可将除下的枯草覆盖在树干周围的土面上,以降低土壤辐射热,有较好的保墒作用。若采用化学药剂除草,必须慎重,应做试验,再应用。除草剂应在晴天喷洒。一年进行2次,一次是4月下旬至5月上旬,一次是6月底至7月初。春季主要除多年生禾本科宿根杂草,每亩可用10%草甘磷0.5～1.5kg,加水40～60kg喷雾(用机动喷雾器时可适当增加用水量)。灭除马唐草等一年生杂草,可选用25%敌草隆0.75kg,加水40～50kg,作茎叶或土壤处理,可取得良好效果。防除夏草,每亩用10%草甘磷500g或50%扑草净500g或

25％敌草隆 500～750g,加水 40～50kg 喷雾,一般在杂草高 15cm 以下时喷药或进行土壤处理,可取得较好效果。茅草较多的绿地,可选用 10％草甘磷 1.5kg/亩,加 40％调节磷 0.25kg,在茅草割除后的新生草株高 50～80cm 时喷洒,杂草茎、叶细嫩、触药面积大、吸收性强、抗药力差,除草效果好。

例如,在宿根花卉萌芽期,萌芽多集中在根际附近,前期生长量很小,生长速度也较慢,株间的空间就会被各种杂草所占据。杂草不仅消耗土壤中的养分和水分,影响植物的生长,而且杂草生命力强、长势快,不及时除去其生长势必将盖过花卉,极大地影响整个植物景观的观赏效果。因此,及时清除杂草非常必要,不仅节约养分,而且为花卉留出足够的生长空间。但除杂草可以根据所种植的花卉和杂草的种类区别对待,如禾本科的杂草必须坚决清除,因为其叶片细长,会伸到表面扰乱株丛。阔叶杂草中的反枝苋和藜属杂草植株高大,结实量大,也要清除。缠绕性的杂草对植株有危害,并扰乱景观,也要除去。如果所种花卉较高大,可以适当保留一些有观赏价值、较为低矮,可用作地被的杂草,如紫花地丁、地黄,其展叶较早,可以临时遮盖裸露的地面。这两种草在春季开花,株型规整,耐阴,低矮,在宿根花卉长成后仍有生长空间,杂草只能在缝隙间生存。此时,只需随手清理掉即可。

新造竹林,密度较稀,林内光照充足,容易滋生杂草,这些杂草与母竹争夺水分和养分,影响母竹的生长。除草松土可以消除杂草作肥料,疏松土壤,减少水分蒸发,促进地下鞭根的生长,加快成林速度。一般新造成林每年应进行松土除草 3 次。第 1 次:5～ 6 月,宜深翻 25cm 左右,将表土翻到底层,将底土翻到表层,特别是鞭根四周宜深翻,促进新鞭向外伸展。第 2 次 9～ 10 月,在有鞭部位,深 15cm 左右,此时新鞭生长,成熟竹鞭开始笋芽分化,应注意保护鞭和芽的生长,但在新鞭未达到的外围,应进行深翻,进行鞭根引导,促进提早成林。第 3 次,2 月,以浅翻为好。松土除草,可与施肥结合进行。

5.9.8　成活率调查与补植

5.9.8.1　调查的目的、时间与方法

对新栽植株进行成活与生长情况的调查,一方面为了及时补栽,不影响绿化效果;另一方面是为了分析生长不良与死亡的原因,总结经验与教训,以指导今后的实践工作。

栽后树木成活的调查,一般分两个阶段进行:一是栽后不久(约 1 个月),调查栽植成活的情况;二是在秋末,调查栽植成活率。因为在春季与秋季新栽的树木,在生长初期,一般能抽枝、展叶,表现出喜人的景象。但是其中有一些植株,不是真正的成活,而是一种"假活",是树干、根及枝内所储存的水分和养分供应而发芽。一旦气温升高,水分亏损,这种"假活"植株就会出现萎蔫,若不及时救护,就会在高温干旱期间死亡。因此,新栽树木是否成活至少要经过第一年高温干旱的考验以后才能确定。

新栽树木成活调查方法,如果栽植量大,可以分地段对不同树种进行抽样调查;如果数量少可全部进行调查。对于已成活的植株,应测定新梢生长量,确定其生长势的等级;对于死亡的植株要仔细观察,分析地上与地下部分的状况,找出树木生长不良或死亡的主要原因。调查之后应建立相应树木的档案,按树木统计成活率及死亡的主要原因,写出调查报告,确定补植任务,提出进一步提高树木成活率的措施。

5.9.8.2 新栽植物生长不良或死亡的原因

分析这方面的原因时,应该根据所调查到的情况和实际栽植过程,从相关方面进行分析研究。大都是因为苗木质量的问题,起苗时没有按规范去做,伤根太多,带的须根太少,枝叶又过多,造成根冠水分代谢不平衡;或者是起苗后没有立即栽植或假植(或运输途中)裸露时间过长,根系干死;或者栽植技术不当,如种植穴太小,根系不舒展,有窝根现象;或者栽植过深、过浅;或根系没有很好地与土壤密切接触;或栽后没有及时灌水;或栽植时间不合适,例如在北方的晚秋栽植不耐寒的树木;或是苗木适应性的问题,如从较温暖的地区买来的苗木栽植在稍冷的地方,虽然本地区也有该树种,但因为长期形成的生态类型问题,树木又没有很好地进行抗寒锻炼,因而生长不良或死亡;由于种植地积水,或人为地践踏,车辆的碾压等机械性损伤也会使树木生长不良或死亡。总之,凡是有损于树木生长的因素都可能造成新栽树木生长不良或死亡。

5.9.8.3 补植

植株死亡或缺株应尽早补植,以弥补时间上的损失。落叶树的补植,一般应在春季土壤解冻后、发芽以前或在秋季落叶后、土壤冰冻以前进行;针叶树、常绿阔叶树的补植,一般应在春季土壤解冻以后、发芽以前或在秋季新梢停止生长后、降霜前进行。补植的植物应选用原来的品种,规格应相近;若改变品种或规格,应与原来的景观相协调。若补植行道树的树种,其规格必须与原树种一致。在花境调查中,若发现局部生长过密或稀疏的现象,应及时调整。如花境应用中为了达到较好的景观效果,会使用一定量的一二年生花卉,而一二年生花卉的花期相对较短,因此在养护过程中可进行局部换花调整。花坛内若有明显缺株倒伏的花苗也要及时扶正和补植,以免影响景观。

思 考 题

一、名词解释

断根缩坨　假植　定植　大树移植　绿篱　色块　花坛　花境　反季节栽植

二、简答题

1. 简述园林植物栽植成活的原理。
2. 简述一般乔灌木的主要栽植技术环节。
3. 从移植前的准备、移植技术规范、栽后管理等方面谈谈如何确保大树移植的成活?
4. 简述花坛、花境的栽植技术要点。
5. 简述竹类移栽的特点及技术要点。
6. 新栽植物成活期的养护管理措施有哪些?

6 园林植物在特殊立地环境中的栽植

【学习重点】

由于城市建设和人们生产、生活的需要,出现了许多方便人类活动而不利于植物生长的环境条件,如工程建设后留下的大面积裸露土坡和岩石边坡、城市铺装地面、干旱地和盐碱地、建筑屋顶和墙体及容器等,即特殊立地环境。因此,了解这些特殊立地环境的"特殊"之处及其对园林植物生长发育的影响机制,并在此基础上总结出相应的栽植方法与技术,是园林工作者责无旁贷的责任与义务。

6.1 园林植物的容器栽植

6.1.1 概述

园林植物的容器栽植在广义上包括生产育苗的容器栽植、园林景观空间表现的容器栽植等两大类。

6.1.1.1 生产育苗的容器栽植

指容器苗木生产系统,即苗木生产从繁殖、培育直到成株均在容器内进行,成为容器苗木。容器育苗是近年来兴起的一种育苗新方法,是一项技术含量很高的生产方式,它具有育苗时间短、苗木整齐健壮,不伤根、运输方便、成活率高等特点,它是伴随着工厂化育苗而出现的一种不同于传统地栽模式的全新的种植栽培方法。

6.1.1.2 生产育苗容器苗木的分类

1) 按苗木来源分

(1)实生容器苗。指采用人工播种或扦插繁殖,随着苗木生长不断更换容器大小,或是直接栽入大型容器内成长而成的园林植物。

(2)假植容器苗。指原地栽培到某一阶段的大苗、成树,经断根后移入容器继续培育的园林植物。

2)容器类型

可分为繁殖容器(块盆、管盆、育苗袋、框箱等)及移植容器(苗木钵盆、栽植桶、栽植袋等)。

6.1.1.3　园林景观空间表现的容器栽植

是指将园林植物栽于容器中并应用于城市园林绿化的栽培方式。

6.1.2　以生产育苗为主的容器栽植方法

6.1.2.1　容器育苗的培育与栽植方法

1)育苗基质

按照基质的配制材料不同,可以分为3种:一是主要以各种营养土为材料,质地紧密的重型基质;二是以各种有机质为原料,质地疏松的轻型基质;三是以营养土和各种有机质各占一定比例,质地重量介于前两者之间的半轻基质,营养袋育苗多选用此类基质。应用穴盘进行容器苗生产,基质一般选择不同配比的草炭土、珍珠岩和蛭石,既有利于保水保肥,又有利于形成良好的根团,且有空气修根作用基质的物理化学性质对苗木的生长具有决定性的作用。基质的物理化学性质对苗木产生具有决定性的作用。

2)育苗技术

(1)育苗地的选择。容器育苗大多数在温室或塑料大棚内进行。因为在这种环境下育苗,能人为控制温、湿度,为苗木创造最佳的生长条件,使苗木生长快,缩短育苗时间。如果在野外进行容器育苗,必须选择地势平坦、排风良好、通风、光照条件好的半阳坡或半阴坡,不要选择易积水的低洼地、风口处和阴暗角落。

(2)育苗容器的准备。根据树种、育苗周期、苗木规格等不同要求选择相应的育苗容器。目前我国常采用塑料容器杯。

(3)培养基质的配制。植物种类不同,生物学特性也不一样,培养基质也不相同。但所有培养基必须透气、保水性能佳、肥分高、质地轻、不含杂草种子和病虫害等。

(4)育苗。大致分为5个环节。第一是装袋:将培养基质装入塑料杯内,培养土装至袋容量的90%～95%。第二是播种:在播种前要对种子进行浸种、催芽、消毒。方法和常规育苗相同。按苗床东西方向每平方米400袋摆放,苗床的长短依地形而定,留足步道,做好排水等。一般种子播后1周到半月种芽露出床面,此时温度控制在25～30℃,对水的需求量增加,要及时浇水。当芽苗长到3～4 cm时,可以移栽。第三是浇水:播种后要立即浇水,并且要浇透,出苗和幼苗期要少量但及时观察勤浇;速生期要量多次少,做到培养基质干湿交替;生长后期要控制浇水;出圃前要停止浇水。第四是控制温湿度:容器育苗能否成功,关键是能够有效控制温湿度。温度太高或太低都会造成苗木的灼伤和长势差;相对湿度不适宜,会造成根系缺氧而导致发霉、烂根或枯萎死亡。适合苗木生长的温度一般为18～25℃,相对湿度为80%～95%。第五是施肥:不同发育周期要施不同的肥料。速生期以施氮肥为主,促进苗木的生长;速生后期施钾肥,促使苗木木质化。

（5）移栽。移栽前一天将容器汇总，土淋透水，随起随栽。将芽苗放入配好的溶液中沾根后，及时移栽入容器袋中，移栽时，用事先准备好的竹签在容器袋土中心垂直插一洞眼，植入芽苗。芽苗移栽 1 周后，喷施 1% 波尔多液或多菌灵防治猝倒病、立枯病等。根据不同植物的栽培要求，可进行多次移栽。

3）育苗过程中应注意的问题

（1）容器袋的选择要恰当。首先，容器袋的选择要适当地增大通气性，降低容积。例如，规格为 19cm×8cm×6cm 的软塑料袋，底部透气孔为 1 个直径 1.2～1.5cm 的圆孔，会严重阻碍容器苗在培育期间容器内的水分和空气的流动，使苗木根系处在严重缺水和缺氧的状况，自然生长不好；其次，要便于运输和搬运；再有，考虑采用可降解的材料，使用时可以和植物一起埋入地下，提高施工的工作效率。

（2）培育基质是育苗中的关键，宜采用轻质环保型再生基质，要求重量轻、易于装填、通透性好、保水率高。容器袋装土的方法要科学，不能为了避免散坨，用木棍捣实的方法，这样做，当采用喷灌的方法时，水分会很快地从土面流失，使得土壤表面湿润，而袋中土壤的含水量却相当少。

6.1.2.2　以生产育苗为主的容器栽植在城市园林景观中的应用

由于容器苗成活率高，育苗期短，栽植可以不受季节限制，绿化施工方便，绿化效果好，适合工厂化育苗，在欧美等一些发达国家已经广泛应用。容器苗将成为绿化种植业的新方向，绿化苗木的容器化生产将是下一轮绿化种植业发展新趋势。

第一，由于容器苗（容器花卉栽植等）具有可移动性与临时性的特点，广泛应用在场地布置。为了满足节假日等喜庆活动的需要，大量使用容器栽植的观赏花卉来美化街头、绿地，营造与烘托节日的氛围。同时，由于容器栽植也可以采用设施培育，容器苗树种选择可以多样性，如在北方用容器栽植技术，更可在春夏秋三季将原本不能露地栽植的热带、亚热带树种呈现室外，丰富城市重要地段的街景，增加异域风景。

第二，由于容器苗长期生长在容器中，对较恶劣的环境具有良好的抗性。因此，诸如城市的商业步行街等狭小空间，一般都是采用容器栽植的方式来为街头增添绿色。如上海南京路商业街原本没有树木栽植，改造成步行街后，为了构筑树木的绿色景观并为行人提供凉阴，在道路全部为铺装的条件下，采用摆放各式容器栽植树木的方法来进行补绿。

第三，由于容器苗（出圃容器苗）采用容器培育，根系在容器内形成，带有完整的根团。在起苗，出、运苗时不易伤根；储藏时不会丧失活力，栽植具有成活率高、绿化效果好的特点，可广泛地应用在城市森林造林和城市园林绿化工程中。采用容器苗造林，在一般造林情况下成活率可以高达 95% 以上，在干旱的条件下，造林的成活率也可以高达 90% 以上。

第四，由于减少了栽植过程中起苗、假植、包装等多种工序，且不易受季节的限制，在园林绿化施工中具有使用方便的特点，大大减轻劳动强度，提高劳动效率，减少了栽植和养护成本，整体上降低了工程造价。

6.1.3 以园林景观空间表现为主的容器栽植方法

6.1.3.1 栽植容器的选择

1）容器的种类

容器对栽植苗木的生长有很大的影响。容器可保持园林苗木的整洁、美观,便于运输,对苗木根系的保持力强,可以大大降低或消除园林植物在移植过程中的震动,这些都充分证明容器对苗木生长的重要性。所以容器的选择,直接决定苗木的生长与城市的美观效果。

可供园林植物栽植的容器材质各异,常用的有竹、泥、陶、瓷、木、塑料、金属等,不同材质的特点各不相同,对园林苗木的生长影响也不同,外形特点不同,所营造的园林景观效果也不相同(图6.1～图6.4)。

图6.1　福建厦门万石植物园容器立体种植

图6.2　福建厦门陈嘉庚纪念馆容器种植热带花卉

图6.3　南京江宁天印广场木箱种植红叶石楠

图6.4　南京江宁天印广场木箱种植五针松

（1）竹筐。抗腐性强、苗木生长好、成本低、无污染，适于中规格苗木。

（2）钢丝网。特点同竹筐，可用于栽植大乔木。

（3）泥盆。无污染，苗木生长好，但运输不方便，易碎，培育小苗效果较好。

（4）紫穗槐筐。苗木生长好，无污染，成本低，但抗腐时间短，适于短期培育。

（5）玻璃钢制品。苗木生长较好，成本太高，运输不方便，可作大型广场等地栽植观赏苗木之用。

（6）木箱。透气性好，苗木生长较好，成本太高，运输不方便。这是园林中最常用的一种容器栽植形式，不仅在很多大型广场，甚至在很多商业步行街和街道两旁都有以木箱为栽植器的香樟做行道树。

（7）陶盆。陶盆透气性好，苗木生长好，成本较高，且易碎，不宜经常搬动。经常运用在很多场所，如很多大型商场的入口处常用陶盆种植苏铁、银杏等植物，作为一种绿化配置方式。

（8）瓷盆。这类容器大都用于草本花卉的栽植方面，并且多以花瓶造型及杯状花坛造型用在各个绿地系统中，广场以及商业步行街和中心绿地都有很多此类容器栽植。

（9）强化塑料盆。质轻、坚固、耐用，可加工成各种形状、颜色，但透气性不良，夏天受太阳光直射时壁面温度高，不利于树体根系生长。强化塑料盆在室外园林中的应用很少，多用于室内绿化栽培。

（10）硬塑盆、软塑盆、不溶性无纺布。由于不能分解，易造成污染；但大部分可回收再利用，成本低，苗木生长较好，可栽植中小型苗木。

（11）玻璃纤维强化灰泥盆。是最新的一种栽植容器，坚固耐用，性质同强化塑料盆，易于运输，但盆壁厚，透气性不良。

2）容器的尺寸

容器对苗木生长的影响主要体现在对根系的抑制作用上，即苗木的根系会因容器的限制出现"窝根"或生长不良的现象，为了避免根系生长时出现"窝根"现象，应该适时地将容器苗木移栽到较大容器之中。

栽植容器的大小选择，主要以容纳满足树体生长所需的土壤为度，并有足够的深度能固定树体。一般情况下容器深度为：中等灌木 40～60cm，大灌木与小乔木至少应有 80～100cm。

6.1.3.2 基质的种类与选择

在容器栽植中，栽培直接影响植株的生长状况。这不仅表现在植物是否能长到预先想要的规格，也表现影响在城市绿化的景观效果上。

1）有机基质

常见的有木屑、稻壳、泥炭、草炭、腐熟堆肥等。锯末的成本低、重量轻，便于使用，以中等细度的锯末或加适量比例的刨花细锯末混用，效果较好，水分扩散均匀。在粉碎的木屑中加入氮肥，经过腐熟后使用效果更佳。但松柏类锯末富含油脂，不宜使用；侧柏属树木的锯末含有毒素物质，更要忌用。泥炭由半分解的水生、沼泽地的植物组成，因其来源、分解状况及矿物含量、pH 的不同，又分为泥炭藓、芦苇苔草、泥炭腐殖质等 3 种。其中泥炭藓持水量高于本身干重的 10 倍，pH3.8～4.5，并含有氮素营养（1%～2%），适于作基质使用。

2) 无机基质

常用的有珍珠岩、蛭石、沸石等。珍珠岩属硅质矿物,由熔岩流形成。珍珠岩容重$80\sim$ $130kg/m^3$,pH5~7,无缓冲作用,也没有阳离子交换性,不含矿质养分;颗粒结构坚固,通气性较好,但保水力差,水分蒸发快,特别适合木兰类等肉质根树种的栽培,可单独使用,或与沙、园土混合使用。蛭石为云母类矿物,在化学成分上含有结晶水的镁一铝一铁硅酸盐,呈中性反应,具有良好的缓冲性能,持水力强,透气性差,适于栽培茶花、杜鹃等喜湿树种。沸石的阳离子交换量(CEC)大,保肥能力强,适于栽培喜肥类植物。

草炭、泥炭等有机基质的养分含量多,但通透性差;蛭石、珍珠岩等无机基质却有良好的保水性与透气性。一般情况下,栽植基质都采用富含有机质的草炭、泥炭与轻质保水的珍珠岩、蛭石成一定比例混合,两者优势互补,相得益彰。

6.1.4 容器栽植的植物种类选择与配置

6.1.4.1 植物种类选择

容器栽植特别适合于生长缓慢、浅根性、耐旱性强的植物。不仅在观赏效果上要求四季常绿,终年有花,季季观果,乔、灌、藤、草相映成趣,而且还要求城市绿化要与城市可持续发展、城市生物多样性保护与建设、城市生态环境改善相结合。

乔木类可供选择的有:桧柏、五针松、柳杉、银杏等;灌木的选择范围较大,常用的有罗汉松、花柏、刺柏、桧柏、龙柏、白皮松、云杉、橡皮树、南洋杉、棕榈、苏铁、黄杨、银杏、夹竹桃、石榴、月季、杜鹃、桂花、槭木、月季、山茶、八仙花、红瑞木、珍珠梅、榆叶梅、栀子等;地被树种在土层浅薄的容器中也可以生长,如铺地柏、平枝枸子、八角金盘、菲白竹等;草木植物几乎都可以进行容器栽植。

6.1.4.2 植物配置

在容器栽植中,为克服景观的单调,宜以乔木、灌木、花卉、地被植物进行多层的配置。不同花色花期的植物分层配置,可以使植物景观丰富多彩。各种植物姿态不同,配置时要讲究植物相互之间或植物与环境中其他要素之间的和谐,同时还要考虑植物在不同的生长阶段和季节的变化。

道路两旁和狭长形地带的植物配置最容易体现出韵律感,要注意纵向的立体轮廓线和空间变换,做到高低搭配,有起有伏,产生节奏韵律,避免布局呆板。在很多主干道,乃至很多次干道,可供地面栽植的空间有限,所以就利用容器栽植可移动性的优势来增加城市绿化面积。

广场绿地布置和植物配置要考虑广场规模、空间尺度,使绿化更好地装饰、衬托广场,改善环境,利于游人活动与游憩。

6.1.4.3 容器栽植的养护技术要点

1) 排水

容器的排水状况对苗木的生长十分重要,排水不良易导致容器苗的根系生长衰弱,根毛死亡,进而影响到苗木对水分和养料的吸收,容器的深度对容器的排水状况有一定的影响,容器越深,排水状况就越好。

2) 光照

将容器置于直射光下,容器苗经常会因为容器和基质的温度过高而引起植物根部受伤。进而影响植物的正常生长。不同植物对光照的需求亦不同,一些植物如日本桃叶珊瑚在遮阴率为 10% 时生长最佳,而大多数喜阴植物,在遮阴率约 60% 时生长最佳,如映山红、六道木、黄杨等,而对于圆柏、火棘、胡颓子以及卫矛等喜光植物,则是在全日照时生长最好。在进行容器栽植时,必须根据苗木自身的需光性,给予一定的遮阴或光照,以实现苗木的最佳生长。

3) 施肥

容器栽植树木因受容器体积的限制,栽培基质所能供应的养分有限。因此,施肥是容器栽植的重要管理环节。要根据树木生长发育阶段和季节的不同确定施肥量,采用地下和地上相结合的供肥方式,以地下为主,地上为辅,可满足树体生长所需的营养元素的需求。地下施肥主要是结合灌水一并进行,地上施肥一般采用叶面喷肥的方式。

6.2　铺装地面的绿化栽植

6.2.1　概述

6.2.1.1　铺装地面绿化的含义

铺装地面是指利用各种材料进行的地面铺砌装饰,包括景观路面、广场、活动场地、建筑地坪等。铺装地面的绿化是指在满足铺装地面使用功能的前提下,采用植物栽植的方式与铺装地面相结合,更好地满足人们在城市公共空间使用中的美学和心理学要求。

6.2.1.2　铺装地面绿化的作用

(1) 通过绿化,可以更好地发挥铺装地面的使用功能,特别是在夏季适宜人们的户外活动。此外,不同的绿化与铺装地面的空间组合,还能够起到整合联系空间、变化分割空间、引导区别空间的功能(图 6.5)。

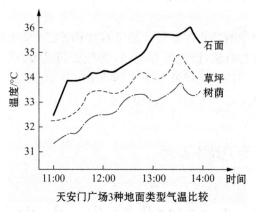

图 6.5　试验测试广场无绿化与有绿化的铺装地面的温度比较

（2）通过绿化，可以有效地实现铺装地面的生态功能，可以一定程度达到降尘、减音、保水蓄水等目的，并能减少铺装地面的反光强度，产生很好的光影效果，使原来单一的地面变得既朴素又丰富，与周边环境协调统一。

（3）通过绿化，可以充分地展现铺装地面的美学功能。由于铺装地面是影响风景效果的重要因素，因而铺装地面成为整个园林风景画面中不可缺少的一部分。通过绿化与铺装地面本身的线型、质感、色彩、图案在不同环境中的巧妙处理，使人在空间中获得行为与心理方面的良好感受。

实现铺装地面绿化的使用功能、生态功能和美学功能的统一，是未来的发展方向。城市化的重要特征之一就是原有的天然土壤不断被建筑物及非透水性硬化地面所取代，从而改变了自然土壤及下垫层的天然可渗透属性，这种改变是城市一系列环境问题的根源之一。透水性铺装的内部构造是由一系列与外部空气相连通的多孔结构形成骨架，同时又能满足路用强度和耐久性要求的地面铺装。透水性铺装生态环境方面的优势包括改善城市热、光环境、涵养地下水、水体净化、改善铺装地表土壤生态环境、吸声降噪、提高交通安全及城市防洪等生态环境效益。城市的不透水硬化地面铺装呼唤生态回归——透水性铺装的应用。

透水性停车场的设计见图 6.6、图 6.7。

图 6.6 透水性停车场实景

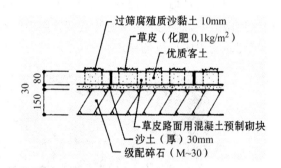

图 6.7 透水性停车场铺装地面做法

6.2.1.3 铺装地面绿化的基本形式

铺装地面绿化的基本形式，通常有以下常见的类型：

（1）按铺装地面绿化组合形式，分为规则式铺装地面绿化、不规则式铺装地面绿化、与铺装地面共同组成路面的嵌草型铺装地面等（图 6.8）。

（2）按铺装地面结构与绿化栽植层的关系，分为普通铺装地面的绿化与架空层铺装地面（或称为人工地面）的绿化。其中随着城市高层建筑的不断增多，高层建筑周边架空层铺装地面的绿化将是未来城市园林研究的重点内容。

高层建筑环境空间绿化规划设计的定位，首先，应是开放式的场地空间，可以方便人们的自由出入，增进彼此交流的活动空间。通过绿化的规划设计，应该优化和提升场地的品质，并建立起良好的外部空间秩序，更有利于场地功能的发挥。其次，通过外部空间的绿化，应满足高层建筑物"生长"在绿色之中的理想追求，成为城市中的生态建筑物；同时也应满足高层建筑物的文化体现。再有，应与城市绿地空间相呼应，成为地域周边或城市整体绿地的有机部分，并与街道绿化、其他场地绿化等发生关联，形成互动，组成新的组景和对景。

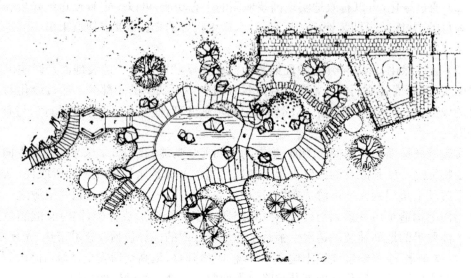

图 6.8　不规则式铺装地面绿化形式

　　高层建筑环境空间绿化的难点,首先,外部环境空间场地的光照条件不足。高层建筑高,由于遮蔽影响,所在外部场地的直接日照时间较短,对一般植物的生长产生不利影响。特别是高层建筑物组团形成的场地空间,建筑物对场地光照的影响尤为明显。图 6.9 所示为场地空

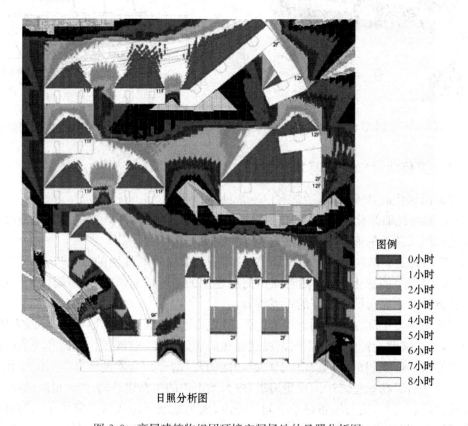

日照分析图

图 6.9　高层建筑物组团环境空间场地的日照分析图

间中光照时间分析。其次,外部环境空间场地的利用率高。由于高层建筑物功能的复杂性,导致在场地中有大量管线的埋设;高级别消防要求,场地中需设置消防通道、消防登高区、消防水池等;同时,高层建筑物为了充分利用土地,还有地下停车场,致使场地中存在大面积架空层和通气孔等(栽植荷载受到限制)。这些都造成场地对绿化的极大限制。再有,外部环境空间场地的小气候条件差。由于高层建筑物的影响,往往某一方向的风力和风速很大;城市的"热岛效应"明显,温度升高或降低很快等。这些对场地绿化栽植的成活率,同样带来不利条件。

6.2.2　铺装地面绿化栽植的常用方法

6.2.2.1　树池式绿化栽植

1)树池树穴

树池树穴的规格当然是越大越好,树穴规格不应小于 1.2m(长)×1.2m(宽)×1.0m(深),树穴深度至少要挖到老土层,再挖松 30cm 的老土层,给树根系的生长提供一个比较宽松的环境,树池的内径应不小于树穴的净宽,这样有利于树木种植后的补水施肥和通气透水。铺装广场的大树树池可结合环椅的设置来设计,池内植草。其他树池,为使地被植物不被踩踏,设计树池时池壁应高于地面 15cm,池内土与地面相平。树池常出现的问题是树池内部种植深根性的植物,由于根的生长,造成树池周边地形的变化或周边发生隆起,影响了树池原有面貌的景观效果,而且在雨天会造成局部积水。

2)土壤

原树穴内的土是没有多少肥力的碱性杂土,必须换成有肥力的酸碱适中的种植土,再用腐殖土和腐熟有机肥作基肥,能够提供养分,改善土壤的理化和生物性质,提高土壤肥力,这是提高行道树成活率,使树快速成冠的基本条件。

3)树池的覆盖物

为了安全和美观,一般在树池里使用覆盖物。这些覆盖材料包括金属树箅、塑料树箅、鹅卵石、树皮、陶粒、混凝土透水砖、改性的环氧树脂、植物材料等。这些覆盖物都有各自的利弊,如金属树箅易被盗,塑料树箅易老化,鹅卵石、树皮、陶粒易散失,改性的环氧树脂造价高,植物材料虽然较好,但大大增加了管理难度。因此,在选用时应结合具体情况采用,树池覆盖要有特色、体现环保和生态,所以应选择体现自然与环境相协调的材料和方式进行树池覆盖。

4)透气

为了增加土壤的透气性,除了客土、树池覆盖外,还要使用辅助措施,如种植时埋设透气网袋和聚氯乙烯(PVC)透气管,透气网袋就是在网袋里装满直径在 10cm 左右的陶粒或浮石,埋在树根部土球的下方作为透气通道。埋设透气管就是把直径 50～75mm 的聚氯乙烯管埋在树穴里,管子的一头埋在树穴底部,一头露出树池土面。埋在地下的端部打孔以透气,周围堆以碎石作为过滤层以防泥土堵住孔眼。

5)水分

植物生长所需的水分主要来源于根部的吸收,而树池树穴内根系的吸水量因根系的特殊生存环境受到严重制约,要保持树木的正常生长就必须人工补水。上述埋设的聚氯乙烯透气管其实也是很好的补水设施,在高温干燥季节往透气管里灌水就能减缓旱情。

6) 施肥

树池树穴内土壤养分是有限的,必须人工施肥才能满足树木的正常生长,且施肥的次数宜适当多些。一般在树池的四角掀开覆盖物灌浇液肥或打孔施肥,主要施复合肥和颗粒有机肥,有条件的还可在树池外的树冠垂直投影范围内打孔灌肥,扩大根系的吸收面积,打孔直径在 6cm 左右,深度控制在 30~60cm 之间。

7) 整形修剪

树池树穴内土壤的水、肥、气跟自然生态环境下的情况相比相差较大。树木根系所吸收的水分和养分难以满足地上部分的消耗,这样地下地上部分的生长势就会失衡,最终导致树木生长不良,甚至滞长早衰。为此,应做好行道树的定期整形修剪工作,及时剥芽、修剪徒长枝、病虫枝、内膛枝、交叉枝、并生枝、下垂枝、残死枝及萌蘖枝等,尽量减少地上部分的营养消耗,保持行道树地上地下部分的生长势平衡。

6.2.2.2 嵌草式绿化栽植

1) 类型

嵌草型铺装不但能降低城市热岛效应,补充地下水分,而且还能提高绿地率,增加城市道路景观。被誉为"会呼吸"的地面铺装,是一种生态和环保的铺装。

嵌草式绿化栽植是指铺设在城市人行道及停车场、具有植草孔或预留缝隙、能够绿化路面及地面工程的砖和空心砌块等栽植形式,可以分为两种类型:一种是在块料间留缝种草(图6.10);另一种把草种在制成的各种纹样的混凝土面砖(又称植草砖)内部(图6.11)。

图 6.10   硬质铺装间留缝种草

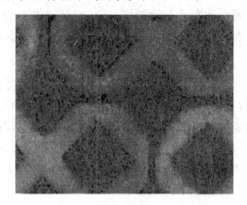

图 6.11   植草砖空隙中种草

2) 种植方式

面层留缝种草的宽度,应根据具体的设计要求确定,土壤在缝隙中或在空隙中的高度应低于铺装面层 3~5cm,以保证草成活后,修剪成型的高度与铺装面层等高,并防止泥水污染地面。

3）植物选择

经试验研究,在目前使用较为广泛的植物种类见表6.1。

表 6.1　嵌草式绿化栽植种类

车前草(*Plantago asiatica*)	车前草科车前草属	马兰(*kalimeris indica*)	菊科马兰属
黄花酢浆草(*Oxalis pes-caprae*)	酢浆草科酢浆草属	石胡荽(*Centipeda minima*)	菊科石胡荽属
活血丹(*Glechoma longituba*)	唇形科活血丹属	一年蓬(*Erigeron annuns*)	菊科飞蓬属
地锦(*Euphorbia humifusa*)	大戟科大戟属	刺果毛茛(*Ranunculus muricahis*)	毛茛科毛茛属
斑地锦(*Euphorbia supina*)	大戟科大戟属	蛇莓(*Duchesnea indica*)	蔷薇科蛇莓属
白车轴草(*Trifolium repens*)	豆科白车轴草属	天胡荽(*Herba hydrocotylis*)	伞形科天胡荽属
狗牙根(*Cynodon dactylon*)	禾本科绊根草属	漆姑草(*Sagina japonica*)	石竹科漆姑草属
结缕草(*Zoysia japonica*)	禾本科结楼草属	碎米荠(*Candamine hirsuta*)	十字花科荠属
匍匐剪股颖(*Agrostis stolonifera*)	禾本科剪股颖属	臭荠(*Coronopus didymous*)	十字花科臭荠属
黑麦草(*Lolium perenne*)	禾本科黑麦草属	香附子(*Cyperus rotundus*)	莎草科莎草属
牛筋草(*Eleusine indica*)	禾本科穇属	通泉草(*Mazus japonicus*)	玄参科通泉草属
早熟禾(*Poa annua*)	禾本科早熟禾属	婆婆纳(*Veronica didyma*)	玄参科婆婆纳属

6.2.2.3　组合花坛式绿化栽植

组合花坛式绿化栽植可以分为规则式和自然式两类。规则式绿化栽植形式能够较好地体现铺装地面的分割关系;自然式绿化栽植形式能够较好地体现铺装地面的变化统一(图6.12)。

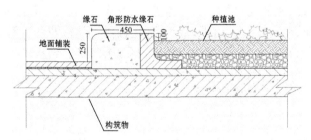

图 6.12　采用自然式绿化栽植与铺地结合处的处理

6.2.2.4　斜面式绿化栽植

采用斜面式绿化栽植是现在铺地绿化栽植的新方式(图6.13)。其优点一是可以增加场地的绿化面积,在景观视线上能够取得较好的效果;二是可以克服架空层铺地中栽植土层不够或铺地中地下障碍物过多的问题。

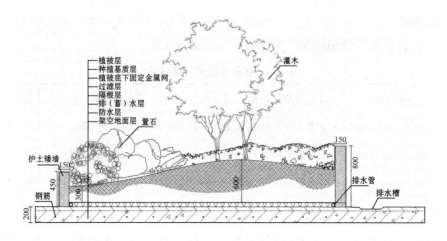

图 6.13　斜面式绿化栽植示意

6.3　干旱地和盐碱地的绿化栽植

6.3.1　干旱地的绿化栽植

6.3.1.1　干旱地的植物选择

以耐干旱的植物为主,表现为具有发达的根系,叶片较小,叶片表面常有保护蒸发的角质层、蜡质层等。常见植物有:木本植物,如旱柳、胡杨、毛白杨、梭梭树、台湾相思树、金合欢、枫香、榔榆、黄连木、合欢、白栎、构树、臭椿、乌桕、胡枝子、木半夏、木芙蓉、锦鸡儿、紫穗槐、胡颓子、小檗、绣线菊类、石楠、夹竹桃、棕榈等;草本植物,如香石竹、三色堇、飞燕草、醉蝶花、银边翠、月见草、万寿菊、孔雀草、百日草、黑心菊、波斯菊、金盏菊、麦秆菊、蓖麻、八月菊、美人蕉、唐菖蒲、多头矮型大丽花、大丽花、半支莲、矮雪轮、蜀葵、彩叶苋、鸡冠花、千日红、羽衣甘蓝、紫茉莉、红花酢浆草、旱金莲、凤仙花、矮牵牛、福禄考、美女樱、一串红、藿香蓟、金鱼草、紫菀、白头翁、铃兰、玉竹、石竹花、芍药、桔梗、射干、景天、荷包牡丹、玉簪、花叶玉簪、丛生福禄考、八宝红景天、鸢尾、马蔺、萱草、八股牛、蒲公英、兜兰、地被菊、天门冬、紫花地丁、毛百合等。

6.3.1.2　干旱地植物的栽植技术

1) 整地方式

干旱地区的栽培整地是解决土壤干旱和植物生长矛盾的有效措施。整地应在种植前一年的伏天或秋季进行,以蓄水保墒,促进土壤熟化。植树地区多为平坡或缓坡地,设计整地方式采用穴状整地,乔木整地规格为 $60cm \times 60cm \times 50cm$,灌木整地规格为 $40cm \times 40cm \times 40cm$,并根据行距作垄,第二年植树时再按规定标准挖穴栽植。

2) 栽植密度

半干旱地区的水分是植物生长的限制因子,因此,设计时应尽量降低种植密度,并适当增加灌木林和地被的比重,或采用乔、灌、草进行窄带混交,以解决植物密度与水分不足的矛盾。

6.3.1.3 栽植时间

春、秋季均可,以春季为主。春季栽植要在土壤解冻后,苗木新芽萌动前进行,栽植时间应尽量缩短;秋季栽植一般应在树停止生长后开始,土壤封冻前结束,宁迟勿早。

6.3.1.4 栽植方法

以栽植小苗为主,栽植时应将苗木浸泡或裸根蘸泥浆,并采用保水剂及APT生根粉等根系处理新技术。栽植时做到根系舒展,埋土深度高于根际5cm左右为宜,分层踏实,坑深保留15cm左右以利于蓄水保墒。栽植后立即浇水,待水下渗后,覆土保墒,并采用地膜覆盖防干保温,采用容器苗栽植时,必须取掉容器袋,不允许连袋栽植。采用大苗栽植时,应及时进行适量灌水,以确保苗木成活。

6.3.1.5 保水剂的应用

种植中,保水剂的应用可分根部涂层与拌土使用2种。根部涂层可以防止苗木从起苗到栽植过程中的根部失水,保持苗木的根活力,延长苗木萎蔫期,提高造林成活率,同时也有利于苗木低成本长途运输。针对雨季和旱季,保水剂的使用方法不尽相同:

(1)雨季。正确的使用方法应该是在种植穴内施用保水剂,将其与土壤均匀混合,在充分吸足雨水后,即可种植。如苗木过多,未及时种到穴内,推迟到秋季甚至翌年的春季也可,并要覆盖虚土、稻草等以减少水分蒸发及避免保水剂因长期紫外线照射而降解。保水剂种类要用寿命长的丙烯酰胺-丙烯酸共聚交联物类型的保水剂。

(2)旱季。当土壤含水量不足10%时,施用保水剂前应将其投入大容器中充分浸泡,使之充分吸水呈饱和凝胶状后再与土壤混合使用,否则保水剂将与苗木发生争水矛盾,结果将适得其反。

此外,目的不同,选用保水剂的种类也应不同。绿化大苗定植时应选用颗粒状、凝胶强度高、使用寿命长的保水剂,用量以占施入范围内(植树穴)干土重的0.1%为最佳;露地花卉栽培、铺设草皮拌土使用时,一般应该将保水剂施于地表10cm以下,选用寿命较短的淀粉接枝丙烯酸盐产品;苗木蘸根、根部涂层等处理方法宜选用粉状、凝胶强度不一定很高的保水剂。再有,土壤施用保水剂时要注意天气情况及土壤水分条件,使用后一定要浇足水,如果气候特别干旱时,还要进行补水,防止保水剂与苗木争水。

6.3.2 盐碱地的绿化栽植

盐碱地是各种盐土和碱土以及不同程度盐化和碱化土壤的总称。如果某地区土壤中的含盐量达到0.1%~0.2%以上,或者由于土壤胶体吸附对交换性钠的吸附作用,令土体的碱化度高于15%~20%,便可以认为此地区的土壤已经发生盐渍化,将该地区定义为盐碱地。土壤盐渍化会引起土壤性质的恶化,降低土壤的通气性,使土壤发生结构黏滞,增加土壤的容重,阻碍土壤温度上升并减弱土壤微生物的活性。以上多种因素综合起来,会进一步降低土壤的渗透系数,加剧土壤的盐渍化程度。而盐渍化程度过高的土壤会对植物体造成一定的伤害,使植物难以在盐碱地上正常生长,造成土地的荒芜。

根据联合国教科文组织和粮农组织不完全统计,全世界盐碱地的面积为 9.54 亿 hm^2,我国约为 9 900 万 hm^2,其中现代盐碱土约 3 700 万 hm^2,残余盐碱土约 4 500 万 hm^2,潜在盐碱土 1 700 万 hm^2。盐碱地是我国重要土地资源的一部分。超过百余座城市包含有盐碱土地区,其总面积可达 $5.5×10^4$ 亩(1 亩 = 666.6 m^2),严重影响了这些城市的园林绿化建设,成为城市生态环境保护和经济发展的一个难题。

6.3.2.1 盐碱地对植物的危害

(1)盐渍化土壤内部可溶性盐的含量明显超出了适合植物生长的浓度水平,土壤溶液过高的渗透压,将会影响植物对水分的吸收,严重时甚至可以引起植物体内水分的大量流失,使植物发生生理干旱,最终枯萎死亡。

(2)盐类的大量聚集会破坏植物体内部的原生质,严重地阻碍植物体内蛋白质的合成和转化,令植物体细胞内部合成蛋白质过程中的中间产物难以完成正常的转化而大量累积,最终对细胞造成毒害作用。

(3)土壤溶液中大量钠离子的存在会严重地干扰植物的根部对矿质元素的吸收,导致植物出现营养元素匮乏的症状,进而影响植物的正常生长。

(4)如果土壤中可溶性盐的浓度过高,远远超出了植物体所能承受的最大限度,便会破坏植物体细胞结构,令植物体的生命活动发生紊乱,阻碍植物的生长,最终导致植物体死亡。

6.3.2.2 耐盐植物

生长在盐碱地上的植物,其生命活动会在很大程度上受到土壤中含量过高盐离子的干扰,这种干扰令大部分植物均无法在盐渍化较为严重的地区正常生长,但是部分植物却具有耐盐的特性,可以在盐离子大量存在的环境下实现完整的生命周期,此类植物便被称为耐盐碱植物。

6.3.3.3 盐碱地绿化栽植技术

1)选取恰当的植物种类与规格

植物种类的选择是盐碱地绿化栽植技术的关键。植物栽植的成活率、园林绿化的效果以及植物的养护费用等,都是植物种类选择时需要考虑的重要问题。在选择园林绿化植物时,需要遵循以乡土植物为主、因地制宜的原则,在重盐碱地上选择耐盐碱能力较强的植物种类,如臭椿、枸杞、木槿、刺槐、爬山虎、沙打旺、鞘雀稗、狐米草等。对盐碱程度较轻的土地进行园林绿化时,只需要选择海棠、紫荆、草木犀、披碱草等具有一定抗盐碱能力的植物即可。同时,也可采取对盐碱地分期分批栽植的方法,先栽植绿肥植物。在盐渍土上,利用绿肥植物改良土壤后,再种植其他园林绿化植物。比如建设前期栽植大面积的地肤、涝豆、苕子、白三叶、甘草、枸杞、红花、罗布麻等,进行盐碱土脱盐,可为后续植物的栽植提供良好的土壤条件。

盐碱地绿化以胸径 3 ~ 5 cm 的苗木成活率最高。胸径 3 cm 以下的乔木景观效果差,不适合城区绿化用苗;胸径超过 6 cm 的大苗抗逆性较差,适应环境慢且需带土球,装卸运输都不方便,养护措施要求也高,大大增加了工程造价。同时,绿化苗源应尽可能选用当地或周边地区苗圃地培育的苗木,因为当地苗在早期就受到抗盐性驯化,能很快适应客土种植环境,同时因距离近,可以做到随起随栽,避免了外地调苗的长途运输,减少水分蒸发,有利于提高苗木的成活率。

2)栽植前实行配套的土壤改良技术与措施

单纯依靠绿肥植物对盐碱地进行改良,不仅见效较慢,而且作用也十分有限。因此,在利用绿肥植物对盐碱地进行改良时,适当配合其他土壤改良措施,能够有效地提高土壤改良的效果。例如,抬高栽植床面,可以减轻地下水返盐情况的发生,并提高雨水淋洗脱盐的效果;在土壤下方铺设盐碱隔离层,也可以切断土壤毛细管对地下水的运输路径,明显地抑制返盐现象的发生,保护地面植被生长不受土壤返盐作用影响;在土体中埋设排水渗管,可以提高雨水的淋滤脱盐作用,保证土壤改良过程取得良好的效果;使用盐碱地改良剂,在盐碱地土壤中施加硫酸亚铁等酸性物质,可有效降低其 pH 值,但长期使用会成土壤板结。在小面积改土时,可尝试使用食醋等有机酸,既能改善盐碱,又不会造成土壤板结,在明显降低盐碱土壤 pH 的同时又能刺激作物生长,提供作物必需的营养元素,提高作物抗旱抗寒和抗病能力,同时增加土壤有机质含量;加大种植穴规格,增加客土容量也是常用的盐碱土改良措施之一。

3)栽植季节

春季植树成活率高,苗木经过短暂缓苗期即可生根、发芽、长叶。但春季干旱多风,是土壤返盐的高发季节,更要注意盐分对树木的伤害,植树的最佳时间在 3 月上旬 ~ 4 月上旬。秋季植树经过漫长的冬季,在土壤中可有效恢复根系的创伤,来年缓苗期缩短,苗木栽植后容易成活,适宜栽植时间在 11 月份。雨季是一年中盐分最轻的时期,雨水多、淋盐快,可以巧躲盐分对苗木的伤害,利于成活。由于高温天气苗木水分蒸发快,因此必须选择阴雨连绵的天气,突击栽植,一般以 6～7 月为好。

4)采用科学的栽植技术

在盐碱地上栽植的苗木,常常会出现扎根困难、生长缓慢、长势不旺等问题。因此,采用科学的栽培和养护技术,是促进植物旺盛生长、保证盐碱地改良得以成功的必要措施。例如,在对植物进行栽植前,使用 ABT 生根粉溶液对苗木进行浸泡,能够提高植物的成活率;在栽培植物时,使用打泥浆栽植法,以缩短苗木对土壤的适应时间;在春季栽培时采用大穴栽植树盘覆膜法,促进苗木成活并防止返盐现象的发生。大乔木回填土时要用木棍捣实,苗木种植应保持原来的深度,覆土最深不能超过原来的种植深度 5cm;其他苗木适当浅栽,浅栽可以保证根系有良好的透气性,防止树苗烂根,一般栽植深度以比苗木原土印浅 1 ~ 2 cm 为宜。盐碱地绿化宜适当密植,既可以减少盐分的上升,又可提早郁闭,减少地面蒸发,保持土壤湿度,抑制土壤返盐返碱,有利于苗木生长。

6.4 无土岩石地和边坡的绿化栽植

6.4.1 无土岩石地的绿化栽植

无土岩石地的绿化栽植在城市园林中主要以岩石园的形式实现的。岩石园是以岩石及岩生植物为主,结合地形选择适当的高山植物、沼泽植物及水生植物,展示高山草甸、牧场、碎石陡坡、峰峦溪流等自然景观的专类园;也是充分展现岩生植物的生境特点、生物学特性及观赏特点的专类园。这与在场地中摆放几块山石的园林形式截然不同。岩石园的概念反映了它的景观主体和生境类型,是建造岩石园的首要依据。同时,还应注意与中国传统的假山园的区别。

　　早在17世纪中叶,欧洲一些植物学家为引种阿尔卑斯山上丰富多彩的高山植物而修建了高山园,以后此类花园植物引种扩展到一些非高山地区岩石缝隙中生长的矮生花卉与灌木,并模仿高山植物和岩生生境景观,采用自然式布局,将植物与岩石有机结合发展成岩石园。国外对于岩石园和岩生植物的研究和应用较多,而国内在这方面的研究起步较晚。我国第一个岩石园,由陈封怀先生于20世纪30年代在庐山植物园创建,但岩石园至今应用还不够广泛。在引种高山植物及建立岩生园的过程中,人们发现不少高山植物不能忍受低海拔的环境条件而死亡,继而就开始寻找一些貌似高山植物的种类,如多年生球根花卉来替代,才使岩石园逐渐发展至今。岩石园在发展过程中形成了不同的形式与风格,如规则式岩石园、自然式岩石园、墙园式岩石园、容器式微型岩石园等(图6.14)。

图6.14　北京植物园岩石园

6.4.1.1　岩生植物的选择

1)岩生植物的选择要求

　　岩生植物的选择,主要从3个方面来考虑:一是植株矮小,结构紧密,一般直立不超过45cm为宜,且以垫状、丛生状或蔓生型草本或矮灌为主。对乔木也应考虑具矮小及生长缓慢等特点。二是适应性强,特别是具有较强的抗旱、耐瘠能力,生长健壮。三是具有一定的观赏特性,要求株美花艳叶秀,花朵大或小而繁密,适宜与岩石搭配配植。

2)岩生植物的种类

　　(1)苔藓植物。大多是阴生、湿生植物,少数能在极度干旱的环境中生长。如齿萼苔科的裂萼苔属(*Chiloscyphus*)、异萼苔属(*Heteroscyphus*)、齿萼苔属(*Lophocolea*),羽苔科的羽苔属(*Plagiohila*),细鳞苔科的瓦鳞苔属(*Trocholejeunea*),地钱科的地钱属(*Marchantia*)、毛地钱属(*Dumortiera*)等。其中很多种类能附生在岩石表面,点缀岩石,还能使岩石表面含蓄水分和养分,使岩石富有生机,非常美丽。

（2）蕨类植物。蕨类植物是一类别具风姿的观叶植物，很多常与岩石伴生，或是阴性岩生植物，如石松科的石松属（*Lycopodium*），卷柏科的卷柏属（*Selaginella*），紫萁科的紫萁属（*Osmunda*），铁线蕨科的铁线蕨属（*Adiantum*），水龙骨科的石苇属（*Pyrrosia*）、岩姜属（*Pseudodrynaria*）、抱石莲属（*Drymoglossum*），凤尾蕨科的凤尾蕨属（*Pteris*）等，都有许多青翠美丽的岩生种类。

（3）裸子植物。主要为矮生松柏类植物，如铺地柏（*Sabina procumbens*）、匍地龙柏（*Sabina chinensis cv. Kaizuca procumbens*）等，均无直立主干，枝匍匐平伸生长，爬卧岩石上，苍翠欲滴；又如球柏（*Sabina chinensis cv. Globosa*）、圆球柳杉（*Cryptomeria japonica cv. Compactoglobosa*）等，丛生球形，也很适合布置于岩石之间。

（4）被子植物。大多是典型的高山岩生植物，其中许多种类的观赏价值很高。如石蒜科、百合科、鸢尾科、天南星科、酢浆草科、凤仙花科、秋海棠科、野牡丹科、马兜铃科的细辛属（*Asarum*），兰科、虎耳草科、堇菜科、石竹科、花葱科、桔梗科、十字花科的屈曲花属（*Iberis*）、菊科部分属、龙胆科的龙胆属（*Gentiana*），报春花科的报春花属（*Primula*），毛茛科、景天科、苦苣苔科、小檗科、黄杨科、忍冬科的六道木属（*Abelia*）、荚蒾属（*Viburnum*），杜鹃花科、紫金牛科的紫金牛属（*Ardisia*），金丝桃科中的金丝桃属（*Hypericum*），蔷薇科的栒子子属（*Cotoneaster*）、火棘属（*Pyracantha*）、蔷薇属（*Rosa*）、绣线菊属（*Spiraea*）等，其中都有很美丽的岩生植物。

6.4.1.2　岩生植物的配置要求

岩生植物的配置不仅要考虑植物之间的配置，还要兼顾植物与岩石的配置。岩石园的最大特点就是岩石和植物同等重要地成为景观的一部分。岩石的放置有立有卧，有疏有密，有主有次，有丘壑，有缝隙。一般是先放置岩石再种植植物，因此植物要根据岩石的形态去布置才能形成浑然一体的效果。

小型针叶树、乔灌木等作为骨架应该先确定位置，适宜种在平坦、向阳、土壤有一定深度的区域，以利于乔灌木的生长；对于较大的岩石旁边，可种植矮生的常绿小乔木、常绿灌木或其他观赏灌木。中等高度的宿根花卉可以作为乔灌木的过渡层，也可以单独种成丛状以凸显其观赏性。矮生的及地被类植物适合种植在石缝间，或者石头与中层植物的过渡地带，对地表和缝隙起到覆盖作用。此外，植物配置时需要根据环境条件和植物自身生理特性，合理地进行布置，如刺柏属等常绿针叶树适合种植在排水性好、阳光较足的区域；在潮湿地带适合种植鸢尾、落新妇、山梗菜等观赏花卉；在石缝间则要种植那些极度耐旱、匍匐状的植物，如垫状福禄考、庭荠等。

6.4.1.3　岩生植物的栽植要点

（1）对岩石地的地形和土方按造景的要求进行塑造，模仿自然界中的自然裸露岩石景观、碎石滩和戈壁荒坡景观、高原草甸缓坡丘陵地形景观和岩墙峭壁景观等。按不同的植物生境要求，科学、合理、巧妙地设置栽植位置（岩穴、岩缝、岩床）。注意栽植点底部基础的稳定和排水透气。

（2）岩石地的绿化栽植有两种方法，一是种子直播法，即直接将种子塞进岩缝土壤里，让其自然萌发，这种方法不理想。可用纱布缝制数个小口袋，将草炭土、保水剂和事先经过浸泡的种子混合后放入袋内,再塞进石缝中,进行正常的浇水和养护这样能显著提高发芽率。二是苗木移植法,即人为地在岩石缝间栽植合适的植物。对于岩石之间的缝隙,适合栽植一些匍匐状地被类植物。但尽管是很耐旱的地被植物,在小苗移栽时的成活率也不是很高,针对这一情况,可在栽植技术上加以改进:将小苗从营养钵取出后,加入适量草炭土并添加一定比例的土壤黏合剂和保水剂混合均匀,然后用无纺布进行包裹后塞入石缝或石穴,土壤黏合剂可以令土壤围绕在植物根系周围,为植物提供养分,而保水剂则可以起到减少水分流失和蒸发作用,有利于植物移栽后的生长,从而大大提高岩隙栽植的成功率。

(3)岩石园的养护管理相比一般园林植物的养护管理要简便一些,因为很多岩生植物都是低维护的种类。对木本及蔓生植物要注意修枝整形,防止株型散乱;对生长势强的多年生宿根植物,要注意防止串根,以免挤压相邻植物,有损景观。另外,要注意防治病虫害,旱季还应适当灌水,要防止徒长与生长过旺,适时中耕除草和耙地,增加土壤透水透气性。由于岩石园地形所限,许多地段很难存水,主要以微喷形式浇水,这样可以减少浇水时渗漏现象,对不耐寒的种类,冬季要及时覆土盖草防寒。

(4)限制岩石植物特别是高山植物成活的主要因子是春旱严重和夏季高温曝晒,雨量集中。因此栽培管理时要采取相应的措施,如春旱时能定期浇透水(实践说明,每天浇一次透水比每天浇湿地面更有利于岩石植物根系生长,利于成活),夏涝时能迅速排水,并注意适当遮阴,秋季补充营养等。

6.4.2　边坡的绿化栽植

经济高速发展势必涉及到周边环境的利用。在水利、公路、铁路、矿山等工程建设中,经常有大量的开挖,开挖破坏了原有植被,造成大量的裸露土坡和岩石边坡,导致严重的水土流失和生态环境失衡。伴随着经济的快速发展,人类对矿产资源,特别是石矿资源的需求呈跳跃式发展的趋势,特别是改革开放以来,经济的迅猛发展刺激了采石场的发展。这些采石场在短时间内促进了社会经济发展和基础设施的建设中发挥了重要作用,但同时我们也注意到采石场给环境、生态和景观带来了一系列的危害和问题。进入 21 世纪,我国城市化进程迅速加快,原有的荒山和采石场已按城市规划的要求,纳入到新城区及都市风景区、生态保护区的建设范围中。许多废弃的采石场暴露在城市中成为一个个"伤疤",影响了城市的形象,影响了人与自然的和谐发展。

裸地复绿靠自然界自身的力量恢复生态平衡往往需要较长时间。从裸地到一年生草本、多年生草本群落,约需 10 年的时间;到灌木群落约需 20 年的时间;再到森林群落最少也需 100 年的时间。采用人工生态修复法,可大大地缩短复绿的时间,一般只需 30～40 年的时间。在裸地复绿的特殊地形——边坡复绿中,土质边坡通过人工防护和绿化可以在较短的时间内实现生态恢复,但岩石边坡复绿难度较大,特别是采石场的地形包括了边坡的各种角度类型。因此,采石场的生态环境恢复日益成为社会普遍关注的问题之一。

在环境绿化发达的国家,如美国、法国、加拿大、澳大利亚、日本等,边坡复绿工程技术设计研究起步较早。美国是世界上最早的生态恢复研究与实践的国家之一,早在 20 世纪 30 年代就成功恢复了一片温带高原草原。20 世纪 50～60 年代,欧洲、北美等也开展了一些工程与生物措施相结合的矿山、水体和水土流失等环境恢复和治理工程。英国对工业革命以来留下的大面积采矿地以及欧石楠灌丛地的生态恢复研究最早,也很深入。此外,澳大利亚对采矿地生态恢复的研究历史长,且研究深入。生态修复技术的应用在国外发达国家已有很长的历史,他们的生态护坡几乎与项目建设同步发展。生态恢复中植物材料的研究美国较多,美国为了解决水土保持和生态恢复问题,建立了植物材料中心。至 20 世纪 80 年代初,各植物材料中心与其他机构合作,已公布了用于商业化生产的水土保持植物种共 200 多个,在美国生态恢复中植物材料的研究有几十年的历史,目前已进入商业化阶段。

我国从 20 世纪 50 年代就开始对退化生态系统进行长期定位观测试验和综合整治研究,50 年代末,余作岳等在广东的热带沿海侵蚀地上开展了植被恢复研究。此后的几十年,我国陆续对退化生态系统生态恢复展开了研究,但对因基础建设或矿场开采引起的裸露地表实施生态防护于 20 世纪 80 年代中期,90 年代后期才开始边坡复绿工程设计研究。

据黄乔乔等撰写的《中国边坡绿化专利检索调研报告》分析,在中国专利信息网上对 1990~2003 年间申请并公开的与边坡绿化相关的专利进行了检索、统计、分类及评价。检索发现,全国边坡绿化专利申请数在 1990 年为 0,1991~1998 年间每年仅为 1~4 项,1999 和 2000 年发展到每年 6 项,从此进入快速增长时期,而后年申请数成倍增长,到 2003 年度达到 43 项,总数累计达到 100 项。其中发明专利申请数已多于实用新型专利和外观设计专利(比例为 55:45:0)。植物类:基质类:辅助器材类:喷射机械类:施工工法类为 4:14:45:11:26。我国边坡复绿技术专利的发展也展现出与边坡绿化产业的发展并驾齐驱的迹象。

尽管目前国内关于裸露地表生态修复技术方面的研究已经取得了一些成果,修复技术已相对成熟,但是由于我国地域辽阔,各地气候、土壤、地形差异大,不同生态条件下适宜的植物选择与合理配置已成为制约生态恢复的关键因子,如灌草种类的选择、配比和种子喷施量,肥料的配比和用量,覆盖材料和黏合剂以及保水剂的用量等,同时北方寒冷干旱少雨地区的气候条件,对众多大型高陡硬质岩面修复等,都是目前急需解决的问题,要根据当地的立地条件和生态条件加以选择和调整,并在不断实践的基础上加以总结,把握设计程序、技术要点、完善设计内容,逐步形成边坡复绿的技术规范,才能达到预期效果。

6.4.2.1 边坡绿化栽植的一般概念

(1)边坡按成因可分为自然边坡和人工边坡。天然的山坡和谷坡是自然边坡,此类边坡是地壳隆起或下陷过程中逐步形成的。人工边坡是由于人类活动形成的边坡,其中挖方形成的边坡称为开方边坡,填方形成的边坡称为构筑边坡,也称坝坡。边坡按组成物质可分为岩质边坡(简称岩坡、石质边坡)和土质边坡(简称土坡)。边坡按形成坡面角的大小可大致分为缓坡(0°~20°)、陡坡(20°~60°)和断崖(60°以上)。边坡按使用的年限可以分为永久性边坡(超过 2 年)和临时性边坡(不超过 2 年)。

(2)边坡的组成。典型的边坡剖面如图 6.15 所示。边坡与坡顶面相交的部位成为坡肩,与坡底面相交的部位称为坡趾或坡脚;坡面与水平面的夹角称为坡面角或坡倾角;坡肩与坡脚间的高差称为坡高。

(3)边坡的安全等级。边坡按其损坏后可能造成的破坏后果(危及人的生命、造成经济损失、产生社会不良影响)设定不同安全等级(表 6.2)。安全等级为一级的边坡包括由外倾软弱结构面控制的边坡,危岩、滑坡地段的边坡,边坡塌滑区内或边坡塌方影响区有重要建(构)筑物的边坡。安全等级为二级的边坡是指破坏后果不严重的上述边坡。安全等级为三级的边坡

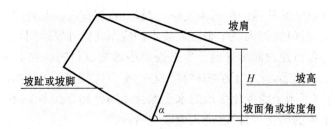

图 6.15　边坡剖面示意

是指边坡结构面结合完整、风化程度小、直立边坡自稳能力强的边坡。在岩质边坡地形改造设计时,结合边坡类型,确定不同的安全等级,分别计算,并对边坡进行稳定性评价(表 6.3)。

表 6.2　边坡类型、高度与边坡的安全等级

边坡类型		边坡高度	破坏后果	安全等级
岩质边坡	岩体类型为Ⅰ或Ⅱ类	$H \leq 30$	很严重	一级
			严重	二级
			不严重	三级
	岩体类型为Ⅲ或Ⅳ类	$15 < H \leq 30$	很严重	一级
			严重	二级
		$H \leq 15$	很严重	一级
			严重	二级
			不严重	三级
土质边坡		$10 < H \leq 15$	很严重	一级
			严重	二级
		$H \leq 10$	很严重	一级
			严重	二级
			不严重	三级

表 6.3　边坡稳定性评价表

判定条件 边坡岩体类型	岩体完整程度	结构面结合程度	结构面形状	直立边坡自稳能力
Ⅰ	完整	结构面结合良好或一般	外倾结构面或外倾不同结构面的组合线倾角>75°或<35°	30m 高边坡长期稳定,偶有掉块

（续表）

判定条件 边坡 岩体类型	岩体完整程度	结构面结合程度	结构面产状	直立边坡自稳能力
Ⅱ	完整	结构面结合良好或一般	外倾结构面或外倾不同结构面的组合线倾角35°~75°	15m 高边坡稳定，15~25m 高边坡欠稳定
	完整	结构面较差	外倾结构面或外倾不同结构面的组合线倾角>75°或<35°	
	较完整	结构面结合良好或一般或差	外倾结构面或外倾不同结构面的组合线倾角<35°，有内倾结构面	边坡出现局部塌落
Ⅲ	完整	结构面结合差	外倾结构面或外倾不同结构面的组合线倾角35°~75°	8m 高边坡稳定，15m 高边坡欠稳定
	较完整	结构面结合良好或一般	同上	
	较完整	结合面结合差	外倾结构面或外倾不同结构面的组合线倾角>75°或<35°	
	较完整（碎裂镶嵌）	结构面结合良好或一般	结构面无明显规律	
Ⅳ	较完整	结构面结合差或很差	外倾结构面以层面为主，倾角多为 35°~75°	8m 高边坡不稳定
	不完整（散体、碎裂）	碎块间结合很差		

本书重点讨论陡坡以上边坡的绿化栽植（边坡复绿），陡坡以下的坡面绿化栽植方法可参考常规绿化栽植的方法。

6.4.2.2　边坡复绿的施工组织流程

边恢复绿的施工组织流程如图 6.16 所示。

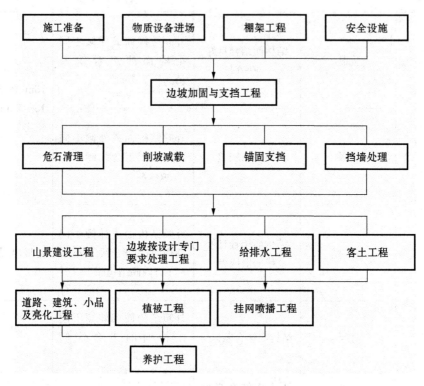

图 6.16　边坡复绿的施工组织流程图

6.4.2.3　边坡复绿的主要环节

1) 边坡的加固与支挡

为确保边坡的稳定性和长期安全,防止开挖坡面的岩石、土层的崩塌、滑坡,消除安全隐患,必须根据专业部门提供的每个石场的边坡稳定性评价和加固的具体要求设计边坡加固、危崖清理与支挡工程。设计的内容包括:坡顶排水工程、削坡减载工程、危岩清理工程、支挡工程等,必要时可与绿化基础工程设计相结合。

2) 绿化基础工程

为了给植物的生长发育创造良好的栽培环境,必须进行排灌系统、支撑结构等绿化基础工程的设计。设计的内容主要包括种植槽或燕窝(槽)式容器的设计、排灌工程设计、框架工程设计、客土工程设计、防护工程设计等。

3) 植物栽植技术

为恢复边坡的生态环境,必须根据当地的气候、原有植被等条件,进行采石场植被工程设计。设计内容包括:植物的选择(包括先锋植物和目标群落植物)与配置,绿化栽植的方式,栽植和养护的程序与要求等。

4) 养护设施

为了较快形成边坡人工群落,并促进人工群落向自然群落过渡,最终进展演变至顶极群落,必须对施工后的养护工程进行合理的设计。内容包括:排灌系统(浇水、蓄水、排水、施肥)和防护系统(防土层侵蚀、防风、防病虫害、防有害植物等)及其运作方式等。

6.4.2.4 边坡复绿总体要求

1) 土壤要求

边坡生态恢复主要限制因子是土壤,即土壤的严重不足或完全没有土壤。因此,必须采用质量优良、具有满足栽植植物生长所需的水、肥、热要求的沙质壤土来满足植物的生长需要(直径大于 1cm 的石砾要剔除),土壤颗粒不宜过细,如现场所用土壤颗粒过细,则采用颗粒较大的红土拌入,比例为 2:1,土壤应保持置于手中不扬灰、不起球的适度。严禁建筑垃圾及有害物质混入土壤中。

土壤质量标准:种植土层必须具有良好的理化性质(表 6.4)。另外,易分解有机质成分,如木屑不应超过 15%,以防止土壤体积的急剧下降。

表 6.4 土壤质量标准表

酸碱度 /pH	可溶性盐 /%	土壤容量 /g/cm³	有机质 /%	全氮 /%	全磷 /%	全钾 /%	通气孔隙度/%	代换量 cmol(+)/kg
6.5~7.2	0.1~0.20	0.9~1.3	8~15	0.15~0.30	0.18~0.38	1.2~2.8	15~30	10~20

土壤体积标准:石质边坡坡面不管用何种绿化方式,每平方米覆盖面积的种植土体积不得少于 $0.06m^3$,最好能达到 $0.1~0.2m^3$。缓坡地及水体的绿化要根据选用的植物种类来决定种植土层的厚度(详见第 5 章),单位复绿面积的土壤体积的指标越高,植物生长和生态恢复的效果就越好。

2) 植被复绿指标要求

要求复绿的坡面面积的绿色覆盖率自竣工之日起,一年以内要达至 60% 以上,2 年养护期结束时要达到 80% 以上,5 年内达到 100%,缓坡地复绿面积的绿色覆盖率自竣工之日起,一年内要达到 80% 以上,2 年养护期结束时要达到 90% 以上。

3) 边坡安全及地震安全要求

应严格执行政府所制定的法律和法规来开展石质边坡的绿化工作。同时,由地震部门进行地震安全性评价,并根据其结果,确定抗震设防要求。整治及处理的边坡的安全性要符合《建筑边坡工程技术规范》(GB50330-2002)的有关规定。

4) 防风要求

边坡区域周边环境较为空旷,形成自然山谷,山谷与其附近空气之间的热力差引起白天风从山谷吹向山坡而成谷风;夜晚,风从山坡吹向山谷形成山风,山风和谷风总称为山谷风。因此设计时必须考虑这一自然因素,设计合理的防风措施,避免施工人员和目标植物受到损害。

5) 灌溉要求

水分也是边坡绿化的另一个限制因子,必须按照连续干旱季节植物生长对水分的要求,以及植物在 2～5 年(长大以后)后对水分的要求,设计合理的灌溉或滴灌系统。根据现场情况确定水源,保证灌溉用水。地下水源较丰富的地区,可开挖水井,建储水池保证正常用水。

6) 排水要求

边坡复绿工程要求建造合理的排水系统,以防止雨水对边坡安全、绿化基础设施、植物和土壤的冲击和破坏。坡顶的排水设计要根据集雨(汇水)面积和当地的暴雨量记录来综合考虑,在考虑排水的同时,最好能将雨水通过相应设施储存起来或引入到立面的种植槽(燕巢或飘台)中,化水害为水利。

7) 养护期要求

各种养护设备的设计使用年限不少于 5 年,施工单位负责的养护工作自竣工之日起计,不得少于 2 年。

6.4.2.5　主要复绿模式

1) 削坡挂网法

以石质边坡为例,使用爆破技术对岩石山体进行降坡,使坡度降为适合植物生长的角度(图 6.17),高层每隔 10m 设一级平台,坡面角度一般为<60°。由于机械限制,至多五级坡,四级平台。削坡形成的岩土坍塌至坡脚处,堆积成坡。削坡挂网法的特点是能够安全降坡,稳定性好,利于养护管理;但要求山体削坡面要有足够的水平退让距离。同时造景效果较差,山体复绿后显得呆板。因此,加强削坡后坡级台面的处理及山体骨架形式的处理等是设计重点,也是复绿景观效果好坏的关键。在坡面复绿上,挂网喷播技术设计是削坡挂网法成败的关键。

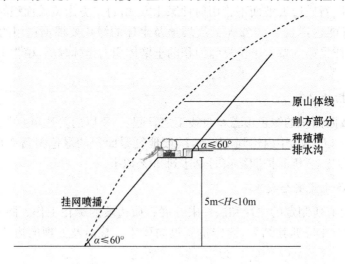

图 6.17　削坡示意图

2) 燕巢法

在边坡高差不大或相对平整的区域,利用现场地形,结合园林造景方法,修筑燕巢形种植槽(图 6.18),创造植物生长环境,栽植合适植物。用燕巢法复绿后,山石、植物相互彰显,趋于自然景象。但对植物的选择要求较高,而种植槽面积小,保水能力差,灌溉与养护困难,植物成活率较低,不易大面积使用,仅在特殊地形(景观视觉焦点处)区域内使用。

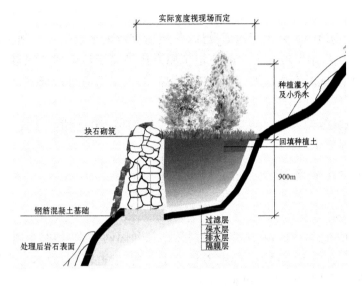

图 6.18　石质边坡燕巢法示意图

3) 飘台法

直接在崖体表面按照一定距离悬空建造水平种植槽,栽植适合植物,达到复绿效果(图 6.19)。该方法适用面广,特别适合边坡石质风化程度较低,稳定性较好且边坡坡度大于 70°的断崖处理。当飘台密度较大时,复绿时间缩短。但因种植槽面积小,保水能力差,乔灌木生长

飘台法示意图:

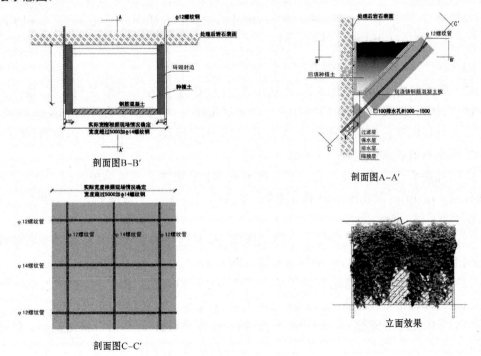

图 6.19　石质边坡飘台法示意图

受限,同时施工难度较大,因而造价较高。

4) 堆坡法

对山体的边坡场地规划并进行地形设计,营造适宜较大植物生长空间条件的坡度。在山地空间较大的情况下,用堆坡的方法既稳定了原有边坡又明显增加了绿量,景观视觉效果很好,且施工方法简单;同时石质边坡因削坡需要爆破的大量石方可现场平衡,减少外运。但在堆坡时要采用分层堆坡,以防止沉降。

综合以上边坡复绿的模式,结合实际情况,科学选择使用,可形成特色鲜明的、性价比高的、长效性好的复绿效果。

6.4.2.6　挂网客土喷播技术

1) 挂网客土喷播技术的原理

以生态修复的理论为依据,利用客土掺混黏结剂和固网技术,使客土物料紧贴石坡面,并通过有机物料的调配,使土壤固相、气相、液相趋于平衡,创造草类、灌木与少量小乔木生存的良好环境,以恢复石质坡面的生态功能。

2) 挂网喷播植物选择的方法

在进行施工前,先选择适合生长条件的植物种子,在施工现场进行试种。在坡面随机抽取5个50cm×50cm样方进行植物种类、数量、成活率、地上和地下生物量的调查,并同时进行植物群落调查。在坡面上随机定点,以此点为中心画一块50cm×50cm的正方形样方,并认真数清样方内植物的种类及数量。为确保数据的科学合理性,在坡面上另外随机取同样大小的4个样方,并数清各个样方内植物的种类及数量。将5次所得数据平均,计算出每平方米的植物种类及数量,再与理论的发芽率进行比较,由此得出实际成活率。经过多次试验和实际施工经验,找出适合某地区边坡复绿的植物材料。

3) 挂网喷播植物配比的模式

(1) 草种混播式。按设计要求,可选用2~3个草种(冷季型和暖季型兼有)按一定比例混合后播种,还可加入适当地被植物及一二年生草花种子,形成富有自然田野风味的缀花草坪。选择作为混播的草种在生长速度、扩繁方式、分生能力以及颜色、质地等方面应该基本相近,同时在发病率及潜在发生病害上应有较大差异。

常用混播草种的播种比例为:春季,狗牙根:中华结缕草:高羊茅:白三叶＝5:1:2:2,播种量15g/m²。狗牙根:中华结缕草:高羊茅:白三叶＝1.5:1.5:5.5:1.5,播种量20g/m²。

(2) 灌草混播式。按设计要求,可选用灌木、草种混播的方式进行复绿。在原草种混播式的比例上增加1~3种灌木,草种与灌木的比例为3:1。

(3) 藤草混播式。藤草结合的种植方式能迅速成坪,达到绿化与防护的目的。种植时同时在断崖顶部种植垂枝型藤本,两类藤本中间喷播复绿。此种绿化方式对于工程防护与生态防护相结合的断岩非常适用,既可减少构造物的压迫感和粗糙感,又可将断岩和自然景观有机结合起来。

(4) 综合式。在实际施工中常采用的方式是乔、藤、灌、草相结合的方式,利用藤本垂挂效果,加上乔灌草混播的方式进行喷播,让草本类植物在短期内迅速成型,起到快速复绿的效果。1~2年后,草本类植物自然凋谢,藤本与灌木成型,固化土壤。3~5年后形成乔、灌、草自然生态链,形成长期稳定的复绿效果。

4)挂网喷播使用的辅助材料及设备

(1) PVC铁丝网。一般为镀锌网或包塑网,网丝为破浪型,丝径5mm,间距100mm×100mm,网间搭接为100mm。

(2)固网锚钉。主要采用5钉1锚施工,钉为Φ6钢筋弯成"7"型折角90°,规格为50mm×150mm,锚为Φ12螺纹钢弯成"7"型折角90°,规格为(70~100)mm×(500~600)mm,对于网的上末端必须用锚固定以增加其稳定性,在固定时首先用电钻根据所需的孔径钻孔,然后钉入钉或锚,其间的空隙一般用竹签或契型木条塞紧加固。

(3)营养基材。草木灰、泥炭土、锯末、稻壳、牲畜粪便(粉末状牛粪)、氮磷钾肥($5g/m^2$)。

(4)遮阳网、草帘。局部喷播完后必须使用75%的遮阳网覆盖,在植物生长到80~100mm时可揭去遮阳网,冬季施工必须采用草帘覆盖。

(5)空气压缩机。喷播用的空气压缩机尽量不使用电力驱动式,建议使用柴油驱动。空气压缩机的容积在10~13m^3,可喷射距离在100~150m。

6.5 屋顶花园的绿化栽植

城市化进程使都市人口大量增加,高楼大厦迅猛崛起,耸立云天,它们在给现代都市裹上华丽"外衣"的同时,也带来了一系列的环境问题:绿地面积越来越少,人居环境质量日趋下降。近年来向"第五立面"索取绿色,营建屋顶花园,为都市人在紧张工作之余提供一个休息和消除疲劳的舒适场所。屋顶花园从栽植条件来看,属于人工地面。人工地面是指人工修造的代替天然地面的构筑物,或者说是一种新地面。这是针对城市建筑过密而产生土地利用问题的一种解决方法,是由建筑师们最先发起的,试图通过多层化、高密度地利用城市空间,把城市有限的土地充分利用起来。包括利用屋顶花园、地下构筑物的顶面(地下停车场、地下通道、地下蓄水池等)。

影响人工地面绿化栽植的因素有3方面:一是地面层(结构层)承载力的限制;二是地面(顶面)结构防水、排水的要求;三是生境条件的限制(土壤条件、温湿条件、风向风力等)。

6.5.1 屋顶花园的功能

6.5.1.1 供休憩和娱乐活动场所

在建筑密集的城市中,人们常常为满眼都是冰冷的混凝土构筑物,周围见不到一点绿色而烦躁,利用屋顶空间进行绿化,既可开辟休息和活动场所,又可点缀街景,增添城市建筑的艺术魅力。有人估计,一座城市的屋顶面积,大约为居住区面积的20%。试想屋顶若被全部绿化,人们将置身于一座真正的园林城市,可在花香鸟语中尽情享受大自然的恩赐。

6.5.1.2　增强屋顶的隔热效果

一年四季温度各不相同,而屋顶表面始终处于剧烈的温度变化之中。夏季经过阳光直射的屋顶,表面温度往往要超出空气温度,而在冬季则可低于空气温度。屋顶经过绿化以后,温度变化幅度将显著减小,这是因为植物能蒸发水分,并从中消耗大量热量,从而起到保温隔热的作用。

6.5.1.3　隔音作用

因为植物层对声波具有吸收作用,因而绿化后的屋顶可以隔音和减低噪声。按照崔希尔·施密德原理,绿化后的屋顶与砾屋顶相比,可减低噪声 $20 \sim 30$ dB,当平屋面屋顶土层 12cm 厚时隔音大约为 40dB。

6.5.1.4　蓄水作用

普通的屋面约有 80% 的雨水流入下水道,尤其在雨季给下水道形成很大的压力。屋顶种植了植物之后能提高蓄水能力,减少雨水下泄。屋顶绿化后,50% 的雨水滞留在屋顶上,储藏于植物的根部和栽培介质中,待日后逐步蒸发,从而减轻了下水道的压力,对城市环境起到了平衡作用。除此以外,屋顶绿化还有吸附飘尘和吸收二氧化碳,放出氧气等作用。总之,对于城市来说,建设屋顶花园是调节小气候、净化空气、降低室温的一项重要措施,也是美化城市、增加景观层次的一种好办法。

屋顶花园位于空中楼顶上,与大地土壤不再相连,属典型的人工地面,其生境与地面差别很大,对于植物来说,有利也有弊。有利的因素有:和地面相比,屋顶光照强,光照时间长,大大促进光合作用;昼夜温差大,利于植物的营养积累;屋顶上气流通畅清新,污染明显减少,受外界影响小,有利于植物的保护与生长。不利的因素有:植物易受干旱;土温、气温变化较大,对植物生长不利;屋顶风力一般比地面大;和地面相比,屋顶花园增加了承重和防水投资,施工和养护的费用也有所增加。

6.5.2　屋顶花园的设计原则

屋顶花园设计的关键包括减轻屋顶荷载、改良种植土、设置排水设施、屋顶结构选型及植物的选择与种植设计等问题。设计必须做到:以植物造景为主,把生态功能放在首位;确保营建屋顶花园所增加的荷重不超过建筑结构的承重能力,屋面防水构造能安全使用;因为屋顶花园相对于地面的公园、游园等绿地来讲面积较小,必须精心设计,才能取得较为理想的艺术效果;尽量降低造价。从现有条件来看,只有较为合理的造价,才有可能使屋顶花园得到普及。

6.5.3　屋顶花园(绿化)的类型

按建筑结构与屋顶形式,屋面的绿化类型可分为两类:

6.5.3.1 坡屋面绿化

建筑的屋顶分为人字形坡屋面和单斜屋面。在一些低层建筑或平房屋面上可采用适应性强、栽培管理粗放的藤本植物,如葛藤、爬山虎、南瓜、渗草、葫芦等。在欧洲,建筑屋顶常种植草皮,形成绿茵茵的"草房",让人备感亲切。

6.5.3.2 平屋面绿化

平屋面在现代建筑中较为普遍,这是发展屋顶花园最有潜力的部分,通常分为以下几种形式:

1) 苗圃式

从生产效益出发,将屋顶作为生产基地,种植蔬菜、中草药、果树、花木和农作物。在农村还可以利用屋顶扩大副业生产,取得经济效益。

2) 周边式

沿屋顶女儿墙四周设置种植槽,槽深 0.3～0.5m。根据植物材料的数量和需要来决定槽宽,最狭的种植槽宽 0.3m,最宽可达 1.5m 以上。这种布局格式较适合于住宅楼、办公楼和旅社的屋顶花园,在屋顶的四周种植高低错落、疏密有致的花木,中间留有人们活动的场地,设置花坛、坐凳等。四周绿化还可选用枝叶垂挂的植物,以美化建筑物立面。

3) 活动(预制)盆栽式

这种方式机动性大、布置灵活,常被家庭采用。

4) 庭园式(屋顶花园式)

是屋顶绿化中要求较高的形式,设置树木、花坛、草坪,并配有园林建筑小品,如水池花架、室外家具等。这种形式多用于宾馆、酒店,也适用于企事业单位及居住区公共建筑的屋顶绿化。

除以上的分类方法外,还可以按建筑物屋顶的高度分为低层建筑屋顶花园和高层建筑屋顶花园;按空间组织形式可以分为开放式、半开放式和封闭式;按使用功能可以分为游览性、装饰性和生产性等。屋顶花园的建设形式多样,可结合具体情况选用不同类型。

6.5.4 屋顶花园屋面面层结构基本构造

一般屋顶花园屋面面层结构从上到下依次是:植物和景点层、种植基质层、过滤层、隔根层、排水(蓄水)层、防水层、找平层、保温隔热层、现浇混凝土楼板或预制空心楼板层(图6.20)。

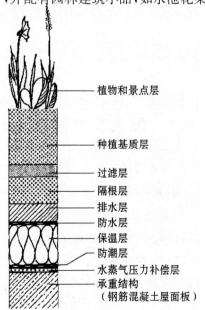

植物和景点层
种植基质层
过滤层
隔根层
排水层
防水层
保温层
防潮层
水蒸气压力补偿层
承重结构
(钢筋混凝土屋面板)

图 6.20 屋顶花园的屋面构造

6.5.5　屋顶荷载的减轻方法

在屋顶花园设计时,应进行屋顶架空层楼面荷载的计算(一般绿化要求达到350kg/m²)。而屋顶荷载的减轻,需采用屋顶绿化的先进技术,即一方面要借助屋顶结构选型,减轻结构自重和结构防水问题;另一方面要减轻屋顶所需"绿化材料"自重,包括将排水层的碎石改成轻质的材料等,当然上述两个方面若能结合起来考虑,使屋顶建筑的功能与绿化的效果大体一致,既能隔热保温,又能减缓柔性防漏材料的老化,那就"一举两得"了。具体方法如下:减轻种植基质重量,采用轻基质如木屑、蛭石、珍珠岩等;植物材料尽量选用一些中、小型花灌木以及地被植物、草坪等,少用大乔木;少设置园林小品并选用轻质材料,如轻型混凝土、竹、木、铝材、玻璃钢等制作小品;合理布置承重,把较重物件如亭、台、假山、水池等安置在建筑物主梁、柱、承重墙等主要承重构件上或者安排在这些承重构件的附近,以利用荷载传递,提高安全系数(见图6.21);利用粘钢加固处理技术,可对建筑结构的现状进行补强加固及改造处理。

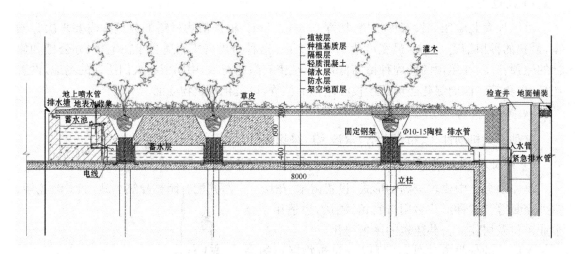

图 6.21　屋顶绿化种植示意

6.5.6　屋顶花园的防水与排水处理

防水处理的好坏直接影响到屋顶花园的使用效果及建筑物的安全。如果防水处理不谨慎,出现漏水现象,整个工程全部或部分返工。

1)防水系统

目前,屋面防水常用柔性防水和刚性防水两种方法。

(1)柔性卷材防水。是以防水卷材作为防水胎层,与沥青等黏贴剂交错粘合形成连续致密的结构层,从而达到防水目的。如:北方地区用的SBS改性沥青卷材、南方地区用的APP改性沥青卷材,以及"三毡四油"或"二毡三油"等均属柔性防水。

(2)刚性防水。即在屋面板上铺设不少于40mm厚的细石混凝土,并加防水剂、泡沫剂、矾土水泥及石膏粉等材料,以提高沙浆和沙石混凝土的密实性和抗裂性,从而达到防水目的。

2）排水系统

屋顶花园的排水系统是由排水层、排水管、排水口、排水沟等组成，一般通过屋面坡度排至屋面排水沟或排水管。小面积的屋顶花园，一般通过屋顶坡度外排水方式排水。面积较大的屋顶花园要采用较大管径的排水管，以免积水而引起植物烂根。

6.5.7 屋顶绿化基质

为减少屋顶的荷载，尽量采用轻质基质。同时，为满足屋顶绿化植物正常的水分和养分供应，常将无机和有机基质按一定比例混合，形成养分充足、保水性和通气性好且易于排水的人工轻质土壤。常用的轻基质材料如泥炭土、草炭土、木屑、腐殖土、蛭石、珍珠岩等（表6.5）。

表 6.5　国内屋顶花园种植基质

屋顶花园名称	人工种植土名称及成分	重度/(kg/m³)	厚度/mm
广州中国大酒家	合成腐殖土	16	200～500
重庆会仙楼	炉灰土＋锯木屑＋蚯蚓类		500～800
北京长城饭店	草炭土：蛭石：沙土 （7：2：1）	7.8	300～500
北京饭店贵宾楼华韵园	草炭土＋沙壤土	12～14	草坪 200 花卉灌木 300～500 小乔木 700

6.5.8 屋顶花园绿化栽植过程的注意事项

6.5.8.1 屋顶花园的边缘空间处理

屋顶花园的边缘空间包括种植屋面的女儿墙、周边泛水部位和屋面檐口部位等。边缘空间处理时应沿女儿墙设置隔离带，其宽度不应小于500mm，铺设卵石进行分割，并沿女儿墙设置排水沟。同时，为取得景观效果，可沿女儿墙布置网架（应注意坚固和安全）进行绿化（图6.22）。

6.5.8.2 屋顶花园的水循环系统

屋顶花园的水循环系统设计主要以节水型灌溉系统来体现。

节水型灌溉系统是采用储水层、低压滴灌和自动喷灌相结合的技术。所谓储水层，即在屋顶花园等排水层以下部分注入一定的水量，水位高度可达到排水层以下几厘米的部位，通过植物根部的毛细管作用，供给植物生长所需水分；低压滴灌是指利用低压管道系统直接将水分输送到植物的根系周围；自动喷灌系统是指利用喷水控制系统和喷射装置将水供给场地植物需水。

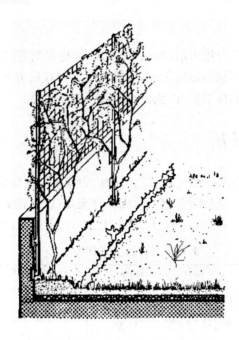

图 6.22　屋顶花园边缘处的攀援网架

6.5.8.3　屋顶花园的大树固定技术

屋顶环境较地面风力大,且种植土层薄,新植树木若高度超过 2.5m,必须采用固定措施。地埋金属网格固定法是其中常见的方法之一。即将金属网格(尺寸为固定植物树冠投影面积的 1~1.5 倍)预埋在种植基质层内;用结实且有弹性的牵引绳将金属网格四角和树木主要枝干部位连接,绑缚固定(绑扎时注意对树木枝干的保护)(图 6.23)。

预埋金属网格　　　　　　　　牵引绳与网格四角连接　　　　　　地面覆土、踏实
（网格上加过滤布）　　　　　　并与地上枝干绑缚固定

图 6.23　树木固定技术流程图

6.6　垂直绿化栽植

6.6.1　垂直绿化概述

6.6.1.1　垂直绿化的定义

垂直绿化是绿化与建筑物、构筑物的有机结合,即利用藤本植物的攀爬特性,覆盖建筑墙

面、栏杆、凉廊、棚架、灯柱、园门、假山石等，以取得绿化效果，并向空间多层次方向发展的一种新的绿化形式。国外垂直绿化应用已趋广泛。

目前，我国各城市土地寸土寸金，可供绿化的地段并不多，而垂直绿化以其占地小、绿量大、见效快、易管理的特点正逐步用于建筑墙体、立交桥、商业街等，可有效增加城市绿化覆盖率，改善城市生态环境，提高城市人们的生活质量。因此，垂直绿化设计越来越多地受到设计师们的青睐，利用攀援植物垂直绿化来增加城市绿化的面积，已成为生态城市建设的必然发展趋势。

6.6.1.2　垂直绿化的特点

1）不占地面空间，绿视率高

垂直绿化不同于一般地面绿化及屋顶绿化，是一种在垂直面或接近垂直面上进行的绿化形式，仅附着于载体外立面，很少或几乎不占地面空间，虽然形式单一，但绿化效果显著，有较高的绿视率。

2）保温隔热，降噪除尘

垂直空间绿化在遮阳降温、调节湿度方面有显著效果。根据测试，在夏季有绿墙的建筑室内其温度比无绿墙的低 4～5℃，而有绿荫遮盖的阳台比暴晒的阳台表面温度低 10～12℃。有藤蔓绿荫覆盖的外墙，所受的辐射热可以减少 50%。有攀援植物枝叶覆盖的墙面，还可以吸收、反射噪声。有关测试结果表明，当声波通过密布的叶丛时，26% 的声波可以被叶丛吸收。垂直绿化也具有吸灰防尘、净化空气的作用。多数攀援植物叶片上的绒毛或脉纹，可以吸附大量的飘尘，从而净化了空气。此外，植物叶片还能吸收二氧化碳、释放氧气，改善空气质量。垂直绿化还可以使建筑外墙避免直接暴晒、雨淋，减缓墙体的自然风化，对墙体本身有保护作用。

3）造价低廉，养护管理简便

一般来说，由于垂直绿化所选用的植物具有生命力强、易繁殖、不需要过多修剪，对土壤、水、肥等生存环境要求较低等特点，因此，垂直绿化工程造价低廉、管理维护简便。

6.6.1.3　垂直绿化的种植形式

1）墙面式（壁面式）

相对于平面绿化而言，壁面绿化是以建筑物、土木构筑物等的垂直或接近垂直的立面（如室外墙面、柱面等）为载体的一种建筑空间绿化形式。它适应性强，利用攀援植物的吸盘或不定根吸附于墙面（柱面），形成大面积的绿色帷幕。植物的枝叶可以吸收墙面上的反射阳光，能降低室内温度 4～5℃，从而起到较好的绿化和防护效果（图 6.24）。

2）棚架式

人们很早以来就会利用路面、天井、阳台、屋顶等，搭起各种高低、大小形式不一的棚架，并在棚架旁种植各种蔓生植物，如葡萄、紫藤，以及瓜果、豆类，用它们形成一定的荫棚，成为人们休息和纳凉的地方。常见的棚架形式有：圆顶形、长廊形、井字形和丁字形等多种（图 6.25）。

图 6.24　墙面式

图 6.25　棚架式

3) 篱垣式

依靠栏杆、篱笆、矮墙等作支柱,种植一些攀援植物,使之形成篱垣式的绿色屏障。它既美化了环境,又能用它分隔庭院和绿地,增加自然景观的变化(图 6.26)。

图 6.26　篱垣式

6.6.2　垂直绿化的种植设计与栽植技术

6.6.2.1　垂直绿化种植的容器设计

对于垂直绿化植物来说,其生长环境是十分恶劣的。首先,根部空间窄小,特别是根系在水平方向的伸展,常会受到建筑物地基的阻挡;其次,土层薄、土质差,可着生的土壤基本全是建筑渣土。因此栽植时,应尽可能对土壤进行改良,多补充养分丰富、结构良好、有机质多的土壤。攀援植物总叶面积比较大,且小环境气温较高,因此蒸腾作用旺盛,耗水量很大,应经常浇水,特别是在旱季。

在条件允许的情况下,可采用特殊设计的容器进行植物种植。以墙面式垂直绿化种植为例,可在墙面不同位置设计墙顶种植槽、墙面种植槽(墙面花斗)、墙底种植槽等。为避免种植槽和花斗内壁漏水、渗水,在墙基、墙顶、平台上的种植槽以及墙上花斗内侧,可涂刷上防水涂料,并在种植槽和花斗基部铺上 5~10cm 的排水层,排水层的材料一般用石子、陶粒、炉渣等。设在屋顶上的种植槽的排水层以选用轻质的陶粒土为佳。垂直绿化时应注意建筑物墙面所用材料,因为攀援植物对墙面有一定的要求;砖墙、混凝土墙面比较适宜垂直绿化,因其粗糙的表面,有利于植物攀援(图 6.27)。

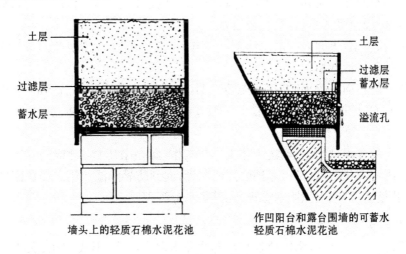

图 6.27 石棉水泥花池示意

6.6.2.2 垂直绿化种植支架的设计

为了能使垂直绿化种植达到预想的景观效果,可以采用不同形式的支架格栅与网格,引导植物攀援生长。支架格栅与网格应具有一定的坚固性和抗腐蚀性,可以是防腐木或 PVC 等材料制成的格栅与网格。

6.6.2.3 垂直绿化种植要点

1) 种植环境

由于垂直绿化的种植环境较特殊,因此尽量选择具有较强的抗寒、耐旱、耐盐及净化空气能力的植物种类。对于北方地区而言,为丰富垂直绿化植物种类,选择耐低温的种类至关重要。相关研究表明,沈阳地区 6 种攀援植物的抗寒性强弱排序为:五叶地锦>金银花>花蓼>垂红忍冬>紫藤>小叶扶芳藤,其中,小叶扶芳藤需进行保护才可安全越冬。大花铁线莲、扶芳藤、台尔曼忍冬、而朗忍冬、金银花、花蓼的耐寒性最强。在水分条件不好,温度相对低的地区,可选择五叶地锦进行垂直绿化。对南京市应用最广泛的 3 种垂直绿化植物(爬山虎、野蔷薇、云南黄馨)的试验研究表明,云南黄馨吸收空气中 SO_2 的能力最强,爬山虎具有较强的重金属富集能力。利用相对生物量评估 5 种攀援植物耐盐能力：强弱排序为爬山虎＞金银花＞五叶地锦＞南蛇藤＞扶芳藤。只有清楚地了解各种攀缘植物的抗性特点，才能为城市垂直绿化提供科学、合理的植物选择。因此，深入攀援植物抗性研究是普及垂直绿化及种植成功的关键。

2) 种植条件

墙面绿化可靠近建筑物路基，砌宽 50cm，高 10cm 的种植槽，还必须向下挖 20～30cm，除去建筑垃圾土，然后换成无杂质的园田土，并施入腐熟的有机肥作基肥。一般于春季 2～4 月前后种植为宜。株距 1m 左右，种植点离开墙基 20cm，栽时苗稍向墙面倾斜。种植后土要夯实，并浇透水。成活后，施 2～3 次肥。爬山虎当年可长至 6～8m。常春藤稍慢一些，一般当年生长 2～3m。墙面绿化栽种初期，如遇大风，应及时缚扎；枝条下垂者，应及时修整。一般水泥拉毛墙面，植物的吸盘吸得牢，枝蔓长势也好。

栽植于阳台、屋顶，天井内的水泥地上，可用砖砌成种植池，规格为长 1m、宽 60cm。也可用木箱或缸代替种植池栽植。

大楼四周一般不向下挖土，可用砖先盖设明沟，然后在楼的四周，砌高 20～30cm 的挡土墙，做成宽 50cm 的土带，以供植物栽植。一般 3 年生的爬山虎高度可达 14m，单株覆盖面积可达 28m²。

栽植于窗台的藤本植物，一般选 1 年生小苗栽植，藤蔓采用竹竿和绳子牵引，并逐步引导形成为绿帘。既可美化环境，又可遮挡强烈的阳光，起到防暑降温作用。如在窗口外或阳台处放置盆栽、缸栽植物，则应加强肥水管理，尤其是水分管理。

3) 科学与美学结合，注重养护管理

为丰富景观效果，可以将攀援植物与其他乔灌木混合配置，形成赏花、观叶、食果、闻香的植物群落。还可以采用古典园林中的障景、框景等造园手法，在空间上增加植物景观的层次感，引人入胜。攀援植物由于其繁殖能力强、生长速度快，因而具有较强的适应性，但也会带来一些不利影响。如常春藤、扶芳藤、爬山虎、络石等攀援植物生长较快，若不及时进行修剪、牵引及病虫防治等养护管理措施就很容易因通风、透光性差而造成植株长势变弱，或受病虫侵害。同时，攀援植物在修剪时应注意不同生长期采用不同的修剪方式，以达到应有的景观效果。

6.6.3　常用垂直绿化的植物材料

垂直绿化的植物材料应选择抗性较强的攀援植物，如紫藤、地锦、美国凌霄、南蛇藤等。

攀援植物又称藤蔓植物，是一种自身不能直立生长，必须利用其特殊器官，如缠绕茎、吸盘、卷须、钩刺、气生根等依附于他物而向上伸展的植物。依据其攀援习性可分为缠绕类、吸附类、卷须类和钩攀类等 4 类。

1) 缠绕类

是利用自身的主茎或叶轴缠绕于他物而向上生长的藤本类，如紫藤、金银花、大花铁线莲、木防己等。

2) 吸附类

是利用茎上的不定根成吸盘吸附于他物向上攀援生长的藤本类,如爬山虎、凌霄、常春藤、薜荔、扶芳藤等。

3) 卷须类

是借助于卷须(茎卷须或叶卷须)攀援生长的藤本类,如葡萄、五叶地锦等。

4) 钩攀类

是指植物本身不具备缠绕特性,也无吸盘、吸附根、卷须等特化器官,但因茎长而细软或有钩刺进行攀援生长的藤本类,如云实、木香、枸杞等。

6.6.3.1 墙面(柱面)绿化材料

墙面绿化应选择具有吸盘或不定根发达的攀援植物,常见有以下几种:

1) 爬山虎

又名地锦,为落叶藤本植物。喜光,耐半阴,适应性强,对土地要求不严。爬山虎具有发达的吸盘,因此,常用作墙面(柱面)植物配植。

2) 常春藤

为常绿藤本植物,品种较多。具有气生根,性耐阴,能攀援石壁和树干,适于阳台和墙基栽植。常与爬山虎配置在一起,绿化效果较好。

3) 凌霄

为落叶藤本植物,品种较多。喜光,有气生根,亦适宜于作棚架栽植。

4) 扶芳藤

为常绿藤灌木。稍耐阴,叶有光泽,茎枝常有多数附生根,故能攀援树干,爬附墙面或石岩。

5) 小叶薜荔

为常绿蔓生木本植物。极耐阴,嫩枝上叶小,生于老枝上的叶略大,叶片革质。茎上生有气根,能攀援树干和岩石。

6.6.3.2 棚架绿化材料

棚架绿化应选择攀援力强、缠绕茎发达的植物。观赏型棚架植物选用供赏花、观果、闻香的紫藤、凌霄、黄(白)木香、金银花等;经济型棚架植物则选用葡萄、丝瓜、黄瓜、南瓜、葫芦、猕猴桃等瓜果类。

常见植物主要有以下几种:

1) 葡萄

为著名的落叶藤本果树。喜光性强,茎尖具卷须,耐修剪,适宜于作棚架栽培。由于其病害较多,应选择抗病能力强的品种。

2) 紫藤

为落叶藤本。喜光亦能稍耐阴。花穗大,色有紫、白、淡紫等多种,为良好的棚架植物。

3）木香

适应性强,我国大部分地区可以栽培,北方寒冷地区,冬季落叶,南方则冬季常绿。喜光,花芳香,白色或淡黄色。我国用它作棚架栽培的历史很长。

6.6.3.3　篱垣绿化材料

常用的攀援植物有以下几种:

1）十姊妹

为落叶灌木,枝近蔓性,能向上伸长;花有深红、粉红、黄、白、紫红等多种颜色,花期6月。多栽植于矮墙、围墙、栏杆、大门等处,我国有很久的栽培历史。

2）忍冬

俗称金银花,为半常绿缠绕藤本,对土壤要求不严,酸、碱性土均能适应。常攀援于岩石或树木上生长,在园林中常作篱垣及廊架的缠绕植物栽植。

3）络石

为常绿缠绕性植物,喜阳,耐潮湿,亦耐荫。茎上生有气根,能够附树干、岩石,花白色,花期6～7月。多用于作矮墙、石柱及盆景山石等的垂直绿化。

思 考 题

1. 容器栽植主要包括哪些技术环节?
2. 铺装地面绿化种植的关键技术是什么?
3. 以一树种为例,谈谈其在盐碱地的栽植过程。
4. 屋顶绿化种植应注意哪些事项?
5. 垂直绿化种植有哪些要点?

7　园林植物的养护管理

【学习重点】

　　本章主要介绍园林植物养护的一般管理措施,即园林植物的土壤、水分、养分管理、树木的树体保护、越冬防寒管理及常见病虫害防治等。

7.1　概述

7.1.1　园林植物养护管理的意义

　　"三分种,七分养",充分说明了园林植物的养护管理在园林施工和园林管理中的重要作用。第一,及时科学的养护管理可以克服园林植物在种植过程中对植株枝叶、根系所造成的损伤,保证成活,迅速恢复生长势,是充分发挥其景观美化效果的重要手段。第二,经常、有效、合理的日常养护管理,可使园林植物适应各种环境因素,克服自然灾害和病虫害的侵袭,保持健壮、旺盛的自然长势,增强绿化效果,是发挥园林植物在园林中的多种功能效益的有力保障。第三,长期、科学、精心的养护管理,还能预防园林植物的早衰,延长生长寿命,保持优美的景观效果,尽量节省开支,是提高园林经济、社会效益的有效途径。

7.1.2　园林植物养护管理的内容

　　园林植物的养护管理必须根据它的生物学特性,了解其生长发育规律,结合当地的具体生态条件,制定出一套符合实际的科学、高效、经济的养护管理措施。

　　养护管理严格说来,包括两方面的内容:一是"养护",根据不同园林植物的生长需要和某些特定的要求,及时对树木采取如施肥、排灌水、中耕除草、整形修剪、防治病虫害、防寒防风等园艺技术措施;二是管理,如看管围护、绿地的清扫保洁等园务管理工作。

　　养护管理的具体方法因不同植物种类、不同地区、不同环境和不同栽培目的而有所不同,但总体上讲,应适应植物生长发育规律和生物学特性,以及当地的具体气候、土壤、地理等环境条件进行,同时要考虑到主观条件,如设备设施、经费、人力等,因时因地制宜。综合以上因素,根据各种园林植物各时期养护管理的具体作业,制定出一年的养护管理工作月历,根据工作月历,结合当时的中长期天气预报,拟定每周或每日的工作安排,做到心中有数,有条不紊,不误时日。

目前国内许多城市都有自己的"城市园林植物养护管理规范",对园林植物的养护管理有了明确的数量和质量指标,将城市园林绿化的科学化、规范化管理又推进了一步。例如,北京市将其分为四级不同的管理,深圳市则分为三级。分级方法不同,目的却是相同的。为了了解园林植物养护管理的一般要求,本章节选部分北京市园林植物的一级养护管理质量标准,以供参考。

一级养护质量标准:绿化养护技术措施比较完善,管理基本得当,植物配置合理,基本达到黄土不露天。

1) 园林植物

(1) 生长正常。新建绿地各种植物 3 年内达到正常形态。

(2) 园林树木树冠基本完整,主侧枝分布匀称、数量适宜、修剪合理,内膛不乱,通风透光。花灌木开花及时、正常,花后修剪及时。绿篱、色块枝叶正常,整齐一致。行道树无缺株,绿地内无死树。

(3) 落叶树新梢生长正常,叶片大小、颜色正常,在一般条件下,黄叶、焦叶、卷叶和带虫尿、虫网的叶片不得超过 5%,正常叶片保存率在 90% 以上。针叶树针叶宿存 2 年以上,结果枝条不超过 20%。

(4) 花坛、花带轮廓清晰,整齐美观,适时开花,无残缺。

(5) 草坪及地被植物整齐一致,覆盖率 95% 以上,除缀花草坪外草坪内杂草率不得超过 2%,冷季型草绿色期不得少于 270 天,暖季型草不得少于 180 天。

(6) 病虫害控制及时,园林植物有蛀干害虫危害的株数不得超过 1%;园林植物的主干、主枝上平均每 100cm 介壳虫的活虫数不得超过 2 头,较细枝条上平均每 30cm 不得超过 5 头,且平均被害株数不得超过 3%。叶上无虫粪,被虫咬的叶片每株不得超过 5%。

2) 垂直绿化

应根据不同植物的攀援特点,采取相应的牵引、设置网架等技术措施,视攀援植物生长习性,覆盖率不得低于 80%,开花的攀援植物能适时开花。

3) 绿地整洁、完整

无杂物、无白色污染(树挂),绿化生产垃圾(如树枝、树叶、草屑等)、绿地内水面杂物应日产日清,做到保洁及时。栏杆、园路、桌椅、路灯、井盖和牌示等园林设施完整、安全,基本做到维护及时。绿地完整,无堆物、堆料、搭棚,树干上无钉栓刻画等现象。行道树下距树干 2m 范围内无堆物、堆料、搭棚设摊、圈栏等影响树木生长和养护管理的现象。

7.2 园林植物的土壤、水分和营养管理

园林植物的土壤、水分和营养管理的任务是为植物生长发育创造良好的环境条件,满足植物生长发育对水、肥、气、热的要求,以快速、持久、充分地发挥植物在园林中的功能。园林植物土壤、水分和营养管理的关键是从土壤改良入手,通过实施各种措施改良土壤,并同时采用松

土除草、地面覆盖、施肥、灌水与排水等技术,改善土壤的理化性质,提高土壤肥力等,以满足植物生长发育的需要。

7.2.1 园林植物的土壤管理

土壤是植物生长的基地,是植物生命活动所需要水分和养分的供应库与储藏库,也是许多微生物活动的场所。土壤的好坏直接关系到植物生长的状况,植物生长的好坏直接影响园林植物景观效果,所以分析了解园林植物生长地的土壤条件及其管理措施是从事园林植物栽培养护工作的主要任务之一。

7.2.1.1 植物对土壤的要求

(1)植物对土壤的要求是有选择的,在生产实践中,有的是因植物选择土壤,有的是因土壤选择植物。无论哪一种情况都应该是不同的植物栽植在相适应的土壤上,如喜酸性的植物栽在酸性土壤上;耐盐碱的植物种在含盐分高的地段;耐水湿的植物栽在湖边、河边或低湿地;在高山上和干旱地则种植耐干旱的植物,也就是前面讲的适地适树。

(2)一般说来,植物都喜欢保水保肥和通气良好的土壤。黏性土壤保水保肥能力好,但通气与排水能力差;而沙性土壤保水保肥能力差,但通气条件好。无论哪种土壤,其腐殖质含量直接影响水分和肥分的保持,以及物理性质的优劣,因此对土壤施有机肥很重要。

(3)植物生长地下层土壤排水的好坏对其生长有直接的影响,水分过多或积水(耐水湿的除外)往往会引起烂根,故植物生长地的下层土壤应排水良好不能积水;同时地下水位也不能过高,过高造成土层薄,湿度大,通透性差,使植物生长不良。同时植物生长也要求一定的土层厚度,从调查得知,小灌木、大灌木、浅根性乔木、深根性乔木等要求土层厚度分别为 45 cm、60 cm、90 cm 和 150 cm。

(4)栽植地的土壤要求充分风化。如果土壤没有充分风化则孔隙度低,通气不良,微生物活动弱或无,致使肥力极低,树木生长不好。在实践中,常常遇到填方地段或新堆的土山,如做好地形后立即栽植植物,因土壤没有很好的风化,会使植物生长不良。深翻和耕地(尤其是秋耕)是促进其风化的最好措施。

7.2.1.2 园林植物生长的土壤类型

土壤是园林植物生长发育的基础,也是其生命活动所需水分和营养的源泉。因此,土壤的类型和条件直接关系着园林植物能否正常生长。由于不同的植物对土壤的要求是不同的,栽植前了解栽植地的土壤类型,对于植物种类的选择具有很重要的意义。据调查,园林植物生长地的土壤大致有以下几种类型:

(1)荒山荒地。荒山荒地的土壤还未深翻熟化,其肥力低,保水保肥能力差,不适宜直接作为园林植物的栽培土壤。如需荒山造林,则需要选择非常耐贫瘠的园林植物种类,如荆条、酸枣等。

(2)平原沃土。平原沃土适合大部分园林植物的生长,是比较理想的栽培土壤,多见于平原地区城镇的园林绿化区。

（3）酸性红壤。在我国长江以南地区常有红壤土。红壤土呈酸性反应，土粒细、结构不良。水分过多时，土粒吸水成糊状；干旱时水分容易蒸发散失，土块易变得紧实坚硬，常缺乏氮、磷、钾等元素。许多植物不能适应这种土壤，因此需要改良。例如，增施有机肥、磷肥、石灰、扩大种植面，并将种植面连通，开挖排水沟或在种植面下层设排水层等。

（4）水边低湿地。水边低湿地的土壤一般比较紧实，水分多，通气不良，而且北方低湿地的土质多带盐碱，对植物的种类要求比较严格，只有耐盐碱的植物能正常生长，如柽柳、白蜡、刺槐等。

（5）沿海地区的土壤。滨海地区如果是沙质土壤，盐分被雨水溶解后就能够迅速排出；如果是黏性土壤，因透水性差，会残留大量盐分。为此，应先设法排洗盐分，如采取"淡水洗盐"和施有机肥等措施，再栽植园林植物。

（6）紧实土壤。城市土壤经长时间的人流践踏和车辆碾压，土壤密度增加，孔隙度降低，导致土壤通透性不良，不利于植物的生长发育。这类土壤需要先进行翻地松土，增添有机质后再栽植植物。

（7）人工土层。如建筑的屋顶花园、地下停车场、地下铁道、地下储水槽等上面栽植植物的土壤一般是人工修造的。人工土层这个概念是针对城市建筑过密现象而提出的解决土地利用问题的一种概念。由于人工土层没有地下毛细管水的供应，而且土壤的厚度受到限制，土壤水分容量小，因此人工土层如果没有及时的雨水或人工浇水，则土壤会很快干燥，不利于植物生长。又由于人工土层薄，受外界温度变化的影响比较大，导致土壤温度的变化幅度较大，对植物的生长也有较大的影响。由此可见，人工土层的栽植环境不是很理想。由于上述原因，人工土层中土壤微生物的活动也容易受影响，腐殖质的形成速度缓慢，因此人工土层的土壤构成选择很重要。

（8）市政工程施工后的场地。在城市中由于施工将未成熟化的心土翻到表层，使土壤肥力降低。若因机械施工、碾压后的土地，则会导致土壤坚硬、通气不良。这种土壤一般需要经过一定的改良才能保证植物的正常生长。

（9）煤灰土或建筑垃圾土。煤灰土或建筑垃圾土是在生活居住区产生的废物，如煤灰、垃圾、瓦砾、动植物残骸等形成的煤灰土以及建筑后留下的灰槽、灰渣、煤屑、砂石、砖瓦块、碎木等建筑垃圾堆积而成的土壤。这种土壤不利于植物根系的生长，一般需要在种植坑中换上比较肥沃的土壤。

（10）工矿污染地。由于矿山、工厂等排出的废物中的有害成分污染土地，致使植物不能正常生长。此时除选择抗污染能力较强的树种外，也可以进行换土，不过成本较高。

除以上类型外，还有盐碱土、重黏土、砂砾土等土壤类型。在栽植前应先了解土壤类型，然后根据具体的植物种类和土壤类型，有的放矢地进行植物种类选择或改良土壤。

7.2.1.3　园林植物栽植前的整地

整地包括土壤管理和土壤改良两个方面，它是保证园林植物栽植成活和正常生长的有效措施之一。很多类型的土壤需要经过适当调整和改造，才能适合园林植物的生长。不同的植物对土壤的要求是不同的，但是一般而言，园林植物都要求保水保肥能力好的土壤，而在干旱贫瘠或水分过多的土壤上，往往生长不良。

1) 整地的方法

园林植物栽植地的整地工作包括适当整理地形、翻地、去除杂物、碎土、耙平、填压土壤等内容,具体方法应根据具体情况进行:

(1) 一般平缓地区的整地。对于坡度在8°以下的平缓耕地或半荒地,可采取全面整地的方法。常翻耕30 cm深,以利蓄水保墒。对于重点区域或深根性树种可深翻50cm,并增施有机肥以改良土壤。为利于排除过多的雨水,平地整地要有一定坡度,坡度大小要根据具体地形和植物种类而定,如铺种草坪,适宜坡度为2%～4%。

(2) 工程场地地区的整地。在这些地区整地之前,应先清除遗留的大量灰槽、灰渣、砂石、砖石、碎木及建筑垃圾等,在土壤污染严重或缺土的地方应换入肥沃土壤。如有经夯实或机械碾压的紧实土壤,整地时应先将土壤挖松,并根据设计要求做地形处理。

(3) 低湿地区的整地。这类地区由于土壤紧实,水分过多,通气不良,又多带盐碱,常使植物生长不良。可以采用挖排水沟的办法,先降低地下水位防止返碱,再行栽植。具体办法是在栽植前一年,每隔20m左右挖一条1.5～2.0m宽的排水沟,并将挖出的表土翻至一侧培成垅台。经过一个生长季的雨水冲洗,土壤盐碱含量减少,杂草腐烂了,土质疏松,不干不湿,再在垅台上栽植。

(4) 新堆土山的整地。园林建设中由挖湖堆山形成的人工土山,在栽植前要先令其经过至少一个雨季的自然沉降,然后再整地植树。由于这类土山多数不太大,坡度较缓,又全是疏松新土,整地时可以按设计要求进行局部的自然块状调整。

(5) 荒山整地。在荒山上整地时要先清理地面,挖出枯树根,搬除可以移动的障碍物。坡度较缓、土层较厚时可以用水平带状整地法,即沿低山等高线整成带状,因此又称环山水平线整地。在水土流失较严重或急需保持水土、使树木迅速成林的荒山上,则应采用水平沟整地或鱼鳞坑整地;也可以采用等高撩壕整地法。在我国北方土层薄、土壤干旱的荒山上常用鱼鳞坑整地,南方地区常采用等高撩壕整地。

2) 整地时间

整地时间的早晚关系到园林栽植工程的完成情况和园林植物的生长效果。一般情况下应在栽植前3个月以上的时期内(最好经过一个雨季)完成整地工作,以便蓄水保墒,并可保证栽植工作及时进行,这一点在干旱地区尤其重要。如果现整现栽,栽植效果将会大受影响。

7.2.1.4 园林植物生长过程中的土壤改良

园林绿地的土壤改良大体包括:深翻熟化、客土栽植、土壤质地改良、pH的调节和盐碱地的改良、应用土壤改良剂等。

1) 深翻熟化

深翻结合施肥,特别是施有机肥,可以改善土壤结构和理化性质,促使土壤团粒结构的形成,增加孔隙度。因此,深翻后土壤的含水量和通气状况会大大改善。由于土壤中的水分和通气状况好转,使土壤微生物活动加强,加速土壤熟化,使难溶性营养物质转化为可溶性养分,相应地提高了土壤的肥力。

(1) 深翻适应的范围。在荒山荒地、低湿地、建筑物的周围、土壤的下层有不透水层的地方、人流的践踏和机械压实过的地段等栽植树木,特别是栽植深根性的乔木时,定植前都应深翻土壤,给根系生长创造良好的条件,促使根系往纵深发展。对重点布置区或重点树种也应该适时、适量深耕,以保证树木随着年龄的增长,对水、肥、气、热的需要。过去曾认为深翻伤根多,对树木生长不利。实践证明,合理的深翻,虽然伤断了一些根系,但由于根系受到刺激后会发生大量的新根,因而提高了吸收能力,促使树木健壮生长。

(2) 深翻的时间。深翻一般在秋末冬初进行为佳。因为此时地上部分生长基本停止或趋于缓慢,同化产物消耗少,并已经开始回流积累;这时又正值根系秋季生长高峰,伤口容易愈合,并发出部分新根,吸收能力提高,吸收的和合成的营养物质在树体内进行积累,有利于树木翌年的生长发育;同时秋翻后经过漫长的冬季,有利于土壤风化和积雪保墒。如果由于某种原因,秋季没有进行深翻,也可以在早春进行,最好在土壤一解冻就及早实施。此时地上部分尚属于休眠状态,根系刚开始活动,生长较为缓慢,伤根后也较易愈合再生新根。但是早春时间短,气温上升得快,伤根后根系还未来得及很好地恢复,地上部分已经开始生长,需要大量的水分和养分,往往因为根系供应的水分和养分不能及时满足地上部分生长的需要,造成根冠水分代谢不平衡,致使植物生长不良。加之,早春各项工作忙,劳力紧张,会受其他工作冲击影响此项工作的进行。

(3) 深翻的深度。翻的深度与地区、土质、植物种类、砧木等有关。黏重土壤深翻时要翻得较深;沙质土壤可适当浅翻,地下水位高时也宜浅翻;下层为半风化岩石时则宜加深以增加土层厚度;深层为砾石或沙砾时也应翻得深些,并捡出砾石增加好土,以免水流失;地下水位低,土层厚,栽植深根性树木时则宜深翻,反之则浅。下层有不透水层或为黄淤土、白干土、胶泥板及建筑地基等残存物时深翻深度则以打破此层为宜,以利渗水。可见,深翻深度要因地、因树而异,在一定范围内,翻得越深效果越好,一般为 60～100 cm,最好距根系主要分布层稍深、稍远一些,以促进根系向纵深及周边生长,扩大吸收面积,提高根系的抗逆性。

(4) 深翻保持的年限。其作用可以保持数年,因此不需要年年都进行深翻。深翻效果持续年限的长短与土壤质地有关。一般黏土地、涝洼地翻后易恢复紧实,保持年限较短;疏松的沙壤土保持年限则长。据报道,地下水位低,排水良好,翻后第二年即可显示出深翻的效果,多年后效果尚较明显;排水不良的土壤保持深翻效果的年限较短。

深翻应结合施肥、灌溉同时进行。深翻回填土时,须按土层状况加以处理,通常维持原来的层次不变,就地翻松后掺入有机肥,将心土放在下部,将表土放在最上面。有时为了促使心土迅速熟化,也可以将较肥沃的表土放置沟底,将心土放在最上面,但应根据绿化种植的具体情况灵活掌握,以免引起不良副作用。

2) 客土栽培

由于园林绿地土壤条件非常复杂,栽植树木时必须进行客土栽培,否则不能成活,通常在以下情况下进行客土栽培:

(1) 树种需要有一定酸度的土壤,而栽植地土质不符合要求,最突出的例子是在北方种植喜欢酸性土壤的植物,如栀子、杜鹃、山茶、八仙花等,栽植时应将局部地段或花盆内的土壤换成酸性土,至少也要加大种植穴或采用大的种植容器,并放入山泥、泥炭土、腐叶土等,还要混拌一定量的有机肥,以符合喜酸性土壤植物的要求。

(2) 需要栽植地段的土壤根本不适宜园林植物的生长,如重黏土、沙砾土、盐碱地及被工厂、矿山排出的有毒废水污染的土壤等,或建筑垃圾清除后土壤仍然板结,土质不良,这时应考虑全部或局部换入肥沃的土壤。

客土栽培时应注意以下几个问题：

①做好预算。因为客土栽植比一般栽植需要的经费多,必须有经费做保证的前提下才能实施,所以在栽植前应做好预算。

②做好施工计划。根据不同树种和根系大小及不同情况,做出合理的、科学的换土设计计划,并说明换土的深度以及好土的来源、废土的去处。

③选用的土壤质地要好,肥力较高,但不能随便挖取耕地土壤和破坏植被。

④根据施工进度,有计划地分期分批进行更换。

⑤如果换土量较大,好土的来源较困难,客土的质量并不十分理想,可在实施过程中进行改土,如填加泥炭土、腐叶土、有机肥、磷矿粉、复合肥及各种结构改良剂等。

3）土壤质地的改良

理想的土壤应由 50% 的气体空间和 50% 的固体颗粒组成。固体颗粒由有机质和矿物质组成。很多土壤测定数据表明,理想的土壤内应含有 45% 矿物质和 5% 的有机质。除此之外,矿物质组成颗粒的排列及其大小也十分重要。土壤质地的改良通常有下列方法：

(1) 培土(壅土、压土)。这种改良方法,在我国南北各地区普遍采用,特别是果园应用较多。此种方法具有增厚土层、保护根系、增加营养、改良土壤结构等作用。在我国南方高温多雨地区,由于降雨多,土壤淋洗损失严重,所以,多将树木种在土台上,以后还需大量培土。在土层薄的地区也可以采用培土的方法,以增加土层厚度,促进树木健壮生长。

培土的质地根据栽植地的土壤性质决定,黏土应压沙土,沙土应压黏土。北方寒冷地区一般在晚秋初冬进行,既可起保温防冻、积雪保墒的作用,同时压土掺沙后,促使土壤熟化,改善土壤结构,有利于植物的生长。

压土的厚度要适宜,过薄起不到压土的作用,过厚对树木生长不利。"沙压黏"或"黏压沙"时要薄一些,一般厚度为 5~10 cm；压半风化石块可厚些,但不要超过 15 cm。连续多年压土,土层过厚会影响树木根系呼吸,从而影响植物生长和发育,造成根颈腐烂,树势衰弱。所以,一般压土时,为了防止嫁接树木接穗生根或对根系产生不良影响,亦可适当将土扒开露出根颈。

在压土时要先进行土壤质地的判断。对土壤质地判断最简单的方法是通过手的触摸与揉搓,将适量的土壤放在拇指和食指间揉搓成球,如果球体紧实、外表光滑,而且在湿时十分黏稠,则黏性强；如果不能揉搓成球,则沙性强。更为准确的方法是在试验室用土筛将土过筛后,土粒经加水和无泡洗涤剂充分摇匀,静止后,将分成黏粒、沙粒和粉粒层,并测定其百分比。此法需要一定的设备、时间和经费,在应用中受到许多限制。

土壤质地过黏或过沙都不利于植物根系的生长。黏重的土壤板结,通透性差,容易引起根腐病；土壤沙性太强,容易漏水、漏肥,会发生干旱。

(2) 增施有机质。如果土壤太沙或太黏,改良的共同方法是增加有机质。在沙性土壤中,有机质就像海绵一样,保持水分和矿质营养。在黏土中,有机质有助于团聚较细的颗粒,形成较大的孔隙度,改善土壤透气排水性能。但是,一次增施有机质不能太多,否则可能会产生可溶性盐过量的问题,特别是在黏土中,施用某些类型的有机质,形成可溶性盐过量更为突出。一般认为 100 m² 的施肥量不应多于 2.5 m³,约相当于增加 3 cm 表土。改良土壤最好的有机质是粗泥炭、半分解状态的堆肥和腐熟的厩肥。未分解的肥料,特别是新鲜有机肥,氨的含量较高,容易损伤根系,施后不应立即进行栽植。

(3)增施无机质。过黏的土壤在深翻或挖穴过程中,应施用有机肥,并同时掺入适量的粗沙;如果土壤沙性过强,可施用有机肥并同时掺入适量的黏土或淤泥,使土壤向中壤质的方向发展。

在用粗沙改良黏土时,不应用建筑细沙,并应注意加入量要适宜,如果加入的粗沙太少,可能像制砖一样,增加土壤的紧实度。通常情况下,加沙量应达到原有土壤体积的 1/3,才会有改良黏土的良好效果。除了在黏土中加沙以外,也可以加陶粒、粉碎的火山岩、珍珠岩和硅藻土等。但这些材料比较贵,只有局部或盆栽土改良时才应用。此外,石灰、石膏和硫黄等也是土壤的无机改良剂。

4) 土壤酸碱度的调节

不同的植物对土壤的酸碱度适应程度不同,过酸过碱都会对树木生长发育造成不良的影响。因此,除增加有机质外,必须对土壤的 pH 进行必要的调节。

对 pH 过低的土壤,主要用石灰改良;pH 过高的土壤主要用硫酸亚铁、硫黄和石膏改良。pH 调节的程度,应根据植物对土壤酸碱度的要求而定,最好能调节到某种植物需要的最适 pH 范围。如山茶属的植物一般 pH 以 4.5～5.5 最好。调节物质施用量根据土壤的缓冲作用、原 pH 高低、调节幅度与土量多少而决定。

土壤中腐殖质的数量越多,或黏粒含量越多,缓冲作用就越强。因此,在土壤中施用石灰时,缓冲作用越强,施用量也越多。

在酸性强,缓冲作用也强的土壤中,钙的施用量,有时高达 3kg/1 000 kg 以上。实际上一次施入大量的钙也很难与土壤混合均匀,所以一次施用量应为 1.0～1.5 kg/1 000 kg,分 2～3 年施入,逐渐改善 pH。由于树木根系附近的土壤也会发生淋溶,与周围土壤进行物质交换,因此经过 pH 调节的土壤,并不会长期不变,应定期或在树木由于酸碱度变化出现某种征兆时进行测定,并继续采取相应措施。

在缓冲作用弱的情况下,尽管采用施钙改良了 pH,但其状态也不稳定,所以还应同时增施有机肥。

石膏和硫黄可用于 pH 偏高的土壤改良,特别是石膏,在吸附性钠含量较高的土壤中使用,可能有较好的作用。同时,石膏还有利于某些紧实、黏重土壤团粒结构的形成,从而改善排水性能。但是,由于石膏团聚作用只有在低钙黏土(如高岭土)中才能发挥作用,而在含钙高的干旱和半干旱地区的皂土(如斑脱土)中,不会发生任何团聚反应,因此石膏并不适用于所有黏土。在这种情况下,应施较多的其他钙盐,如硫酸钙等。

增施硫黄和硫酸亚铁,也可提高土壤的酸度,但在实践中不能大规模使用,其施入量也受到原来 pH 高低的影响。

5) 盐碱地的改良

盐碱土是盐土和碱土以及各种盐化和碱化土壤的总称,又称为盐渍土。我国盐碱地的分布范围甚广,面积很大,形成复杂,类型繁多。一般来说,盐渍土改良的措施主要有:水利土壤改良,包括灌溉、排水、冲洗、渠道防渗、种水稻等;农业土壤改良,包括平整土地、耕作、客土、施肥、轮作、间作套种等;生物土壤改良,主要有种植耐盐作物和牧草,植树造林等;化学改良是施用化学改良物质。具体方法请见 6.3 的相关内容。

6）应用土壤改良剂改良土壤

土壤改良剂主要包括无机土壤改良剂和有机土壤改良剂,各类型的土壤改改良剂特性见表7.1常用土壤改良剂及其特性。

表 7.1　常用土壤改良剂及其特性

土壤改良剂类型		特　性
无机土壤改良剂	沙子	在质地黏重的土壤中掺入适量沙子,是改造黏土的主要方法。它能增加土壤非毛细管孔隙度和通透性。沙子主要改良土壤质地,很少有养分。应根据实际情况,一般用细颗粒或中颗粒的沙子,沙粒大小应一致,不应不加区别地混合使用。自然界中的沙子有多种形成方式,应根据需要,在节约成本的前提下进行选择
	石灰	在酸性土壤中,掺入石灰可以中和土壤酸性,又可以促进土壤团粒结构的形成,同时还能够为土壤提供钙元素。在具体使用时,可根据土壤酸度适量加入。还要注意:生石灰加入后,遇水反应产生热量,可能给根系产生危害
	硫酸亚铁、石膏	这些物质是碱性土壤的改良剂,用以中和碱性土壤。南方的花卉,在北方盆栽时,容易出现黄化现象,主要原因就是北方的土壤呈微碱性或碱性,用硫酸亚铁可以有效地解决这个问题。石膏的成分是硫酸钙($CaSO_4$),在土壤中通过代换作用将 Na^+ 离子代换出来,灌溉或降雨后将 Na^+ 离子淋洗掉
	蛭石	蛭石是一种层片状物质,颗粒较大,孔隙多,质轻,松软,保水通气性能良好。其pH 为 7~9,呈中性及碱性反应,能释放出适量的钾、钙、镁等元素。在盆花栽培中,多用蛭石、草炭土、珍珠岩等混合成培养土,效果较好
	珍珠岩	珍珠岩多孔质轻,没有营养成分,其 pH 为 7.0~7.5,呈中性,主要改善土壤的保水性、透气性和保温性能
	炉渣	炉渣多是钢铁工业产生的废渣,具多孔性,可增加土壤的通透性和保水性,呈碱性反应,适用于酸性土壤。我国钢铁工业产生大量的炉渣,经适当的处理可以利用到酸性土壤的改良上,成本较低
	粉煤灰	粉煤灰质轻、疏松,含有 Ca、Mg、K 等元素,施入土壤可起到多方面的改良作用,其 pH 较高,适用于酸性土壤
	黏土、河泥	在沙质土壤中加人适量黏土、河泥,可以增加土壤的黏性,降低孔隙度,增加保水性。河泥含有一定的有机质,在改良土壤结构的同时,增加了土壤的有机质含量
有机土壤改良剂	草炭	草炭又称泥炭,是沼泽植物残体在长年积水、缺氧条件下形成的不完全分解物。呈褐色或暗褐色,酸性或中性反应。疏松多孔,持水能力很强。含氮量为 1‰~2.5‰,速效氮含量低,含有少量的磷、钾元素。草炭是用途很广的土壤改良材料,对土壤的物理化学性质和土壤养分都有很好的作用。现在比较高档的盆栽花卉大都使用以草炭为主的培养基质。草炭土使用成本较高,在大面积的绿地中不能推广使用,同时大量开采草炭土容易造成对当地生态环境的破坏

（续表）

土壤改良剂类型		特　性
有机土壤改良剂	其他的有机土壤改良剂	大量的植物残体，如树的枯枝落叶、农作物秸秆、蔗渣、稻壳、木屑等经过粉碎，掺入饼肥、禽畜肥、人粪尿堆沤处理，可以作为土壤改良物质使用。这些物质质轻、松软、保水、保温、透气性能较好，产生多种营养元素，增加土壤的团聚性和保肥性，是很好的有机肥。这类有机物质容易获得，可就地取材，这是农业上常用的土壤改良物质。但是有机物质容易滋生病虫，要进行处理后再施入土壤
	化学合成的有机土壤改良剂	人工化学合成的土壤改良剂一般是高分子化合物，在我国应用较少。我国在林业上应用较多的是保水剂。保水剂是一种高分子化合物，呈颗粒状。使用在树木根系附近，降雨或灌溉后保水剂吸附大量水分，并能保持较长一段时间，供树木根系吸收，为树木成活和生长创造好的条件。土壤保温保墒剂也是一种高分子化合物，喷在土壤表面形成一种薄膜，类似于塑料薄膜。薄膜覆盖在地表有利于保持土壤水分和土壤温度。黑色薄膜还能防止土壤表面杂草的生长，因为植物在黑暗中不能进行光合作用

还有一些土壤改良剂，可根据具体情况选择运用。在一定的条件下，多种方法综合运用才能达到好的效果。

7.2.1.5　园林植物的土壤管理

土壤管理包括中耕除草和地面覆盖等工作。

1) 中耕除草

中耕一般分春耕（20～30 cm）、夏耕（约 20 cm）、秋耕（30～35 cm）。中耕可以切断土壤表层的毛细管，减少土壤水分蒸发，防止土壤返碱；经过中耕，使游人踏实的园土恢复疏松，改良土壤通气和水分状况，促进土壤微生物活动，有利于难溶养分的分解，提高土壤肥力；中耕松土还可提高土温，有利于树木根系生长和土壤微生物的活动；中耕松土的同时除去杂草，减少水分、养分竞争的消耗；清除杂草又可增加绿地景观效果，减少病虫害，做到清洁美观。

松土、除草应在天气晴朗时或者初晴之后，要选土壤不过干又不过湿时进行，才可获得最大的保墒效果。松土、除草时不可碰伤树皮，生长在地表的树木浅根，则可适当切断。杭州园林局规定，市区级主干道的行道树，每年松土、除草应不少于 4 次，市郊每年不少于 2 次，对新栽 2～3 年生的风景林木，每年应该松土除草 2～3 次。松土深度，大苗 6～9 cm，小苗 3 cm。

松土、除草对园林植物生长有很大好处，花农对此有丰富的经验，如山东菏泽花农对牡丹每年土壤解冻后至开花前松土 2～3 次，开花后至白露松土 6～8 次，要求见草就除，除草随即松土，每次雨后要松土一次，当地花农有"春耕深一犁，夏耕刮地皮"、"地湿锄干，地干锄湿"的经验。他们又认为头伏、二伏、三伏中耕锄地 2 次，其效果不亚于上草粪一次。特别是对于人流密集的树林每年中耕松土 1～2 次，使其土壤疏松，改善土壤通气状况，对树木生长非常有利。

如使用除草剂除草，需慎重选择。常见除草剂有以下种类：

(1) 土壤处理剂。

①乙氧氟草醚。乙氧氟草醚又称果尔、杀草狂等,它是触杀型芽前或芽后早期除草剂,适用于果园、茶园、针叶苗圃等地防除一年生单、双子叶杂草,如牛毛草、鸭舌草、铁苋菜、狗尾草、蓼、藜、苘麻、龙葵、曼陀罗、田芥、苍耳、牵牛花等。在杂草萌发出土前,亩用20%乳油48～60ml,兑水后使用低压喷雾器喷施于土表。

②莠去津。莠去津又叫阿特拉津,可用于果园、林地、苗圃等田地防除一年生禾本科杂草和阔叶类杂草,因其水溶性较大,对多年生杂草也有抑制作用,提高用药量可用于公路、森林防火带等非耕地灭生性除草。可用于防除马唐、狗尾草、早熟禾、看麦娘、千金子、鸭舌草、铁苋菜、蓼、藜、苘麻、龙葵、勿忘我、莎草等。林木、苗圃使用,在春季杂草萌动时或树苗移栽前7～10天,亩用40%悬浮剂200～350g,兑水喷雾土表;用于定植一年以上的清栽果园、茶园,在杂草萌动时使用,轻质沙土亩用150～200g、壤土200～350g,黏土350～450g兑水喷雾土表。注意此药不可用于桃园,以免产生药害。

③西玛津。西玛津的水溶性较差,易被土壤吸附,喷于土表后只能用来防除一年生的单、双子叶杂草,而对深根杂草的防除效果差。果园、茶园使用,在杂草萌动时,亩用40%悬浮剂200～300g,兑水喷雾于土表,喷头向下,防止雾滴漂移;林地可用于化学整地时使用,亩用400～600g,用于防火带为600～800g,用于苗圃为200～300g,兑水喷雾,用于定植的苜蓿地。一般在秋季亩用300～400g,兑水喷雾。

④氟乐灵。氟乐灵可用于苜蓿、果园等田地防除禾本科杂草,也能防除一些小粒种子的藜、蓼、苋菜、繁缕、马齿苋等双子叶杂草,对成株杂草无效。其用药量因杂草的种类、土壤的质地及有机质的含量而异,禾本科杂草为主的地块用药量少一些,阔叶类杂草较多的混生地块用药量应多一些,阔叶类杂草为主的地块不宜使用。果园、桑园等地使用,在杂草出土前,亩用48%乳油150～200ml,兑水进行土表封闭处理;苜蓿地使用,主要用于定植苜蓿地,在苜蓿休眠期亩用48%乳油130～150ml兑水喷雾,并浅锄混土,尽量减少对根茎的机械伤害;用于新播种的苜蓿地,亩用100～120ml,兑水喷雾于土表,及时混土,5～7天后播种。

⑤二甲戊灵。二甲戊灵又称二甲戊乐灵、施田补、除草通等,用于防除马唐、牛筋草、狗尾草、看麦娘、早熟禾等一年生禾本科杂草和藜、苋、繁缕、辣子草、芥菜等一些阔叶杂草。二甲戊灵可用于果园、花木苗圃的杂草防除,一般亩用33%乳200～300ml,在杂草出土前兑水喷雾于土表。二甲戊乐灵挥发性小,且不易光解,施药后混土与否对药效影响不大。为减轻药害,应先施药后浇水,增加土壤对其吸附性有利于药效的发挥。二甲戊灵只对部分双子叶杂草有效,因而在双子叶杂草较多的地块可考虑与其他杀阔叶杂草的除草剂混用。

⑥异丙甲草胺。异丙甲草胺又叫都尔,是选择性芽前旱地土壤处理剂,主要防除稗草、马唐、牛筋草、狗尾草、画眉草等一年生禾本科杂草,兼治苋菜、马齿苋、荠菜、辣子草、繁缕等部分小粒种子的阔叶杂草和碎米莎草,对多年生杂草和多数阔叶杂草防效较差。异丙甲草胺可用于花木苗圃地防除杂草,亩用72%乳油80～100ml,兑水50kg进行土壤喷雾。

⑦恶草酮。恶草酮又称恶草灵,是一种选择性触杀型土壤处理剂,在提高用量的情况下兼有苗后早期叶面处理的作用。恶薄酮可有效地防除一年生的禾本科、莎草及阔叶杂草,对恶性杂草醉浆草有特效。恶草酮在结缕草、狗牙草系列等多年生暖型草坪休眠期结束前尽早喷药,以控制芽前或苗后早期杂草,亩用量为150～200ml生长期使用时,应人工拔掉1.5叶期的禾本科、莎草及2叶期以上的阔叶类杂草;在高羊茅、黑麦草、早熟禾冷季型草籽播种前12～30天用药,亩用35～100ml兑水进行土壤处理,成坪后用量为120ml,药后必须进行浇灌,将坪

草叶片上的药剂冲刷到草坪的下部,同时要求保护土壤的湿润,以提高药效。

(2)茎叶处理剂。

①吡氟禾草灵、精吡氟禾草灵。吡氟禾草灵又叫稳杀得,用于果园、林业、苗圃等,可防除一年生的禾本科杂草,提高剂量可防除多年生的禾本科杂草,如马唐、牛筋草、狗尾草、旱稗、早熟禾、看麦娘、千金子、牛筋草、芦苇、白茅、狗牙草。当杂草4~6叶期,对一年生的杂草亩用35%乳油67~100ml;对多年生的杂草亩用130~160ml,兑水后茎叶喷雾。施药时相对湿度高时,除草效果好。在高湿、干旱的条件下,应使用给定的剂量上限。精吡氟禾草灵(精稳杀得),仅含具有杀草活性的异构体,除去了无活性的异构体,因而杀草活性提高了1倍,制剂为15%乳油。

②氟吡乙禾灵、高效氟吡乙禾灵。氟吡乙禾灵又叫盖草能,用于林业苗圃、花卉苗圃、果园等防除一年生禾本科杂草如看麦娘、马唐、牛筋草、狗尾草、旱稗、早熟禾、假高粱、千金子、芦苇等。对阔叶类杂草和莎草无效。当杂草4~6叶期,亩用12.5%乳油60~80ml,兑水茎叶喷雾。杂草对氟吡乙禾灵吸收速度很快,施药后1~2小时下雨不影响药效。高效氟吡乙禾灵(高效盖草能)的制剂为10.8%乳油。

③稀禾定。稀禾定又称拿扑净,可用于茶园、果园、苗圃、幼林抚育防除一年生禾本科杂草,提高剂量可防除多年生的杂草如白茅、葡萄冰草、狗牙草等,对阔叶植物无影响。一般一年生禾本科杂草2~3叶期亩用20%乳油65~100ml,4~5叶期用100~150ml,6~7叶期用150~175ml;多年生禾本科杂草3~6叶期用150~200ml。

④苯磺隆。苯磺隆又称阔叶净、巨星,可用于匍茎紫羊毛、草地早熟禾等禾本科草坪,防除阔叶类杂草如黄花篙、蒲公英、小蓟、反枝苋、铁苋菜、马齿苋、苍耳、问荆、巨麦菜等,在杂草2~5叶期,亩用10%可湿性粉剂7.5~15g,兑水30~40kg喷雾。苯磺隆药效发挥缓慢。苯磺隆对禾本科草安全,喷雾时注意防止雾滴飘移到邻近阔叶花卉上,以免产生药害。

⑤甲嘧磺隆。甲嘧磺隆又叫森草净、林草净、林无草等,是一种内吸性的除草剂,但选择性差,几乎是灭生性的,因而仅用于果园、林地、草场防除一年生和多年生禾本科、双子叶及阔叶灌木。针叶树苗圃使用,在杂草萌芽前和萌芽初期,亩用10%可溶性粉剂70~140g,兑水30~40kg喷雾;林地消灭杂草,亩用250~500g,兑水40~50kg喷雾;在非耕地及森林防火隔离带防除阔叶灌木亩用700~2 000g兑水喷雾。

⑥2,4-D丁脂。2,4-D丁脂是选择性传导型的除草剂,主要用于禾本科草坪防除一年生及多年生的阔叶类杂草及莎草,如铁苋菜、反枝苋、马齿苋、荠菜、芥菜、苦荬菜、刺儿菜、播娘蒿、苍耳、旋花等,对禾本科杂草无效。在禾本作物4~5叶期,阔叶类杂草3~5叶期亩用72%乳油40~50ml兑水进行茎叶喷雾。阔叶作物及阔叶树木对此药极为敏感,喷药时应在无风或小风的天气进行,防止药液的飘移,以免产生药害。使用2,4-D丁脂的喷雾器最好能专用,或彻底清洗喷雾器,以免下次使用污染。2,4-D丁脂也可用于造林前的化学整地,防除小灌木及杨、桦、柞的伐根萌条,使用1%~5%药液喷洒可防除柞、桦伐根萌条,用1%~2%药液喷雾防除杨树根萌条,喷液量在树桩湿透为止。

⑦灭草松。灭草松又名苯达松,是一种选择性触杀型茎叶处理剂,可有效地防除莎草和阔叶杂草,对禾本科杂草无效。在阔叶类杂草3~5叶期,莎草科杂草约10cm高时施药,亩用25%水剂60~100ml。喷药时应选择在晴朗的天气施药,药后48小时不要浇灌,以免影响药效的发挥。

⑧草甘膦。草甘膦又叫农达、林达等,为输导型灭生性的除草剂,草甘膦杀草速度慢,一般一年生植物在施药1周后才表现中毒症状,多年生植物在2周后表现中毒症状,植物中毒后先是地上叶片逐渐枯黄,继而变褐,最后根部腐烂死亡。草甘膦进入土壤后,很快与土壤中的金属离子结合而失去活性,施药前或施药后对土壤中的种子无杀伤作用。草甘膦可用于果园、林地、苗圃等田地及田埂、道路、庭院等非耕地的杂草防除,一年生杂草5~7叶期,多年生杂草5~6叶期。施药时若杂草太小,没有足够的吸收药剂的叶面积,可能会影响其防效。草甘膦的用药量因草的种类而异,一年生的杂草亩用10%水剂400~750ml;防除香附子、蒿、艾、车前草、小飞蓬等,亩用750~1000ml;防除白茅、芦苇、刺儿菜、狗牙草、半夏等用1000~2000ml。防除多年生杂草,可把2000ml药剂分两次施用,效果更好。在禾本科坪草、豆科坪草播种前或禾本科草移植前、杂草出土后,亩用10%水剂300~500ml,加水对杂草的茎叶进行喷雾。

⑨百草枯。百草枯又名克芜踪、对草快,是触杀型灭生性除草剂,杀草速度很快,叶片着药后2~3小时就开始变色发黄,3~4天内可将绿色部分破坏,全株干枯死亡。药剂落到土壤里很快失效,因而施药后很短的时间就可以种植作物。由于百草枯无内吸传导作用,对地下的根和茎无杀伤作用。在禾本科坪草、豆科坪草播种前或移植前、杂草出土后,亩用20%水剂100~150ml,兑水对杂草的茎叶进行喷雾。在果园、林地、苗圃等,在杂草15cm以下,亩用20%水剂150~250ml,兑水喷雾。兑水量要能喷湿所有的杂草。百草枯对绿色树皮有杀伤作用,应在株、行间定向喷雾,喷药时应防止药液飘移到其他绿色植物。

在一些地方,当地的乡土草种,已经形成一定的景观特色(如马蔺、苦荬菜、点地梅、酢浆草、百里香等)则不必清除,而将其中影响景观效果的其他草种去除,这样做既能保持物种的多样性,又可以形成一定的地域性景观,还节省不少栽植和养护费用。

2) 地面覆盖

利用有机物或活的植物体覆盖土壤表面,可以防止或减少水分蒸发,减少地面径流,增加土壤有机质,调节土壤温度,减少杂草生长,为植物生长创造良好的环境条件。若在生长季进行覆盖,以后把覆盖的有机物随即翻入土中,还可增加土壤有机质,改善土壤结构,提高土壤肥力。覆盖的材料以就地取材、经济适用为原则,如水草、谷草、豆秸、树叶、树皮、木屑、发酵后的马粪、泥炭等均可应用。在大面积粗放管理的园林中,还可将草坪修剪下来的草头随手堆于树盘附近,用以进行覆盖。一般对于幼龄的园林植物或疏林草地的树木,多仅在树盘下进行覆盖,覆盖的厚度通常以3~6cm为宜,鲜草5~6cm,过厚会有不利的影响,一般均在生长季节土温较高而较干旱时进行地面覆盖。杭州历年进行树盘覆盖的效果证明,这样做可比对照树的抗旱能力延长20天。

地被植物可以是紧伏地面的多年生植物,也可以是一二年生的较高大的绿肥作物,如饭豆、绿豆、黑豆、苜蓿、苕子、猪屎豆、紫云英、豌豆、蚕豆、草木樨、羽扇豆等。用绿肥作物覆盖地面,除覆盖作用之外,还可在开花期翻入土内,收到施肥改土的效果。用多年生地被植物覆盖地面,除具有覆盖作用外,还可以减免尘土飞扬,增加园景美观,又可占据地面与杂草竞争,降低园林植物养护的成本。

不论是地被植物或是绿肥作物,如作为树下的覆盖植物,均要求适应性强,有一定的耐阴能力,覆盖作用好,繁殖容易,与杂草竞争的能力强,但又与植物矛盾不大。如果此处为疏林草地,人们可进去活动,则选用的覆盖植物应耐踩,无汁液流出和无针刺,最好还应具有一定的观赏性和经济价值。

常用的草本地被有铃兰、石竹类、勿忘草、百里香、萱草、二月兰、酢浆草、鸢尾类、麦冬类、丛生福禄考、玉簪类,吉祥草、蛇莓、石碱花、沿阶草、白三叶、红三叶、紫花地丁等。木本地被有地锦类、金银花、木通、扶芳藤、常春藤类、络石、菲白竹、倭竹、葛藤、裂叶金丝桃、偃柏、爬地柏、野葡萄、山葡萄、蛇葡萄、凌霄类等。

7.2.2   园林植物的水分管理

水分是植物的基本组成部分,植物体重量的 $40\% \sim 80\%$ 是由水分组成的,植物体内的一切生命活动都是在水的参与下进行的。只有水分供应适宜,园林植物才能充分发挥其观赏效果和绿化功能。

7.2.2.1   园林植物水分管理的意义

1) 是园林植物健康生长和正常发挥功能与观赏特性的保障

水分缺乏时,轻者会植株萎蔫,叶色暗淡,新芽、幼蕾、幼花干尖或早期脱落;重者新梢停止生长、枝叶发黄变枯、落叶,甚至整株干枯死亡。水分过多时会造成植株徒长,引起倒伏,抑制花芽分化,延迟开花期,易出现烂花、落蕾、落果现象,甚至会引起烂根。

2) 做好水分管理,能改善园林植物的生长环境

水分不但对园林绿地的土壤和气候环境有良好的调节作用,而且还与园林植物病虫害的发生密切相关。如在高温季节进行喷灌可降低土温,提高空气湿度,调节气温,避免强光、高温对植物的伤害;干旱时土壤灌水,可以改善土壤微生物生活环境,促进土壤有机质的分解。

3) 做好水分管理,可节约水资源,降低养护成本

我国是缺水国家,水资源十分有限,而目前的绿化用水大都为自来水,与生产、生活用水的矛盾十分突出。因此,制订科学合理的园林植物水分管理方案、实施先进的灌排技术,确保园林植物对水分需求的同时减少水资源的损失浪费,降低养护管理成本,是我国现阶段城市园林管理的客观需要和必然选择。

7.2.2.2   园林植物的需水特性

了解园林植物的需水特性,是制订科学的水分管理方案、合理安排灌排水工作、适时适量满足园林植物水分需求、确保园林植物健康生长的重要依据。园林植物需水特性主要与以下因素有关。

1) 园林植物种类

不同的园林植物种类、品种对水分需求有较大的差异,应区别对待。一般来说,生长速度快、生长期长,花、果、叶量大的种类需水量较大;反之,需水量较小。因此,通常乔木比灌木,常绿树比落叶树,阳性植物比阴性植物,浅根性植物比深根性植物,中生、湿生植物比旱生植物需要较多的水分。但需注意的是,需水量大的种类不一定需常湿,需水量小的也不一定可常干,而且耐旱力与耐湿力并不完全呈负相关关系。如抗旱能力比较强的紫穗槐,耐水湿能力也很

强;而刺槐同样耐旱,但却不耐水湿。

2) 园林植物的生长发育阶段

就园林植物的生命周期而言,种子萌发时需水量较大;幼苗期由于根系弱小而分布较浅,抗旱力差,虽然植株个体较小,总需水量不大,但也必须经常保持表土适度湿润;随着植株逐渐长大,总需水量有所增加,对水分的适应能力也有所增强。

在生长周期中,生长季的需水量大于休眠期。秋冬季大多数园林植物处于休眠或半休眠状态,即使常绿树种生长也极为缓慢,此时应少浇或不浇水,以防烂根;春季园林植物大量抽枝展叶,需水量逐渐增大;夏季是园林植物需水高峰期,应根据降水情况及时灌、排水。

在生长过程中,许多园林植物都有一个对水分需求特别敏感的时期,即需水临界期,此时如果缺水,将严重影响植物枝梢生长和花的发育,以后即使更多的水分供给也难以补偿。需水临界期因气候及植物种类不同而不同。一般来说,呼吸、蒸腾作用最旺盛时期以及观果类果实迅速生长期都要求有充足的水分。由于相对干旱会促使植物枝条停止伸长生长,使营养物质向花芽转移,因而在栽培上常采用减水、断水等措施来促进花芽分化。如梅花、碧桃、榆叶梅、紫薇、紫荆等花灌木,在营养生长期即将结束时适当扣水,少浇或停浇几次水,能提早和促进花芽的形成和发育,从而达到开花繁茂的观赏效果。

3) 园林植物栽植年限

刚栽植的园林植物,根系损伤大,吸收功能减弱,根系在短期内难与土壤密切接触,常需要多次反复灌水,才可能成活。如果是常绿树种,有时还需对枝叶喷雾。栽植一定年限后进入正常生长阶段,地上部分与地下部分间建立了新的平衡,需水的迫切性会逐渐下降,不必经常灌水。

4) 园林植物观赏特性

因受水源、灌溉设施、人力、财力等因素限制,实际园林植物管理中常难以对所有植物进行同等的灌溉,而要根据园林植物的观赏特性来确定灌溉的侧重点。一般需水的优先对象是观花植物、草坪、珍贵树种、孤植树、古树、大树等观赏价值高的树木以及新栽植物。

5) 环境条件

生长在不同气候、地形、土壤等条件下的园林植物,其需水状况也有较大差异。在气温高、日照强、空气干燥、风大的地区,叶面蒸腾和植株间蒸发均会加强,园林植物的需水量就大;反之则小。另外,土壤的质地、结构与灌水也密切相关。如沙土,保水性较差,应"小水勤浇";较黏重土壤保水力强,灌溉次数和灌水量均应适当减少。栽植在铺装地面或游人践踏严重区域的植物,应给予经常性的地上喷雾,以补充土壤水分的不足。

6) 管理技术措施

管理技术措施对园林植物的需水情况有较大影响。一般来说,经过合理的深翻、中耕、并经常施用有机肥料的土壤,其结构性能好,蓄水保墒能力强,土壤水分的有效性高,能及时满足园林植物对水分的需求,因而灌水量较小。

栽培养护工作过程中,灌水应与其他技术措施密切结合,以便于在相互影响下更好地发挥每个措施的积极作用,如灌溉与施肥、除草、培土、覆盖等管理措施相结合,既可做好保墒减少土壤水分的消耗,满足植物水分的需求,还可减少灌水次数。

7.2.2.3 园林植物的灌水

1) 灌溉水的水源类型

灌溉水质量的好坏直接影响园林植物的生长。雨水、河水、湖水、自来水、井水及泉水等都可作为灌溉水源。这些水中的可溶性物质、悬浮物质以及水温等各有不同,对园林植物生长的影响也不同。如雨水中含有较多的二氧化碳、氨和硝酸,自来水中含有氯,这些物质不利于植物生长;而井水和泉水的温度较低,直接灌溉会伤害植物根系,最好在蓄水池中经短期增温充气后利用。总之,园林植物灌溉用水不能含有过多的对植物生长有害的有机、无机盐类和有毒元素及其化合物,水温要与气温或地温接近。

2) 灌水的时期

园林植物除定植时要浇大量的定根水外,其灌水时期大体分为休眠期灌水和生长期灌水两种。具体灌水时间由一年中各个物候期植物对水分的要求、气候特点和土壤水分的变化规律等决定。

(1) 生长期灌水。园林植物的生长期灌水可分为花前灌水、花后灌水和花芽分化期灌水3个时期。

①花前灌水。可在萌芽后结合花前追肥进行,具体时间因地、因植物种类而异。

②花后灌水。多数园林植物在花谢后半个月左右进入新梢迅速生长期,此时如果水分不足,新梢生长将会受到抑制,一些观果类植物此时如果缺水则易引起大量落果,影响以后的观赏效果。夏季是植物的生长旺盛期,此期形成大量的干物质,应根据土壤状况及时灌水。

③花芽分化期灌水。园林植物一般是在新梢生长缓慢或停止生长时,开始花芽分化,此时也是果实的迅速生长期,都需要较多的水分和养分。若水分供应不足,则会影响果实生长和花芽分化。因此,在新梢停止生长前要及时而适量地灌水,可促进春梢生长而抑制秋梢生长,也有利于花芽分化及果实发育。

(2) 休眠期灌水。在冬春严寒干旱、降水量比较少的地区,休眠期灌水非常必要。秋末或冬初的灌水,一般称为灌"封冻水"。这次灌水是非常必要的,因为冬季水结冻放出潜热有利于提高植物的越冬能力和防止早春干旱的作用。对于一些引种或越冬困难的植物以及幼年树木等,浇封冻水更为必要。而早春灌水,不但有利于新梢和叶片的生长,还有利于开花与坐果,同时还可促使园林植物健壮生长,是花繁果茂的关键。

(3) 灌水时间的注意事项。在夏季高温时期,灌水最佳时间是在早晚进行。这样可以避免水温与土温及气温的温差过大,减少对植物根系的刺激,有利于植物根系的生长。冬季则相反,灌水最好于中午前后进行。这样可使水温与地温温差减小,减少对根系的刺激,也有利于地温的恢复。

3) 灌水量

灌水量受植物种类、品种、砧木、土质、气候条件、植株大小、生长状况等因素的影响。一般地说,耐干旱的植物灌水量少些,如松柏类;喜湿润的植物灌水量要多些,如水杉、山茶、水松等;含盐量较多的盐碱地,每次灌水量不宜过多,灌水浸润土壤深度不能与地下水位相接,以防返碱和返盐;保水保肥力差的土壤也不宜大水灌溉,以免造成营养物质流失,使土壤逐渐贫瘠。

在有条件灌溉时,切忌表土打湿而底土仍然干燥,如土壤条件允许,应灌饱灌足。如已成年大乔木,应灌水令其渗透到 80～100cm 深处。灌水量一般以达到土壤最大持水量的 60%～80% 为适宜标准。园林植物的灌水量的确定可以借鉴目前果园灌水量的计算方法,根据土壤的持水量、灌溉前的土壤湿度、土壤容重、要求土壤浸湿的深度,计算出一定面积的灌水量。即:

灌水量=灌溉面积×土壤浸湿深度×土壤容重×(田间持水量-灌溉前土壤湿度)

灌溉前的土壤湿度,每次灌水前均需测定田间持水量、土壤容重、土壤浸湿深度等项,可数年测定一次。为了更符合灌水时的实际情况,用此公式计算出的灌水量,可根据具体的植物种类、生命周期、物候期以及日照、温度、干旱持续的长短等因素进行或增或减调整。

4)灌水方法和灌水顺序

为了节约用水,并充分发挥灌水效益,正确的灌水方法应有利于使水分分布均匀,节约用水,减少土壤冲刷,保持土壤的良好结构,并充分发挥灌水效果。随着科学技术的发展,灌水方法不断改进,正朝着机械化、自动化方向发展,使灌水效率和灌水效果均大幅度提高。

(1)灌水方法。

①地上灌水。地上灌水包括人工浇灌、机械喷灌和移动式喷灌等。

人工浇灌,虽然费工多、效率低,但在山地等交通不便、水源较远、设施较差等情况下,也是很有效的灌水方式。人工浇灌属于局部灌溉,灌水前应先松土,使水容易渗透,并做好穴(围堰),深 15～30cm,灌溉后要及时疏松表土以减少水分蒸发。

机械喷灌,是固定或拆卸式的管道输送和喷灌系统,一般由水源、动力机械、水泵、输水管道及喷头等部分组成,目前已广泛用于园林植物的灌溉。喷灌是一种比较先进的灌水方法,优点主要有:基本避免产生深层渗漏和地表径流,一般可节约用水 20% 以上,对渗漏性强、保水性差的砂土甚至可节水 60%～70%;减少对土壤结构的破坏,可保持原有土壤的疏松状态。另外对土壤平整度的要求不高,地形复杂的山地亦可采用;有利于调节气候,减少低温、高温、干风对植物的危害,提高绿化观赏效果;省省劳力,工作效率高。

但是喷灌也有其不足之处:有可能加重某些园林植物感染白粉病和其他真菌病害的发生程度;有风时,尤其风力比较大时喷灌,会造成灌水不均匀,且会增加水分的损失;喷灌设备价格和管理维护费用较高,会增加前期的投资,使其应用范围受到一定限制。

移动式喷灌,一般是由洒水车改建而成,在汽车上安装储水箱、水泵、水管及喷头组成一个完整的喷灌系统,与机械喷灌灌溉的效果相似。由于具有机动灵活的优点,常用于城市街道绿化带的灌水。

②地面灌水。这是效率较高的灌水方式,水源有河水、井水、塘水、湖水等,可进行大面积灌溉。灌水方式可分为畦灌、沟灌、漫灌、滴灌等。

畦灌比较适宜于成行栽植的乔灌木,灌水前先做好畦埂,待水渗完后要及时中耕松土,这个方式普遍应用,能保持土壤的良好结构;沟灌是用高畦低沟的方式,引水沿沟底流动浸润土壤,待水分充分渗入周围土壤后,不致破坏其结构,并且便于实行机械化。

漫灌是大面积的表面灌水方式,因用水既不经济,也不科学,生产上已很少采用。

滴灌是近年来发展起来的机械化、自动化的先进灌溉技术,它是将灌溉用水以水滴或细小水流形式,缓慢地施于植物根域的灌水方法。滴灌的效果与机械喷灌相似,但比机械喷灌更节约用水。缺点是滴灌对小气候的调节作用较差,而且耗管材多,对用水质量要求严格,管道和滴头容易堵塞,建造和维护成本比较高。目前比较先进的是自动化滴灌装置,整个操作过程由电脑自动控制,广泛用于蔬菜、花卉的设施栽培生产中以及园林庭院观赏植物的养护中。

③地下灌水。地下灌水是借助于埋设在地下的多孔的管道系统,使灌溉水从管道的孔眼中渗出,在土壤毛细管作用下,向周围扩散浸润植物根区土壤的灌溉方法。地下灌水具有蒸发量小、节约用水、保持土壤结构,便于耕作等优点,但是要求设备条件较高,在碱性土壤中应注意避免"泛碱"。

(2)灌水顺序。园林植物由于干旱需要灌水时,由于受灌水设备及劳力条件的限制,要根据园林植物缺水的程度和急切程度,按照轻重缓急合理安排灌水顺序。一般来说,新栽的植物、小苗、观花草本和灌木、阔叶树要优先灌水,长期定植的植物、大树、针叶树可后灌,喜水湿、不耐干旱的先灌,耐干旱的后灌。因为新植物、小苗、观花草本和灌木及喜水湿的植物根系较浅,抗旱能力较差,阔叶树类蒸发最大,需水多,所以要优先灌水。

7.2.2.4　园林植物的排水

园林植物的排水是防涝的主要措施,目的是为了减少土壤中多余的水分以增加土壤中空气的含量,促进土壤空气与大气的交流,提高土壤温度,激发好气性微生物的活动,加快有机物质的分解,改善植物的营养状况,使土壤的理化性状得到改善。

排水不良土壤经常发生水分过多而缺乏空气,迫使植物根系进行无氧呼吸并积累乙醇造成蛋白质凝固,引起根系生长衰弱以至死亡;土壤通气不良会造成嫌气微生物活动促使反硝化作用发生,从而降低土壤肥力;而有些土壤,如黏土中,在大量施用硫酸铵等化肥或未腐熟的有机肥后,若遇土壤排水不良,肥料将进行无氧分解,从而产生大量的一氧化碳、甲烷、硫化氢等还原性物质,严重影响植物地下部分与地上部分的生长发育。因此排水与灌水同等重要,特别是对耐水力差的园林植物更应及时排水。

1)需要排水的情况

在园林植物遇到下列情况之一时,就需要进行排水:园林植物生长在低洼地区,当降雨强度大时,汇集大量地表径流,且不能及时渗透,而形成季节性涝湿地;土壤结构不良,渗水性差,特别是有坚实不透水层的土壤,水分下渗困难,形成过高的假地下水位;园林绿地临近江河湖海,地下水位高或雨季易遭淹没,形成周期性的土壤过湿;平原或山地城市,在洪水季节有可能因排水不畅,形成大量积水;在一些盐碱地区,土壤下层含盐量高,不及时排水洗盐,盐分会随水位的上升而到达表层,造成土壤次生盐渍化,对植物生长很不利。

2)排水方法

园林植物的排水是一项专业性基础工程,在园林规划及土建施工时就应统筹安排,建好畅通的排水系统。园林植物的排水常见的有以下几种。

(1)明沟排水。明沟排水是在园林绿地的地面上纵横开挖浅沟,使绿地内外联通,以便及时排除积水。这是园林绿地常用的排水方法,关键在于做好全园排水系统。操作要点是先开挖主排水沟、支排水沟、小排水沟等在绿地内组成一个完整的排水系统,然后在地势最低处设置总排水沟。这种排水系统的布局多与道路走向一致,各级排水沟的走向最好相互垂直,但在两沟相交处应成锐角相交(45°～60°),以利排水流畅,防止相交处沟道淤塞。此排水方法适用于大雨后抢排积水,或地势高低不平不易出现地表径流的绿地排水。明沟宽窄应视水情而定,沟底坡度一般以 0.2%～0.5% 为宜。

(2) 暗沟排水。暗沟排水是在地下埋设管道形成地下排水系统,将低洼处的积水引出,使地下水降到园林植物所要求的深度。暗沟排水系统与明沟排水系统基本相同,也有干管、支管和排水管之别。暗沟排水的管道多由塑料管、混凝土管或瓦管做成。建设时,各级管道需按水力学要求的指标组合施工,以确保水流畅通,防止淤塞。此排水方法的优点是不占地面,节约用地,并可保持地势整齐便利交通,但造价较高,一般结合明沟排水应用。

(3) 滤水层排水。滤水层排水实际就是一种地下排水方法,一般用于栽植在低洼积水地以及透水性极差的土地上的植物,或是针对一些极不耐水湿的植物在栽植之初就采取的排水措施。做法是在植物生长的土壤下层填埋一定深度的煤渣、碎石等透水材料,形成滤水层,并在周围设置排水孔,遇积水就能及时排除。这种排水方法只能小范围使用,起到局部排水作用。如屋顶花园,广场或庭院中的种植池或种植箱,以及地下商场、地下停车场等的地上部分的绿化排水等,都可用这种排水方法。

(4) 地面排水。地面排水又称地表径流排水,就是将栽植地面整成一定的坡度(一般在0.1%～0.3%,不要留下坑洼死角),保证多余的雨水能从绿地顺畅地通过道路、广场等地面集中到排水沟排走,从而避免绿地内植物遭受水淹。这种排水方法既节省费用又不留痕迹,是目前园林绿地使用最广泛、最经济的一种排水方法。不过这种排水方法需要在绿地建设之初,经过设计者精心设计安排,才能达到预期效果。

7.2.3 园林植物的营养管理

7.2.3.1 施肥的意义和作用

养分是园林植物生长的物质基础,养分管理是通过合理施肥来改善与调节园林植物营养状况的管理工作。

园林植物多为生长期和寿命较长的乔灌木,生长发育需要大量的养分。而且园林植物多年长期生长在同一个地方,根系所达范围内的土壤中所含的营养元素(如氮、磷、钾以及一些微量元素)是有限的,吸收时间长了,土壤的养分就会减低,不能满足植株继续生长的需要。尤其是植株根系会选择性吸收的那些营养元素,更会造成这些营养元素的缺乏。此外,城市园林绿地中的土壤常践踏严重,土壤密实度大,水气矛盾增加,会大大降低土壤养分的有效性。同时由于园林植物的枯枝落叶常被清理掉,导致营养物质循环的中断,易造成养分的贫乏。如果植株生长所需营养不能及时得到补充,势必造成营养不良,轻则会影响正常生长发育,出现黄叶、焦叶、生长缓慢、枯枝等现象,严重时甚至衰弱死亡。

因此,要想确保园林植物能长期健康生长,只有通过合理施肥,增强植物的抗逆性,延缓衰老,才能达到枝繁叶茂的最佳观赏目的。这种人工补充养分或提高土壤肥力,以满足园林植物正常生活需要的措施,称为"施肥"。通过施肥,不但可以供给园林植物生长所必需的养分,而且还可以改良土壤理化性质,特别是施用有机肥料,可以提高土壤温度,改善土壤结构,使土壤疏松并提高透水、通气和保水能力,有利于植物的根系生长;同时还为土壤微生物的繁殖与活动创造有利条件,进而促进肥料分解,有利于植物生长。

7.2.3.2　园林植物的营养诊断

园林植物的营养诊断是指导施肥的理论基础,是将植物矿质营养原理运用到施肥管理中的一个关键环节。根据营养诊断结果进行施肥,是园林植物科学化养护管理的一个重要标志,它能使园林植物施肥管理达到合理化、指标化和规范化。

1) 造成园林植物营养贫乏症的原因

引起园林植物营养贫乏症的具体原因很多,常见的有以下几方面。

(1) 土壤营养元素缺乏。这是引起营养贫乏症的主要原因。但某种营养元素缺乏到什么程度会发生营养贫乏症是一个复杂的问题,因为不同植物种类,即使同种的不同品种、不同生长期或不同气候条件都会有不同表现,所以不能一概而论。理论上说,每种植物都有对某种营养元素要求的最低限值。

(2) 土壤酸碱度不合适。土壤 pH 影响营养元素的溶解度,即有效性。有些元素在酸性条件下易溶解,有效性高,如铁、硼、锌、铜等,其有效性随 pH 降低而迅速增加;另一些元素则相反,当土壤 pH 升高至偏碱性时其有效性增加,如钼等。

(3) 营养成分的平衡。植物体内的各营养元素含量保持相对的平衡是保持植物体内正常代谢的基本要求,否则就会导致代谢紊乱,出现生理障碍。一种营养元素如果过量存在常会抑制植物对另一种营养元素的吸收与利用,这就是所谓的营养元素间的"拮抗"现象。这种拮抗现象在营养元素间是普遍存在的,当其作用比较强烈时就会导致植物营养贫乏症的发生。生产中较常见的拮抗现象有磷—锌、磷—铁、钾—镁、氮—钾、氮—硼、铁—锰等。因此在施肥时需要注意肥料间的选择搭配,避免某种元素过多而影响其他元素的吸收与利用。

(4) 土壤理化性质不良。如果园林植物因土壤坚实、底层有隔水层、地下水位太高或盆栽容器太小等原因限制根系的生长,会引发甚至加剧园林植物营养贫乏症的发生。

(5) 其他因素。其他能引起营养贫乏症的因素有低温、水分、光照等。低温一方面可减缓土壤养分的转化,另一方面也削弱植物根系对养分的吸收能力,所以低温容易促进缺素症的发生。雨量多少对营养缺乏症的发生也有明显的影响,主要表现为土壤过旱或过湿而影响营养元素的释放、淋失及固定等,如干旱可促进缺硼、钾及磷,多雨容易促发缺镁症等。光照也影响营养元素吸收,光照不足对营养元素吸收的影响以磷最严重,因而在多雨少光照而寒冷的天气条件下,植物最易缺磷。

2) 园林植物营养诊断的方法

园林植物营养诊断的方法包括土壤分析、叶样分析、形态诊断等。其中形态诊断是行之有效且常用的方法。它是通过园林植物在生长发育过程中,当缺少某种元素时,根据其形态上表现出的特定的症状来判断该植物所缺元素的种类和程度。此法简单易行、快速,在生产实践中很有实用价值。

(1) 形态诊断法。植物缺乏某种元素,在形态上会表现某一症状,根据不同的症状可以诊断植物缺少哪一种元素。该诊断法要有丰富的经验积累,才能准确判断。该诊断法的缺点是其滞后性,即只有植物表现出症状才能进行判断,不能提前发现。以下是常见植物缺素症状表现:

①氮。当植物缺氮时,叶子小而少,叶片变黄。缺氮影响光合作用使苗木生长缓慢、发育不良。而氮素过量也会造成苗木疯长,延缓苗木和幼嫩枝条木质化,易受病、虫危害和遭冻害。

②磷。植物缺磷时,地上部分表现为侧芽退化,枝梢短,叶片变为古铜色或紫红色。叶的开张角度小,紧夹枝条,生长受到抑制。磷对根系的生长影响明显,缺磷时根系发育不良,短而粗;苗木缺磷症状出现缓慢,一旦出现再补救,则为时已晚。

③钾。植物缺钾表现为生长细弱,根系生长缓慢;叶尖、叶缘发黄、枯干。钾对苗木体内氨基酸合成过程有促进作用,因而能促进植物对氮的吸收。

④钙。缺钙影响细胞壁的形成,细胞分裂受阻而发育不良,表现为根粗短、弯曲、易枯萎死亡;叶片小,淡绿色,叶尖叶缘发黄或焦枯;枝条软弱,严重时嫩梢和幼芽枯死。

⑤镁。镁是叶绿素的重要组成元素,也是多种酶的活化剂。植物缺镁时,叶片会产生缺绿症。

⑥铁。铁参与叶绿素的合成,也是某些酶和蛋白质的成分,参与植物体内的代谢过程。缺铁时,嫩叶叶脉间的叶肉变为黄色。

⑦锰。锰能促进多种酶的活化,在植物体代谢过程中起重要作用。缺锰时叶片有斑点,叶片呈杂色。

⑧锌。锌参与植物体内生长素的形成,对蛋白质的形成起催化作用。缺锌时表现为叶子小、多斑,易引起病害。

⑨硼。硼参与碳水化合物的转化与运输,促进分生组织生长。缺硼时表现为枯梢、小枝丛生,叶片小,果实畸形或落果严重。

(2) 综合诊断法。植物的生长发育状况一方面取决于某一养分的含量,另一方面还与该养分与其他养分之间的平衡程度有关。本法是按植物产量或生长量的高低分为高产组和低产组,分析各组叶片所含营养物质的种类和数量,计算出各组内养分浓度的比值,然后用高产组所有参数中与低产组有显著差别的参数作为诊断指标,再与被测植物叶片中养分浓度的比值与标准指标的偏差值评价养分的供求状况。

该方法可对多种元素同时进行诊断,而且从养分平衡的角度进行诊断,符合植物营养的实际。该方法诊断比较准确,但不足之处是需要化学分析和专业人员的分析、统计和计算,应用受到一定限制。

7.2.3.3　园林植物合理施肥的原则

1) 根据园林植物在不同物候期内需肥的特性

一年内园林植物要历经不同的物候期,如根系活动、萌芽、抽梢长叶、开花结果、落叶休眠等。

在不同物候期园林植物的生长中心是不同的,相应的所需营养元素也不同。园林植物体内营养物质的分配,也是以当时的生长中心为重心的。因此,在每个物候期即将来临之前,及时施入当时生长所需要的营养元素,才能使植物正常生长发育。

在一年的生长周期内,早春和秋末是根系的生长旺盛期,需要吸收一定数量的磷,根系才能发达,伸入深层土壤。随着植物生长旺盛期的到来需肥量逐渐增加,生长旺盛期以前或以后需肥量相对较少,在休眠期甚至不需要施肥。在抽梢展叶的营养生长阶段,对氮素的需求量大。开花期与结果期,需要吸收多量的磷、钾肥及其他微量元素,植物才能开花鲜艳夺目,果实充分发育。总的来说,根据园林植物物候期差异,具体施肥时期有萌芽肥、抽梢肥、花前肥、壮花稳果肥以及花后肥等。

就园林植物的生命周期而言,一般幼年期,尤其是幼年的针叶类树种生长需要大量的氮肥,到成年阶段对氮素的需要量减少;对处于开花、结果高峰期的园林植物,要多施些磷钾肥;对古树、大树等树龄较长的要供给更多的微量元素,以增强其对不良环境因子的抵抗力。

园林植物的根系往往先于地上部分开始活动,早春土壤温度较低时,在地上部分萌发之前,根系就已进入生长期。因此,早春施肥应在根系开始生长之前进行,才能赶上此时的营养物质分配,使根系向纵深方向生长。故冬季施有机基肥,对根系来年的生长极为有利,而早春施速效性肥料时,也不应过早施用,以免养分在根系吸收利用之前流失。

2) 园林植物种类不同需肥期各异

园林绿地中栽植的植物种类很多,各种植物对营养元素的种类要求和施用时期各不相同,而观赏特性和园林用途也影响其施肥种类、施肥时间等。一般说来,观叶、赏形类园林植物需要较多的氮肥,而观花、观果类对磷、钾肥的需求量较大。如孤赏树、行道树、庭荫树等高大乔木类,为了使之春季抽梢发叶迅速,增大体量,常在冬季落叶后至春季萌芽前期间施用农家肥、饼肥、堆肥等有机肥料,使其充分熟化分解成可吸收利用的状态,供春季生长时利用,这对于前期生长型的树木,如白皮松、黑松、银杏等特别重要。休眠期施基肥,对于柳树、国槐、刺槐、悬铃木等全期生长型的树木的春季抽枝展叶也有重要作用。

对于早春开花的乔灌木,如玉兰、碧桃、紫荆、榆叶梅、连翘等,休眠期施肥对开花也具有重要的作用。这类植物花后及时施入以氮为主的肥料可有利于其枝叶形成,为开花结果打下基础。在其枝叶生长缓慢的花芽形成期,则施以磷为主的肥料。总之,以观花为主的园林植物在花前和花后都应施肥,以达到最佳的观赏效果。

对于在一年中可多次抽梢、多次开花的园林植物,如珍珠梅、木槿、月季等,每次开花后应及时补充营养,才能使其不断抽枝和开花,避免因营养消耗太大而早衰。这类植物一年内应多次施肥,花后施氮、磷为主的肥料,既能促生新梢,又能促花芽形成和开花。若只施氮肥容易导致枝叶徒长而梢顶不易开花的情况出现。

3) 根据园林植物吸收养分与外界环境的相互关系

园林植物吸收养分不仅取决于其生物学特性,还受外界环境条件如光、热、气、水、土壤溶液浓度等的影响。

光照充足、温度适宜、光合作用强时,根系吸肥量就多;如果光合作用减弱,由叶输导到根系的合成物质减少了,则植物从土壤中吸收营养元素的速度也会变慢。同样当土壤通气不良或温度不适宜时,就会影响根系的吸收功能,也会发生类似的上述营养缺乏现象。

土壤水分含量与肥效的发挥有着密切的关系。土壤干旱时施肥,由于不能及时稀释导致营养浓度过高,植物不能吸收利用而遭毒害,所以此时施肥有害无利。而在有积水或多雨时施肥,肥分易淋失,会降低肥料利用率。因此,施肥时期应根据当地土壤水分变化规律、降水情况或结合灌水进行合理安排。

另外,园林植物对肥料的吸收利用还受土壤的酸碱反应的影响。当土壤呈酸性反应时,有利于阴离子的吸收(如硝态氮);碱性反应时,则有利于阳离子的吸收(如铵态氮)。除了对营养吸收有直接影响外,土壤的酸碱反应还能影响某些物质的溶解度,如在酸性条件下,能提高磷酸钙和磷酸镁的溶解度;而在碱性条件下,则降低铁、硼和铝等化合物的溶解度,因而也间接地影响植物对这些物质的吸收。

4) 根据肥料的性质施肥

施用的肥料的性质不同,施肥的时期也有所不同。一些容易淋失和容易挥发的速效性肥或施用后易被土壤固定的肥料,如碳酸氢铵、过磷酸钙等,为了获得最佳施肥效果,这类肥料适宜在植物需肥期稍前施入;而一些迟效性肥料如堆肥、圈肥、饼肥等有机肥料,因需腐烂分解、矿质化后才能被吸收利用,故应提前施用。

同一肥料因施用时期不同会有不同的效果。如氮肥,由于能促进细胞分裂和延长,促进枝叶生长,并利于叶绿素的形成,故氮肥或以含氮为主的肥料,应在春季植物展叶、抽梢、扩大冠幅之际大量施入;秋季为了使园林植物能按时结束生长,应及早停施氮肥,增施磷钾肥,有利于新生枝条的老化,准备安全越冬。再如磷钾肥,由于有利于园林植物的根系和花果的生长,故在早春根系开始活动至春夏之交,园林植物由营养生长转向生殖生长阶段应多施入磷肥与钾肥,以保证园林植物根系、花果的正常生长和增加开花量,提高观赏效果。同时磷、钾肥还能增强枝干的坚实度,提高植物抗寒、抗病的能力。因此,在园林植物生长后期(主要是秋季)应多施磷钾肥,提高园林植物的越冬能力。

7.2.3.4　园林植物的施肥时期

在园林植物的生产与管理中,施肥时期一般可分为基肥和追肥。施肥的要点是基肥施用的时期要早,而追肥使用要巧。

1) 基肥

基肥是在较长时期内供给园林植物养分的基本肥料,主要是一些迟效性肥料,如堆肥、厩肥、圈肥、鱼肥、血肥以及农作物的秸秆、树枝、落叶等,使其逐渐分解,提供大量元素和微量元素供植物在较长时间内吸收利用。

园林植物早春萌芽、开花和生长,主要是消耗体内储存的养分。如果植物体内储存的养分丰富,可提高开花质量和坐果率,也有利于枝繁叶茂、增加观赏效果。园林植物落叶前是积累有机养分的重要时期,这时根系吸收强度虽小,但是持续时间较长,地上部制造的有机养分主要用以储藏。为了提高园林植物的营养水平,我国北方一些地区,多在秋分前后施入基肥,但时间宜早不宜晚,尤其是对观花、观果及从南方引种的植物更应早施,施得过迟,会使植物生长停止时间推迟,降低植物抗寒能力。

秋施基肥正值根系秋季生长高峰期,由施肥造成的伤根容易愈合并可发出新根。如果结合施基肥再施入部分速效性化肥,可以增加植物体内养分积累,为来年生长和发育打好物质基础。秋施基肥,由于有机质有充分的时间腐烂分解,可提高矿质化程度,来年春天可及时供给植物吸收和利用。另外增施有机肥还可提高土壤孔隙度,使土壤疏松,有利于土壤积雪保墒,防止冬春土壤干旱,并可提高地温,减少根际冻害的发生。

春施基肥,因有机物没有充分时间腐烂分解,肥效发挥较慢,早春不能及时供给植物根系吸收,而到生长后期肥效又发挥作用,往往会造成新梢二次生长,对植物生长发育不利。特别是不利于某些观花观果类植物的花芽分化及果实发育。因此,若非特殊情况(如由于劳动力不足秋季来不及施),最好在秋季施用有机肥。

2) 追肥

追肥又叫补肥,根据植物各生长期的需肥特点及时追肥,以调解植物生长和发育的矛盾。在生产上,追肥的施用时期常分为前期追肥和后期追肥。前期追肥又分为花前追肥、花后追肥和花芽分化期追肥。具体追肥时期与地区、植物种类、品种等因素有关,并要根据各物候期特点进行追肥。对观花、观果植物而言花后追肥与花芽分化期追肥比较重要,而对于锦带花、牡丹、珍珠梅等开花较晚的花木,这两次肥可合为一次。由于花前追肥和后期追肥常与基肥施用时期相隔较近,条件不允许时也可以不施,但对于花期较晚的花木类如牡丹等开花前必须保证追肥一次。

7.2.3.5　肥料的用量

园林植物施肥量的含义包括肥料中各种营养元素的比例、一次性施肥的用量和浓度以及全年施肥的次数等数量指标。

1) 影响施肥量的因素

园林植物的施肥量受多种因素的影响,如植物种类、树种习性、树体大小、植物年龄、土壤肥力、肥料的种类、施肥时间与方法以及各个物候期需肥情况等,因此难以制定统一的施肥量标准。

在生产与管理过程中,施肥量过多或不足,对园林植物生长发育均有不良影响。据报道植物吸肥量在一定范围内随施肥量的增加而增加,超过一定范围,随着施肥量的增加而吸收量下降。施肥过多植物不能吸收,既造成肥料的浪费,又可能使植物遭受肥害;而施肥量不足则达不到施肥的目的。因此,园林植物的施肥量既要满足植物需求,又要以经济用肥为原则。以下情况可以作为确定施肥量的参考。

不同的植物种类施肥量不同:不同的园林植物对养分的需求量是不一样的,如梧桐、梅花、碧桃、牡丹等植物喜肥沃土壤,需肥量比较大;而沙棘、刺槐、悬铃木、火棘、臭椿、荆条等则耐瘠薄的土壤,需肥量相对较少。开花、结果多的应较开花、结果少的多施肥,生长势衰弱的应较生长势过旺或徒长的多施肥。不同的植物种类施用的肥料种类也不同,如以生产果实或油料为主的应增施磷钾肥。一些喜酸性的花木,如杜鹃、山茶、栀子花、八仙花等,应施用酸性肥料,而不能施用石灰、草木灰等碱性肥料。

根据对叶片的营养分析确定施肥量:植物的叶片所含的营养元素量可反映植物体的营养状况,所以近 20 年来,广泛应用叶片营养分析法来确定园林植物的施肥量。用此法不仅能查出肉眼见得到的缺素症状,还能分析出多种营养元素的不足或过剩,以及能分辨两种不同元素引起的相似症状,而且能在病状出现前及早测知。

另外,在施肥前还可以通过土壤分析来确定施肥量,此法更为科学和可靠。但此法易受设备、仪器等条件的限制,以及由于植物种类、生长期不同等因素影响,所以比较适用于大面积栽培的植物种类比较集中的生产与管理。

2) 施肥量的计算

关于施肥量的标准有许多不同的观点。在我国一些地方,有以园林树木每厘米胸径0.5kg的标准作为计算施肥量依据。但就同一种园林植物而言,化学肥料、追肥、根外施肥的施肥浓度一般应分别较有机肥料、基肥和土壤施肥要低些,而且要求也更严格。一般情况下,化学肥料的施用浓度一般不宜超过 1%～3%,而叶面施肥多为 0.1%～0.3%,一些微量元素的施肥,浓度应更低。

随着电子技术的发展,对施肥量的计算也越来越科学与精确。目前园林植物的施肥量的计算方法常参考果树生产与管理上所用的计算方法。通过下面的公式能精确地计算出施肥量,但前提是计算前先要测定出园林植物各器官每年从土壤中吸收各营养元素的量,减去土壤中能供给的量,同时还要考虑肥料的损失。

$$施肥量＝(园林植物吸收肥料元素量－土壤供给量)/肥料利用率$$

此计算方法需要利用计算机和电子仪器等先测出一系列的精确数据,然后再计算施肥量,由于设备条件的限制和在生产管理中的实用性与方便性等原因,目前在我国的园林植物管理中还没有得到广泛应用。

7.2.3.6 施肥的方法

根据施肥部位的不同,园林植物的施肥方法主要有土壤施肥和根外施肥两大类。

1) 土壤施肥

土壤施肥就是将肥料直接施入土壤中,然后通过植物根系进行吸收的施肥,它是园林植物主要的施肥方法。

土壤施肥深度由根系分布层的深浅而定,根系分布的深浅又因植物种类而异。施肥时应将肥料施在吸收根集中分布区附近,才能被根系吸收利用,充分发挥肥效,并引导根系向外扩展。从理论上讲,在正常情况下,园林植物的根系多数集中分布在地下 10～60cm 深范围内,根系的水平分布范围,多数与植物的冠幅大小相一致,即主要分布在冠幅外围边缘垂直投影的圆周内,故可在冠幅外围与地面的水平投影处附近挖掘施肥沟或施肥坑。由于许多园林植物常常经过造型修剪,冠幅大大缩小,导致难以确定施肥范围。在这种情况下,有专家建议,可以将离地而 30cm 高处的树干直径值扩大 10 倍,以此数据为半径,树干为圆心,在地面画出的圆周边即为吸收根的分布区,该圆周附近即为施肥范围。

一般比较高大的园林植物,土壤施肥深度应在 20～50cm,草本和小灌木类相应要浅一些。事实上,影响施肥深度的因素很多,如植物种类、树龄、水分状况、土壤和肥料种类等。一般来说,随着树龄增加,施肥时要逐年加深,并扩大施肥范围,以满足树木根系不断扩大的需要。一些移动性较强的肥料种类(如氮素)由于在土壤中移动性较强,可适当浅施,随灌溉或雨水渗入深层;而移动困难的磷、钾等元素,应深施在吸收根集中分布层内,直接供根系吸收利用,减少土壤的吸附,充分发挥肥效。

目前生产上常见的土壤施肥方法有全面施肥、沟状施肥和穴状施肥等(图 7.1),爆破施肥法也有少量应用。

(1) 全面施肥。分洒施与水施两种。洒施是将肥料均匀地洒在园林植物生长的地面,然后再翻入土中。方法简单、操作方便、肥效均匀,不足之处是施肥深度较浅,养分流失严重,用肥量大,并易诱导根系上浮而降低根系抗性。此法若与其他施肥方法交替使用则可取长补短,可充分发挥肥料的功效。水施是将肥料随灌水时施入,施入前,一般需要以根基部为圆心,向外 30～50cm 处作围堰,以免肥水四处流溢。该法供肥及时,肥效分布均匀,既不伤根系又保

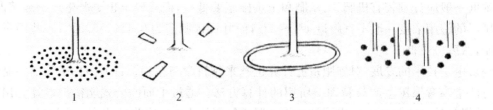

图 7.1   园林植物土壤施肥方法

1—全面施肥(地表洒施);2—沟状施肥(放射状施肥);3—沟状施肥(环状施肥);4—穴状施肥

护耕作层土壤结构,肥料利用率高,节省劳力,是一种很有效的施肥方法。

(2) 沟状施肥。沟状施肥包括环状沟施、放射状沟施和条状沟施,其中环状沟施方法应用较为普遍。环状沟施是指在园林植物冠幅外围稍远处挖环状沟施肥,一般施肥沟宽 30～40 cm,深 30～60 cm。该法具有操作简便、肥料与植物的吸收根接近、便于吸收、节约用肥等优点。缺点是受肥面积小,易伤水平根,多适用于园林中的孤植树。放射状沟施就是从植物主干周围向周边挖一些放射状沟施肥。该法较环状沟施伤根要少,但施肥部位常受限制。条状沟施是在植株行间或株间开沟施肥,多适用于苗圃施肥或呈行列式栽植的园林植物。

(3) 穴状施肥。穴状施肥与沟状施肥方法类似,若将沟状施肥中的施肥沟变为施肥穴或坑就成了穴状施肥。栽植植物时栽植坑内施入基肥,实际上就是穴状施肥。目前穴状施肥已可机械化操作,把配制好的肥料装入特制容器内,依靠空气压缩机通过钢钻直接将肥料送入到土壤中,供植物根系吸收利用。该方法快速省时,对地面破坏小,特别适合有铺装的园林植物的施肥。

(4) 爆破施肥。爆破施肥就是利用爆破时产生的冲击力将肥料冲散在爆破产生的土壤缝隙中,扩大根系与肥料的接触面。这种施肥法适用于土层比较坚硬的土壤,优点是施肥的同时还可以疏松土壤。目前在果树的栽培中偶有使用,但在城市园林绿化中应用须谨慎,事前须经公安机关批准,且在离建筑物近、有铺装及人流较多的公共场所不应使用。

2) 根外施肥

目前生产上常用的根外施肥方法有叶面施肥和枝干施肥两种。

(1) 叶面施肥。叶面施肥是指将按一定浓度配制好的肥料溶液,用喷雾机械直接喷雾到植物的叶面上,通过叶面气孔和角质层的吸收,再转移运输到植物的各个器官。叶面施肥具有简单易行、用肥量小、吸收见效快、可满足植物急需等优点,避免了营养元素在土壤中的化学或生物固定。该施肥方式在生产上应用较为广泛,如在早春植物根系恢复吸收功能前,在缺水季节或缺水地区以及不便用土壤施肥的地方,均可采用此法。同时,该方法也特别适合用于微量元素的施肥以及对树体高大、根系吸收能力衰竭的古树、大树的施肥。另外,该法对于解决园林植物的单一营养元素的缺素症,也是一种行之有效的方法。但是需要注意的是,叶面施肥并不能完全代替土壤施肥,两者结合使用效果会更好。

叶面施肥的效果受多种因素的影响,如叶龄、叶面结构、肥料性质、气温、湿度、风速等。一般来说,幼叶较老叶吸收速度快,效率高;叶背较叶面气孔多,利于渗透和吸收,两面喷雾,以促进肥料的吸收。肥料种类不同,被叶片吸收的速度也有差异。据报道,硝态氮喷后 15 秒进入叶内,而硫酸镁需 30 秒,氯化镁 15 小时,氯化钾 30 小时,硝酸钾 1 小时,另外,喷施时的天气状况也影响吸收效果。试验表明,叶面施肥最适温度为 18～25℃,因而夏季喷施时间最好在10 时以前和 16 时以后,以免气温高,溶液很快浓缩,影响喷肥效果或导致肥害。此外,在湿度大而无风或微风时喷施效果好,避免肥液快速蒸发降低肥效或导致肥害。

在实际的生产与管理中,喷施叶面肥的喷液量以叶湿而不滴为宜。叶面施肥液适宜肥料含量为 1%～5%,并尽量喷复合肥,可省时、省工。另外,叶面施肥常与病虫害的防治结合进行,此时配制的药液浓度和肥料浓度大小至关重要。在没有足够把握的情况下,溶液浓度应宁稀勿浓。为保险起见,在大面积喷施前需要做小型试验,确定不会引起药害或肥害后再大面积喷施。

(2) 枝干施肥。枝干施肥就是通过植物枝、茎的韧皮部来吸收肥料营养,它吸肥的机制和效果与叶面施肥基本相似。枝干施肥有枝干涂抹、枝干注射等方法。

涂抹法就是先将植物枝干刻伤,然后在刻伤处加上含有营养元素的固体药棉,供枝干慢慢吸收。

注射法是将肥料溶解在水中制成营养液,然后用专门的注射器注入枝干。目前已有专用的枝干注射器,但应用较多的是输液方式。此法的好处是避免了将肥料施入土壤中的一系列反应的影响和固定、流失,受环境的影响较小,节省肥料,在植物体急需补充某种元素时用此法效果较好。注射法目前主要用于衰老的古树、大树、珍稀树种、树桩盆景以及大树移栽时的营养供给。

另外,美国生产的一种可伸入枝干的长效固体肥料,通过树液湿润药物来缓慢地释放有效成分,供植物吸收利用,有效期可保持 3～5 年,主要用于行道树的缺锌、缺铁、缺锰等营养缺素症的治疗。

7.3 园林植物的树体保护

园林植物的主干和骨干枝上,往往因病虫害、冻害、日灼及机械损伤等造成伤口,这些伤口如不及时保护、治疗、修补,经过长期雨水侵蚀和病菌寄生,易使内部腐烂形成空洞。有空洞的植株尤其是高大树木类,如果遇到大风或其他外力,则枝干非常容易折断。另外,园林植物还经常受到人为的有意无意的损坏,如种植土被长期践踏得很紧实,在枝干上刻上字留念或拉枝、折枝等不文明现象,这都会对园林植物的生长造成很大影响。因此,对园林植物的及时保护和修补是非常重要的养护措施。

7.3.1 树体的保护和修补原则

伤口有两类:一类是皮部伤口,包括内皮和外皮;另一类是木质部伤口,包括边材、心材或两者兼有。木质部伤口是在皮部伤口形成之后,并在此基础上继续恶化造成的。这些伤口如不及时保护、治疗、修补,经过长期雨水浸蚀和病原菌、细菌及其他寄生物的侵袭,导致树体局部溃烂、腐朽,很易形成空洞。另外,树木经常受到人为的损坏,如市政工程和建筑施工时的创击、在树干上乱写乱画、摇动树干及不正确的养护管理等,所有这些不但严重地削弱树木生长势,而且会使树木早衰,甚至死亡。因此,树皮一旦被破坏,就应尽快对伤口进行保护处理,进行得越早、越快,病虫及雨水等破坏的机会就越少,对树木越有利。

树体保护首先应贯彻"防重于治"的精神,做好各方面预防工作,尽量防止各种灾害的发生;同时还要做好宣传教育工作,使人们认识到,保护树木人人有责。对树体上已经造成的伤口,应该早治,防止扩大,应根据树干伤口的部位、轻重和特点,采取不同的治疗和修补方法。

7.3.2　树干伤口的修补

树木受伤以后,在其周围形成愈伤组织,愈伤组织形成以后,增生的组织又开始重新分化,使受伤丧失生活能力的组织逐步"恢复"正常,向外与韧皮部愈合生长,向内产生形成层,并与原来的形成层进一步结合,覆盖整个伤面,使树皮得以修补,恢复其保护能力。树木的愈伤能力与树种、生活力及创伤面的大小有密切的关系。一般来说,树种越速生,生活能力越强;伤口越小,愈合速度越快。在修剪时,枝条的剪口比被剪枝条的相应横断面越大,愈伤组织完全覆盖伤口所花费的时间越长;另一方面,修剪时留桩越长,愈伤组织在覆盖前,必须沿残桩周围向上生长,覆盖伤口需要的时间也越长,而且容易形成死节段,以后导致腐朽。

从上面介绍来看,伤口的修复有两个方面。一是树木本身自然修补恢复,这种修复只限于皮部受伤的伤口,而且面积不太大。二是人为的外来修补,通常将对树体(干、枝、根等)的损伤采取修补、加固的技术措施,称为"树木外科手术"。根据受伤的程度和部位的不同又分为皮部伤口的修复和木质部伤口的修补。两者均以伤后处理为主,目的在于治愈创伤,恢复树势,防止早衰。这对于古树、名木的保护和树木意外损伤的修复,尤为重要。

7.3.2.1　皮部伤口的治疗

皮部受伤以后,有的能够自愈,有的不能自愈。为了使其尽快愈合,防止扩大蔓延,应该及时对伤口进行治疗;也可以采用刮树皮和植皮等措施进行处理。

1) 伤口的治疗

对于旧的伤口可先刮净腐朽部分,再用利刃将健全皮层边缘削平呈弧形,然后用药剂(2%～5%硫酸铜溶液、0.1%升汞溶液、石硫合剂原液)消毒,后再涂保护剂。选用的保护剂要求容易涂抹,黏着性好,受热不融化,不透雨水,不腐蚀树木组织,同时又有防腐消毒的作用,如铅油、紫胶、沥青、树木涂料、液体接蜡、熟桐油或沥青漆等。如果大量应用而为经济起见,也可以用黏土和新鲜牛粪加少量的石灰硫黄合剂的混合物作为保护剂。对于新的伤口,用含有0.01%～0.1%的萘乙酸膏涂抹在伤口表面,促其加速愈合。伤口处理一次往往是不够的,要进行定期检查,一年内重复处理2次,才能获得满意的效果。

2) 刮树皮和植皮

刮树皮的目的是为了减少老皮对树干加粗生长的约束,并可清除在树皮缝中越冬的病虫。但对刮皮后出现流胶的树木,不可采用。刮树皮多在休眠季进行,冬季严寒地区可延至萌芽前。刮树皮时要掌握好深度,将粗裂老皮刮掉即可,切勿伤及绿皮或以下部位。刮后应立即涂以保护剂。

对伤面较小的枝干,可于生长季移植同种树的新鲜树皮。具体做法:首先对伤口进行清理,然后从同种树上切取与伤面相等的树皮(移植面积大小一定要吻合),伤面与切好的树皮对好压平后,涂以 10％萘乙酸,再用塑料薄膜捆紧即可。这种方法以形成层活跃时期(6～8 月份)最易成功,操作应越快越好。

7.3.2.2　木质部伤口的缝补

木质部伤口有的是皮部伤口恶化而形成的,也有的是因剧烈的创伤直接形成。所以,首先要做好皮部伤口的治疗工作,以防扩大形成木质部伤口。木质部伤口形成后如果不及时修补,长期经受风吹雨淋,木质部腐朽,最后形成空洞。树洞形成后,由于影响树木水分和养分的运输及储存,严重削弱树木生长势,同时降低树木枝干的坚固性和负荷能力,在大风时会发生枝干折断或树木倒伏,这时不仅仅树木受到了损害,而且还会造成一些其他伤害(如砸坏建筑物、车辆、广告牌或人身受到伤害等)。假如洞口朝上,下雨时雨水直接灌入洞中,致使木质部腐烂,长此下去不单使树木生长不良,而且会造成树木死亡,缩短了树木的寿命,又影响了美观,还可能招致意外。如有的公园,树体下部的树洞没有及时发现、缝补,由于游人不慎丢弃烟头而引起火灾,有的还会发生人身伤亡事故。所以补树洞是非常重要的,不可忽视。

1) 补树洞

(1) 开放法。如伤洞不深无填补的必要时,可按前面伤口治疗方法处理。如果树洞很大,为了给人以奇特之感、欲留作观赏时,可采用开放法处理。将洞内腐烂木质部彻底清除,刮去洞口边缘的死组织,直至露出新的组织为止,用药剂消毒后并涂防腐剂;同时改变洞形,以利排水。也可以在树洞最下端插入导水铜管,经常检查防水层和排水情况,每半年左右重涂防腐剂一次。

(2) 封闭法。也是先要将洞内的腐烂木质部清除干净,刮去洞口边缘的死组织,用药消毒后,在洞口表面覆以金属薄片,待其愈合后嵌入树体。也可以钉上板条并用油灰(油灰用生石灰和熟桐油以 1∶0.35 制成)和麻刀灰封闭(也可以直接用安装玻璃的油灰,俗称腻子封闭),再用白灰、乳胶、颜料粉面混合好后,涂抹于表面,还可以在其上压树皮状花纹或钉上一层真树皮,以增加美观。

(3) 填充法。聚氨酯塑料是一种最新的填充材料,我国已开始应用,这种材料坚韧、结实、稍有弹性,易与心材和边材黏合;操作简便,因其质量轻,容易灌注,并可与许多杀菌剂共存;膨化与固化迅速,易于形成愈伤组织。具体填充时,先将经清理整形和消毒涂漆的树洞出口周围切除 0.2～0.3 cm 的树皮带,露出木质部后注入填料,使外表面与露出的木质部相平。

中国科学院广州化学研究所研制的弹性环氧胶(浆)加 50％的水泥和 50％的细沙补树洞,3 年后检查无裂缝,能和伤口愈伤组织紧密结合生长,色泽光亮,效果很好。堵树洞时一定要注意,洞口填料的外表面决不能高于形成层,这样有利于愈伤组织的形成,当年就能覆盖填料边缘。

除修补树洞以外,还应进行固定折枝裂干、安避雷针防止雷击、桥接和根接等措施。

2) 桥接

对于受伤面积很大的枝干,在用上面的方法处理后,为恢复树势,延长树木的寿命,可以采用桥接。于春季树木萌芽前,取同种树的一年生枝条,两头嵌入伤口上下树皮好的部位,然后用小钉固定,再涂抹接蜡,用塑料薄膜捆紧即可。如果伤口发生在树干的下部,其干基周围又有根蘖发生,则选取位置适宜的萌蘖枝,并在适当位置剪断,将其接入伤口的上端,然后固定绑紧,这种桥接称为根寄接。补根也是桥接的一种方式,就是将与老树同种的幼树栽植在老树附近,幼树成活后去头,将幼树的主干接在老树的枝干上,以幼树的根系为老树提供营养,达到老树复壮的目的。此法多用于一些古树名木,在其根系大多功能减退,生长势减弱时可以用此法对其复壮。

3)吊枝和顶枝

吊枝在果园中多采用,顶枝在园林中应用较多。大树或古老的树木当树身倾斜不稳定时,应支撑加固;大枝下垂的需设立支柱支撑好。支柱可采用钢管、木材、钢筋混凝土等材料。支柱应有坚固的基础,上端与树木连接处应有适当形状的托杆和托碗,并加软垫,以免磨损树皮。设立支柱时一定要考虑到美观,与周围环境协调。北京故宫将支撑物油漆成绿色,并根据松树枝条下垂的姿态,将支撑做成棚架形式,效果很好。也有将不同方位的主枝用铁索连接起来,也是一种加固方法。

4)打箍

树木粗大的枝干发生劈裂后,要先清除裂口杂物,然后用铁箍箍上。铁箍是用两个半圆形的弧形铁,两端向外垂直折弯,其上打孔,用大的螺丝连接,在铁箍内最好垫一层橡皮垫,以免重力或枝干生长时伤及树皮;还应隔一段时间拧松螺丝,以免随着树木的增粗生长,铁箍嵌入树体内。

5)洗尘

由于空气污染,裸露地面尘土飞扬等原因,城市树木的枝叶上多蒙有灰尘,灰尘能够堵塞气孔,不仅影响光合作用,同时影响树木的观赏效果。在无雨少雨季节应定期喷水冲洗树冠。夏秋酷热天,该项工作宜在早晨或傍晚进行。

6)树木围护和隔离

多数树木喜欢透气性良好,土质疏松的土壤环境。因长期的人流践踏,土壤板结,这会妨碍树木根系的正常生长,从而影响地上部的生长,引起树木早衰,特别是根系较浅的乔灌木和一些常绿树的反应更为敏感。对于这类不耐践踏的树木,在改善土壤通气条件后,应用绿篱、围篱或栅栏加以围护,使其与游人隔离,防止人流践踏,但也应以不妨碍观赏视线为原则。为突出主要景观,围篱要适当低矮一些,造型和花色宜简朴,以不喧宾夺主为佳。

7)科学的养护管理

在对树木养护时一定要注意树木的生物学特性,科学地、合理地、精心地实施,不可操之过急,特别是在修剪时,尽量减少伤口。进行其他养护时,也应注意不要对树木造成伤害,如修剪草坪时,要注意修剪机不要创伤树干的基部,有的单位为了避免修剪机创伤根颈,在其基部用竹片或硬塑料布包起来。浇水要适量,一方面要节约用水,另一方面,避免造成积水。

另外,植物最大的特点是定植不动,树木生长最怕人的摇动,如果地上用20kg的力(1kg＝9.8N)冲击树干,根部将受到约240 kg力破坏性的作用力。树木需要在相对安静的环境中,才能接受阳光的沐浴和雨水的淋洗,制造养分,正常生长,否则生长衰弱以致死亡。

树体保护是一种科学,也是一种艺术,保护的基础是在树木生长发育规律的基础上进行,在顺应自然的前提下寻找经济适用、副作用小或几乎无副作用的措施,力争外表美观,修补得天衣无缝。

总的来说,园林植物的保护应坚持"防重于治"的原则。平时做好各方面的预防工作,尽量防止各种灾害的发生,同时做好宣传教育工作,避免游客不文明现象发生。对植物体上已经造成的伤害,应及早治愈,防止伤口扩大。

7.4　园林植物的越冬防寒

寒冷冬季的低温,容易给南种北移苗木、新栽苗木及露地栽培的二年生、不耐寒多年生花卉带来不同程度的低温危害。因此,对它们进行适当的防寒保温措施,以使它们能安全越冬,是园林植物养护管理的重要内容之一。

7.4.1　园林植物低温危害的常见类型

7.4.1.1　冻害

冻害是指园林植物在0℃以下气温的环境中,或遇到持续长时间的低温,使其组织内部结冰引起的伤害。

植物组织内部结冰有两种情形:一种是在细胞内结冰;另一种是在细胞间结冰。前者是指植物组织很快结冰时,冰晶在液泡和原生质中形成,破坏了原生质的结构和造成蛋白质的变性,原生质内的一些生物膜也会被划破,通常会将组织杀死,因而这种结果是非常严重和不可逆转的。如初冬北方寒潮突然南下,造成在短时间内的大幅度降温,就会造成我国南方地区的园林植物因遭受严重冻害而死亡。后者是指随着环境温度的逐渐下降,在植物组织内逐渐形成冰晶,由于细胞间隙中的溶液浓度一般低于原生质和液泡液的浓度,因而在降温速度不太快的情形下,细胞间隙的水比细胞内部先达到冰点而结冰,细胞间隙冰晶的形成又导致原生质体内部的水分向外移动,从而引起细胞液浓缩、原生质脱水、蛋白质沉淀、细胞膜变性和细胞壁破裂。细胞间隙形成冰晶时,细胞组织是否被杀死,取决于细胞的耐冻性和冰冻、融化的速度及次数。

冻害的严重程度与冰冻的速度有关,冰冻越快则受害越严重,这是因为冰冻快时细胞内结冰的可能性较大。若结冰仅限于细胞间隙,那么冰冻越快细胞失水收缩也越快,细胞所受到的机械破坏作用也越大。一般在细胞内结冰的情况下,必然导致组织坏死,与冰冻的融化速度无关;而在细胞间隔结冰的情况下,融化速度越快冻害的严重程度越大,这是因为细胞壁迅速吸收冰晶融化生成的水分而扩张,但附着于细胞壁的原生质却很难同步吸水扩张,以致被机械撕裂而受害。

7.4.1.2　冷害

一些原产于热带或亚热带的园林植物,由于受到高于冰点的低温(0～5℃或更高一些)几天甚至仅仅几小时的影响,而导致植株的组织结构受到不同程度的伤害、有时甚至于被伤害致死,这种并未达到组织内结冰程度的低温危害,称为"冷害"。造成冷害的主要原因,是由于植物细胞内的正常代谢活动受到低温的干扰破坏而出现紊乱,并产生有毒物质而对植物的生长发育造成伤害。

和其他低温危害相比,冷害有3个方面的主要特点:其一,发生冷害的园林植物种类,通常为原产于热带或亚热带的喜温植物;其二,发生冷害的温度条件是高于0℃的相对低温;其三,造成冷害的时间有长有短,通常为几天,甚至仅仅为几个小时。

在我国,除了四季温度变化不大的热带地区以外,其余地区一般在秋末冬初或早春,气温的突然变化,都容易导致原产于热带或亚热带的观花、观叶植物发生冷害。

7.4.1.3　冻旱

又称"干化"。是指在冬季一些特殊的天气条件下,如遇到较为持久或强烈的冷风吹拂,或遇到冬天里阳光充足的大晴天,这时,园林植物的蒸腾速率相对较高,但由于土温较低,根部吸水较慢,体内水分代谢不能保持正常的平衡,致使叶片等组织因脱水变干而受害,这种现象即为冻旱。

冻旱的实质是一种生理旱害,它的发生不是由于生长园林植物的土壤缺水,而是因为土温较低、有时甚至是根系周围的土壤已经完全冻结,从而导致植物根系从土壤里吸收的水分很少,或者根本无法从土壤里吸收水分,但地上部分却由于特殊原因又在较快地蒸发水分,因此造成植株水分代谢失衡而给植物组织带来伤害。

常绿植物由于在冬季仍然保持着大量枝叶的存在,在同等条件下的蒸腾强度比其他植物要大得多,因此遭受冻旱的可能性最大。

另外,尽管冻旱的发生不是因为土壤缺水引起的,但在冬季低温时,土壤缺水会加剧冻旱的危害程度。

7.4.1.4　冻拔

又称"冻举"。是指土壤温度降至0℃以下时,土壤冻结并与植物根系连为一体后,由于土壤中的水分结冰导致土壤体积膨大,从而把原有的土壤与根系一起抬高,解冻时土壤因重力作用而下沉,但植物根系由于呈网络状或辐射状而不能随着土壤一起下沉,从而导致土壤与根系分离,根系在原处裸露在外,好似被人从土壤中拔出一样,因此而得名"冻拔"。

冻拔多发生在土壤含水量较高、质地黏重的立地条件。另外,由于草本植物、木本植物幼苗、以及新栽小树的根系在土壤中分布较浅,因此容易发生冻拔现象。

7.4.1.5　霜害

在园林植物的生长季节里,由于急剧降温,大气中的水气在植物体表面凝结成许多细小的冰晶(这种现象俗称"下霜"或"打霜"),使植物的幼嫩部分因此而产生的伤害称为霜害。

由于冬春季寒潮的侵袭,我国除台湾与海南岛的部分热带地区外,在早秋及晚春寒潮入侵时,常使气温骤然下降而给植物造成霜害。

7.4.2　园林植物低温危害的表现

由于园林植物种类的多样性,同种(或品种)植株在不同的生长发育阶段又有自己不同的特点,加之它们所处的环境条件千差万别,所发生的低温危害的种类及程度也自然各不相同。因此,其表现形式也就多种多样。但从另一方面来看,由于它们都是园林植物,且遭受的都是低温危害,所以就必然会有许多相同的地方。

7.4.2.1 枝条组织变色

植物处于休眠期时,在木本植物成熟枝条的各种组织中,以形成层最抗寒,皮层次之,而木质部和髓部最不抗寒。因此,轻微冻害只表现为髓部变色,中等冻害时木质部变色,严重冻害时才会冻伤韧皮部。若因低温危害造成枝条或茎秆的形成层都变色了,枝条或植株就会丧失恢复能力,有可能导致其整个枝条或全株死亡。

7.4.2.2 干皮开裂坏死

一些原产于热带、南亚热带地区,干皮中含水量较高的园林植物种类,如扶桑、红铃花、灰莉、肉桂、发财树、大花虎刺梅、金钱榕等。当环境温度降至-3℃左右时,不仅叶片和枝条会受冻致死,甚至其茎秆的外皮,也会因组织内水分形成冰晶后冷胀热缩,导致树皮胀裂坏死,甚至全株死亡。

7.4.2.3 嫩梢新叶颜色发生改变

其一是发黄,在寒冷的季节,由于温度过低,有些要求越冬温度较高的植物的叶片,就会因受低温危害而变黄,甚至脱落,如红掌、吊兰、绿萝、西瓜皮、椒草等;其二是泛白,如露地摆放或栽种的吊兰、朱顶红、花叶吊竹梅等,遇到较低的温度,新梢嫩叶会失去原有的光泽,出现泛白失绿的不正常变化;三是枯焦,一些园林植物的新梢嫩叶,因受霜打等低温危害,新叶出现枯焦,如吊兰、君子兰、八角金盘等;四是发紫,有些园林植物,在遇到低温的情况下,出现叶尖或叶缘发紫变褐的现象,如金钱树、墨兰、山茶等。

7.4.2.4 新梢嫩叶如被开水烫过

一些叶片、新梢或茎秆含水量较高的园林植物,包括一些多肉植物,如绿萝、灰莉、扶桑、丽格海棠、花蔓草、君子兰、海芋、芦荟、长寿花、棕竹、加拿利海枣(小苗)、华盛顿蒲葵、金钱树、绿巨人等,当环境温度突然从5℃~8℃降至-3℃~-5℃以下,且持续时间较长时,其新抽发的嫩枝和叶片仿佛被开水烫过或被煮熟一般,在短时间内就全部死亡。

7.4.2.5 新梢嫩叶褐枯坏死

一些发育不充实的园林植物新梢嫩叶,如金钱榕、十大功劳、八角金盘、夹竹桃、发财树、凤尾铁等,在遭受低温危害后,像经过火灾一样变成灰褐色,最后大多数会干枯死亡。

7.4.2.6 枝杈和基角发生变化

遇到低温或昼夜温度变化较大时,植株的枝杈和基角易引起冻害。原因是:此处进入休眠较晚,且位置特殊、输导组织发育不好,故通过抗寒锻炼较迟。

枝杈和基角的低温危害各有各种表现:有的受冻后枝杈基角的皮层与形成层变成褐色,而后干枯凹陷;有的树皮呈现块状冻坏;有的顺主秆垂直冻裂形成劈枝。在相同条件下,侧枝与主枝或主秆的角度越小,低温危害越严重。

7.4.2.7　根颈的表现

在一年中,树木的根颈部分最迟停止生长,进入休眠最晚;在第二年的春天萌动和解除休眠又较早。因此,此处抗寒力较低,在晚秋或晚春温度骤然下降的情况下(加之根颈部位接近地表,温度变化大),最易受到低温或温变的伤害。根颈受害后,外皮先变色,以后干枯,可表现为局部的一块,也可能呈环状。根颈冻害对植株危害很大,常引起树势衰弱或整株死亡。

7.4.2.8　根系的变化

根系无休眠期,所以植物的根系比其地上部分耐寒力差。根系形成层最易受到低温危害,皮层次之,而木质部抗寒力较强。根系虽然没有休眠期,但在冬季的活动能力明显减弱,加之土壤的保护,故冬季的耐寒力较生长期要强,受害较少;如果在生长期遭受低温或急剧降温,反而会更易受害。根系受害后变为褐色,皮部易于与木质部分离。一般粗根较细根耐寒力强;近地面的根系由于地温低,而且变幅大,较下层的根系易于受害;疏松的土壤易与大气进行气体交换,温度变幅大,其中的根系比一般的土壤受害严重;土壤含水量少,热容量低,易受温度的影响,根系受害程度比潮湿土壤严重;新栽植物与幼苗由于根系还没有很好地生长发育,根幅小而浅,易于受冻,而大树根系相对较为抗寒。

7.4.2.9　植物体坏死中空

许多肉质多浆植物,典型的如仙人掌类植物,当受到较为严重的低温危害后,常导致植物体干瘪中空,全株坏死。

7.4.3　影响园林植物低温危害的因素

影响园林植物发生低温危害的因素很复杂。从内因来说,与树种、品种、树龄、生长势、当年枝条的成熟及休眠均有密切关系;从外因来说,与气象、地势、坡向、水体、土壤、栽培管理等因素分不开。因此,当发生低温危害时应通过多方面观察与分析,找出主要矛盾后才能提出科学合理的解决办法。

7.4.3.1　内因

1) 抗寒性与园林植物种类和品种的关系

由于受遗传因素及原生环境的影响,不同的植物种类或同一种类的不同品种其抗寒能力是不一样的,如分布在东北地区的樟子松比分布在华北地区的油松的抗寒性强,而油松又比南方的马尾松的抗寒性强。同是梨属的秋子梨、白梨和沙梨,秋子梨比白梨和沙梨的抗寒性强;同是梅花,原产长江流域的梅花品种比广东黄梅的抗寒性强。

2) 抗寒性与生长势

植株生长势与其抗寒性之间的关系可以表现为正反两个方面:一方面,旺盛的生长势可以促进有机物的合成和植物激素的代谢,从而增强植株的抗寒性;另一方面,过于旺盛的生长势又会造成植株"贪青晚熟"、推迟进入休眠,这样反而会降低植株的抗寒性。因此,只有那些在生长季节里有着旺盛的生长势,到了秋冬季节又能及时停止生长、按时进入休眠的植株才具有理想的抗寒性。为此,在生产实践中,可以采用适当的养护管理措施来调节园林植物的生长势,使其生长势的变化能尽可能满足提高其抗寒性的需要。

3) 抗寒性与枝条内有机物代谢的关系

黄国振先生在研究梅花枝条中糖类变化动态与抗寒能力的关系时发现:在整个生长期内梅花与同属的北方抗寒树种——杏和山桃一样,糖类主要以淀粉的形式存在,到生长期结束前,淀粉的积蓄达到最高,在枝条的环髓带及髓射线细胞内充满着淀粉粒,到11月上旬末,原产长江流域的梅品种与杏、山桃一样,淀粉粒开始明显溶蚀分解,到元月份杏和山桃枝条中淀粉粒完全分解,而梅花枝条内始终残存有少量淀粉,没有彻底分解;而广州黄梅在入冬后,始终未观察到淀粉粒分解的迹象。

可见,越冬时枝条中淀粉转化的速度和程度与树种抗寒能力密切相关。淀粉转化的情况表明,长江流域梅品种的抗寒力虽不及杏和山桃,但具有一定的抗寒生理基础;而广州黄梅则完全不具备这种内在条件。

后来,又观察到梅花枝条皮部的氮素代谢动态与越冬能力关系也非常密切,越冬力较强的"单瓣玉蝶"比无越冬能力的"广州黄梅"有较高的含氮水平,特别是蛋白氮。

因此,从现有的研究成果以及植物生理学的角度来看,抗寒性与枝条内有机物代谢的密切关系是毋庸置疑的。

4) 抗寒性与植株成熟度的关系

已有的研究成果充分证明:植株越成熟其抗寒力越强。越冬植株充分成熟的主要标志是:叶、芽充分成熟;植株含水量减少,细胞液浓度增加,积累淀粉多;木本植物的木质化程度高、形成层活动能力减弱等。如植株不成熟,在降温之前还未停止生长的树木,容易遭受低温危害。

5) 抗寒性与植株休眠的关系

一般处在休眠状态的植株,由于其生理活动处于极不活跃的状态,因此其对外界环境变化的敏感性极差,所以其抗寒能力强,且植株休眠越深,抗寒能力越强。植物抗寒性的获得,是在秋天和初冬期间对气温逐渐降低的适应过程中发展起来的,这个过程称为抗寒锻炼。一般的植物通过抗寒锻炼才能逐步获得抗寒性。到了春季气候转暖,枝芽开始生长,抗寒力又在对气温逐渐升高的适应过程中慢慢消失,这一消失过程称为锻炼解除。树木在秋季进入休眠的时间和春季解除休眠的早晚与低温危害的发生有密切关系。

有的植物进入休眠晚,而解除休眠又早,这类植物在冬季气温很低而又多变的北方,容易发生低温危害。植株及时停止生长,进入休眠,不容易受到过早来临低温的危害;如果植株不能及时停止生长,当低温突然来临时,因枝芽组织不充实,又没有经过抗寒锻炼而会发生低温危害。解除休眠早的植物,受早春低温威胁较大;解除休眠较晚的,可以避开早春低温的威胁。因此,低温危害的发生,一般不是在绝对温度最低的隆冬,而是在温度变化最大的秋末或春初。

7.4.3.2　外因

1) 低温

低温是造成低温危害的直接外因。首先,受害的程度取决于低温到来的时间,当低温到来的时间既早又突然,植物本身还未经过抗寒锻炼,人们也没有采取防寒措施时,很容易发生低温危害。如上海1976年发生了43年没有过的严重低温危害,因为上海每年寒潮来临的时间是在11月25日左右,而1976年寒潮到来的时间是11月12日,比正常年份提早了近半个月。其次,低温危害与低温的程度及低温持续的时间有关。日极端最低温度越低,植物受低温危害越严重;低温持续的时间越长,植物受害越严重。

低温危害与降温速度和升温速度也有关系,降温速度越快,受害越严重;温度回升速度越快,受害也越严重。如有人用樱桃做如下实验:当温度缓慢降到 $-12℃$,然后从 $-12℃$ 迅速降到 $-20℃$,樱桃死亡率为15%;当温度迅速降到 $-12℃$,然后由 $-12℃$ 缓慢降到 $-20℃$,樱桃死亡率为75%;当温度一开始就缓慢下降直到 $-20℃$,樱桃的死亡率为3%。

2) 地势与坡向

低温危害的产生与地势和坡向也有密切关系。地势、坡向不同,小气候差异较大:地势较高的地方在秋冬季和冬春季的昼夜温度变化较大,因此容易发生低温危害;由于我国在北半球,同一地方的南坡也比北坡的昼夜温度变化大,也容易发生低温危害。如江苏、浙江一带种植在山地南坡的柑橘,比同样条件下山地北坡的柑橘容易受到低温危害,就是因坡向不同而造成的差异。

3) 水体

水体对低温危害的产生也有一定的影响。经调查,离水源较近的橘园比离水源远的橘园受低温危害轻。这是由于水的热容量大,能在白天吸收太阳的热量,到晚上周围空气的温度比水温低时,水体则向外放出热量,使周围气温升高,从而减小了夜晚的低温。

4) 土壤

土壤对园林植物低温危害的影响主要有两个方面:首先,土壤养分、水分和理化性质是影响植物生长势的重要因素之一;其次,土层厚度、土壤质地、土壤的水气状况又会直接影响土壤的温度变化。在同样的条件下,耐寒性较差的植物在土层薄的地方比在土层厚的地方容易受到低温危害,因为土层厚,植物根系扎得深,吸收的养分和水分充足,树体健壮,所以抗寒力强;同时,随着土层的加深,对根系的保温作用就越好,而根系正常生理功能的保证,是植物抵抗低温危害的重要条件之一。

5) 种植时间和养护管理水平

不耐寒的园林植物如果在寒冷地区的秋季栽植,冬季就很容易遭受低温危害。

养护管理水平不仅可以影响园林植物的生长环境,更重要的是还可以通过整形修剪、水肥管理、病虫防治、激素应用等管护措施来调节植物的生长势,使其从新陈代谢的内在机制上获得更强的抗寒性。如施肥量适宜的比施肥不足或不施肥的植物的抗寒力强;灌"冻水"的比不灌"冻水"的抗寒力强;受病虫危害的植物容易发生低温危害,而且病虫危害越严重,低温危害也越严重。此外,养护管理还可以直接采用人工措施来对植物进行保温防寒,从技术层面来防止低温危害的发生。

6) 其他因素

影响园林植物抗寒性的外在因素,除了以上几个方面外,常见的还有繁殖方式、砧木种类、种植方式、小环境特点等影响因素。

（1）繁殖方式。同一种类或品种的实生苗比嫁接苗耐寒。因为实生苗主根发达、根系分布深入而宽广，所以其抗寒力强；同时实生苗的可塑性大，对环境的适应性强。

（2）砧木种类。砧木不同，其抗寒性也不同。如桃花在北方用山桃做砧木，在南方用毛桃做砧木，因为山桃比毛桃抗寒，而毛桃比山桃耐水湿。

（3）种植方式。在其他条件一致的情况下，单株种植的抗寒性最差，群丛种植的抗寒性较强，片林种植的抗寒性最强。因为植株越多，其集群效益越大，在植物抗寒性方面也是如此。

（4）小环境特点。一些特殊的小环境也是影响植物低温危害的重要因素之一。如生长在风口、凹地、林缘等处的植株相对容易遭受低温危害，反之亦然。

7.4.4 园林植物低温危害的防治

7.4.4.1 园林植物低温危害的预防

要防止园林植物低温危害的发生，必须首先了解两个基本情况，即园林植物自身的耐寒性和当地的温度条件。在此基础上，再根据生产条件和管护水平来确定园林植物的具体越冬方式。园林生产上最常见的植物越冬方式一般分为两种，即室内（包括温室、冷室、大棚等）越冬和室外（露地）越冬。

1）室内低温危害的预防

（1）入室前的准备。包括两个方面，即入室植株自身的准备和温室、大棚等越冬设施的准备。前者主要包括对植株进行必要的整形修剪和病虫防治，如疏除徒长枝、过密枝、交叉枝、病虫枝等，以减少水分和养分的无谓消耗，为植株的安全越冬创造良好的营养条件；同时，还要严格检查植株有无病虫害现象，一旦发现，应采取迅速有效的防治措施，直到病虫害得以彻底根除才能入室越冬。在越冬设施的准备方面，则主要包括土壤及室内环境的消毒灭虫、室内设施的清理与维修、控温、控湿、控光、控气等人工气候调控设施的检查与调试等几个方面。

（2）入室时间的选择。对于越冬植物的入室时间，不少人以为越早越好，但事实上并非如此。因为如果入室过早，不仅造成不必要的资源浪费，更重要的是这样就会减少植株的抗寒锻炼时间，从而降低其自身的抗寒性，对其安全越冬有害无益。当然，如果入室过迟，对植株安全越冬的影响就不用赘述了。在我国大多数地区，多数室内越冬植物的入室时间一般应在霜降前后，而具体的入室时间主要取决于植物本身的耐寒性和当地当年的温度条件。

（3）植株位置的安排。空间较大的越冬设施往往会因具体的空间位置不同而存在一定的温湿差异。因此，根据入室越冬植物的不同习性，把它们安排在适当的空间位置，这样既能保证植物安全越冬，又能充分利用有限的室内空间资源。在同一越冬设施内，一般应把越冬温度要求最高的植物安排在中间位置的高处，越冬温度要求最低的则安排在靠近门窗的地方，两者之间安排越冬温度要求中等的植物。

（4）室内气候的调节。主要包括温度、湿度、光照和通气状况的调节。调节原则是在充分利用自然能源的基础上，及时运用人工调节手段，以满足室内越冬植物对温、湿、光、气的需要。具体调节方法请参照设施栽培的相关资料，这里就不再赘述。

（5）植株管理。不少人错误地认为，只要越冬设施给植物提供了良好的越冬条件，越冬植物就万事大吉了。由于越冬植物在越冬设施里仍然在不停地进行新陈代谢,且这些新陈代谢的好坏不仅直接关系着植物越冬的安全性,同时还影响着植物来年的生长发育基础。因此,对室内越冬植株的管理,也是园林生产的重要环节之一。这项工作一般主要包括水肥管理、整形修剪和病虫防治3个方面。

①水肥管理。入室以后的越冬植物一般所需水肥较少,除秋冬或早春开花的菊花、瓜叶菊、茶花等和一些秋播的草花,可根据实际需要浇水施肥外,其余植物应严格控制水、肥。尤其是对处于休眠或半休眠状态的植物,更应停止施肥;土壤不是太干,不要浇水,特别是耐阴或放在室内较阴冷处的越冬植物,尤其要避免浇水过多。浇水用水,一定要经过日晒或人工加温措施,使得水温接近室温时再用;浇水时要在中午前后,否则植物根部易受低温危害。室内空气干燥时,对一些喜阴湿的常绿植物,如文竹、米兰、茶花、白兰等,应适当用与室温相近的清水喷洒叶面,以利保湿和促进光合作用,但喷水时尽可能不要让土壤因此而增加水分,以防由此引起烂根。

②整形修剪。对室内越冬的休眠或半休眠植物来说,如果在入室前已经进行过必要的整形修剪,入室后一般就可以不再进行整剪了。但对在室内越冬、同时又处于生长发育期的植物而言,对其进行整形修剪就是必不可少的管护工作之一。具体的整剪要求与平时基本一致,但应考虑适当增加修剪量和尽量减小剪口面积、以及及时对剪口进行消毒,甚至包扎处理,这样既可以适当减少越冬植株的水分蒸腾,又能避免因剪口感染而给越冬植株造成伤害。

③病虫防治。在寒冷的冬季,由于室内的温度和湿度都明显大于室外,而光照一般又比室外弱。因此,病虫发生的概率比室外要高得多,所以要加强检查与防治。具体防治方法请参见7.5的相关内容。

(6)出室前的准备和出室时间的选择。出室前的准备工作,主要是通过一定的管理手段让室内越冬植物逐渐从人工气候环境过渡到自然气候环境。和入室时间一样,出室时间也不是越迟越好,一般是以"清明"为出室时间节点,再根据植物本身的耐寒性和当地当年的温度条件来确定。

2)露地越冬植物低温危害的预防

(1)栽培措施。很多栽培措施都能提高园林植物的抗寒性,对低温危害的预防起到不同程度的作用。主要措施有:

①因地制宜和选择抗寒力强的树种、品种及砧木。这是防止低温危害最经济,也是最有效的根本措施。

②运用适当的种植设计来提高植物的抗寒性。把抗寒性较差的植物尽量设计成种植密度较大的片林或群丛,或者干脆把它们放在片林或群丛的中间,外围再用抗寒性较强的植物来配植和保护。

③加强养护管理,提高树木抗寒性。实践表明,树木春季加强水、肥供应,合理运用排灌和施肥技术,可以促进新梢生长和叶片增大,提高光合效能,增加营养物质,从而保证树体健壮。后期控制灌水,及时排涝,适量施用磷钾肥,勤锄深耕,可促使枝、叶及早充实,有利于组织成熟,从而能更好地抵御寒冷。此外,夏季适期摘心,促进枝、叶成熟;冬季修剪、甚至采用人工落叶来减少越冬蒸腾面积;加强病虫害的防治等养护管理措施,均对预防低温危害有良好的效果。

④适当的低温锻炼。当气温开始缓慢下降时,在植物能够忍受的前提下,尽量让它们多接受在这种低温条件下的抗寒性锻炼,使其自身能逐步适应相应的低温环境。只是在进行这种低温锻炼时,一定要密切关注环境温度的变化情况和锻炼植株的反应情况,发现问题要及时解决,否则就有可能弄巧成拙。

(2)其他措施。除常规的栽培措施外,其他一些养护管理手段也能对园林植物低温危害的预防起到明显的作用,常见的主要有以下几个方面:

①灌冻水。在越冬植物进入休眠后、土壤没有冻结前对土壤进行灌水称为"灌冻水"。由于水的热容量比干燥的土壤和空气的热容量大得多,灌冻水后土壤的导热能力提高,深层土壤的热量容易传导上来,因而可以提高地表空气的温度;灌冻水还可提高空气中的含水量,使得空气中的蒸汽凝结成水滴时放出潜热,可以提高气温;灌冻水后土壤含水量明显增大,土壤的热容量也随之加大,从而减缓了表层土壤温度的降低。因此,适时适量地灌冻水对预防园林植物的低温危害有着明显的作用。

②浅耕。进行浅耕可减少土壤水分的蒸发,前已述及:土壤水分对土壤有着一定的保温作用。同时,浅耕后表土疏松,有利于太阳热量的导入,能明显减小土壤温度的下降。

③根颈部培土。植株的根颈部位对低温袭击最为敏感,冬季来临时在根颈部位培土,由于土壤的覆盖保温作用,能在一定程度上防止根颈部位及根系的低温危害。

④覆盖法。在有害低温到来以前,在低矮植株上直接覆盖干草、落叶、草席等疏松透气的保温层,是我国农林生产中应用极为普遍的保温防寒措施。对那些植株较为高大、直接覆盖有困难的越冬植物,亦可用纸罩、花盆、箩筐(生产上称为"扣盆"或"扣筐")、薄膜等物品来遮盖,以起到防风保温的御寒作用(图7.2)。

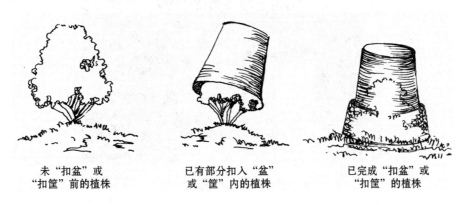

未"扣盆"或 "扣筐"前的植株 已有部分扣入"盆" 或"筐"内的植株 已完成"扣盆"或 "扣筐"的植株

图 7.2 越冬植物的"扣盆"或"扣筐"

⑤架设风障。为防止寒冷、干燥的冷风吹袭造成低温危害,可以在风向上方架设风障(图7.3)。如风向不易确定或有多个风向,可用风障围住植株。

风障多用草帘、芦席、无纺布等作为挡风材料,风障高度要超过植株高度,用木棍、竹竿等支持牢固,以防大风吹倒。

⑥枝干涂白或喷白。对树干涂白或喷白,可以减弱温差骤变的危害,还可以杀死一些越冬病虫害(图7.4)。涂白、喷白材料常用石灰加石硫合剂,为黏着牢固可加入适量的盐分。

⑦卷干与包草。新植树木、冬季湿冷地不耐寒的树木可用草绳道道紧接地卷干或用稻草包裹主干和部分主枝来保温防寒,也可采用宽度为10~15cm的塑料薄膜条卷干防寒。

图 7.3　在风向上方架设风障

图 7.4　树干涂白

　　(3) 霜害的防治特点。由于霜害的成因与其他低温危害有所不同,所以防治方法除了上面介绍的一般方法外,防霜措施还应重点考虑推迟树木的物候期以增加对霜冻的抵抗力、改变小气候以及防霜护树两个方面。

　　①推迟萌动以避免晚霜危害。利用药剂、激素或其他方法使树木萌动推迟(也就是延长休眠期),因为萌动和开花较晚,可以躲避早春寒潮的霜冻。例如,安替比林类物质(B₉)、乙烯利、青鲜素、萘乙酸钾盐水、以及顺丁烯二酰肼(MH)溶液在萌芽前或秋末喷洒于树上,可以在一定程度上起到抑制萌动的作用。

　　②改变小气候以防霜护树。根据气象台的霜冻预报及时采取防霜措施,对预防园林植物霜害的发生具有重要作用,具体方法主要有以下几种:

（a）喷水法。在将要发生霜冻的黎明,利用人工降雨和喷雾设备向树冠上喷水,因为此时的水温比植株周围的气温高,水遇冷降温时就会放出热量。据测算,$1m^3$ 的水降低 $1℃$,就可使相应的 3 300 倍体积的空气升温 $1℃$,同时还能提高地表层的空气湿度,减少地面辐射热的散失,因而起到了提高气温防止霜冻的效果。

（b）熏烟法。我国早在 1 400 多年前就发明熏烟防霜法,因简单易行、且效果明显,至今仍在国内外广泛使用。主要方法是:事先在地上每隔一定距离设置一个发烟堆（用秸秆、野草或锯末等作为发烟材料）,然后根据当地气象预报,于即将发生霜冻的凌晨及时点火发烟,形成烟幕。烟幕能减少土壤热量的辐射散失,同时烟粒吸收湿气,使水气凝结成液体,放出热量,提高温度,保护植物。

（c）吹风法。就是在霜冻前利用大型吹风机增强空气流通,将冷空气吹走以防止它们积聚成霜,从而起到防霜作用。日本、欧美等发达国家的果园、茶园和小型公园常采用这种方法。随着我国经济技术的快速发展,采用这种方法的条件也在逐渐形成。

（d）加热法。加热防霜是现代防霜最有效的方法,最先是美国、前苏联等用于提高果园温度以防霜害。此法是在果园内每隔一定距离放置一个加热装置,在霜冻即将来临时发热加温,下层空气变暖而上升,而上层原来温度较高的空气则下降,在果园周围形成一个暖气层。果园中的加热装置以放置数量多、且单个放热小为原则,这样就可以既保护植物,又不致浪费太大。这种方法在园林植物的霜害预防中正在得到迅速的推广和应用。

7.4.4.2　发生低温危害后的救治

尽管园林植物的低温危害是以预防为主,但由于自然气候条件变化多样,园林植物又种类丰富,各种（或品种）植物的抗旱能力又千差万别,再加之现有的栽培条件和养护管理水平参差不齐,因此,园林植物的低温危害有时实在是防不胜防。但只要及时正确地对发生低温危害的园林植物进行相应的救治,也能大大减小损失。目前,园林生产上常用的低温危害的救治方法主要有以下几个方面。

1）合理修剪

对遭受低温危害的植株,应采取合理的修剪措施,不应进行重剪,否则会产生不利的副作用。那么如何把握控制好修剪量呢？一般要求既要将受害的器官剪至健康部分,以促进枝条的更新与生长,又要保证地上地下器官的相对平衡。在受害后立即修剪,可保留受害枝条 $1\sim2cm$ 长,以防下部健康枝条再向下干缩;如果是开春后再行修剪,可直接剪至健康部位,以利于创口的愈合。实践证明:经过合理修剪的受害植株,恢复速度明显快于重剪和不剪的植株。对一般常绿的盆栽木本花卉及观叶植物,应及时剪去所有枯死部分,并将其搬放到较为暖和的环境中。

2）保护与修补伤口

对仅在枝干局部受到低温危害的粗大植株,可将受害的坏死部分剜去,涂抹伤口愈合剂后,再用薄膜包裹保护好,为其创造一个较为温暖的小环境;对一些枝干受害的盆景植株,则可通过桥接或靠接换根来补救。

3）加强病虫防治

园林植物遭受低温危害后,因其树势较弱,极易遭受病虫害的侵袭。这时,可结合低温危害的防治,及时足量地施用药效迅速的生化药剂,其中尤以杀菌剂(或杀虫剂)加保湿黏胶剂效果最好,其次是杀菌剂(或杀虫剂)加高脂膜,它们都比单纯的杀菌剂(或杀虫剂)效果好。因为主剂杀菌剂(或杀虫剂)只能起到单纯的杀菌(或杀虫)作用,而副剂保湿黏胶剂和高脂膜,既能起到保湿作用,又有增温效果,这些都有利于受害部位愈伤组织的形成,从而促进受伤部位的愈合。

4)慎重施肥

对于受到低温危害的植株,越冬后不能马上追施高浓度的化肥,而应待气温回升、根系恢复吸收功能后,再喷施或浇施低浓度的液肥,如用 0.3%的磷酸二氢钾和 0.3%的尿素液肥进行交替喷施或浇施,效果都很明显。

7.5　园林植物的常见病虫害防治

由于自然界生物物种的多样性,以及生物链的复杂性,生长在自然环境中的园林植物,不可避免地要遭受各种致病微生物和害虫的危害。另外,由于人们对自然环境的破坏,尤其是城市环境的恶化,以及园林苗木的大量引种、运输与流通,又为各种病虫害的爆发、蔓延和传播创造了条件,使得一些本来仅在局部地区发生的病虫害迅速传播开来,一些本来次要的病虫害,急剧上升为主要病虫害,给园林生产造成了巨大损失。为了避免这种情况的发生,对园林植物病虫害进行及时而科学的防治,是园林生产中必不可少的重要环节之一。

7.5.1　园林植物常见病害的防治

7.5.1.1　常见名词术语

1)病原

导致园林植物产生病害的直接原因称为病原。病原有两大类:生物性病原和非生物性病原。

生物性病原:主要有真菌、细菌、病毒、线虫、支原体、藻类、螨类和寄生性种子植物等。由生物性病原引起的园林植物病害都具有传染性,称为侵染性病害或传染性病害。

非生物性病原:通常是指不利于园林植物生长的环境因素,主要包括营养失调、温度不适、水分失调、光照不宜、通风不良和环境中的有毒物质等。由非生物性病原引起的病害称为生理性病害或非侵染性病害。当园林植物生长的环境条件得到改善或恢复正常时,此类病害的症状就会减轻,并有逐步恢复常态的可能。

2)症状

园林植物受生物或非生物病原侵染后,表现出来的不正常状态,称为症状。症状是病状和病症的总称。寄主园林植物感病后园林植物本身所表现出来的不正常变化,称为病状。园林植物病害都有病状,如花叶、斑点、腐烂等。病原物侵染寄主后,在寄主感病部位产生的各种结构特征,称为病症,如锈状物、煤污等,它构成症状的一部分。有些园林植物病害的症状,病症部分特别突出,寄主本身无明显变化,如白粉病;而有些病害不表现病症,如非侵染性病害和病毒病害等。

园林植物病害是一个发展的过程,因此园林植物的症状在病害的不同发育阶段也会有差异。有些园林植物病害的初期症状和后期症状常常差异较大。但一般而言,一种病害的症状常有它固定的特点,有一定的典型性,只是在不同的植株或器官上,又会有一些特殊性。在观察园林植物病害的症状时,要注意不同时期症状的变化。

3) 植物检疫

植物检疫是防治园林植物危险性病虫害、以及其他一些有害生物通过人为活动进行远距离传播和扩散非常有效的手段。植物检疫分为对外检疫(国际检疫)和对内检疫(国内检疫)。根据国家及各省市颁布的检疫对象名单,对引进或输出的园林植物材料及其产品或包装材料进行全面检疫,发现有检疫性病虫害的植物及其产品要采取相应的措施,如就地销毁、消毒处理、禁止调用或限制使用地点等。

7.5.1.2 常见病害及其防治

由于非侵染性病害主要是由特定的环境因素引起的,防治措施主要是一些改善树木生长环境的栽培措施,这些措施在其他栽植养护内容里都有涉及,这里就不再重复。因此,下面所讨论的只是园林植物常见侵染性病害的种类及其防治。

1) 白粉病类(图 7.5)

白粉病是园林植物上发生既普遍又严重的重要病害,除针叶树外,许多观赏植物都可能发生白粉病。但单球茎、鳞茎、兰花等类花卉,以及角质层、蜡质层厚的花卉,如山茶、杜鹃、榕树类等,很少有白粉病的报道。

该病在南方多发生于温暖、湿润和光照不足的雨季,多雨、郁闭、通风及透光较差时,病害发生加重。

(1) 识别特征。白粉病的病状最初常常不太明显,一般病症常先于病状。病症初为白粉状,最明显的特征是由表生的菌丝体和粉孢子形成白色粉末状物体。秋季时白粉层上出现许多由白而黄、最后变为黑色的小颗粒,少数白粉病晚夏即可形成这种小颗粒。

图 7.5 大叶黄杨和紫薇的白粉病危害状

白粉病症状中主要的病症很明显，一般的病状不明显，但危害幼嫩部位时也会使被害部位产生明显的变化。不同的白粉病症虽然总体上相同，但也有某些差异。如黄栌白粉病的白粉层主要在叶正面，臭椿白粉病则主要在叶背。一般在叶正面的白粉层中的小黑点小而不太明显，而在叶背面白粉层中的小黑点大而明显。

（2）防治措施。

①化学防治常用的有 25% 粉锈宁可湿性粉剂的 1500～2000 倍液，有效期长达 1.5～2 个月；50% 苯来特可湿性粉剂的 1500～2000 倍液；碳酸氢钠的 250 倍液。

②染病后在夜间喷硫黄粉也有一定的效果，将硫黄粉涂在取暖设备上任其挥发，能有效地防治白粉病。

③生物农药 BO-10 的 150～200 倍液、抗霉菌素 120 对白粉病也有良好的防治效果。

④休眠期喷洒 0.3～0.5 波美度的石硫合剂（包括地面落叶和地上树体），消灭越冬病原物。

⑤除喷药外，及时清除初期侵染源也非常重要，如将染病落叶集中烧毁；选育和利用抗病品种也是防治白粉病的重要措施之一。

2）锈病类（图 7.6）

锈病是园林植物病害中又一类常见的病害，据全国园林植物病害普查资料统计，花木上有80 余种锈病，有些锈病危害相当严重。除蔷薇科植物容易染病外，美人蕉、菊花、牵牛、杨树等也常感染此病。

锈病多发生于温暖湿润的春秋季，灌溉方式不适宜、叶面凝结雾露以及多风雨的条件下，最有利于该病的发生和流行。

（1）识别特征。锈病也是园林植物常发性的病害。据全国园林植物病害普查资料统计，花木上共有 80 余种锈病。锈病的病症一般先于病状出现。病状通常不太明显，黄粉状锈斑是该病的典型病症。叶片上的锈斑较小，近圆形，有时呈泡状斑。在症状上只产生褪绿、淡黄色或褐色斑点。在病斑上，常常产生明显的病症。当其他幼嫩组织被侵染时，病部常肥肿。有些锈菌不仅危害叶、花、果实，还可危害嫩梢、甚至枝干。一般情况下，锈病虽然不能使寄主植物致死，但常造成早落叶、花果畸形，削弱生长势，降低观赏性及花果产量。

图 7.6　贴梗海棠叶和牵牛花叶的锈病危害状

（2）防治措施。

①减少侵染来源。休眠期清除枯枝落叶,喷洒0.3波美度的石硫合剂,杀死芽内及病部的越冬菌丝体;生长季节及时摘除染病部分,然后集中烧毁或深埋处理。

②改善环境条件。增施磷、钾、镁肥,氮肥要适时施用;在酸性土壤中施入石灰等能提高园林植物的抗病性。

③生长季节喷洒25%粉锈宁可湿性粉剂的1 500倍液;或喷洒敌锈钠的250～300倍液,10～15天喷一次;或喷0.2～0.3波美度的石硫合剂也有很好的防治效果。

3）炭疽病类（图7.7）

该病主要发生在我国南方地区,除梅花、兰花和樟树经常染病外,其他花木也可能感染此病。该病每年3～11月份均可发病,雨季发病加重,老叶4～8月份发病,新叶8～11月份发病。

图7.7　牡丹叶和橡皮树叶炭疽病危害状

（1）识别特征。炭疽病是园林植物上常见的一大类病害。炭疽病虽然发生于许多园林植物,危害多个部位,症状也有一定差异,但都是大同而小异。

在发病部位形成各种形状、大小、颜色的坏死斑,比较典型的症状是常在叶片上产生明显的轮纹斑,后期在病斑处形成的粉状物往往呈轮状排列,在潮湿条件下病斑上有粉红色的黏粉物出现,这是诊断炭疽病的标志。炭疽病主要危害叶片,降低观赏性,也有的对嫩枝危害严重,如山茶炭疽病。

（2）防治措施。

①加强养护管理措施,促使园林植物生长健壮,增强抗病性。

②及时清除树冠下的病落叶及病枝和其他感病材料,并集中销毁,以减少侵染来源。

③利用和选育抗病品种,是防治炭疽病中应注意的方面。

④化学防治:侵染初期可喷洒70%代森锰锌的500～600倍液,或1∶0.5∶100的波尔多液（即1份硫酸铜、0.5份生石灰和100份水配制而成）,或70%甲基托布津可湿性粉剂的1 000倍液。喷药次数可根据病情发展情况而定。

4）叶斑病类（图7.8）

叶斑病是叶组织受到局部侵染，导致各种叶部斑点病害的总称。主要危害樱花、梅花、樱桃、碧桃、桃、李、杏、苏铁、月季、杜鹃、大叶黄杨、香石竹等植物。在长江流域一带，5～6月份和8～9月份出现两次发病高峰期；在北方一般8～9月份发病最重。

（1）症状要点。在园林植物上常发生的叶斑病有黑斑病、褐斑病、角斑病及穿孔病。它们的共同特性是局部侵染引起的叶片局部组织坏死，产生各种颜色、形状的病斑，有的病斑可因组织脱落而形成穿孔。病斑上常出现各种颜色的霉层或粉状物。严重时引起叶片早落，导致植株生长不良。叶斑病的主要病原物是半知菌。

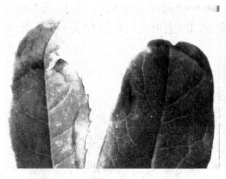

图7.8　桂花叶褐斑病和落葵叶紫斑病危害状

（2）防治措施。

①及时清除树冠下的病落叶、病枝和其他感病材料，并集中销毁，以减少侵染来源。

②化学防治：在早春植株萌动之前，喷洒3～5波美度的石硫合剂等保护性杀菌剂或50%多菌灵的600倍液。

③展叶后可喷洒1 000倍的多菌灵或75%甲基托布津的1 000倍液。隔半个月喷一次，连续喷2～3次。

5）溃疡病或腐烂病类（图7.9）

溃疡病是指枝干局部性皮层坏死，坏死后期组织失水而下陷，有时周围还产生一圈隆起的愈伤组织。除包括典型的溃疡病外，还包括腐烂病（烂皮病）、枯枝病、干癌病等所有引起园林植物枝干韧皮部坏死或腐烂的各种病害。

容易感染该病的园林植物除杨树类和仙人掌类外，柳树、核桃、板栗、榆树、槭树、樱花、樱桃、木槿等木本植物和其他一些肉质植物也经常染病。

该病一般每年3～4月份开始发病，5～6月份为发病盛期，9月份病害基本停止扩展。

（1）识别特征。溃疡病的典型症状是发病初期枝干受害部位产生水渍状病斑，有时为水泡状，圆形或椭圆形，大小不一，并逐渐扩展；后失水下陷，在病部产生一些粉状物。病重时会出现纵裂，甚至于皮层脱落，露出褐色的木质部表层。后期病斑周围形成隆起的愈伤组织，阻止病斑的进一步扩展。有时溃疡病在园林植物生长旺盛时停止发展，病斑周围形成愈伤组织，但病原物仍在病部存活，次年病斑会继续扩展，然后周围又形成新的愈伤组织，如此往复年年进行，病部形成明显的长椭圆形盘状同心环纹，且受害部位局部膨大，有些多年形成的大型溃疡斑可长达数十厘米或更长。

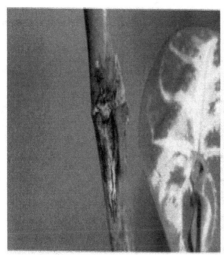

图 7.9　合果芋茎溃疡病与泡桐茎溃疡病

抗性较弱的园林植物,病原菌生长速度比愈伤组织形成的速度快,病斑迅速扩展,或几个病斑汇合,形成较大面积的病斑,后期在上面长出颗粒状的病症,皮层腐烂,此即为腐烂病或称烂皮病。当病斑扩展到环绕树干 1 周时,病部上面枝干就会枯死。

（2）防治措施。

①通过综合治理措施改善园林植物生长的环境条件,提高它们的抗病能力。

②注意适地适树;选用抗病性及抗逆性强的树种;培育无病壮苗。

③在起苗、假植、运输和定植的各环节,尽量避免苗木失水;在保水性差且干旱的沙土地,可采取必要的保水措施,如施用吸水剂、覆盖薄膜等。

④清除严重病株及病枝,保护嫁接及修枝伤口,在伤口处涂药保护,以避免病菌侵入。

⑤秋冬和早春用含硫黄粉的树干涂白剂涂白树干,防止病原菌侵染。

⑥用 50％多菌灵的 300 倍液加入适当的泥土混合后涂于病部;或用 50％多菌灵、70％甲基托布津、75％百菌清的 500～800 倍液喷洒病部,都有较好的防治效果。

6）线虫病类

在线虫病类中,以根结线虫病最为常见。主要危害仙客来、桂花、仙人掌、菊、大丽菊、石竹、倒挂金钟、栀子、非洲菊、木槿、绣球花、香豌豆、天竺葵、矮牵牛、凤尾兰、旱金莲、百日草、紫薇、凤仙花、马蹄金、金盏花等。

（1）识别特征。园林植物上常见的线虫病害有 3 种:

①根结线虫所致,表现为植物根部形成小瘤状虫瘿（即"根结"）,这类病害最为常见（图7.10）;

②滑刃线虫所致,叶片表现出多角形的坏死斑,芽畸形,全株矮化;

③茎线虫所致,表现为叶片变形,花卉矮化,乃至不能开花。

线虫以卵、幼虫和成虫在病株上和土壤中越冬,虫体借助雨水、灌溉、工具、土壤、苗木、种球等传播。翌年春季气温上升后,孵化出的幼虫从植株的气孔、皮孔、伤口等处侵入。在适宜条件下（20～25℃）,线虫完成 1 代仅需 17 天左右,长者 1～2 个月,1 年可发生 3～5 代。温度较高、雾湿通气的沙壤土发病较重。

图 7.10　月季根结线虫病危害状(小根上有"根结")

(2) 防治措施。

①加强检疫,严禁携带线虫的花苗、种球调运。

②及时清除病株、病残体、以及带病土壤,不要重茬种植,以消灭病原。

③用顶芽繁殖和组培方法,繁育无线虫幼苗。

④高温处理:夏季高温天气,将土壤铺成 10cm 厚,日光暴晒 30 天,3 天翻动 1 次;其间不能淋雨。

⑤药剂防治:每公顷用 10% 克线磷颗粒剂 37.5kg,采用沟施或穴施方法埋药,后覆土浇水。

7) 病毒病类(图 7.11)

我国常见的花卉或其他植物上,几乎都有病毒病发生,同时一种病毒可感染几种至上百种不同植物,其中一些优势病原病毒种类已成为农林及园艺生产上的严重问题。豆科、葫芦科、以及菊科植物的种子容易传播病原病毒。

(1) 识别特征。先局部发病,以后扩展到花卉全株。该病主要表现为花叶、斑驳、褪绿、黄化、环斑、条斑、枯斑、卷叶、皱缩、丛生、畸形等,很少有腐烂与萎蔫。同一种病毒在不同植物上,其症状表现不同。

病毒一般在病株、球茎、块茎、种子、杂草上潜伏越冬。病原只能从各种伤口侵入。但能通过蚜虫、螨类、叶蝉、介壳虫、线虫、繁殖材料、工具、汁液、嫁接、人为活动等传播,与病株接触摩擦也可以传染。一般在蚜虫发生危害严重或高温干旱年月发病较重。

(2) 防治措施。

①加强检疫,严禁带有病毒的园林植物进行引种和调运。

②及时消灭杂草及缠绕植物,以防止病毒滋生。

③发现病株及时拔除并立即烧毁,以消灭病源。

④及时防治刺吸式口器害虫,尤其是蚜虫,以避免害虫传播。

⑤用根尖、茎尖等组培无毒苗。

⑥药剂防治:发病初期喷施 20% 病毒灵的 400 倍液,7 天 1 次,直到病愈为止。

图 7.11 月季和菊花的花叶病毒病危害状

8)根癌病(图 7.12)

根癌病分布在世界各地,我国分布也很广泛。紫叶李、月季及樱花等蔷薇科花木容易受根癌病的危害。此外,该病还危害菊、大丽菊、石竹、天竺葵、丁香、夹竹桃、杨、柳、核桃、柏、桧柏、花柏、黄杉、南洋杉、银杏、罗汉松、金钟柏等。感病花木,影响根系的发育,常造成营养缺乏,早现衰弱状态,最后枯死。

碱性、湿度大的沙壤土易发病;连作则加速发病,苗木根部有伤口易发病。

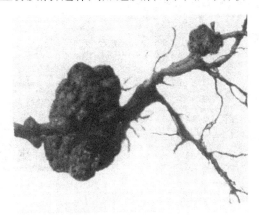

图 7.12 月季根癌病危害状

(1)识别特征。根癌病又名冠瘿病,主要发生在根颈处,有时也发生在主根、侧根和地上部分的主干、枝条上。病原细菌一般从伤口入侵,经数周或 1 年以上就可出现症状。受害处形成大小不等、形状不同的瘤状物。初生的小瘤,呈灰白色或肉色,质地柔软,表面光滑,后渐变成褐色至深褐色,质地坚硬,表面粗糙并龟裂。

(2)防治措施。

①加强园林植物检疫,防止带病苗木出圃,发现病苗及时拔除并烧毁。

②对可疑的苗木在栽植前进行消毒,如用 1% 硫酸铜浸泡 5min 后用水冲洗干净,然后

栽植。

③精选圃地,避免连作。选择未感染根癌病的地区建立苗圃,如出现苗圃污染,需进行 3 年以上的轮作。

④对感病苗圃用硫黄粉、硫酸亚铁或含氯石灰(漂白粉)进行土壤消毒。

⑤对于初发病株,切除病瘤,用石灰乳或波尔多液涂抹伤口,或用甲醇冰碘液(甲醇 50 份、冰醋酸 25 份、碘片 12 份、水 13 份)进行处理,可使此病痊愈。

⑥选用健康的苗木进行嫁接,嫁接刀要在高锰酸钾溶液或 75% 的酒精中消毒。

⑦用生物制剂 K84 和 D286 的菌体混合悬液浸根,可明显降低根癌病的发生率。

9) 幼苗猝倒和立枯病(图 7.13)

幼苗猝倒和立枯病是园林植物常见病害之一,各种草本花卉和园林树木的苗期都可能发病。针叶树育苗每年都有不同程度的发病,重病地块的发病率可达 70%～90%。

土壤带菌是最重要的病菌来源,病菌可通过雨水、灌溉水和粪土进行传播。苗床(育苗地)连作,出苗后连续阴雨天气,光照不足,种子质量差,播种过晚,施用未充分腐熟的有机肥等,都会加重该病的发生。

(1) 识别特征。常见的症状主要有 3 种类型:种子或尚未出土的幼芽被病菌侵染后,在土壤中腐烂,称为腐烂型;出土幼苗尚未木质化前,在幼茎基部呈水渍状病斑,病部缢缩变褐腐烂,在子叶尚未凋萎之前,幼苗倒伏,称为猝倒型;幼茎木质化后,造成根部或根颈部皮层腐烂,幼苗逐渐枯死,但不倒伏,称为立枯型。

图 7.13　鸡冠花幼苗猝倒和立枯病

(2) 防治措施。

①猝倒病和立枯病的防治,应采取以栽培技术为主的综合防治措施,培育壮苗,提高抗病性。

②不宜选用瓜菜地和土质黏重、排水不良的地块作为圃地。还要注意精选种子,适时播种。

③对土壤进行消毒;用多菌灵配成药土(每公顷用 10% 多菌灵可湿性粉剂 75kg 与细土混合,药与土的比例为 1∶200)垫床和覆种。

④播种前用 0.5% 高锰酸钾溶液(60℃)浸泡种子 2 小时,对其消毒。

⑤幼苗出土后,可喷洒多菌灵 50% 可湿性粉剂的 500～1000 倍液或喷 1∶1∶120 的波尔

多液,每隔 10～15 天喷洒 1 次。

7.5.2 园林植物常见虫害的防治

7.5.2.1 常见名词术语

由于园林植物的常见害虫大多为昆虫,因此,要掌握园林植物常见虫害的防治,必须先对昆虫有所了解。

1) 昆虫的概念

昆虫是无脊椎动物中种类最多的类群,也是唯一具翅的类群,从生物分类来讲属于动物界、节肢动物门的昆虫纲。与园林植物有关的主要昆虫包括直翅目、等翅目、半翅目、同翅目、缨翅目、鞘翅目、鳞翅目、双翅目和膜翅目共 9 个目,常见的有甲虫、蛾、蝶、蚜、蚧、蜂、蚁、蝇、蚊、蝗、蟋等。昆虫纲与其他动物最主要的区别是:成虫整个躯体分头、胸、腹 3 部分;胸部具有 3 对分节的足,通常还有 2 对翅;在生长发育过程中,需要经过一系列内部结构及外部形态的变化,即变态;用气管呼吸;具外骨骼。

另外,尽管螨类属于节肢动物门、蛛形纲的蜱螨目,而不是属于昆虫纲,但由于其危害特点与防治方法与昆虫纲害虫具有很多相似性,所以习惯上一直都是把它们与昆虫一起进行研究。

2) 昆虫的生殖方式

大多数昆虫是雌雄异体的动物,进行两性生殖,也有其他的特殊生殖方式。昆虫的雌、雄成虫,除第一性征(雌、雄外生殖器)外,还有其他形态上的明显区别,这种现象称为性二型。如介壳虫类、袋蛾类及某些尺蛾类昆虫的雄虫具翅,雌虫则无翅;蛾类雄虫触角为羽毛状,雌虫则为丝状等。

性多型:除雌、雄二型外,在同一性别的昆虫中,还可分化成具有不同形态和生殖功能的、或者在其"家族"中负担不同职能的个体群。典型的如蚂蚁、白蚁、蜜蜂等社会性昆虫,除雌、雄二型外,还有无性别区分的工蚁和工蜂。

3) 昆虫的发育

昆虫的个体发育,大体上可分为两个阶段:胚胎发育是第一个阶段,在卵内进行直到幼虫孵出为止;第二个阶段由幼虫自卵中孵出直至成虫性成熟为止,包括幼虫、成虫 2 个虫态阶段或幼虫、蛹、成虫 3 个虫态阶段,称胚后发育。

4) 昆虫的变态及其类型

昆虫的胚后发育过程中,每一个发育阶段,在外部形态、内部结构和生活习性等方面,都有或大或小的变化,整个过程一般包括卵、幼虫、蛹和成虫 4 个阶段,或卵、若虫、成虫 3 个阶段。同一个体在不同发育阶段的形态变异,称为变态。昆虫的变态大致分为完全变态和不完全变态两大类型。

(1) 不完全变态。昆虫一生经过卵、若虫、成虫 3 个虫态。蝗虫、蟋象、蝉等昆虫的幼体与成虫形态、习性和生活环境相似,只是体积小、翅和附肢短、性器官不成熟,这种变态即称为不完全变态,也叫做"渐变态",其幼虫称为"若虫"。

(2) 完全变态。昆虫一生经过卵、幼虫、蛹、成虫 4 个虫态,如甲虫、蛾、蝶、蜂、蚁、蚊等。

这类昆虫的幼虫不仅外部形态和内部器官与成虫差异很大,而且生活习性也完全不同。从幼虫变为成虫的过程中,口器、触角、足等附肢都需经过重新分化。因此,在幼虫与成虫之间要经历"蛹"来完成剧烈的内外变化。

5）昆虫的世代

昆虫自卵孵化出幼虫到成虫性成熟能产生后代为止的个体发育周期,称为一个世代。各种昆虫完成一个世代所需的时间不同,在一年内能完成的世代数也不同。除种类不同外,一个世代的长短往往还与昆虫所分布的地理位置、环境因子等密切相关。

一年发生多代的昆虫,由于成虫的发生期较长,且成虫的产卵期往往先后不一,这样,同一时期内,在一个地区可同时出现同一种昆虫的不同虫态阶段,造成上下世代间重叠的现象,称为世代重叠。

6）昆虫的习性

不同的害虫有不同的生活习性,掌握害虫的生活习性,才能把握好防治时机,有效地加以防治。昆虫的习性主要包括下面几个方面:

（1）食性。昆虫的食性可分为单食性、寡食性和多食性3类。寡食性害虫和多食性害虫防治时,范围不能仅局限在可见的被害区域,应更加广泛地进行防治。

（2）趋性。害虫具有趋向或逃避某种刺激因子的习性,前者为正趋性,后者为负趋性。趋性有趋光性、趋化性、趋温性等。防治上主要是利用害虫的正趋性,如利用灯光诱杀具趋光性的害虫。

（3）假死性。当害虫受到刺激或惊吓时,立即从植株上掉下来暂时不动的现象称为假死性。对于这类害虫,可采取从植株上震落下来,然后进行捕杀的方式加以防治。

（4）群集性。指害虫群集生活,共同危害的习性。一般在幼虫期有此特性,因此在该时期集中进行防治会达到较好的效果。

（5）社会性。昆虫进行群居生活,一个群体中个体有多型现象,有不同的分工。如蜜蜂、蚂蚁、白蚁等。

（6）本能。是一种复杂的神经生理活动,为种内个体所共有,如筑巢、做茧、对后代的照顾等。本能常表现为各个动作之间相互联系,相继出现,是物种在长期进化过程中对环境的适应。

（7）拟态和保护色。都是昆虫在长期进化中有利于适应性的表现。拟态是模仿环境中其他动、植物的形态或行为,以躲避敌害,如枯叶蝶的体色和形态很似枯叶,当停留于灌木丛中时,就很难被发现。保护色是指某些昆虫具有与它的生活环境中的背景相似的颜色,有利于躲避敌害,如蝗虫、枯叶蝶、尺蠖成虫等。

7.5.2.2　常见虫害及其防治

依据危害部位的不同,生产上常将园林植物的主要害虫分为食叶害虫、蛀干害虫、枝梢害虫、根部害虫等四大类,现将它们分述于后。

1）食叶害虫

食叶害虫种类繁多,主要为鳞翅目的各种蛾类和蝶类、鞘翅目的叶甲和金龟子、膜翅目的叶蜂等。其猖獗发生时能将叶片吃光,削弱树势,并为蛀干害虫的侵入提供了条件。这类害虫多为裸露生活,受环境影响大,虫口密度变化也大。

(1) 叶蜂类(图7.14)。主要危害对象为蔷薇科木本花卉和樟科樟属植物。

①形态及生活习性。成虫体长7.5mm左右,翅黑色、半透明,头、胸及足有光泽,腹部橙黄色。幼虫体长2mm左右,黄绿色。多数叶蜂一年可发生2代,以幼虫在土中结茧越冬,翌年3月上中旬化蛹、羽化、交尾和产卵,4月孵出幼虫开始危害。叶蜂有群集习性,常数十头群集于叶上取食,严重时可将叶片吃光,仅留粗大叶脉。雌虫产卵于枝梢,可使枝梢枯死。

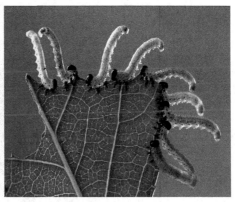

图7.14 叶蜂成虫和幼虫

②防治方法。人工连叶摘除刚孵化的幼虫;冬季控茧,消灭越冬幼虫;可喷施80%敌敌畏乳油的1000倍液、90%敌百虫的800倍液、50%杀螟松乳油的1000~1500倍液、2.5%溴氰菊酯乳油的2000或3000倍液。

(2) 大蓑蛾(图7.15)。又名大袋蛾、大皮虫、避债蛾。

大蓑蛾以幼虫危害月季、樱花、梅、泡桐、槐树、樟树、李、海棠、牡丹、菊花、白榆、柳、雪松、桧柏、侧柏、悬铃木、水杉及木芙蓉等植物,可将叶片吃光只残存叶脉,影响被害植株的生长发育和观赏价值。

①形态及生活习性。雌成虫无翅,蛆状,体长约25mm。雄成虫有翅,体长5~17mm,黑褐色。幼虫头部赤褐色或黄褐色,中央有白色"人"字纹,胸部各节背面黄梅色,上有黑褐色斑纹。幼虫、雌成虫外有皮囊,皮囊外附有碎叶片和少数枝梗。大蓑蛾一年发生1代,以老熟幼虫在皮囊内越冬,翌年4月下旬开始化蛹,5月下旬开始羽化,6月中旬开始孵化,初孵幼虫在虫囊内滞留3~4天后蜂拥而出,吐丝下垂,借助风力扩散蔓延。幼虫具有明显的向光性,一般向树冠顶部集中危害。

②防治方法。初冬人工摘除植株上的越冬虫囊;在交配繁殖前用灯光诱杀雄蛾;幼虫孵化初期喷90%敌百虫的1000倍液,或80%敌敌畏乳油的800倍液,或50%杀螟松乳油的800倍液。

图 7.15　大蓑蛾雄成虫(左)、幼虫(中)和皮囊(右)

（3）短额负蝗(图 7.16)。又称小绿蚱蜢、小尖头蚱蜢。主要危害一串红、凤仙花、鸡冠花、三色堇、千日红、长春花、金鱼草、冬珊瑚、菊花、月季、茉莉、扶桑、大丽花、栀子花等多种园林植物。

图 7.16　短额负蝗的夏型成虫与秋型成虫

①形态及生活习性。成虫体长约 20mm,初夏孵化的夏型成虫为绿色,初秋孵化的秋型成虫为淡褐色,梭状,前翅革质,淡绿色,后翅膜质透明。若虫体小、无翅,卵黄褐色到深黄色。短额负蝗一般一年发生 2 代,以卵块在土壤中越冬,5 月上旬开始孵化,6 月上旬为孵化盛期。

第二代若虫7月下旬开始孵化,8月上中旬为孵化盛期。初孵若虫有群集危害习性,2龄后分散危害。成虫和若虫均可咬食叶片,造成孔洞或缺刻,严重时,可把叶片吃光只留枝干。该虫喜欢生活在植株茂盛、湿度较大的环境中。

②防治方法。清晨进行人工捕捉,或用纱布网兜捕杀;冬季深翻土壤暴晒或用药剂消毒,减少越冬虫卵;喷施50%杀螟松乳油的1000倍液,或90%敌百虫的800倍液,或80%敌敌畏乳油的1000倍液。

(4)刺蛾类(图7.17)。主要危害悬铃木、柳树、腊梅、月季、石榴、樱花、榆树、紫薇、紫荆、红叶李、玉兰、黄刺玫等。

①形态及生活习性。成虫体长15cm左右,头和胸部背面金黄色,腹部背面黄褐色,前翅内半部黄色,外半部褐色,后翅淡黄褐色。幼虫黄绿色,背面有哑铃状紫红色斑纹。发生最为普遍的黄刺蛾一年产生1~2代,以老熟幼虫在受害枝干上结茧越冬,翌年5~6月化蛹,1个月左右孵化出幼虫,啃食叶片造成危害。严重时叶片吃光,只剩叶柄及主脉。刺蛾成虫昼伏夜出,具有明显的趋光性。

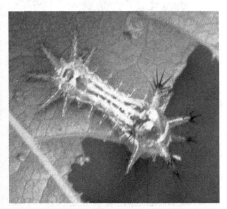

图7.17 黄刺蛾的成虫(上左)、幼虫(上中)和越冬茧(下)

②防治方法:灯光诱杀成虫;人工摘除越冬虫茧;在初龄幼虫期喷80%敌敌畏乳油的1000倍液,或25%亚胺硫磷乳油的1000倍液,或2.5%溴氰菊酯乳油的4000倍液。

2）枝梢害虫

枝梢害虫种类繁多，危害隐蔽，习性复杂。从危害特点大体可区分为刺吸类和钻蛀类两大类，由于后者大多又是蛀干害虫，在后面有单独介绍，所以这里主要介绍前者。

（1）介壳虫类（图7.18）。介壳虫有数十种之多，危害园林植物的主要有吹绵蚧、粉蚧、月季白盾蚧、日本龟蜡蚧、角蜡蚧、红蜡蚧等。

主要危害对象为木麻黄、金橘、佛手、山茶、相思树、芙蓉、常春藤、重阳木、海桐、米兰、牡丹、菊花、风仙花、桂花、月季、槐树、悬铃木、杨、柳、白蜡、枫杨、泡桐、女贞、红叶李、雀舌黄杨、刺槐等植物。

①形态及生活习性。介壳虫是小型昆虫，体长一般1～7mm，最小的只有0.5mm左右，大多数虫体上被有蜡质分泌物。它们繁殖迅速，一年可发生1～3代，危害时间一般为3～9月份，在5～6月份和8～9月份为高峰期。它们常群聚于枝叶及花蕾上吸取汁液，造成枝叶枯萎甚至死亡。

图7.18　月季白盾蚧（左上）、日本龟蜡蚧（右上）、吹绵蚧（左下）、粉蚧（右下）

②防治方法：少量发生时可用棉球蘸水抹去或用刷子刷除；及时剪除虫枝虫叶，并集中烧毁；注意保护寄生蜂和捕食性瓢虫等介壳虫的天敌生物；在产卵期和孵化盛期（约4～6月），用40%氧化乐果乳油的1 000～2 000倍液，或杀螟松乳油的1 000倍液喷雾1～2次。

(2) 蚜虫类(图 7.19)。主要有桃蚜、棉蚜、月季长管蚜、梨二叉蚜、桃瘤蚜等。

主要危害木槿、一串红、芙蓉、扶桑、蜀葵、鸡冠花、木瓜、石楠、紫荆、牡丹、菊花、兰花、海棠、大丽花、菊花、百日草、五色草、金盏花、樱花、梅花、香石竹、仙客来、郁金香、一品红、白兰、瓜叶菊等植物。

①形态及生活习性。蚜虫个体细小,一般只有几毫米,但其繁殖力很强,能进行孤雌生殖,在夏季4~5天就能繁殖一代,一年可繁殖几十代。多以卵在杂草或小灌木的芽腋处越冬,翌年4月产生蚜虫开始危害,直到秋季气温下降后才逐渐停止。蚜虫积聚在新叶、嫩芽及花蕾上,以刺吸式口器刺入园林植物组织内吸取汁液,使受害部位出现黄斑或黑斑,受害叶片皱曲、脱落,花蕾萎缩或畸形生长,严重时可使植株死亡。蚜虫还要分泌蜜露,从而招致细菌生长,并诱发煤烟病等病害。此外,还能在蚊母树、榆树等植株上形成虫瘿。

②防治方法:通过清除植株附近杂草,冬季在园林植物上喷施3~5波美度的石硫合剂,消灭越冬虫卵或萌芽时喷施0.3~0.5波美度的石硫合剂杀灭幼虫;发生盛期喷施乐果或氧化乐果的1000~1500倍液,或杀灭菊酯的2000~3000倍液,或2.5%鱼藤精的1000~1500倍液,1周后复喷一次防治效果更好;注意保护瓢虫、食蚜蝇及草蛉等蚜虫的天敌。

图 7.19　桃蚜及危害状(上)、棉蚜危害状(下左)、月季长管蚜危害状(下右)

（3）叶螨类（图7.20）。俗称"红蜘蛛"。种类较多，主要有朱砂叶螨、苹果全爪螨、山楂叶螨、柑橘全爪螨等。

危害对象除蔷薇科木本植物、柑橘类植物外，还包括一品红、紫藤、紫薇、榆树等植物。

①形态及生活习性。叶螨个体小，体长一般不超过1 mm，呈圆形或卵圆形，橘黄或红褐色，可通过两性生殖或孤雌生殖进行繁殖，繁殖能力强，一年可达10代左右。以雌成虫或卵在枝干、树皮下或土缝中越冬，翌年3月初越冬卵孵化，孵化时间较集中，这是药剂防治的关键时期。6～7月份是全年发生危害的高峰，世代更叠现象严重。成虫、若虫用口器刺入叶内吸吮汁液，被害叶片叶绿素受损，叶面密集细小的灰黄点或斑块，严重时叶片枯黄脱落，甚至因叶片落光而造成植株死亡。

②防治方法：冬季清除植株周围的杂草及落叶，或圃地灌水，以消灭越冬虫源；个别叶片上有灰黄斑点时，可摘除病叶，集中烧毁；虫害发生期喷施20％双甲脒乳油的1 000倍液，20％三氯杀螨砜的800倍液，或40％三氯杀螨醇乳剂的2 000倍液，每7～10天喷一次，共喷2～3次；保护各种食螨瓢虫和其他螨虫天敌。

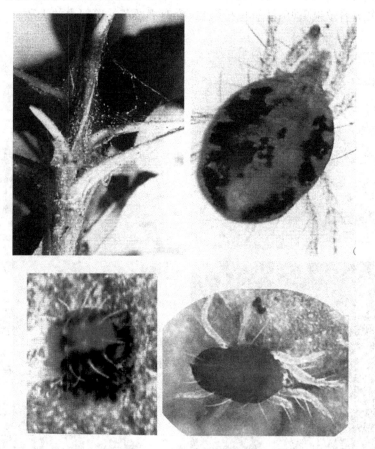

图7.20　朱砂叶螨结的丝网（左上）、朱砂叶螨成虫（右上）、苹果全爪螨成虫（左下）、山楂叶螨成虫（右下）

（4）白粉虱（图7.21）。白粉虱是温室花卉的主要害虫。

主要危害瓜叶菊、万寿菊、三色堇、美人蕉、天竺葵、茉莉、大丽花、扶桑、一串红、一品红、倒挂金钟、金盏花、月季、牡丹、绣球、佛手等植物。

①形态及生活习性。体小纤弱,长 1mm 左右,淡黄色,翅上被覆白色蜡质粉状物,白粉虱以成虫和幼虫群集在花木叶片背面,刺吸汁液进行危害,使叶片枯黄脱落;成虫及幼虫能分泌大量蜜露,导致煤烟病发生。白粉虱一年可繁殖 10 代左右,在温室内则可终年繁殖,世代重叠,全年危害。成虫多集中在植株上部叶片的背面产卵,幼虫和蛹多集中在植株中下部的叶片背面。

图 7.21　白粉虱成虫(有翅)和幼虫(无翅)

②防治方法:及时修剪、疏枝,去掉虫叶;加强管理,保持通风透光,可减少危害的发生;40%乐果或氧化乐果、80%敌敌畏、50%马拉松乳剂对成虫和若虫有良好的防治效果,20%杀灭菊酯的 2 500 倍液对各种虫态都有防治效果;利用它的主要天敌——丽蚜小蜂来进行防治。

3) 蛀干害虫

蛀干害虫包括鞘翅目的小蠹、天牛、吉丁虫、象甲,鳞翅目的木蠹蛾、透翅蛾,等翅目的白蚁,膜翅目的树蜂等,常见的主要是天牛、木蠹蛾和白蚁 3 类。它们多危害生长衰弱的园林植物,且生活隐蔽、防治困难,园林植物一旦受害很难恢复。

(1) 天牛类(图 7.22)。常见的主要有星天牛、桃红颈天牛、桑天牛等。

其危害对象除杨柳科植物和柑橘类植物外,还包括元宝枫、樱花、榆、楝树以及松树类植物。

①形态及生活习性:各种天牛形态及生活习性均差异较大。成虫体长 9~40mm,多呈黑色,飞翔力弱,容易捕捉。天牛类一年一代或 2~3 年发生一代,以幼虫或成虫在根部或树干蛀道内越冬,卵多产在主干、主枝的树皮缝隙中,幼虫孵化后,蛀入木质部危害,蛀孔处堆有锯末和虫粪。受害枝条枯萎或折断。幼虫危害期在每年的 3~11 月。

②防治方法:人工捕杀成虫;成虫发生盛期也可喷施 5%西维因粉剂或 90%敌百虫的 800 倍液防治;成虫产卵期,经常检查树干和枝条的树皮缝隙,发现虫卵及时刮除;用细铁丝钩伸入蛀道内钩出或刺杀幼虫,或用棉球蘸敌敌畏药液塞入洞内并立即封闭以熏杀幼虫;成虫发生前,用涂白剂对树干和主枝进行涂白处理,以防止成虫产卵。涂白剂用生石灰 10 份、硫黄 1 份、食盐 0.2 份、兽油 0.2 份、水 40 份配成。

(2) 木蠹蛾类。主要危害杨树、柳树、榆树、槭树、丁香、白蜡、槐树、刺槐、石榴、柑橘类、水杉等植物。

图 7.22　星天牛(左上)、桃红颈天牛(右上)与桑天牛(下)成虫

①形态及生活习性：成虫灰白色，长 5～28mm。触角黑色，丝状，胸部背面有 3 对蓝青色斑点，翅灰白色，半透明。幼虫红褐色，头部淡褐色。一年发生 1～2 代，以幼虫形式在枝条内越冬，春季气温升高后开始活动。以幼虫蛀入茎部危害，造成枝条枯死、植株不能正常生长开花，或因茎干蛀空而折断。发生最为普遍的是小线角木蠹蛾(图 7.23)。

图 7.23　小线角木蠹蛾成虫与卵及刚孵化的幼虫

②防治方法：及时剪除受害枝条，并集中烧毁；用细铁丝钩插入虫孔，钩出或刺死幼虫；孵化期喷施40％氧化乐果、80％敌敌畏乳油的1000倍液，或50％杀螟松乳油1000倍液防治。

（3）白蚁类。我国的白蚁主要有两种：家白蚁和黄胸散白蚁。两者的形态和防治方法基本相同，只是家白蚁群体大而集中，而黄胸散白蚁群体小而分散。

白蚁主要危害女贞、桉树、水杉、栾树、泡桐、梧桐、桂花、茶花等多种园林树木。

①形态及生活习性。繁殖蚁有浅黄色翅膀，头部背面为深黄褐色，身体背面黄褐色；兵蚁头部梨形，浅黄色，头部有明显的分泌孔，受触动后能分泌乳白色的浆汁；工蚁头部浅黄色，腹部白色，头前部方形、后部圆形（如图7.24）。白蚁为土、木两栖型昆虫，工蚁通过开辟蚁路到各处寻找食物，新鲜的蚁路外面一般可以看到有一条疏松的泥土突起，这是寻找蚁路的最好特征。白蚁以危害木本植物的根和枝干为主。

白蚁活动隐蔽，喜欢阴暗温暖潮湿的环境。在干旱季节，白蚁以取食植物来补充其所需的水分，因此，干旱天气白蚁危害严重。

图7.24 白蚁的工蚁

②防治方法：用蔗渣、食糖等埋入土中，引诱白蚁集中后用菊酯类农药毒杀；注意保护白蚁天敌，如食虫鸟类、蜥蜴、蝙蝠等；加强树木养护，避免各种损伤造成树体伤口，发现伤口及洞口要及时填补，以防止白蚁侵入树体。

4）根部害虫

又称地下害虫。常危害幼苗、幼树根部或近地面部分，种类较多。常见的有鳞翅目的地老虎类、鞘翅目的蛴螬（金龟子幼虫）类和金针虫（叩头虫幼虫）类、直翅目的蟋蟀类和蝼蛄类、双翅目的种蝇类等，这里主要介绍发生比较普遍，且危害较为严重的地老虎类、金龟子类和蝼蛄类害虫。

（1）地老虎类：俗名土蚕、地蚕。它们的幼虫以松、杉、菊花、一串红、万寿菊、鸡冠花、香石竹、大丽花等100多种植物幼苗和根系为食，植株在幼苗期受害最严重，会在齐地表处被咬断，使整株幼苗死亡，造成苗圃缺苗断垄。

①形态及生活习性。最常见的地老虎有两种，即小地老虎和大地老虎（如图7.25）。小地老虎成虫体长16～23mm，翅黄褐色，有剑状黑纹，幼虫浅褐色，表皮粗糙，有许多瘤状黑点，长约4cm；大地老虎成虫体长20～25mm，翅灰褐色，幼虫紫黑色，体长35～60mm，其他特征与小

地老虎相同。

以老熟幼虫或蛹越冬,翌年 3 月份,越冬幼虫开始活动危害,一年中以 3~6 月份对苗木危害最重。

图 7.25　大地老虎(左上)与小地老虎(右上)的成虫(左下)和幼虫(右下)

小地老虎每年繁殖的代数各地不同,从北到南逐渐增多;卵单粒散产于落叶上、地面或植株根际;于土中化蛹,蛹发育历时 12~18 天,越冬蛹长达 150 天左右;成虫喜食蜜糖液。大地老虎每年发生一代,以幼虫越冬,次年 4~5 月份发生危害,有越夏习惯,成虫喜食蜜糖液,卵产于植株近地面的叶片上或土块上。

②防治方法:采用黑光灯或蜜糖液诱杀成虫;早春清除苗圃及周围杂草,防止成虫产卵;采用 2.5% 溴氰菊酯的 3 000 倍液,或 90% 敌百虫的 800 倍液灌土防治。

(2) 金龟子类。常见的主要有铜绿金龟子、小青花金龟子、膨翅异丽金龟子、四纹丽金龟子、棕色鳃金龟子等(如图 7.26)。

危害植物主要有杨、柳、榆、落叶松、月季、菊花、牡丹、芍药、榔榆、桃、悬铃木、槐、柳、马尾松、云南松、玫瑰、菊花、美人蕉、梅、芙蓉、丁香、石竹等种类。

①形态及生活习性。虫体卵圆或长椭圆形,鞘翅铜绿色、紫铜色、暗绿色或黑色等,多有光泽。成虫主要夜晚活动,有趋光性,危害部位多为叶片和花朵,严重时可将叶片和花朵吃光。金龟子的幼虫称为蛴螬,是危害苗木根部最常见的地下害虫之一。

金龟子一年繁殖 1 代,以成虫或幼虫在土壤内越冬,翌年 4 月份出土危害,一般 9 月份停止活动。

图 7.26 铜绿金龟子(上左)、小青花金龟子(上右)、膨翅异丽金龟子(下左)、
四纹丽金龟子(下中)、棕色鳃金龟子(下右)

②防治方法:利用黑光灯诱杀成虫;利用成虫假死性,可于黄昏时人工捕杀成虫;喷施
40％氧化乐果乳油的 1 000 倍液,或 90％敌百虫的 800 倍液也有较好防治效果。

(3) 蝼蛄类。俗名拉拉蛄、土狗子。它们的成虫和幼虫均在土壤中生活,取食播下的种
子、幼芽和幼苗。它们还可将表土层窜成许多隧道状洞穴,造成幼苗根部脱离土壤,并因此而
失水枯死。

危害对象主要包括杨、柳、榆、松、柏、海棠、悬铃木等木本植物和多种草本花卉。

①形态及生括习性。最常见的蝼蛄有两种,即非洲蝼蛄和华北蝼蛄(如图 7.27)。非洲蝼
蛄成虫体长 30～35mm,灰褐色,腹部色较浅,全身密布细毛;头圆锥形,触角丝状;前翅灰褐
色,较短,仅达腹部中央;后翅扇形,较长,超过腹部末端;腹末具一对尾须;前足为开掘足,后足
胫节背面内侧有 4 根坚硬的棘刺。华北蝼蛄比非洲蝼蛄大,成虫体长 36～55mm,黄褐色,后
足胫节背面内侧仅有 1 根坚硬的棘刺,其他特征与非洲蝼蛄相同。

蝼蛄成虫和若虫在土下 30～100cm 深处越冬,翌年 3～4 月份若虫开始上升危害植物,
4～5 月份是危害盛期。成虫有趋光、趋声性和趋粪性。

②防治方法。最经济有效的方法是毒饵防治。将饵料(麦麸、豆饼等)炒香,每 5kg 用
90％敌百虫的 30 倍液或 40％乐果乳油的 10 倍液 0.15kg 拌匀,适量加水,以潮润为度,每亩
施用 1.5～2.5kg,在无风闷热的傍晚撒施效果最好。

图 7.27　非洲蝼蛄与华北蝼蛄成虫

思 考 题

一、简答题

1. 各种用途的园林植物常规的养护管理主要包括哪些内容?

2. 举例说明土壤改良的方法。

3. 园林植物的施肥方法有哪些? 各有什么优缺点?

4. 园林植物在不同时期需水的特点如何? 应该怎么掌握灌水量?

5. 简述补树洞的方法,并说明其做法。

6. 为什么冬季常见树干涂白? 简述其操作方法。

7. 影响园林植物低温危害的因素主要有哪些?

8. 园林植物发生低温危害后怎样进行救治?

9. 园林植物的炭疽病类病害该怎样识别与防治?

10. 天牛类害虫的防治方法主要有哪些?

二、实训题

1. 调查当地用于园林植物栽植的主要土壤类型有哪些?

2. 调查当地公共绿地植物种类,根据各类植物生物学特性制定其土壤、水分和营养管理措施。

8 园林植物的整形修剪

【学习重点】

　　　整形与修剪的目的除了调节和控制园林植物生长与开花结果、生长与衰老更新之间的矛盾外,更重要的是满足观赏要求。此外,园林植物的病虫防治和安全生长,也都离不开整形修剪措施的落实。

8.1　整形修剪的作用和原则

8.1.1　整形修剪的概念

　　"整形"是指为提高园林植物观赏价值,按其习性或人为意愿而修整成为各种优美的形状的措施。"修剪"是指对植株的某些器官,如芽、干、枝、叶、花、果、根等进行剪截、疏除或其他处理的具体操作。

　　整形修剪可以提高园林植物的观赏价值,两者密不可分。整形是修剪的主要目的,修剪是整形的重要手段,两者统一于一定的栽培管理要求下。

8.1.2　整形修剪的作用

8.1.2.1　美化植物外形,提高观赏效果

　　一般说来,自然植物外形是美的,有较强的观赏效果。但从丰富园林景观的需要来说,单纯自然的外形有时是不能满足需求的,必须通过一定的人工修剪整形,使植物在自然美的基础上,创造出与周围环境和谐统一的景观,这样更符合人们的观赏特点。如现代园林中规则式建筑物前的绿化,就要通过艺术美和自然美的形体来烘托,也就是说将植物整修成规则或不规则的特殊形体,才能把建筑物的线条美进一步衬托出来。

　　从冠形结构来说,经过人工整形修剪的植株,各级枝序、分布和排列会更科学更合理。使各层的主枝在主干上分布有序,错落有致,各占一定方位和空间,互不干扰,层次分明,主从关系明确,结构合理,形态美观。

8.1.2.2　增加园林植物的开花结果量

园林植物如果修剪不善,会使开花部位上移、外移、内膛空虚,花果量大减。通过修剪可调节植物体养分,使其合理分配,防止徒长,使营养集中供给顶芽、叶芽,使新梢生长充实,促进大部分短枝和辅养枝成为花果枝,形成较多的花芽,从而提高花果数量和质量,达到花开满枝、果实满膛之目的。此外,一些花灌木还可以通过修剪达到控制花期和延长花期的目的。

8.1.2.3　改善通风透光条件,减少病虫害的发生

自然生长的植物或修剪不当的植株,往往枝条密生,叶片拥挤,树冠郁闭,内膛枝细弱老化,冠内光照不足,通风不良,相对湿度大大增加,这为喜湿润环境的病虫害(蚜虫、介壳虫等)繁殖蔓延提供了条件。通过修剪、疏枝,可增强树冠内通风透光能力,还可提高园林植物的抗逆能力和减少病虫害的发生概率。

8.1.2.4　调节园林植物的生长势

园林植物在生长过程中因环境不同,生长情况各异。生长在片林中的树木,由于接受上方光照,因此向高处生长,使主秆高大,侧枝短小,树冠瘦长;相反孤植树木,同样树龄同一种树木,则树冠庞大,主干相对低矮。但在园林绿地中种植的花木,很多生存空间有限,如生长在建筑物旁、假山或池畔的,为了与环境相协调,可用人工修剪来控制植株的高度和体量。当然植物在地上部分的长势还受根系在土壤中吸收水分、养分多少的影响,如种植在屋顶和平台上的植物,土层浅,养分、水分和空间都不足,可以剪掉地上部分不必要的枝条,控制体量,保证植株正常生长。

通过修剪可以促进局部生长。由于枝条位置各异,枝条生长有强有弱,往往造成偏冠,极易倒伏。因此要及早修剪,改变强枝先端方向,开张角度,使强枝处于平缓状态,以减弱生长或去强留弱。但修剪量不能过大,防止削弱生长势。具体是"促"还是"抑"要因植物种类而异,要因修剪方法、修剪时期、株龄等而异,既可促使衰弱部分壮起来,也可使过旺部分弱下去。

对于有潜伏芽、寿命长的衰老植株应当进行适当重剪,结合施肥、浇水可使之更新复壮。

8.1.2.5　协调比例,创造最佳园林美化效果

在园林中人们常将不同的观赏植物相互搭配造景,配置在一定的园林空间中或者和建筑、山水、园桥等小品相配,创造相得益彰的艺术效果,这就需要控制植株的形态大小和比例。但自然生长的树木往往树冠庞大,不能与这些园林小品相协调,这就须通过合理的修剪整形来加以控制,及时调节其与环境的比例,保持它在景观中应有的位置。在建筑物窗前绿化布置,既要美观大方,还要有利于采光,因此常配置灌木、草本植物或低矮的球形树。与假山配置的植物常用修剪整形的方法,控制植株的高度,使其以小见大,衬托山体的高大。从树木本身来说,树冠占整个树体的比例是否得当,直接影响树形观赏效果。因此合理的修剪整形,可以协调冠高比例,确保观赏效果。

8.1.2.6　提高园林植物的栽植成活率

在苗木移栽过程中,苗木起运会不可避免地造成根部伤害。苗木移栽后,根部难以及时供

给地上部分充足的水分和养料,造成植株水分吸收和蒸腾比例失调,虽然顶芽和侧芽可以萌发,但仍会造成树叶凋萎甚至整株死亡。通常情况下,在起苗之前或起苗之后,适当剪去劈裂根、病虫根、过长根,疏去病弱枝、徒长枝、过密枝,有些还需要摘除部分叶片,以提高园林植物的栽植成活率。

8.1.2.7 调节与市政建设的矛盾

在城市街道绿化中,由于市政建筑设施复杂,常与树木之间发生矛盾。尤其行道树,上有架空线,下有管道电缆线,地面有人流车辆等问题,要使树枝上不挂电线,不妨碍交通人流,主要靠修剪整形措施来解决。

8.1.3 整形修剪的原则

8.1.3.1 根据园林绿化目的对该植物的要求

在园林绿化中,不同的绿化目的对植物的修剪整形方式不同,而不同的修剪整形措施会造成不同的景观效果。因此,首先应明确该植物在园林绿化中的目的要求。例如,同是圆柏,它在草坪上作孤植观赏与作为绿篱时,就有完全不同的修剪整形要求,因而具体的整剪方法就有很大的差异。圆柏作为孤植观赏时一般采取常规性修剪,留中央主干的整形方式,对主枝附近的竞争枝应进行短截,保证中心主枝的顶端优势,避免形成多头现象。圆柏作为绿篱时需多次修剪,限制高度,控制其顶端优势,使之呈圆柱形树冠。

8.1.3.2 根据植物的生长发育习性

园林植物的整形修剪,必需根据该植物的生长发育习性进行,否则可能达不到既定的目的与要求。整形修剪时一般应注意以下两方面。

1) 植物的生长发育和开花习性

植物种类不同,生长习性差异很大,必须采用不同的修剪整形措施。例如,自然体形呈尖塔形、圆锥形树冠的乔木,如雪松、水杉、钻天杨、桧柏、银杏等,顶芽的生长势特别强,形成明显的主干与侧枝的从属关系,对这一类植物就应该采用保留中央领导干的整形方式,稍加修剪,形成圆柱形、圆锥形等形状;对于一些顶端生长势不太强,但发枝能力却很强、容易形成丛状树冠的,如大叶黄杨、小叶女贞、连翘、金银木、棣棠、贴梗海棠、毛樱桃等可修剪整形成圆球形、半球形等形状。对喜光树种,如榆叶梅、碧桃、樱花、紫叶李等,如果为了多开花的目的,就可以采用自然开心形的整形修剪方式。而像龙爪槐、垂枝柳等具有曲垂展习性的,则应采用盘扎主枝为水平圆盘状的方式,以便使树冠呈开张的伞形。

植物的萌芽发枝力的大小和愈伤能力的强弱,对整形修剪的耐力有很大的关系。具有很强萌芽发枝能力的植物,大都能耐多次的修剪。例如,悬铃木、大叶黄杨、贴梗海棠、金叶女贞等。萌芽发枝力弱或愈伤能力弱的植物,如银杏、水杉、悬铃木、桂花、玉兰等,则应少修剪或只予轻度修剪。

在园林中经常要运用修剪整形技术来调节各部位枝条的生长状况以保持均整的树冠,这就必须根据植株上主枝和侧枝的生长关系来进行修剪整形。植物枝条间的生长规律是：在同一植株上，枝条越粗壮则其上的新梢就越多，制造有机养分及吸收无机养分的能力也越强，因而使该枝条生长得更粗壮；反之，弱枝则因新梢少，营养条件差而生长越衰弱，这造成了强枝越强，弱枝越弱的现象。所以应该采用修剪的措施来调节和平衡各主枝间的生长势，采用"对强主枝强剪（即留得短些），对弱主枝弱剪（即留得长些）"方法，对强主枝加以抑制，使养分转至弱主枝方面来，使强弱主枝达到逐渐平衡的效果。而要调节侧枝的生长势，则应采用"对强侧枝弱剪，对弱侧枝强剪"的原则。这是由于侧枝是开花结实的基础，侧枝生长过强或过弱时，都不利于转变为花枝，所以对强侧枝弱剪可适当地抑制其生长作用，从而集中养分使之有利于花芽的分化，同样花果的生长发育亦对强侧枝的生长产生抑制作用。对弱侧枝行强剪，则可使养分高度集中，并借顶端优势的刺激而长出强壮的侧枝，从而获得调节侧枝生长的效果。

另外，植物花芽的着生方式和开花习性有很大差异，有的是先开花后发叶，有的是先发叶后开花，有的是单纯的花芽，有的是混合芽，有的着生于枝的中部或下部，有的着生于枝梢。这些千变万化的差异都是修剪时应该考虑的因素，否则很可能造成很大的损失。

2）植株的年龄

植株处于幼年期时，由于具有旺盛的生长势，所以不宜进行强修剪，否则往往会使枝条在秋季不能及时成熟而降低抗寒力，同时也会造成延迟开花的后果。所以对幼龄小树除特殊需要外，不宜强剪，只宜弱剪，以求扩大树冠，加速成形。成年期树木正处于旺盛的开花结实阶段，此期树木具有完整优美的树冠，这个时期的修剪整形目的在于保持植株的健壮完美，使开花结实能长期保持繁茂和丰产、稳产，所以关键在于配合其他管理措施综合运用各种修剪方法以达到调节均衡的目的。衰老期树木，因其生长势衰弱，每年的生长量小于死亡量，处于向心生长更新阶段，所以修剪时应以强剪为主以刺激其恢复生长势，并善于利用徒长枝来达到更新复壮的目的。

8.1.3.3　根据树木生长地点的环境条件与特点

树木的生长发育与环境条件间具有密切关系，因此即使具有相同的园林绿化目的要求，但由于环境条件不同，在进行具体修剪整形时也会有所不同。例如，同是一株独植的乔木，在土地肥沃处宜整剪成自然式为佳；在土壤瘠薄或地下水位较高处则应适当降低分枝点，使主枝在较低处即开始构成树冠；而在多风处，主干也宜降低高度，并应使树冠适当稀疏，增加通风性，以防折枝和倒伏，在冬季长期积雪地区，对枝干易折断的植物应进行重剪，尽量缩小树冠的面积以防大枝被积雪压断。

疏枝可使邻近的其他枝条增强生长势，并有改善通风透光的效果；强剪可使所保留下的芽得到较强的生长势；弱剪对生长势的加强作用较强剪小。当然这种刺激生长的影响是仅就一根枝条而言的。实际上，各芽所表现出的生长势强与弱的程度还受着邻近各枝以及上一级枝条和环境条件的影响。

另外，在游人众多的景区或规则式园林中，修剪整形应当尽量精细，并适当进行艺术造型，使景观多姿多彩，充满生气。

8.2 园林植物的修剪

8.2.1 修剪时期

园林植物的修剪工作,一般随时都可进行,如抹芽、摘心、除蘖、剪枝等。由于植物的抗寒性、生长特性及物候期对修剪时期有重要影响,因此修剪期可分为休眠期修剪(冬季修剪期)和生长期修剪(春季或夏季修剪)两个时期。

8.2.1.1 休眠期修剪

园林植物从休眠后至次年春季树液开始流动前(落叶树从落叶开始至春季萌发前)修剪称为休眠期修剪。这段时期内植物生长停滞,植物体内养分大部分回归根部,修剪后营养损失最少,且修剪的伤口不易被细菌感染腐烂,对植物生长影响较小。因此,大部分园林植物的大量修剪工作都在此时间内进行。

冬季修剪对观赏树种树冠的构成,枝梢的生长,花果枝的形成等有重要影响,因此进行修剪时要考虑到树龄和树种。通常对幼树的修剪以整形为主;对于观叶树以控制主枝生长、促进侧枝生长为目的;对花果树则着重于培养构成树形的主干、主枝等骨干枝,以早日成形,提前观花现果。

对于生长在冬季严寒地区或抗寒力差的植物以早春修剪为宜,以避免修剪后伤口受冻害。早春修剪应在植株根系旺盛活动之前,营养物质尚未由根部向上输送时进行,可减少养分的损失,对花芽、叶芽的萌发影响不大。对有伤流现象的植物,如核桃、槭类、四照花、葡萄、桦树等,在萌发后修剪会有大量伤流发生,伤流使植株体内的养分与水分流失过多,造成树势衰弱,甚至枝条枯死,因此修剪不能太晚。

8.2.1.2 生长期修剪

园林植物自萌芽后至新梢或副新梢延长生长停止前这段时期内的修剪叫做生长期修剪。在生长期内修剪,若剪去大量枝叶,对树木,尤其是对花果树的外形有一定影响,故宜轻剪。对于发枝力强的树,如要在休眠期修剪基础上培养直立主干,就必须对主干顶端剪口附近的大量新梢进行短截,目的是控制它们生长,调整并辅助主干的长势和方向。花果树及行道树的修剪,主要控制竞争枝、内膛枝、直立枝、徒长枝的发生和长势,以集中营养供骨干枝旺盛生长之需。而绿篱和草花的生长期修剪,主要保持整齐美观,同时剪下的嫩枝可作插穗。

8.2.2 修剪方法

修剪的方法归纳起来基本是"截、疏、伤、变、放"等,可根据修剪的目的灵活采用。

8.2.2.1 截

是将当年生或一年生枝条的一部分剪去。主要目的是刺激剪口下的侧芽萌发,抽发新梢,增加枝条数量,从而多发叶多开花。它是园林植物修剪时最常用的方法。短截程度影响到枝条的生长,短截程度越重,对单枝的生长量刺激越大。根据短截的程度可分为以下几种(图8.1):

图8.1   不同程度的截短方法示意

1) 轻短截

只剪去一年生枝的少量枝段,一般是轻剪枝条的顶梢(剪去枝条全长的1/4～1/3)。主要用于花果类树木强壮枝或草花的修剪。去掉枝条顶梢后刺激其下部多数半饱满芽的萌发,分散了枝条的养分,促进产生大量的短枝。这些短枝一般容易形成花芽。

2) 中短截

剪到枝条中部至中上部饱满芽处(剪去枝条全长的1/3～1/2)。由于剪口芽强健壮实,养分相对集中,刺激其多发强旺的营养枝,截后形成较多的中、长枝,成枝力高,生长势强,主要用于某些弱枝复壮以及骨干枝和延长枝的培养。

3) 重短截

剪到枝条下部半饱满芽处。由于剪掉枝条大部分(剪去枝条全长的2/3～3/4),对局部的刺激作用大,对植株的总生长量有很大影响,剪后萌发的侧枝少,但由于营养供应充足,一般都萌发强旺的营养枝。主要用于弱树、老树、老弱枝的复壮更新。

4) 极重短截

在春梢基部仅留1～2个不饱满的芽,其余剪去。此后萌发出1～2个弱枝,一般用于竞争枝处理或降低枝位。

5) 回缩

又称缩剪,即将多年生枝条剪去一部分。当树木或枝条生长势减弱,部分枝条开始下垂,树冠中下部出现光秃现象时,为了改善光照条件和促发新旺枝以恢复树势或枝势,常用这种修剪方法。

8.2.2.2   疏

又称疏剪或疏删,将枝条自分生处剪去,不保留基部的芽。疏剪可调节枝条均匀分布,加大空间,改善通风透光条件,有利于植株内部枝条生长发育,有利于花芽分化。疏剪的对象主要是病虫枝、伤残枝、内膛密生枝、干枯枝、并生枝、过密的交叉枝、衰弱的下垂枝等(图8.2)。疏剪工作贯穿全年,可在休眠期、生长期进行。

疏剪强度可分为轻疏(疏枝占全树枝条的10%)、中疏(10%～20%)、重疏(20%以上)。

疏剪强度依植物种类、长势、树龄而定。萌芽力强、成枝力弱的或萌芽力、成枝力都弱的种类,少疏枝,如马尾松、雪松等枝条轮生,每年发枝数有限,尽量不疏枝。萌芽力、成枝力都强的种类,可多疏,如法桐。轻疏对于幼树可以促进树冠迅速扩大,对于花灌木类则可提早形成花芽开花。成年树生长与开花进入盛期,枝条多,为调节生长与生殖关系,促进年年有花或结果,应适当中疏。衰老期树木,发枝力弱,为保持有足够的枝条组成树冠,疏剪时要小心,只能疏去必须要疏除的枝条。

图8.2

8.2.2.3 伤

伤是用破伤枝条的各种方式来达到缓和树势,削弱受伤枝条的生长势目的的修剪方法。如环状剥皮、刻伤、扭梢等。

1) 环状剥皮

环状剥皮是在发育期对不易开花结果的枝条,用刀在枝干或枝条基部适当部位,剥去一定宽度的环状树皮的方法。它在一段时期内可阻止枝梢碳水化合物向下输送,有利于环状剥皮枝条的上方枝条积累营养物质和形成花芽,但弱枝、伤流过旺及易流胶的树种不宜应用环状剥皮。环状剥皮深达木质部,剥皮宽度以1月内剥皮伤口能愈合为限,一般为3～5mm,太宽会使伤口长期不能愈合而对树木生长不利(图8.3)。

图8.3 环状剥皮

2) 刻伤

用刀在芽或枝的附近刻伤的方法,以深达木质部为度。当在芽或枝的上方进行切刻时,由于养分、水分受伤口的阻隔而集中于该芽或枝条,可使生长势加强。当在芽或枝的下方进行切刻时,则生长势减弱,但由于有机营养物质的积累,能使枝、芽充实,有利于加粗生长和花芽的形成。切刻越深越宽时,作用就越强。

此法在观赏植物修剪中广为应用,如雪松的树冠往往发生偏冠现象,用刻伤可补充新枝;再如观花观果树的光腿枝,为促进下部萌发新枝,也可用刻伤方法。

3) 扭梢和折梢

在生长季内,将生长过旺的枝条,特别是着生在枝背上的旺枝,在中上部扭曲下垂称为扭梢。将新梢折伤而不断则为折梢。扭梢与折梢是伤骨不伤皮,目的是阻止水分、养分向生长点输送,削弱枝条长势,利于短花枝的形成,如碧桃常采用此法(图8.4)。

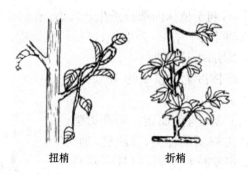

扭梢　　　　　折梢

图 8.4　扭梢和折梢

8.2.2.4　变

改变枝条生长方向,控制枝条生长势的方法称为变,如曲枝、撑枝、拉枝、抬枝等,目的是改变枝条的生长方向和角度,使顶端优势转位、加强或削弱。将直立生长的背上枝向下曲成拱形时,顶端优势减弱,枝条生长转缓。下垂枝因向地生长,顶端优势弱,枝条生长不良,为了使枝势转旺,可抬高枝条使枝顶向上(图 8.5)。

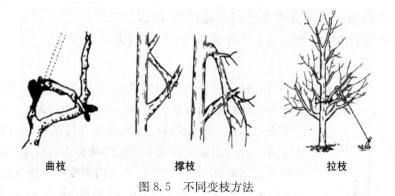

曲枝　　　　　　　　撑枝　　　　　　　　拉枝

图 8.5　不同变枝方法

8.2.2.5　放

又称缓放、甩放或长放,即对一年生枝条不做任何短截,任其自然生长。利用单枝生长势逐年减弱的特点,对部分生长中等的枝条长放不剪,下部易发生中、短枝,停止生长早,同化面积大,光合产物多,有利于花芽形成。幼树、旺树常以长放缓和树势,促进提早开花结果。长放用于中庸树、平生枝、斜生枝效果更好。对于幼树的骨干枝、延长枝、背生枝或徒长枝不能放。弱树也不宜多用长放。

8.2.2.6　其他修剪方法

1) 摘心

在生长季节,随新梢伸长,随时剪去其嫩梢顶尖的技术措施称为摘心。具体进行的时间依植物种类、目的要求而异。通常在新梢长至适当长度时,摘去先端 2～5 cm,可使摘心处 1～2 个腋芽受到刺激发生二次枝,根据需要二次枝还可再进行摘心(图 8.6)。

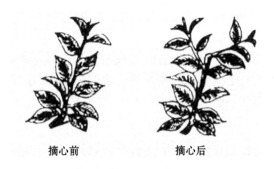

摘心前　　　　　　　　摘心后

图8.6　生长季节摘心

2）剪梢

在生长季节,由于某些植物新梢未及时摘心,使枝条生长过旺,伸展过长,且木质化。为调节观赏植物主侧枝的平衡关系以及调整观花观果植物营养生长和生殖生长关系,采取剪掉一段已木质化的新梢先端,即为剪梢。

3）抹芽

把多余的芽抹去称为抹芽。此措施可改善其他留存芽的养分供应状况而增强生长势。常用在培养树木通直主干或防止主枝顶端竞争枝的发生上,在修剪时将无用或有碍于骨干枝生长的芽除去。

4）去蘖

主干基部及大伤口附近经常长出嫩枝,有碍树形,影响生长。去蘖可直接用手掰掉枝条,最好在木质化前进行,它可使养分集中供应植株,改善生长发育状况。此外,一些树种如碧桃、榆叶梅等易长根蘖,也应除掉。

5）疏花、疏果

花蕾过多会影响开花质量,如月季、牡丹等,为促使花朵硕大,常可用摘除侧蕾的措施而使主蕾充分生长。对一些观花植物,在花谢后常进行摘除枯花工作,不但能提高观赏价值,又可避免结实消耗养分。

观花植物为使花朵繁茂,避免养分过多消耗,常将幼果摘除。例如,对月季、紫薇等,为使其连续开花,必须时时剪除果实。至于以采收果实为目的,亦常为使果实肥大、提高品质或避免出现"大、小年"现象而摘除适量果实。

8.2.3　修剪的注意事项

8.2.3.1　修剪程序

修剪时最忌漫无次序不假思索地乱剪。这样常会将需要保护的枝条也剪掉了,而且速度也慢,应按照一定的程序进行。园林植物修剪的程序概括起来为"一知、二看、三剪、四拿、五处理"。

1）一知

修剪人员,必须知道操作规程、技术规范及特殊要求,同时必须知道植物的生物学习性,园林用途等。

2) 二看

修剪前先绕植株观察,看修剪对象固有的生长习性及具体立地条件,株形结构是否合理,生长势是否均衡,营养生长与生殖生长的关系是否协调等,综合分析后确定相应的修剪技术措施,对实施的修剪方法应做到心中有数。

3) 三剪

根据因地制宜、因植物类别修剪的原则进行合理修剪。按照"由基到梢、由内及外,由粗剪到细剪"的顺序来剪。即先看好植物的整体应整成何种形式,然后由主枝的基部自内向外地逐渐向上修剪,这样就会避免差错或漏剪,既能保证修剪质量,又可提高修剪速度。

4) 四拿

修剪下的枝条及时拿掉,集中运走,保证环境整洁。

5) 处理

剪下的枝条,特别是病虫害枝条要及时处理,防止病虫害蔓延。

8.2.3.2 剪口芽的处理

在修剪具有永久性各级骨干枝的延长枝时,应特别注意剪口与其下方芽的关系(图 8.7)。图 8.7 中是正确的剪法,即斜切面与芽的方向相反,其上端与芽的顶端相齐,下端与芽的腰部相齐。这样剪口面不大,又利于对芽供应养分、水分,使剪口面不易干枯而可很快愈合,芽也会抽梢良好。如图 8.7 中 2 的剪法,易形成过大的切口,切口下端已到芽基部的下方,由于水分蒸腾过烈,会严重影响芽的生长势,甚至可使芽枯死。图 8.7 中 3 的剪法还算可行,但技术不熟练的易发生如图 8.7 中 5 或剪损芽体的弊病。图 8.7 中 4、5、6 的剪法,遗留下一小段枝梢,常常不易愈合,并为病虫的侵袭打开门户,而且如果遗留的枝梢过长时,在芽萌发后易形成弧形的生长现象(图 8.8)。这对于幼苗的延长主干来讲,是会降低苗木的品级的。但在春季多旱风处亦常行如图 8.7 中 4 或图 8.7 中 5 的剪法,待度过春季旱风期后再行第二次修剪,剪除芽上方的多余部分枝段。

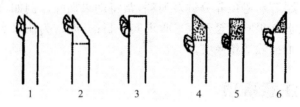

图 8.7   剪口位置与剪口芽的关系

此外,除了注意剪口芽与剪口的位置关系外,还应注意剪口芽的方向就是将来延长枝的生长方向(8.8)。因此,须从植株整体整形的要求来具体决定究竟应留哪个方向的芽。一般而言,对垂直生长的主干或主枝而言,每年修剪其延长枝时,所选留的剪口芽的方向应与上年的剪口芽方向相反,如此才可以保证延长枝的生长不会偏离主轴(图 8.9)。至于向侧方斜生的主枝,其剪口芽应选留向外侧或向树冠空疏处生长的方向。

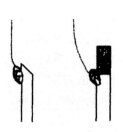

图 8.8   不同剪法的剪口芽的发枝趋向

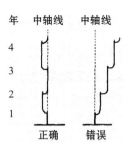

图 8.9   垂直主干延长枝的逐年修剪法

以上所述均为修剪永久性的主干或骨干枝时所应注意的事项。至于小侧枝,则因其寿命较短,即使芽的位置、方向等不适当也影响不大。

若剪枝或截干造成剪口创面大,应用锋利的刀削平伤口,用硫酸铜溶液消毒,再涂上保护剂,以防止伤口由于日晒雨淋、病菌入侵而腐烂。常用的保护剂有保护蜡和豆油铜素剂两种。保护蜡用松香、黄蜡、动物油按 5∶3∶1 比例熬制而成。熬制时,先将动物油放入锅中用温火加热,再加松香和黄蜡,不断搅拌至完全溶化。由于冷却后会凝固,涂抹前需要加热。豆油铜素剂是用豆油、硫酸铜、熟石灰按 1∶1∶1 比例制成的。配制时,先将硫酸铜和熟石灰研磨成粉末,将豆油倒入锅中煮至沸腾,再将硫酸铜与熟石灰放入油中搅拌至完全溶化,冷却后即可使用。

8.2.3.3   主枝或骨干枝的分枝角度

对高大的乔木而言,分枝角度太小时,容易受风、雪压、冰挂或结果过多等压力而发生劈裂事故。因为在二枝间由于加粗生长而互相挤压,不但不能有充分的空间发展新组织,反而使已死亡的组织残留于两枝之间,因而降低了承压力。反之,如分枝角度较大时,则由于有充分的生长空间,故两枝间的组织联系得很牢固而不易发生劈裂(图 8.10)。

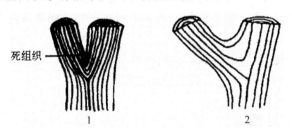

图 8.10   主枝或大枝分枝角大小的影响

1—分枝角小易产生死组织,两枝间结合不太牢固;2—分枝角大,两枝间结合牢固

基于上述的道理,所以在修剪时应剪除分枝角过小的枝条,而选留分枝角较大的枝条作为下一级的骨干枝。对初形成树冠而分枝角较小的大枝,可用绳索将枝拉开,或于两枝间嵌撑木板,加以矫正。

8.2.3.4　大枝锯截

在截除粗大的侧生枝干时,应先用锯在粗枝基部的下方,由下向上锯入 1/3～2/5,然后再自上方在基部略前方处从上向下锯下,如此可以避免劈裂(图 8.11)。最后再用利刃将伤口自枝条基部切削平滑,并涂上护伤剂以免病虫侵害和水分的蒸腾。伤口削平滑的措施会有利于愈伤组织的发展,有利于伤口的愈合。护伤剂可以用接蜡、白涂剂、桐油或油漆。

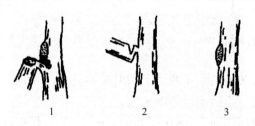

图 8.11　大枝锯截的方法

1—错误.自上向下锯时易发生撕裂损伤;2—正确.自下向上锯然后再自上向下锯;

3—最后需削平伤口,并涂上保护剂

8.2.3.5　修剪的安全措施

(1) 修剪时使用的工具应当锋利,上树机械或折梯在使用前应检查各个部件是否灵活,有无松动,防止发生事故。

(2) 上树操作必须系好安全带、安全绳,穿胶底鞋,手锯一定要拴绳套在手腕上,以保安全。

(3) 作业时严禁嬉笑打闹,要思想集中,以免错剪。刮五级以上大风时,不宜在高大树木上修剪。

(4) 在高压线附近作业时,应特别注意安全,避免触电,必要时应请供电部门配合。

(5) 在行道树修剪时,必须专人维护现场,树上树下要互相联系配合,以防锯落大枝砸伤过往行人和车辆。

(6) 修剪病枝的工具,要用硫酸铜消毒后再修剪其他枝条,以防交叉感染。修剪下的枝叶应及时收集,有的可作插穗或接穗用,病虫枝则需堆积烧毁。

8.3　园林植物的整形

8.3.1　整形时期

园林植物的整形工作总是结合修剪进行的,所以除特殊情况外,整形的时期与修剪的时期是一致的。

8.3.2　整形形式

园林绿地中的植物负担着多种功能任务,所以整形的形式各有不同,但是概括起来可以分为以下 3 类:

8.3.2.1　自然式整形

植物因其分枝方式、生长发育状况不同,形成了各种各样的形状。在保持原有的自然形状的基础上适当修剪整形,称为自然式整形。在园林绿地中,以自然式整形最为普遍,施行起来亦最省工,而且自然式整形是符合植物本身的生长发育习性的,因此常有促进植物生长良好、发育健壮的效果,并能充分发挥该植物的外形特点,能充分体现园林的自然美,最易获得良好的观赏效果。

自然式整形的基本方法是利用各种修剪技术,按照植物本身的自然生长特性,对植物外形作辅助性的调整和促进,使之早日形成自然外形,主要是对各种扰乱生长平衡、破坏外形的徒长枝、冗枝、内膛枝、并生枝以及枯枝、病虫枝等加以抑制或剪除,维护植物外形的匀称完整。

8.3.2.2　人工式整形

根据园林观赏的需要,将植物强制修剪成各种特定形状,称为人工式整形。由于人工式整形是与植物本身的生长发育特性相违背,植株一旦长期不进行修剪,其形体效果就容易破坏,所以需要经常不断地修剪整形。适用于人工整形的植物一般都是耐修剪、萌芽力和成枝力都很强的种类。

常见的整形形式有各种规则的几何形体或是非规则的各种形体,如鸟、兽、城堡等。

1）几何形体的整形方法

通过修剪整形,最终植物的外形成为各种几何形体,如正方体、长方体、梯形体、圆柱体、球体、半球体或不规则几何体等。这类形式的整形需按照几何形体的构成规律为标准来进行。例如正方体整形应先确定每边的长度;球体应确定半径等。在灌木球状造型的整剪的过程中(见图 8.12),需要注意的是,进行球面修剪时,要将修剪刀翻转过来,利用修剪刀的反面才能在植株上修剪出曲线。另外,修剪时一般要先剪上半部分,再修剪下半部分直至土壤。

2）非几何形体整形方法

(1)垣壁式。在庭园及建筑物附近作为垂直绿化墙壁目的的整形形式。在欧洲的古典式庭园中常可见到这种形式。常见的垣壁式形式有 U 字形、叉形、肋骨形、扇形等(图 8.13)。垣壁式的整形方法是使主干低矮,主干上左右两侧呈对称或放射状配列主枝,并使之保持在同一平面上。

(2)雕塑式。根据整形者的设计意图,创造出各种各样的形体。如建筑物形式:亭、台、楼阁等,常见于寺庙、陵园及名胜古迹处;动物形式:鹿、大熊猫、兔、马、孔雀等;还有装饰物品如花篮及大型体育活动的会徽如 2008 年北京奥运会会徽(图 8.14)等。这些整形方式应注意树木的形体与四周园景相谐调,线条勿过于繁琐,以轮廓鲜明简练为佳。整形的具体做法全视修剪者技术而定,亦常借助于棕绳或铁丝,事先做好轮廓样式进行整形修剪。

1. 从幼树开始，培育球形植物的轮廓

2. 连续几年对其进行轻度修剪
以刺激植物生长得密实

3. 当植株长至需要的高度时，开始
按球形植物进行整剪

4. 经过多次修剪成型，一般要2~3年

图 8.12   灌木类球形植物的整剪过程

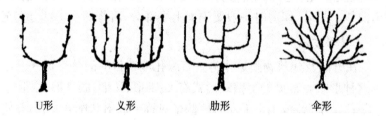

U形   义形   肋形   伞形

图 8.13   常见的垣壁式整形形式

图 8.14   2008 年北京奥运会会徽

8.3.2.3   自然与人工混合式整形

这种形式是由于园林绿化上的某些要求,对自然树形加以或多或少的人工改造而形成的。常见的有以下几种:

1) 杯状形

树形无中心主干,仅有相当一段高度的树干,自主干上部分生 3 个主枝,均匀向四周排开,3 个主枝各自再分生 2 个枝而成 6 个枝,再以 6 枝各分生 2 枝即成 12 枝,即所谓"三股、六杈、十二枝"的树形。这种几何状的规整分枝不仅整齐美观,而且冠内不允许有直立枝、内向枝的存在,一经出现必须剪除。此种树形在城市行道树和景观树中较为常见(图 8.15)。

2) 开心形

这是将上法改良的一种形式,适用于轴性弱、枝条开展的树种。整形的方法亦是不留中央干而留多数主枝配列四方,分枝较低。在主枝上每年留有主枝延长枝,并于侧方留有副主枝处于主枝的空隙处。整个树冠呈扁圆形,可在观花小乔木及苹果、桃等喜光果树上应用(图 8.16)。

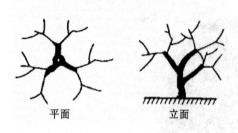

平面　　　立面

图 8.15　杯状形

图 8.16　开心形

3) 多领导干形

留 2～4 个中央领导干,于其上分层配列侧生主枝,形成匀称的树冠。常见树形有馒头形等,本形适用于生长较旺盛的种类,可形成优美的树冠,提前开花结果,延长小枝寿命,最宜于观花乔木、庭荫树的整形,如馒头柳、玉兰等(图 8.17)。

4) 中央领导干形

留一强大的中央领导干,在其上较均匀地保留主枝。这种形式是对自然树形加工较少的一种形式。常见的树形有:圆锥形、圆柱形、卵圆形等。本形式适用于轴性强的树种,能形成高大的树冠,最宜于作庭荫树、独赏树及松柏类乔木的整形(图 8.18)。

图 8.17　多领导干形

图 8.18　中央领导干形

5) 圆球形

此形具一段极短的主干,在主干上分生多数主枝,主枝分生侧枝,各级主侧枝均相互错开利于通风透光,叶幕层较厚,园林中广泛应用。如黄杨、小叶女贞、球形龙柏等常修剪成此形。

6) 灌丛形

主干不明显,每丛自基部留主枝 10 个左右,其中保留 1～3 年生主枝 3～4 个,每年剪掉 3～4 个老主枝,更新复壮。

7) 伞形

多用于一些垂枝形的树木的修剪整形,如龙爪槐、龙桑、垂枝桃,垂枝榆等。这类树木修剪需保留 3～5 个主枝作为一级侧枝,只要一级侧枝布局得当,以后的各级侧枝下垂,并保持枝的相同长度,即可形成伞形树冠。

8)棚架形

主要应用于园林绿地中的蔓生植物。凡是有卷须或具有缠绕特性的植物均可自行依支架攀援生长,如葡萄、紫藤、金银花等;不具备这些特性的藤蔓植物,如木香、蔓生月季等则靠人工搭架引缚,便于它们延长扩展,又可形成一定遮阴面积,而形状由架形而定。

综上所述的3类整形方式,在园林绿地中以自然式应用最多,既省人力、物力,又易成功。其次为自然与人工混合式整形,它比较费工,亦需适当配合其他栽培技术措施。关于人工式整形,一般言之,由于很费人工,且需具有较熟练的技术水平的人员才能修整,故常只在园林局部或有特殊绿化要求处应用。

8.4 园林中树木的修剪与整形

园林绿地中栽植有各种不同用途的树木,即使树种相同,由于园林用途的不同,其修剪整形的形式和要求也是不同的。

8.4.1 庭荫树的修剪与整形

庭荫树一般栽植在公园(或庭院)的中心、建筑物周围或南侧、园路两侧,具有庞大的树冠、挺秀的树形、健壮的树干,能造成浓荫如盖、凉爽宜人的环境。

一般来说,庭荫树的树冠不需要进行专门的整形,而多采用自然树形。但由于特殊的要求或风俗习惯等原因,也有采用人工式整形或自然和人工混合式整形的。庭荫树的主干高度应与周围环境的要求相适应,一般无固定的规定而主要视树种的生长习性而定。

庭荫树的树冠与树高的比例大小,视树种及绿化要求而异。孤植的庭荫树树冠以尽可能大些为宜,以最大可能发挥其遮阴和观赏效果,而且对一些树干皮层较薄的种类,如七叶树、白皮松等,可有防止烈日灼烧树皮的作用。一般认为,庭荫树的树冠以占树高的2/3以上为佳,以不小于1/2为宜,如果树冠过小,会影响树木的生长及健康状况。

庭荫树在具体修剪时,除人工形式需每年用较多的劳动力进行休眠期修剪整形以及夏季生长期修剪外(如上海在夏季需进行除梢,在台风前进行疏剪),对自然式树冠则只需每年或隔年将病、枯枝,扰乱树形的枝条,基部发生的萌蘖枝以及主干上由不定芽发长的冗枝等一一剪除,对老、弱枝进行短剪,给以刺激使之增强生长势。

8.4.2 行道树的修剪与整形

行道树是指在道路两旁整齐列植的树木,每条道路上树种相同。城市道路行道树主要有道路遮阴、美化街道和改善城区小气候等作用。

行道树要求枝条伸展,树冠开阔,枝叶浓密。行道树一般使用树体高大的乔木树种,主干高度要求 2.5~6.0m 之间。行道树上方有架空线路通过的干道,其主干的分枝点高度,应在架空线路的下方,而为了车辆行人的交通方便,分枝点不得低于 2~2.5m。城郊公路及街道、巷道的行道树,主干高可达 4～6m 或更高。定植后的行道树要每年修剪扩大树冠,调整枝条的伸出方向,增加遮阴保湿效果,同时也应考虑到建筑物的采光问题。

行道树树冠形状依栽植地点的架空线路及交通状况决定。在架空线路多的主干道上及一般干道上,常采用规则形树冠,修剪整形成杯状形、开心形等立体几何形状。在机动车辆少的道路或狭窄的的巷道内,可采用自然式树冠。行道树定干时,同一条干道上分枝点高度应一致,使整齐划一,不可高低错落,影响美观与管理。

8.4.2.1 几何形体行道树的修剪与整形

1) 杯状形行道树的修剪与整形

杯状形行道树具有典型的三股六叉十二枝的冠形,主干高在 2.5～4m。整形工作是在定植后的 5～6 年内完成的。以法桐为例,春季定植时,于树干 2.5～4m 处截干,萌发后选 3～5 个方向不同、分布均匀与主干呈 45℃ 夹角的枝条作主枝,其余分期剥芽或疏枝,冬季对主枝留80～100cm 短截,箭口芽留在侧面,并处于同一平面上,使其匀称生长;第二年夏季再剥芽疏枝,幼年法桐顶端优势较强,在主枝呈斜上生长时,其侧芽和背下芽易抽生直立向上生长的枝条,为抑制剪口处侧芽或下芽直立生长,抹芽时可暂时保留直立主枝,促使剪口芽侧向斜上生长;第三年冬季于主枝两侧发生的侧枝中,选 1～2 个作延长枝,并在 80～100cm 处再短剪,剪口芽仍留在枝条侧面,疏除原暂时保留的直立枝、交叉枝等,如此反复修剪,3～4 年后即可形成杯状形树冠。

骨架构成后,树冠扩大很快,疏去密生枝、直立枝,促发侧生枝,内膛枝可适当保留,增加遮阴效果。上方有架空线路时,勿使枝条与线路触及,按规定保持一定距离。靠近建筑物一侧的行道树,为防止枝条扫瓦、堵门、堵窗,影响室内采光和安全,应随时对过长枝条行短截修剪。

生长期内要经常进行抹芽,抹芽时不要损伤树皮,不留残枝。冬季修剪时应把交叉枝、并生枝、下垂枝、枯枝、伤残枝及背上直立枝等一一截除。

2) 开心形行道树的修剪与整形

多用于无中央主轴或顶芽能自疏的树种,树冠自然展开。定植时,将主干留 3cm 或者截干,春季发芽后,选留 3～5 个位于不同方向、分布均匀的侧枝进行短剪,促进枝条生长成主枝,其余全部抹去。生长季节注意将主枝上的芽抹去,只留 3～5 个方向合适、分布均匀的侧芽。来年萌发后选留侧枝,主、侧枝共留 6～10 个,使其向四方斜生,并进行短截,促发次级侧枝,以便冠形丰满、匀称。

8.4.2.2 自然式冠形行道树的修剪与整形

对于树形优美的行道树,在不妨碍交通和其他公用设施的情况下,多采用自然式冠形,如球形、卵圆形、扁圆形等。

1) 中央领导干形行道树的修剪与整形

这一类的行道树主要是一些顶端优势明显的树种,如杨树、银杏、水杉、圆柏、雪松、枫杨等。

中央领导干形的行道树分枝点的高度按树种特性及树木规格而定,栽培中要保护顶芽向上生长。郊区多用高大树木,分枝点在 4～6m 以上。主干顶端如受损伤,应选择一直立向上生长的枝条或在壮芽处短剪,并把其下部的侧芽抹去,抽出直立枝条代替,避免形成多头现象。

阔叶类树种如毛白杨,不耐重抹头或重截,应以冬季疏剪为主。修剪时应保持冠与树干的适当比例,一般树冠高占 3/5,树干(分拉点以下)高占 2/5。在快车道旁的分枝点高至少应在 2.8m 以上。注意最下的三大主枝上下位置要错开,方向均称,角度适宜。要及时剪掉三大主枝上最基部贴近树干的侧枝,并选留好三大主枝以上的其他各主枝,使呈螺旋形往上排列。再如银杏,每年枝条短截,下层枝应比上层枝留得长,萌生后形成圆锥状树冠。成形后,仅对枯病枝、过密枝疏剪,一般修剪量不大。

2) 多领导干形行道树的修剪与整形

这一类行道树树种的主干干性不强,如旱柳、刺槐、栾树、白蜡、榆树等分枝点高度一般为 2～3m,留 5～6 个主枝,各层主枝间距短,使其自然长成卵圆形或扁圆形的树冠。每年修剪主要对象是密生枝、枯死枝、病虫枝和伤残枝等。

8.4.3 灌木(或小乔木)的修剪与整形

灌木(小乔木)的修剪整形需依据植物种类、植株生长的周围环境、长势强弱及其在园林中所起的作用进行修剪与整形。按树种的生长发育习性,可分为以下几类修剪整形方式:

8.4.3.1 观花类的修剪与整形

1) 根据树势强弱修剪与整形

幼树生长旺盛,以整形为主,宜轻剪。直立枝、斜生枝的上位芽在冬剪时应剥掉,防止生长直立枝。一切病虫枝、干枯枝、人为破坏枝、徒长枝等用疏剪方法剪去。丛生花灌木的直立枝,选择生长健壮的加以轻摘心,促其早开花。

壮年树木应充分利用立体空间,促使多开花。休眠期修剪时,在秋梢以下适当部位进行短截,同时逐年选留部分根蘖,并疏掉部分老枝,以保证枝条不断更新,保持丰满树形。

老弱植株以更新复壮为主,采用重短截的方法,使营养集中于少数腋芽,萌发壮枝,及时疏删细弱枝、病虫枝、枯死枝。

2) 根据季节修剪与整形

落叶花灌木依修剪时期可分冬季修剪(休眠期修剪)和夏季修剪(花后修剪)。冬季修剪一般在休眠期进行。夏季修剪在花落后进行,目的是抑制营养生长,增加全株光照,促进花芽分化,保证来年开花。夏季修剪宜早不宜迟,这样有利于控制徒长枝的生长。若修剪时间稍晚,直立徒长枝已经形成。如空间条件允许,可用摘心办法使生出二次枝,增加开花枝的数量。

3) 根据花灌木生长和开花习性进行修剪与整形

(1) 早春开花,花芽(或混合芽)着生在二年生枝条上的花灌木。如连翘、榆叶梅、碧桃、迎春、牡丹等灌木是在前一年的夏季高温时进行花芽分化,经过冬季低温阶段于第二年春季开花。因此,应在花残后叶芽开始膨大尚未萌发时进行修剪。修剪的部位依植物种类及纯花芽或混合芽的不同而有所不同。连翘、榆叶梅、碧桃、迎春等可在开花枝条基部留 2～4 个饱满芽进行短截。牡丹则仅将残花剪除即可。

（2）夏秋季开花，花芽（或混合芽）着生在当年生枝条上的花灌木。如紫薇、木槿、珍珠梅等是在当年萌发枝上形成花芽，因此应在休眠期进行修剪。将二年生枝基部留 2~3 个饱满芽或一对对生的芽进行重剪，剪后可萌发出一些茁壮的枝条，花枝会少些，但由于营养集中会产生较大的花朵。有些灌木如希望当年开两次花的，可在花后将残花及其下的 2~3 个芽剪除，刺激二次枝条的发生，适当增加肥水即可二次开花。

（3）花芽（或混合芽）着生在多年生枝上的花灌木。如紫荆、贴梗海棠等，虽然花芽大部分着生在二年生枝上，但当营养条件适合时多年生的老干亦可分化花芽。对于这类灌木中进入开花年龄的植株，修剪量应较小，在早春可将枝条先端枯干部分剪除，在生长季节为防止当年生枝条过旺而影响花芽分化时，可进行摘心，使营养集中于多年生枝干上。

（4）花芽（或混合芽）着生在开花短枝上的花灌木。如西府海棠等，这类灌木早期生长势较强，每年自基部发生多数萌芽，自主枝上发生大量直立枝。当植株进入开花年龄时，多数枝条形成开花短枝，在短枝上连年开花。这类灌木一般不大进行修剪，可在花后剪除残花，夏季生长旺时，将生长枝进行适当摘心，抑制其生长，并将过多的直立枝、徒长枝进行疏剪。

（5）一年多次抽梢，多次开花的花灌木。如月季，可在休眠期对当年生枝条进行短剪或回缩强枝，同时剪除交叉枝、病虫枝、并生枝、弱枝及内膛过密枝。寒冷地区可进行强剪，必要时进行埋土防寒。生长期可多次修剪，可于花后在新梢饱满芽处短剪（通常在花梗下方第 2~3 芽处）。剪口芽很快萌发抽梢，形成花蕾开花，花谢后再剪，如此重复。

8.4.3.2　观果灌木的修剪与整形

观果灌木的修剪期和方法与早春开花的种类大体相同，但需特别注意及时疏除过密的枝条，确保通风透光，减少病虫害，促进果实着色，提高观赏效果。为提高结实率，一般在夏季常采用环状剥皮、疏花、疏果等修剪措施。观果类灌木种类丰富，如金银木、枸杞、火棘、沙棘、铺地蜈蚣、南天竹、石榴、构骨、金橘、南蛇藤等。

8.4.3.3　观枝类灌木的修剪与整形

观赏枝条类灌木如红端木、金枝柳、金枝槐、棣棠等，一般冬季不作修剪整形，可在早春萌芽前重剪，以后轻剪，以促使多萌发枝条，以便冬枝充分发挥观赏作用。这类灌木的嫩枝颜色最鲜艳，老枝颜色一般较暗淡，除每年早春重剪外，应逐步疏除老枝，不断更新。

8.4.3.4　观叶类灌木的修剪与整形

观叶类灌木有观早春叶的，如黄连木、山麻秆等；有观秋叶的，如黄栌、鸡爪槭等；还有常年叶色均为异色的，如金叶女贞、红叶小檗、紫叶李、金叶圆柏等。其中有些种类的花也很有观赏价值，如紫叶李。对既观花又观叶的种类，往往按早春开花的种类修剪；其他种类应在冬季或早春施行重剪，以后进行轻剪，以便萌发更多的枝和叶。

8.4.3.5　萌芽力极强或冬季易干梢类灌木的修剪与整形

这类灌木如山茱萸、胡枝子、荆条及醉鱼草等，可在冬季自地面刈去，使来春重新萌发更多新枝（图 8.19）。

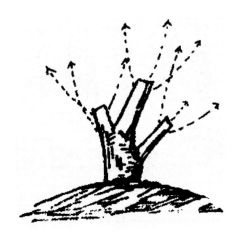

图 8.19 萌芽力极强树种的修剪

8.4.4 绿篱的修剪与整形

绿篱是选用萌芽力和成枝力强、耐修剪的树种,密集呈带状栽植而成,起防范、美化、组织交通和分隔功能区作用的绿化形式。适宜作绿篱的植物很多,如女贞、大叶黄杨、小叶黄杨、桧柏、侧柏、小龙柏、红叶小檗、冬青、火棘、野蔷薇等。

绿篱的高度依其防范对象来决定,有绿墙(160cm 以上)、高篱(120～160cm)、中篱(50～120cm)和矮篱(50cm 以下)。绿篱进行修剪,既为了整齐美观,增添园景,也为了使篱体生长茂盛,长久不衰。

8.4.4.1 绿篱的修剪形式

绿篱的修剪整形应根据设计意图和要求采用不同的方法,修剪形式主要有自然式和整形式两种。

1)自然式绿篱的修剪与整形

自然式绿篱一般可不进行专门的剪整措施,仅在栽培管理过程中将病老枯枝剪除即可。自然式绿篱主要是绿墙、高篱和花篱采用较多。修剪时只要适当控制高度,并疏剪病虫枝、干枯枝,任枝条自然生长,使其枝叶相接紧密成片提高阻隔效果即可。如用于防范的枸骨、火棘等绿篱和蔷薇、木香等花篱一般以自然式修剪为主。开花后略加修剪使之继续开花,冬季修去枯枝、病虫枝。但对蔷薇等萌发力强的树种,盛花后也可进行重剪,可使新枝粗壮,篱体高大美观。

2)整形式绿篱的修剪与整形

中篱和矮篱常用于草地、花坛镶边,或组织人流的走向。这类绿篱低矮,为了保持整齐美观,常需要定期进行专门的修剪整形工作。

(1)整形式绿篱的形式。整形式绿篱的形式各式各样。目前在园林绿化中多采用几何图案式的修剪整形,如矩形、梯形、篱面波浪形等(图 8.20);也有修剪成高大的壁篱式,给雕像、山石、喷泉等景观作背景用或将绿篱本身作为景物。

断面形状

不同整形形式

图 8.20　绿篱的整形

整形式绿篱在栽植的方式上,通常多用直线形,但在园林中为了特殊的需要,例如需方便于安放座椅、雕像等物时,亦可栽成各种曲线或几何形。在剪整时,立面的形体必须与平面的栽植形式相和谐。此外,在不同的地形中,运用不同的整剪方式亦可收到改造地形的功效,这样不但增加了美化效果,而且对防止水土流失方面亦有着很大的实用意义。

(2) 整形式绿篱的修剪整形方法。绿篱种植后剪去高度的1/3～1/2,修去平侧枝,统一高度和侧面,促使下部侧芽萌发生成枝条,形成紧枝密叶的矮墙,显示立体美。绿篱每年最好修剪2～4次,使新枝不断发生,更新和替换老枝。整形绿篱修剪时,顶面与侧面兼顾,不应只修顶面不修侧面,这样会造成顶部枝条旺长,侧枝斜出生长。从篱体横断而看,以矩形和基大上小的梯形较好,下面和侧面枝叶采光充足,通风良好,生长茂盛,不易发生下部枝条干枯和空秃现象。

数字、图案式绿篱,一般用长方形整形方式,要求边缘棱角分明,界限清楚,篱带宽窄一致,每年修剪次数应比一般镶边、防范的绿篱为多。枝条的替换、更新时间应短,不能出现空秃,以保证文字和图案清晰。用植物修剪成的鸟兽等立体造型,为保持其形象逼真,不能任枝条随意生长而破坏造型,应每年多次修剪整形。

整形式绿篱的剪整中,经验丰富的可随手修剪即能达到整齐美观的要求,不熟练的则应先用线绳定型,然后以线为界的进行修剪。

8.4.4.2　绿篱的更新

绿篱的栽植密度都很大,无论怎样精心地修剪和养护,随着树龄的增长,最终都无法控制在应有的高度和宽度内保持美观,从而失去规整的状态,因此绿篱需要定期更新。

对于常绿阔叶树种绿篱,其萌发力和成枝力都很强,当它们年老变形后,可以用平茬的方法来促使萌发新稍。方法是不留主干或只留很矮的一段主干,主干一般保留30cm左右,这样抽发的新梢在一年中可以长成绿篱的雏形,两年左右即可恢复原来的绿篱形态;对萌发力一般的种类也可以通过逐渐疏除老干的方法更新。对于常绿针叶类绿篱一般很难进行更新复壮,只能将它们全部挖掉,另植新株,从新培养。

8.4.5　藤木类植物的修剪与整形

在自然风景中,对藤本植物很少加以修剪管理,但在园林绿地中常将藤本植物整形成各种园林形式,并需要作适当的修剪。一般有以下几种处理方式。

8.4.5.1 棚架式(图 8.21)

对于卷须类及缠绕类藤本植物多用这种方式进行修剪与整形。修剪整形时,应在近地面处重剪,使发生数条强壮主蔓,然后垂直诱引主蔓至棚架的顶部,并使侧蔓均匀地分布架上,则可很快地成为阴棚。对不耐寒的种类,需每年将病弱衰老枝剪除,均匀地选留结果母枝。对于耐寒的种类,如紫藤、凌霄等则只需隔数年将病、老或过密枝疏剪,一般不必每年修剪整形。

图 8.21 棚架式

8.4.5.2 凉廊式(图 8.22)

常用于卷须类及缠绕类植物,偶尔也用吸附类植物。因凉廊有侧方格架,所以主蔓勿过早诱引至廊顶,否则容易形成侧面空虚。

图 8.22 凉廊式

8.4.5.3 篱垣式(图 8.23)

多用于卷须类及缠绕类植物。将侧蔓进行水平诱引后,每年对侧枝施行短剪,形成整齐的篱垣形式。一种为适合于形成长而较低矮的篱垣形式,通常称为"水平篱垣式",又可依其水平分段层次之多少而分为二段式、三段式等。另外一种为"垂直篱垣式",适于形成距离短而较高的篱垣。

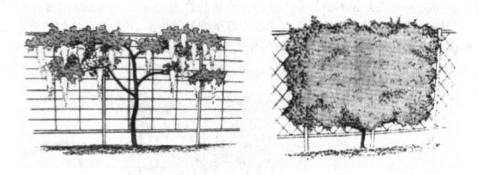

图 8.23　篱垣式

8.4.5.4　附壁式(图 8.24)

这种形式多以吸附类植物为材料。方法很简单,只需将藤蔓引于墙面即可自行依靠吸盘或吸附根而逐渐布满墙面。例如,五叶地锦、扶芳藤、常春藤、爬山虎等均用此法。这类植物能自行依靠其吸盘或吸附根逐步布满墙面,因此除非影响门窗的采光,一般不修剪藤蔓。此外,在某些庭园中,常见到在墙壁前 20～50cm 处设立格架,在架前栽植植物,例如蔓性蔷薇等开花繁茂的种类多在建筑物的墙面前采用本法。修剪时应注意使墙壁基部全部覆盖,各蔓枝在墙面上应分布均匀,勿使互相重叠交错为宜。

在附壁式修剪与整形中,最易发生的毛病为基部空虚,不能维持基部枝条长期密茂。对此,可配合轻、重修剪以及曲枝诱引等综合措施,并加强栽培管理工作。

图 8.24　附壁式

8.4.5.5　直立式(图8.25)

对于一些茎蔓粗壮的种类,如蔓性蔷薇、紫藤等,可以修剪整形成直立灌木式。此式如用于公园道路旁或草坪上,可以收到良好的效果。

图8.25　直立式整形的紫藤

8.4.6　成片树林的修剪与整形

成片树林的修剪整形,主要是维持树木良好的干性和冠形,解决通风透光条件,修剪一般比较粗放。对于有主干领导枝的树种(如杨树等)组成的成片树林,修剪时注意保留顶梢,以尽量保持中央领导干的生长势。当出现竞争枝(双头现象),只选留一个;如果领导枝枯死折断,应选一强壮侧生嫩枝,扶立代替主干延长生长,培养成新的中央领导枝。适时修剪主干下部侧生枝,逐步提高分枝点。分枝点的高度应根据不同树种、树龄而定。

对于一些主干很短,但树已长大,不能再培养成独干的树木,也可以把分生的主枝当作主干培养,逐年提高分枝,呈多干式。

对于大面积的人工松柏林,常进行人工打枝,即将生长在树冠下方的衰弱侧枝剪除。打枝的多少应根据栽培目的及对树木的正常生长发育的影响而定。一般认为打枝不能超过树冠的1/3,否则会影响植株的正常生长。

8.4.7　草本花卉的修剪与整形

一二年生草本花卉生命周期短,生长发育快,茎枝细弱柔软,易折断。因此整形修剪,一般比木本花卉精细、频繁,而且都在生长期进行。

根据一二年生草本花卉植株形态,一般分为直立形、丛状形、多枝形、攀援形、缠绕形和匍匐形等。

(1)直立形:一般是指单干直立形,只保留粗壮直立的主茎,其他分枝侧枝一律修去,使养分集中,供应顶上一朵花,使其硕大、丰满、绚丽,如鸡冠花、向日葵、雁来红等。若将主干去顶,促使更多侧枝形成,结果养分分散,小花满枝,失去了这些花亭亭玉立的风采。

(2)丛状形:有些一二年生草本花卉,茎叶基生直立,多分蘖,如雏菊、三色堇、矢车菊、虞美人等。茎从根基部萌发,成丛状。一般保持其丛状形,不宜修剪,但栽植时,丛植间保持一定距离,防止生长过密,通风不良。为预防开花期倒伏,对于株形较高的矢车菊、虞美人等,生长期施氮肥不宜过多,多施磷钾肥,使茎科坚硬,花色鲜艳。

(3) 多枝形:很多一二年生草本花卉具有萌芽力强,耐修剪的特性,通过多次摘心、剪梢,促使腋芽萌发生长,形成更多的侧枝,增加着花部位和数量,使株冠更加丰满,如一串红、红黄草、大丽花、矮牵牛、百日草等。若不采取这些措施,任其自然生长,植株杂乱无章,影响观赏价值,尤其是像百日草一类具有步步高之称的花卉,能长高 1.5m 以上,既不适于一般花坛,更不易盆栽。

(4) 攀援形和编绕形:它们的茎细长柔软,不能直立生长,前者是依靠变态器官,如卷须、吸盘、钩刺等,攀援它物向上生长,如香豌豆、葫芦、金瓜等;后者是依靠本身缠绕茎螺旋形缠绕它物向上生长,如牵牛花、茑萝、月光花、落葵等。这类花卉主要是向空间发展,起着垂直绿化作用,应顺其自然,设立支架,并略扶植其攀援于花架、棚架、围墙、栅栏上。若要扩大其株冠也可采取摘心、去顶措施。

(5) 匍匐形:这种花卉既不能直立生长,也不能依附它物向上生长,但能够平贴在地面上,向四周蔓延生长,将地面覆盖,是地被植物的好材料,如半支莲、旱金莲、美女樱、矮雪轮等。它们的生命力一般较强,常在茎节上生叶、芽和不定根,能迅速发展其植株,形成茂密花群,显得生机勃勃,喜气洋洋。

对一二年草本花卉,修剪包括最常用的摘心、除芽和除残花。摘心是指摘除主枝或侧枝上的顶芽,有时还需连同顶端的几片嫩叶一同摘掉。对于萌芽力强,耐修剪,剪后开花茂盛,既能控制高度又能控制花期的一二年生草本花卉,都适合应用摘心技术措施,如一串红、鼠尾草、矮牵牛、金鱼草、百日草、红黄草、万寿菊、千日红、大丽花(矮)、硫华菊、波斯菊等。凡摘心后,花多变小,甚至影响正常开花的不宜摘心,如鸡冠花、雁来红、向日葵、黄秋葵、翠菊等。对于分株比较密,成丛状的也不宜摘心,如丝石竹、雏菊、香雪球等。除芽主要是指摘除侧芽,包括剥除叶腋间的侧蕾,使养分集中供应顶生花,保证花朵质量,即上述所说的单茎直立形。除残花是指花谢后及时摘除,可促使腋芽萌发,减少养分消耗,维持植株美观,促使开花旺盛,调整花期整齐,控制高度等。但留种的不宜除残花。花期较长的,如大丽花、百日草等,夏季结籽多不饱满,发芽率低,质量差,应以秋季开花留种为宜。

8.5　常见园林植物的整形与修剪

8.5.1　香樟

幼年整形期,将顶芽下生长超过主枝的侧枝疏剪 4~6 个,剥去顶芽附近的侧芽,以保证顶芽的优势。如侧枝强、主枝弱,也可主留侧、以侧代主,并剪除新主枝的竞争枝,疏除主干上的重叠枝,保持 2~3 个主枝,使其上下错落;生长季短截主枝延长枝附近的竞争枝,以保证主枝的顶端优势。定植后,注意修剪冠内过密枝,尽量使上下两层枝条互相错落分布,粗大的主枝可回缩修剪,以利扩大树冠。

8.5.2 广玉兰

幼时要及时除去花蕾,使剪口下壮芽迅速形成优势,向上生长,并及时除去侧枝顶芽。定植后回缩修剪过于水平或下垂之枝,维持枝间平衡关系,使每轮主枝相互错落,避免上下重叠生长。夏季,随时除去根部萌蘖,疏剪冠内过密枝、病虫枝。主干上,第一轮主枝剪去朝上枝,主枝顶端附近的新枝注意摘心。

8.5.3 桂花

桂花枝条多为中短枝,每枝先端生有4~8个叶片,在其下部为花序。枝条先端往往集中生长4~6个中小枝,每年可剪去先端2~4个花枝,保留下面2个枝条,以使来年长出4~12个中短枝,树冠仍向外延伸。每年对树冠内部的枯死枝、重叠中短枝等进行疏剪,以利通风透光。对过长的主枝或侧枝要找其后部有较强分枝的进行缩剪,以利复壮。桂花修剪在开花后至来年3月进行,夏季要避免修剪。

8.5.4 银杏

幼树易形成自然圆锥形树冠,短截顶端直立的强枝可减缓树势,促使主枝生长平衡;冬季剪除树干上的密生枝、衰弱枝、病枝,以利阳光通透;主枝数一般保留3~4个,在保持一定高度情况下摘去花蕊,整理小枝。成年后,剪去竞争枝、枯死枝、下垂老枝,使枝条上短枝多,长枝少,以产生结果枝。

8.5.5 樱花

幼树整形,使主干上的3~5个主枝成自然开心形。树冠形成后,冬季短剪主枝延长枝,刺激其中下部萌发中长枝,每年在主枝的中、下部各选定1~2个侧枝,其他中长枝可疏密留稀,以增加开花数量;侧枝长大、花枝增多时,主枝上的辅养枝即可剪去。每年冬季短剪主枝上选留的中长枝,其余的枝条则缓放不剪,使先端萌生长枝,中下部产生短枝开花。过几年后再回缩短剪,更新老枝,其粗度应在3cm以内,以免剪口难以愈合。

8.5.6 梅花

对发枝力强、枝多而细的,应强剪或疏剪部分枝条,增强树势;对发枝力弱、枝少而粗的,应轻剪长留,促使多萌发花枝。树冠不大者,短剪一年生主枝;树冠较大者,在主枝中部选一方向合适的侧枝代替主枝。强枝重剪,可将二次枝回缩剪,以侧代主,缓和树势;弱枝少剪,留30~60cm。主枝上如有二次枝,可短截,留2~3枚芽。对于枯死枝、下垂衰老枝,病虫枝等要随时修剪。

8.5.7　菊花

8.5.7.1　立菊(图 8.26)

立菊通常留花 3～5 朵,多者 7～9 朵。当苗高约 10～13cm 时,留下部 4～6 个叶摘心;如需多留花头时,可再次摘心,即当侧枝生出 4～5 片叶时,留 2～3 叶摘心。每次摘心后,往往发生多数侧芽,除欲保留的侧芽外,均应及时剥去,以集中营养供植株生长。

图 8.26　立菊

8.5.7.2　独本菊(图 8.27)

5 月底进行摘心,留茎约 7cm,当茎上侧芽长出后,顺次由上而下逐步剥去,选留最下面的一个侧芽。8 月上旬待芽长到 3～4cm 时,从该芽以上 2cm 处,将原有茎叶全部剪除,从而完成菊花植株的更新工作。

图 8.27　独本菊

8.5.7.3　大立菊(图 8.28)

菊苗生长出 6、7 片叶时,进行第一次摘心,摘心后,所选留的侧枝即为主枝,应向四方诱引于框架上,当主枝伸长有 5~6 片叶时,留 4~5 片摘心,一般摘心 4~5 次,多的可达 7~8 次。每次摘心应从中间开始,然后摘周边的,最后一次摘心,不应迟于 8 月上旬。显蕾后,须多次剥去侧蕾,并设立正式竹架。

图 8.28　大立菊

8.5.7.4　悬崖菊(图 8.29)

定植大盆后,选两个健壮的侧枝,使一左一右和主枝一样向前诱引,但不摘心;其他枝条留2~3 叶摘心,如此反复进行,以促使多生分枝,使植株先端形成上宽、下窄的株形。茎基部萌生的脚芽,第一次摘心时留高 20cm 左右,可多次摘心,立秋前 3~10 天进行的最后一次摘心极为重要,应及时。欲使花开一致,下部先行摘心,次及中部和上部,隔 3~4 天进行一次。生长迅速的品种,也可在处暑前进行最后一次摘心。花蕾形成后,应在 9 月解除支架,使菊株自然下垂成悬崖状。

图 8.29　悬崖菊

8.5.8　月季

分冬剪和夏剪。冬剪在落叶后进行,要适当重剪,注意留取分布均匀的壮枝 4~6 个,离地高 40~50cm。夏季修剪要注意,在第一批花后,将花枝于基部以上 10cm~20cm 或枝条充实处留一健壮腋芽剪断,使第二批花开好。第二批花后,仍要继续留壮去弱,促进继续开花。。

8.5.9　牡丹

生长 2～3 年后定干,留 3～5 枝,其余的全部剪掉,5～6 月份开花后将残花全部剪除,6～9 月份花芽分化期,可用镊子将芽镊除,以促进花芽分化。10～11 月份进行秋季修剪,可从枝条基部留 2～3 个花芽,适时摘除上部的弱花芽,以保证来年 1～2 芽开花,每年冬季剪去枯枝、老弱病残枝,保证 3～5 个强干。

思 考 题

一、名词解释

整形　修剪　干性　层性　短截　回缩　疏枝　剪口芽　顶端优势

二、简答题

1. 谈谈修剪整形的目的与作用。

2. 举例说明修剪整形需考虑哪些因素。

3. 举例说明花灌木的修剪时期与修剪方法。

4. 自然与人工混合整形的形式有哪些?

5. 修剪的五大技法是什么?

6. 生长期修剪的措施有哪些?

9 古树名木的养护与管理

【学习重点】

古树名木不仅是城市绿化、美化的一个重要组成部分,更是一种不可再生的自然和文化遗产,具有无可替代的科学、历史和观赏价值。了解古树名木的概念和特性,探究其衰老变化的规律,并在此基础上研究和实践对它们的养护与管理方法,不仅是园林生产的需要,同时还是民族文化保护与传承的需要。

9.1 古树名木的概念及生物学特性

9.1.1 古树名木的概念

我国 1992 年颁布实施的《城市绿化条例》第 25 条规定:"百年以上树龄的树木、稀有种类的树木、具有历史价值或重要纪念意义的树木,均属古树名木。"

根据古树的年龄不同,可以分成不同的等级:100 年以上者为三级古树,200 年以上者为二级古树,300 年以上者为一级古树,而具有特殊景观、与名人或历史事件相联系者为特级古树。

名木是与历史事件和名人相联系或珍贵稀有及国际交往的友谊树、礼品树和纪念树等有文化科学意义或其他社会影响而闻名的树木。其中有以姿态奇特的观赏价值而闻名,如黄山的"迎客松"(图 9.1)、泰山的"卧龙松"、天坛的"九龙柏"(图 9.2)、北京昌平的"盘龙松"、北京中山公园的"槐柏合抱"等;有的以历史事件而闻名,如北京景山公园原崇祯上吊的槐树(原树已死亡,现树为后来补植);有的以奇闻轶事而闻名,如北京孔庙大成殿前西侧,有一棵距今已700 多年,传说其枝条曾碰掉大奸臣魏忠贤的帽子而大快人心的柏树,被后人称之为"除奸柏";有的以雄伟高大而出名,如北京密云新城子关帝庙遗址前,屹立着一棵巨大古柏,树高达25m,树干周长 7.5m,据考证为唐代种植,距今已 1300 多年,是北京的"古柏之最"。

在许多情况下,古树名木可体现在同一棵树上,当然也有"名木不古"或"古树不名"的情况。

图 9.1　黄山的"迎客松"

图 9.2　天坛的"九龙柏"

9.1.2　古树名木的作用

古树名木是城市绿化、美化的一个重要的组成部分,是一种不可再生的自然和文化遗产,具有重要的科学、历史和观赏价值。有些还是当地风土民情、民间文化的载体和表象,是活的文物;它们还与人类历史文化的发展和自然界历史变迁紧密相关,是历史的见证。因此,古树名木对于考证历史、研究园林史、植物进化、树木生态学和生物气象学等都有很高的价值。

9.1.2.1　古树名木的社会历史价值

我国传说的轩辕柏、周柏、秦柏、汉槐、隋梅、唐杏(银杏)、唐樟等古树,虽然其年龄需进一步考察核实,但均可以作为历史的见证。北京景山公园里崇祯皇帝上吊的古槐(现在的槐树并非原树,只是指代原树而已)是记载农民起义的伟大丰碑;北京颐和园东宫门内的两排古柏,曾被八国联军火烧颐和园时烤伤树皮,至今仍未痊愈闭合,是帝国主义侵华罪行的记录。美国前国务卿基辛格博士在参观天坛时说:"天坛的建筑很美,我们可以学你们照样修一个,但这里雄伟美丽的古柏,我们就无法复制了。"确实,"名园易建,古木难求",所以北京的古柏群和长城、故宫一样,是十分珍贵的"国之瑰宝"。

9.1.2.2　古树名木的文化艺术价值

不少古树名木是历代文人墨客吟诗作画的重要主题,在文化艺术发展史上有其独特的作用。如"扬州八怪"中的李蝉曾绘名画《五大夫松》,是泰山名木的艺术再现。这类为古树名木而作的诗画为数极多,是我国文化艺术宝库中的珍品。北京天坛回音壁外西北侧有一棵"世界奇柏",它的奇特之处是在粗壮的躯干上,其突出的干纹从上往下纽结纠缠,好像数条巨龙绞身盘绕,所以得名"九龙柏"。这种奇特优美的古柏,在全世界仅此一棵,尤为珍贵。

9.1.2.3　古树名木的观赏价值

古树名木是历代陵园、名胜古迹的佳景之一,它们庄重自然、苍劲古雅、姿态奇特,把祖国的山川、湖海装点得更加庄严娇丽,使中外游客叹为观止、流连忘返。如北京天坛的"九龙柏",团城上的"遮阴候",香山公园的"白松堂",戒台寺的"活动松"等都具有无可比拟的独特观赏价值。

9.1.2.4　古树名木的自然历史研究价值

古树的生长与所经历生命周期中的自然条件,特别是气候条件的变化有极其密切的关系。年轮的宽窄和结构是这种变化的历史记载,因此在树木生态学和生物气象学方面有很高的研究价值。

9.1.2.5　古树名木在研究污染史中的价值

树木的生长与环境污染有极其密切的关系。环境污染的程度、性质及其发生年代,都可在树体结构与组成上反映出来。如美国宾夕法尼亚州立大学用中子轰击古树年轮取得样品,测定年轮中的微量元素,发现汞、铁和银的含量与该地区工业发展史有关。在 20 世纪前 10 年间,年轮中铁含量明显减少,这是由于当时的炼铁高炉正被淘汰,污染减轻的原故。

9.1.2.6　古树在园林树种规划与选择中的参考价值

古树多为乡土树种,对当地的气候和土壤条件有很强的适应性,是树种规划的最好依据。例如,在北京市郊区干旱瘠薄土壤上的树种选择,曾经历 3 个不同的阶段。初期认为刺槐具有耐干旱瘠薄和幼年速生的特性,可作为这类立地栽培的较适树种,然而不久发现它对土壤肥力反应敏感,生长衰退早,成材也难;20 世纪 60 年代初期营造的油松林正处于速生阶段,长势良好,故认为发展油松比较合适,但到了 70 年代,这些油松就开始平顶,生长衰退;与此同时却发现幼年阶段并不速生的侧柏和桧柏却能稳定生长,并从北京故宫、中山公园等为数最多的古侧柏和古桧柏的良好生长中得到启示,证明这两个树种才是北京地区干旱立地的最适树种。因而如果在树种选择中重视古树适应性的指导作用就会少走许多弯路

另外,一些古树表现出的奇怪现象至今还是科学界的不解之迷。如有的能预报天气、有的能对地震作出预报等。这给我们探索奥秘、发展科学提供了无穷的动力与乐趣,使我们受益非浅、倍受启迪。

9.1.3　生物学特性

从我国已经调查登记的古树来看,大都是松柏类、银杏这类裸子植物,阔叶树种相对较少、且主要集中在少数的科属中,能在一个地方生长成百上千年而依然活着的这些古树,显然与其独特的生物学特性及环境条件有着密切关系。它们的生物学特性主要体现在以下几个方面:

9.1.3.1　根系发达

现有调查资料表明,古树多为深根性树种,主侧根发达,一方面能有效地吸收树体生长发育所需的水分与养分,另一方面具有极强的固地与支撑能力来稳固庞大的树体,只有根深才能叶茂,古树也才能延年益寿地生存下去。如河南洛宁县兴华乡山坡顶部的一株侧柏,号称"刘秀柏",基干平卧,树冠斜伸,其主侧根露出地面达 1.5m 高,并稳固地支撑着硕大的树体,抗御

冬春的干旱多风；四川青城山天师洞景点有株古银杏，其侧根朝四周露地延伸，范围远远超过其树冠的冠幅；黄山"迎客松"的根系在岩石裂缝中伸展到数十米远，其根系还能分泌有机酸分解岩石以获得养分。

9.1.3.2　萌蘖力强

许多古树种类具有根部萌蘖力较强的特性，根部萌蘖可为已经衰弱的树体提供重新复壮的机会。如河南信阳李家寨的古银杏虽然树干劈裂成几块，中空可过人，但根际生出多株萌蘖苗木，长大成树后，形成了"三代同堂"的丛生状奇特景观。有的树种如侧柏、槐树、栓皮栎、香樟等，茎干上的隐芽寿命长、萌枝力强，枝干被断折后能很快萌发新枝、更新复壮，如河南登封少林寺的"秦五品槐"，一方面是在衰老枝干上重新生枝发叶、更新树冠，同时，侧根又生出萌蘖植株，长成了现在的第三代"秦槐"，表现出生生不息的顽强生命。

9.1.3.3　生长缓慢

古树一般多为慢生或中速生长的长寿树种，树体新陈代谢较弱，消耗少而积累多，从而为其得以在同一环境条件下长期生存，提供了内在的有利条件。

9.1.3.4　抗性较强，病虫害较少

古树多为本地乡土树种，或是经过驯化、已对当地自然环境条件表现出较强适应性并对不良环境条件形成较强抗性的外来树种。某些树种的枝叶还含有特殊的有机化学成分，如侧柏体内含有苦味素、侧柏苷及挥发油等，具有抵抗病虫侵袭的功效；银杏叶片细胞组织中含有的2-乙烯醛和多种双黄酮素有机酸，常与糖结合成苷的状态或以游离的方式而存在，同样有抑菌杀虫的威力，表现较强的抗病虫害能力。

9.1.3.5　树体结构合理，材质强度很高

古树因其分枝及树冠结构合理，不仅提高了光合效率和营养物质的利用效率，还增强了树体对狂风、雪压、干旱等有害因素的抵抗能力；另外，由于生长缓慢，木质部的密度大、强度高，也能抵御强风等外力的侵袭，减少树干受损的机会。如黄山的古松、泰山的古柏，能长期经受山顶的常年大风，木质部强度很高是其主要原因之一。

9.1.3.6　起源于种子繁殖

古树通常是由种子繁殖而来的实生树木，因此根系发达，适应性广，抗旱、耐瘠和抵抗其他不良环境条件能力强，这也是古树长寿的前提条件之一。

9.2　古树名木衰老的原因及研究意义

9.2.1　衰老原因

任何树木都要经历生长、发育、衰老、死亡的过程，这是自然界的客观规律，不可抗拒，但是

通过探讨古树衰老原因,可以采取适当的措施来延缓衰老阶段的到来,延长它们的生命,甚至促使其更新复壮、恢复生机,却是完全可能做到的。树木由衰老到死亡不是简单的时间推移过程,而是复杂的生理、生命与生态、环境相互影响的一个动态变化过程,是树种自身遗传因素、环境因素以及人为因素综合作用的结果,归结起来主要包括以下几个方面。

9.2.1.1 自然灾害

1)大风

7级以上的大风,主要是台风、龙卷风和另外一些短时阵性风暴,可吹折枝干或撕裂大枝,严重者可将树干拦腰折断,常常是危及古树的主要因素;而那些因蛀干害虫的危害或其他原因,造成枝干中空、腐朽或有树洞的古树,更易受到风折的危害。枝干的损害直接造成叶面积减少,枝断者还易引发病虫害,使本来生长势就不强的树木更加衰弱,严重时会导致古树死亡。

2)雷电

古树大多高耸突兀,大气中的电荷容易聚集其上,造成遇暴雨天气易遭雷电袭击,导致枝头枯焦、大枝劈断或干皮开裂,树体生长明显受损,树势明显衰弱。故给古树设置避雷针,是古树名木养护管理的重要措施之一。

3)雨凇、冰雹

雨凇(冰挂)、冰雹是空气中的水蒸气遇冷凝结成冰的自然现象,一般发生在4～7月份,这种灾害虽然发生概率较少,但灾害发生时大量的冰凌、冰雹压断或砸断小枝、大枝,对树体会造成不同程度的破坏,进而影响树势。

4)干旱

持久的干旱,使得古树发芽迟缓,枝叶生长量小,枝条节间变短,叶子因失水而发生卷曲,严重者可使古树落叶,小枝枯死,并容易遭受病虫侵袭,从而导致古树的衰老和死亡。

5)地震

地震这种自然灾害,虽然不是经常发生,但是一旦发生5级以上的强烈地震,对于多朽木、空洞、干皮开裂、树势倾斜的古树来说,往往会造成树木倾倒或干皮进一步开裂,从而加速其衰亡过程。

9.2.1.2 病虫危害

古树由于年代久远,在其漫长的生长过程中,难免会遭受一些人为和自然的破坏造成各种伤残。例如,主干中空、破皮、树洞、主枝死亡等现象,导致树冠失衡、树体倾斜、树势衰弱而诱发病虫害。但从对众多现存古树生长现状的调查情况来看,古树之病虫害与一般树木相比发生的概率要小得多,而且致命的病虫更少。

不过,高龄的古树已经过了其生长发育的旺盛时期,开始或者已经步入了衰老至死亡的生命衰弱阶段,如果日常养护管理不当,人为和自然因素对古树造成损伤就时有发生,古树树势衰弱已属必然,为病虫的侵入提供了条件。对已遭到病虫危害的古树,如得不到及时和有效的防治,其树势衰弱的速度将会进一步加快,衰弱的程度也会因此而进一步增强。北京市园林科学研究所在20世纪的80年代中期,就对北京地区的古树开展了系统的调查和研究工作,结果表明,病虫害是造成古树衰弱甚至导致死亡的重要因素之一。

9.2.1.3　人为活动的影响

现有研究资料表明,大多数古树都生长在人类活动比较频繁的地域,由于人类活动改变了它们原来较为理想的生长环境,从而加快了古树衰老的进程。一般情况下,人为活动的影响主要表现在以下几个方面。

1) 生长条件

(1) 土壤条件对古树名木生长的影响。土壤是古树名木生存生长的必需基础。由于人为活动造成土壤条件的恶劣,主要在于致使土壤密实度过高、土壤理化性质恶化,这往往是造成古树名木树势衰弱的直接原因之一。

(2) 土壤密实度过高。古树名木大都生长在各种宫、苑、寺庙、公园或宅院内、农田旁,最初,这些地方由于土壤深厚、土质疏松、排水良好、小气候适宜,比较适宜古树名木的生长。但是随着人类活动的加剧,特别是随着经济的发展,人民生活水平的提高,旅游已经成为人们生活中不可缺少的一部分。节假日里人们涌向城市公园、名胜古迹、旅游胜地、古建筑群等地方,这些地方的一些古树名木周围的地面受到大量频繁的践踏,使得本来就缺乏耕作条件的土壤,其密实度日趋增高,导致土壤板结,土壤团粒结构遭到破坏,通气透水性能及自然含水量降低,树木根系呼吸困难,须根减少且无法伸展;外来水分遇板结土壤层渗透能力降低,大部分随地表流失。这样,树木得不到充足的水分、养分与良好的通气条件,致使树木根系生长受阻、功能衰退,导致树势日渐衰弱。

(3) 土壤理化性质恶化、树木营养失调。不少有着古树生长的单位或机构,在商业利益的驱使下,在古树附近举行各式各样的展销会、演出会或是开辟场地供周围居民(游客)进行娱乐或休闲,随意排放人为活动的废弃物,造成土壤的理化性质恶化,主要表现为土壤含盐量增加和土壤 pH 增高,其直接后果是致使树木缺少微量元素营养,最终导致生理平衡失调。

(4) 水分条件对古树名木生长的影响。古树名木大多生长在殿堂、寺庙或地势高燥的其他地方,几乎处于一种自生、自长、自灭的环境中,很少进行人为的施肥与灌水,其生长所需水分,更多的是依赖于自然降水。然而在公园、名胜古迹等古树名木较多的地方,由于游人增多,为了方便观赏,在树干周围往往用水泥砖或其他硬质材料进行大面积铺装,仅留下较小的树池。铺装地面时要进行平整和夯实,这样既造成了土壤通气透水性能的下降,也形成了大量的地面径流,使根系无法从土壤中吸收到足够的水分,致使古树根系经常处于透气、营养与水分极差的环境中。

(2) 生长空间对古树生长的影响。有些古树名木生长在建筑物的周围,古树与建筑物相邻一侧,由于建筑物墙体的阻挡而使枝干生长发生改向,向外侧和上方发展。随着树木枝干的不断生长,久而久之就会造成大树的偏冠,树龄越大,偏冠现象就越发严重。这种树体的畸形生长,不仅影响了树体的美观,更为严重的是造成树体重心发生偏移,枝条分布不均衡,如遇冰雹、雨淞、大风等异常天气,在自然灾害的外力作用下,常使枝叶折损,大枝折断,尤以阵发性大风,对树体高大的古树的破坏性更大。

2) 环境污染

人为活动造成的环境污染,直接和间接地影响了植物的生长,古树由于其高龄而更容易受到污染环境的伤害,加速了其衰老的进程。

(1) 大气污染对古树名木的影响和危害。当大气中的烟尘、二氧化硫、氮氧化物、氟化物、氯化物、一氧化碳、二氧化碳,以及喷洒农药和汽车排放的尾气等有毒气体通过叶片进入树木体内后,在树木体内累积,使生物膜的结构、功能以及酶的活性等受到破坏,进而影响其生理代谢功能,尤其是影响光合作用和呼吸作用的正常进行,从而使树木的生长发育受到抑制。其主要症状为:叶片卷曲、变小、出现病斑,春季发叶迟,秋季落叶早,节间变短,开花、结果少等等。

(2) 污染物对古树根系的直接伤害。有毒气体、工业及居民生活污水的大量排放,使一些病原菌及 Pb、Hg、Cd、Cr、As、Cu 等重金属,还有一些酸、碱、盐类物质进入土壤,造成土壤的污染,对树木造成直接或间接的伤害。这些有毒物质对树木的伤害,一方面表现为对根系的直接伤害,如根系发黑、畸形生长,侧根萎缩、细短而稀疏,根尖坏死等;另一方面,表现为对根系的间接伤害,如抑制光合作用和蒸腾作用的正常进行,使树木生长量减少,物候期异常,生长势衰弱等,易遭受病虫危害,促使或加速其衰老。

3) 人为的直接损害

古树名木在其生长发育过程中,除受到自然灾害、病虫害、环境污染等方面的影响和危害外,还经常遭到人为的直接损害,主要有:在树下摆摊设点;在树干周围乱堆乱放(如建筑材料:水泥、沙子、石灰等),特别是石灰,遇水产生高温常致树干灼伤,严重者可致其死亡;在有些名胜古迹或旅游点的古树名木,树干遭到个别游客的乱刻乱画,或在树干上乱钉钉子;在农村,古树成为拴套牲畜的桩杆,树皮遭受啃食的现象时有发生;更为甚者,对妨碍其建筑或车辆通行等原因的古树名木,不惜砍枝伤根,致其死命。

由于高龄古树的生长势减弱,伤口的愈合十分缓慢,因此这些人为的直接伤害,是构成对古树生命威胁的主要因素,而这类影响有时不是一朝一夕就能发现的,但一旦出现生长受阻的情况,再要恢复就困难了。

9.2.2 研究意义

对古树名木的衰老原因进行探索和研究,不仅为制定其保护和复壮措施提供科学依据,同时还在研究树木生理、植物生态以及人类历史文化发展和自然界历史变迁等方面都有着重要的意义。

9.2.2.1 为制定古树名木的保护和复壮措施提供科学依据

只有对古树名木的衰老原因进行全面而深入的探索和研究,才能了解在它们的生活历程中,哪些因素对它们的生长发育是有利的,且这些有利因素的作用原理是什么、作用机制是怎样实现的、作用程度有多大等相关信息。只有在了解、甚至是掌握了这些相关信息后,才能有的放矢地针对不同的衰老原因,制定相应的保护和复壮措施。这样的保护和复壮措施才能"对症下药"、科学合理、事半功倍。

9.2.2.2 给树木生理和植物生态的研究提供可靠资料

一株树木由衰老到死亡不是简单的时间推移过程,而是复杂的生理、生命与生态、环境相互影响的一个动态变化过程,是树种自身遗传因素、环境因素以及人为因素综合作用的结果。由于树木的生长周期很长,对它的生长、发育、衰老、死亡以及与环境之间相互作用、相互影响的规律,我们无法用现场跟踪的方法来加以研究。而古树的存在就把树木生长、发育、及其与环境的关系在时间上的顺序展现为空间上的排列,使我们能够以处于不同年龄阶段的树木作为研究对象,从中发现该树种从生到老、直到最后自然死亡的全部规律,从而为树木生理和植物生态的研究提供可靠资料。

9.2.2.3　给自然界历史变迁的探索提供重要信息

古树的生长与所经历生命周期中的自然条件,特别是气候条件与土壤条件的变化有极其密切的关系,年轮的宽窄和其他形态特征是这种变化的历史记载。因此,通过对古树年轮的宽窄及其他形态特征的观察和分析,可以从中获得与古树生命历程相应时段的自然环境的变化信息,从而给当地自然界历史变迁的探索提供重要信息。

9.2.2.4　为人类历史文化发展的研究提供佐证

前已述及,在造成古树名木衰老的诸多因素中,人为因素有着极其重要的影响。因此,通过对古树名木衰老原因的追溯,可以从中了解与之相关的人类活动的变化状况,比如由于人类大量砍伐森林而造成水土流失和土壤干旱,由于工业发展和城市扩张而造成土壤和水体污染等。这些资料给人类历史文化发展的研究提供了重要的佐证。

9.3　古树名木的日常养护与管理

一方面,由于古树名木一般都长期地固定生活在同一个地点,这样就会使得在根系范围内能吸收到的营养物质越来越匮乏。并且,由于古树名木在城市绿化中的特殊地位,也吸引众多的市民前来观瞻和欣赏,从而造成严重的土壤践踏,使得土壤条件逐渐恶化。另一方面,由于古树一般都是老年树,本身的生长发育已经走向衰老,对外界的抵抗能力已经大为减弱。因此,如果不对古树名木进行及时而科学合理的养护与管理,这些宝贵的园林财富就将迅速衰败,直至消亡。所以,古树名木的养护与管理是园林绿化工作中极其重要的组成部分。

9.3.1　基本原则

9.3.1.1　尽量恢复和保持古树原有的生境条件

古树在特定的生境下已经生活了成百或上千年,说明它十分适应其历史的生态环境,特别是土壤环境。如果古树的衰弱是由近年土壤及其他条件的剧烈变化所致,则应该尽量恢复其原有的状况,如消除挖方、填方、表土剥蚀及土壤污染等变化的影响。对于尚未明显衰老的古树,不应随意改变其生境条件。在古树周围进行建设时,如建厂、建房、修厕所、挖方、填方等,必须首先考虑对古树名木是否有不利影响。如有不利影响而又不能采取措施消徐,就应避免建设。否则,由于环境、特别是土壤条件的剧烈变化影响古树的正常生活,导致树体衰弱,甚至死亡。此外,风景区游人践踏造成古树周围土壤板结,透气性日益减退,严重地妨碍树根的吸收作用,进而降低了新根的发生和生长速度及穿透力。密实的土壤使微生物无法生存、树根无法获取土壤中的养分,并缺少空气和自下而上的空间,导致古树根系因缺氧而早衰或死亡,所以应尽可能保证古树有稳定的生态环境,这样才能避免它们的非正常衰老和死亡。

9.3.1.2 养护与管理措施必须符合古树名木本身的生物学特性

任何树种都有一定的生长发育与生态学特性,如生长更新特点、对土壤的水肥要求、以及对光照变化的反应等。在古树名木养护中应顺其自然,尽量满足其生理和生态要求。例如,肉质根树种,多忌土壤溶液浓度过大,若在养护中大水大肥,不但不能被其吸收利用,反而容易引起植株的死亡。不同的古树名木对土壤含水量的要求也不相同,如古松柏土壤含水量一般以14%~15%为宜,沙质土以16%~20%为宜;银杏、槐树一般应在17%~19%为宜,最低土壤含水量为5%~7%。

9.3.1.3 养护与管理措施必须有利于提高古树名木的生活力和增强树体的抗性

这类措施包括灌水、排水、松土、施肥、树体支撑加固、树洞处理、防治病虫害、安装避雷器及防止其他机械损伤等,采用这些措施的数量、程度、以及具体的方法等都必须以有利于提高古树名木的生活力和增强树体的抗性为前提。

9.3.2 日常管理与养护

9.3.2.1 日常管理

1) 调查摸底

调查摸底是对责任区域内的古树名木状况进行调查和分析,以便做到心中有数和有的放矢。调查内容主要包括树种、树龄、树高、冠幅、胸径、生长势、病虫害、立地条件(土壤、气候等情况)、株数、分布以及对观赏和研究的价值、养护现状等,同时还应搜集有关古树名木的历史、诗、画、图片及神话传说等其他资料。在详细调查的基础上分析它们各自的重要性和生长发育现状,并据此进行相应的等级划分,以便在日常管理时分级管理,突出重点。

2) 档案建设

为了管理工作的连续性和稳定性,古树名木的档案建立是必不可少的。档案内容不仅应该包括所有的调查内容和分析结果,更重要的是要根据古树名木的动态变化及时更新。为了便于储存和更新,最好采用电子档案方式,但要注意备份和保存的安全性。

3) 广泛宣传

为了培养和强化广大公民自觉保护古树名木的思想意识,对保护古树名木的作用与意义、毁坏古树名木的谴责与惩罚等相关内容要进行深入浅出的广泛宣传。宣传的形式应因地制宜,最常见的是给每株古树名木悬挂或树立宣传牌,在宣传牌上简要注明该树的种类、年龄、作用、主要分布、保护价值以及保护古树名木的相关法律法规。

4) 严格执法

尽管古树名木的保护以预防为主,但有时还是防不胜防。为了达到亡羊补牢的目的,一旦有损坏古树名木的事件发生就要及时制止和严格执法,对责任人(单位)要从快从严公开处理,并把处理结果作为典型事例来对广大公民进行宣传教育。

9.3.2.2　日常养护

古树名木的日常养护工作是一项综合性很强、内容复杂多样的园林工作,归纳起来主要有以下几个方面。

1) 支撑、加固

古树由于年代久远,主干或有中空,主枝常有死亡,造成树冠失去均衡,树体容易倾斜;又因树体衰老,枝条容易下垂,因而需用他物进行支撑和加固。但在支撑和加固时既要考虑设施的牢固性,更要考虑设施对古树树体的安全性。

2) 树体伤口的治疗

由于大多数古树已到生长衰退年龄,对发生的各种伤害恢复能力减弱,更应注意及时处理和治疗。具体的处理和治疗方法与普通树木相同(参见 7.3),只是在操作时要更加细心和周到,就好比给年老体衰的人疗伤一样。

3) 修补树洞

大树,尤其是古树名木,因各种原因造成的伤口长久不愈合,长期外露的木质部受雨水浸渍,逐渐腐烂,形成树洞,严重时树干内部中空,树皮破裂,一般称为"破肚子"。如果对这些树洞不进行及时修补,不仅严重影响古树名木的观赏价值,更是造成它们加速衰老和死亡的主要因素之一。

古树名木树洞的修补方法与普通树木完全相同(参见 7.3),只是树洞会更大、难度会更高、要求就更严。

4) 灌水、松土、施肥

古树名木的灌水、松土、施肥与其他园林树木基本相同(参见 7.2),只是在时间上要求更为紧迫,在具体操作上要求更加精细,尤其是对古树名木进行灌水和施肥时必须谨慎,绝不能造成古树在短期内迅速生长而树势过旺,特别是原来树势衰弱的古树,如果在短时间内生长过盛会急剧加重根系的负担,造成地上与地下部分的严重失调,其后果是适得其反。

5) 树体喷水

对古树名木进行树体喷水,除了起到普通喷灌的作用外,还能对沉降到古树名木树体表面的粉尘和其他有害颗粒进行及时冲洗。同时,还可以根据古树名木的具体需要,在所喷水分中加入适量的营养物质、生长调节剂或防病治虫的药剂。

6) 整形修剪

为了保持古树名木原有的树体平衡,对其进行整形修剪,一般以少整枝、少短截的轻剪、疏剪为主,以尽量保持原有树形为原则;必要时也可适当整剪,以利通风透光和减少病虫害,或促进更新、复壮。

7) 病虫防治

古树衰老,抗病虫能力差,容易招虫致病。如不及时防治,病虫危害又会使古树生长更加衰弱,从而形成恶性循环,加速古树的衰老死亡。

古树名木的病虫防治和一般树木大体相同(参见7.5),只是更强调预防的重要性、防治的及时性和方法的安全性。

8) 设围栏、堆土、筑台

对那些处于广场、街道、公园、路旁等游人容易接近的古树名木,最好设置围栏来对古树进行保护。围栏一般要距树干3～4m,或在树冠的投影范围之外;对人流密度大、树木根系延伸较长者,围栏外的地面还要作透气铺装处理。此外,在古树名木树干基部堆土或砌筑土台也可起到较好的保护作用,砌筑土台时应在台边留孔排水,否则容易造成根部积水。

9) 防止雷击

前已述及,古树容易遭到雷电袭击。所以,生长在高处、空旷地域或树体高大的古树应安装避雷设施。

9.4　古树名木的复壮技术

古树复壮是运用科学合理的园林技术,使原本已经衰弱的古树重新恢复正常生长,延续其生命的措施。必须指出,古树复壮技术的运用是有前提的,它只对那些虽说老龄、生长衰弱,但仍在其生物寿命极限之内的树木个体有效,而对那些已经到达生命极限的古树,复壮技术是难以凑效的,因为"死马"毕竟不可能"医活"。

由于我国的古树名木资源十分丰富,因此在古树复壮方面的研究有着得天独厚的先天优势,其研究水平也处于世界前列。目前,已经发现的古树名木的复壮技术多种多样,而相对较为成熟、且应用较为普遍的主要有下面几种:

9.4.1　开沟埋条

在土壤板结、通透性差的地方,可以采用开沟埋条的方法,增强土壤的通透性,同时也可起到截根再生及树体复壮的作用。

开沟方式和树木开沟施肥时基本一致,只是深度要求为60～80cm,而且最好能通过地下径流向外排水。沟挖好后先回填10cm厚的疏松土壤,将树枝(最好是阔叶树的)打包成直径20～40cm的松散枝捆,铺在沟底,再回填松碎土壤,震动踩实,直到和原有地面平齐为止,需要时还可在回填土壤中拌入适量的饼肥、厩肥、磷肥、尿素及其他微量元素肥等。经过开沟埋条处理之后,不但改善了土壤的通透性,而且增加了土壤营养,为古树名木根系复壮创造了良好的条件。

9.4.2　设置复壮沟—通气—渗水系统(图9.3)

城市及公园中严重衰弱的古树名木,地下环境复杂,有各种管线和砖石,土壤贫瘠,营养面积小,内渍(有些是污水)严重,必须用挖复壮沟、铺通气管和砌渗水井的方法,增加土壤的通透性,使积水通过管道、渗井排出或用水泵抽出。

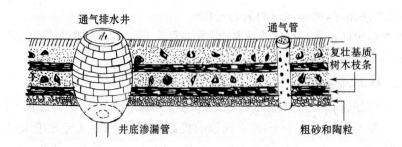

图 9.3　壮沟—通气—渗水系统

1) 复壮沟的挖掘与处理

复壮沟的位置应在古树名木树冠投影外侧,沟深 80～100cm,宽 80～100cm,长度和形状因地形而定。回填处理时从地表往下纵向分层,表层为 10cm 素土,第二层为 20cm 的复壮基质,第三层为厚约 10cm 的树枝,第四层又是 20cm 的复壮基质,第五层是 10cm 厚的树枝,第六层为 10～20cm 厚的粗砂或陶粒,或两者的混合物。

复壮基质多用松、栎、槲等树种的落叶(60％腐熟落叶＋40％半腐熟落叶混合),再加少量 N、P、K、Mn 等营养元素配制而成。这种基质含有多种矿物质元素,可以促进古树根系生长。同时有机物逐年分解与土壤颗粒胶合成团粒结构,从而改善了土壤的物理性状,促进微生物活动,将原来被土壤固定的多种营养元素逐年释放出来。当然复壮基质的配方应视古树及其土壤的具体需要而定。

埋入的树枝多为紫穗槐、杨树等阔叶树种的枝条,截成 40cm 的枝段后埋入沟内,树枝之间以及树枝与土壤之间形成较大空隙,古树的根系可以在枝间空隙穿行生长。复壮沟内的枝条也可分两层铺设,每层 10cm。

2) 通气管道的安置

通气管道多用金属、陶瓦或塑料制品,管径 10cm,管长 80～100cm,管壁打孔,外围包棕片等疏松透水物质,以防堵塞。每棵树 2～4 根,垂直埋设,下端与复壮沟内的枝层相连,上部开口加上带孔的盖,既便于开启通气、施肥、灌水,又不会堵塞。

3) 渗水井的构筑

是在复壮沟的一端或中间,为深 1.3～1.7m、直径 1.2m 的竖井,四周用砖垒砌而成,但井壁和下部都不用水泥勾缝,以便能使周围多余水分向内渗漏。井口周围抹水泥,上面加铁盖。井底要向下埋设 80～100cm 长的渗漏管,有条件的地方最好让渗漏管直接连通城市的地下排水管道。雨季水大时,如不能尽快渗走,可用水泵抽出。

9.4.3　设置透性铺装或种植地被

为了解决古树名木表层土壤的通气透水问题,常在树下、林地人流密集的地方加铺具有通气透水性能的地砖,透性砖的材料和形状可根据需要设计,但铺设垫料也必须具有相应的通气透水性能。在人流少的地方,种植豆科植物,如苜蓿、白三叶、紫云英等地被植物,除了改善土壤结构、提高土壤肥力外还可增加景观效果。

9.4.4　换土

古树成百上千年地生长在同一个地方,而这个地方的土壤里所含的养分毕竟是有限的,因而常呈现缺肥症状,如果采用上述复壮措施仍无法满足古树的需要,或者由于生长位置受到地形、生长空间等立地条件的限制,而无法实施上述的复壮措施,可考虑采用更新土壤的复壮办法。换土时,在树冠投影范围内挖深 1m 左右(随时注意不能挖伤古树根系,并将暴露出来的根系用浸湿的草袋子及时盖上),将原来的旧土取走 1/3~1/2,剩余部分与沙土、腐叶土、腐熟的人畜粪尿(或其他有机肥)、锯末、少量化肥混合均匀之后填埋其中。

9.4.5　化学药剂疏花疏果

根据植物生理特点,当植物在缺乏营养、或生长衰退时出现多花多果的情况,这是植物生长过程中的自我调节现象,但这样的结果却是造成植物营养的进一步失调,进而更加衰退的恶性循环。对于本身就衰老的古树而言,发生这种现象的后果更为严重。这时如采用疏花疏果则可以降低古树的生殖生长,增强营养生长,逐渐恢复树势而达到复壮的目的。

当然,疏花疏果的关键是疏花。由于古树一般都较高大,手工疏花操作困难,且效率低下,故宜采用化学药剂来进行疏花疏果,只是在具体运用时要注意避免化学药剂对古树的负作用。

9.4.6　施用生长调节剂

给古树根部及叶面施用一定浓度的植物生长调节剂,如 6-苄基腺嘌呤(6-BA)、细胞分裂素(CTK)、赤霉素(GA_3)、吲哚乙酸(IAA)、吲哚丁酸(IBA)等,有促进生长、延缓衰老的作用。但具体使用浓度和方式需根据不同的树种和生长状况逐渐摸索、小心慎用,否则会劳而无功,甚至适得其反。

9.4.7　靠接小树

靠接(或桥接)小树复壮遭受严重病虫、冻伤、机械损伤的古树名木,具有激发生理活性、诱发新叶、帮助复壮等作用,具体方法请参见 4.2 和 7.3 相关内容。

在需要靠接(或桥接)的古树名木周围均匀栽植 2~3 株同种幼树,待幼树生长旺盛后,将幼树枝条靠接(或桥接)在古树名木枝干上,涂上保护剂,用绳子扎紧,愈合后,在一定程度上增加了古树名木体内的水分和营养供应,对恢复古树名木长势有较好效果。

9.4.8　树体输液

对于生长极度衰退的古树名木,可用活力素(或其他类似药剂)进行输液,也可以自行用适量激素和磷钾元素配制成营养液来输液,这样可以用人工方式直接给它们补充营养,有利于古树名木的尽快复壮。树体输液的具体方法请见 5.3 的相关内容。

思考题

1. 什么是古树名木？古树名木的作用有哪些？
2. 简述古树名木的生物特性。
3. 古树名木养护与管理的基本原则是什么？
4. 古树名木的复壮技术有哪几种？

参 考 文 献

[1] 陈有民. 园林树木学[M]. 北京:中国林业出版社,1990.

[2] 郭学望,包满珠. 园林树木栽植养护学. 2 版[M]. 北京:中国林业出版社,2004.

[3] 张秀英. 园林树木栽培养护学[M]. 北京高等教育出版社,2005.

[4] 吴泽民,何小弟. 园林树木栽培学. 2 版[M]. 北京:中国农业出版社. 2009.

[5] 李承水. 园林树木栽培与养护[M]. 北京:中国农业出版社,2007.

[6] 毛春英. 园林植物栽培技术[M]. 北京:中国林业出版社,1998.

[7] 胡长龙. 观赏花木整形修剪图说[M]. 上海:上海科学技术出版社,1996.

[8] 施振周,刘祖祺. 园林花卉栽培新技术[M]. 北京:中国农业出版社,1999.

[9] 尹公. 城市绿地建设工程[M]. 北京:中国林业出版社,2001.

[10] 徐峰. 城市园林绿地设计与施工[M]. 北京:化学工业出版社,2002.

[11] 沈德绪等. 果树的童期与提早结实[M]. 上海:上海科学技术出版社,1989.

[12] 赵和文. 园林树木选择·栽植·养护[M]. 北京:化学工业出版社,2009.

[13] 包满珠. 花卉学[M]. 北京:中国农业出版社,2003.

[14] 赵和文. 园林树木栽植养护学[M]. 北京:气象出版社,2004.

[15] 田如男,祝尊凌. 园林树木栽培学[M]. 南京:东南大学出版社,2001.

[16] 苏金乐. 园林苗圃学[M]. 北京:中国农业出版社,2003.

[17] 苏付保. 园林苗木生产技术[M]. 北京:中国林业出版社,2004.

[18] 罗镪. 园林植物栽培与养护[M]. 重庆:重庆大学出版社,2006.

[19] 杨小波,吴庆书. 城市生态学. 2 版[M]. 北京:科学出版社,2006.

[20] 刘常富,陈玮. 园林生态学[M]. 北京:科学出版社,2003.

[21] 李文敏. 园林植物与应用[M]. 北京:中国建筑工业出版社,2006.

[22] 周兴元. 园林植物栽培[M]. 北京:高等教育出版社,2006.

[23] 唐详宁. 园林植物环境[M]. 重庆:重庆大学出版社,2009.

[24] 周武忠. 园林植物配置[M]. 中国农业出版社,2004.

[25] 苏雪痕. 植物造景[M]. 北京:中国林业出版社,1994.

[26] 朱钧珍著. 中国园林植物景现艺术[M]. 北京:中国建筑工业出版社,2003.

[27] 中国建筑标准设计研究院. 环境景观——绿化种植设计[M]. 北京:中国建筑标准设计研究院出版,2003.

[28] 孙书存,鲍维楷. 恢复生态学[M]. 北京:化学工业出版社,2005.

[29] 中华人民共和国建设部、国家质量监督检验检疫总局. 建筑边坡工程技术规范. GB50330-2002[S].

[30] 张永兴. 边坡工程学[M]. 北京:中国建筑工业出版社,2008.

[31] 金波. 园林花木病虫害识别与防治[M]. 北京:化学工业出版社,2004.

［32］　丁梦然,夏希纳等.园林花卉病虫害防治彩色图谱［M］.北京:中国农业出版社,2002.

［33］　夏希纳,丁梦然.园林观赏树木病虫害无公害防治［M］.北京:中国农业出版社,2004.

［34］　霍学红,刘继成.古树名木的复壮技术［J］.现代园艺,2007,(7):36.

［35］　丁红军.谈古树名木的保护与复壮［J］.安徽林业,2008,(6):26.

［36］　张扬,张宗舟.天水市古树保护复壮措施探讨［J］.技术与市场:园林工程,2007,(5):40-42.